智能电动车辆·储能技术与应用系列

钠离子电池：材料、表征与技术

（上卷）

[罗] 玛拉-马格达莱纳·蒂廷斯（Maria-Magdalena Titirici）
[德] 菲利普·阿德尔海姆（Philipp Adelhelm） 主编
胡勇胜

谢 飞 等译

机械工业出版社

随着锂资源不足的问题日渐凸显，发展不受资源束缚的钠离子电池逐渐成为新能源行业的焦点之一。本书分为上、下两卷，对钠离子电池的负极材料（石墨、硬碳、合金负极）、正极材料（层状氧化物、聚阴离子化合物、普鲁士蓝）、电解液（碳酸酯电解液、醚基电解液、离子液体）、固体电解质（聚合物电解质、氧化物电解质）、电池界面、先进表征手段、理论计算、失效机制、安全性、固态电池、环境适应性及生命周期评估、产业化应用等进行了系统概述，同时对高功率器件、海水电池等技术进行了介绍。书中对各类关键材料及涉及的基础科学问题、技术、理论等研究现状和产业应用发展等进行了全面讨论，为研究人员提供了钠离子电池从材料、理论，到技术与应用的全方位资料，希望能对钠离子电池的研究发展和产业化略尽绵薄之力。

本书适用于从事二次电池、新能源储能行业的有关人员学习参考，也可作为高校新能源相关专业师生的参考书。

Copyright©2023 by WILEY-VCH. All rights reserved. This translation published under license. Authorized translation from the English language edition, Sodium-Ion Batteries: Materials, Characterization, and Technology, Volume 1, ISBN 9783527351121, by Maria-Magdalena Titirici, Philipp Adelhelm, Yong-Sheng Hu, Published by John Wiley & Sons Limited. No part of this book may be reproduced in any form without the written permission of the original copyrights holder. Copies of this book sold without a Wiley sticker on the cover are unauthorized and illegal.

本书中文简体字版由 Wiley 授权机械工业出版社出版，未经出版者书面允许，本书的任何部分不得以任何方式复制或抄袭。版权所有，翻印必究。

北京市版权局著作权合同登记　图字：01-2023-3867 号。

图书在版编目（CIP）数据

钠离子电池：材料、表征与技术. 上卷 /（罗）玛拉 - 马格达莱纳·蒂廷斯（Maria-Magdalena Titirici），（德）菲利普·阿德尔海姆（Philipp Adelhelm），胡勇胜主编；谢飞等译. -- 北京：机械工业出版社，2025. 1. --（智能电动车辆·储能技术与应用系列）. -- ISBN 978-7-111-77320-7

Ⅰ. TM912

中国国家版本馆 CIP 数据核字第 20258C46V4 号

机械工业出版社（北京市百万庄大街 22 号　邮政编码 100037）
策划编辑：何士娟　　　　责任编辑：何士娟　徐　霆
责任校对：丁梦卓　李　杉　　封面设计：张　静
责任印制：单爱军
北京盛通数码印刷有限公司印刷
2025 年 5 月第 1 版第 1 次印刷
184mm×260mm · 17.25 印张 · 412 千字
标准书号：ISBN 978-7-111-77320-7
定价：159.90 元

电话服务　　　　　　　　　网络服务
客服电话：010-88361066　　机　工　官　网：www.cmpbook.com
　　　　　010-88379833　　机　工　官　博：weibo.com/cmp1952
　　　　　010-68326294　　金　　书　　网：www.golden-book.com
封底无防伪标均为盗版　　　机工教育服务网：www.cmpedu.com

译者序

在"双碳"目标背景下,可再生能源光伏风电发展迅猛,2023年,我国光伏风电装机规模达到10.5亿kW·h,位居全球第一,2030年预计将达到30亿kW·h,亟须储能技术进一步发展以解决可再生能源的大规模消纳问题。以电池储能为主的新型储能技术是保障新型电力系统安全稳定运行的重要技术和基础装备,也是实现"双碳"目标的重要支撑。李强总理在十四届全国人大二次会议所作的政府工作报告中,首次提及发展新型储能,体现了国家从战略高度出发对新型储能技术发展的重视。目前,我国新型储能占比约为40%,其中锂离子电池占比高达97.3%,位列全球第一。而另一方面,新能源汽车产业发展势头同样迅猛,国际能源署发布的《全球电动汽车展望2023》中数据显示,2023年全球电动汽车保有量约为0.36亿辆,并以40%的年均增长率持续上升,预计2036年全球电动汽车保有量将达到28.61亿辆,届时全球锂储量将无法满足电动汽车需求。

作为新型储能和新能源汽车的刚需技术,依托有限锂资源的锂离子电池难以同时支撑两大产业的快速发展。当前,我国锂电池产能位居世界第一,2023年我国锂离子电池出货量887.4GW·h,全球占比高达73.8%,但由于锂资源分布不均,我国锂储量仅占全球的6%左右,对外依存度超过70%,且碳酸锂价格波动剧烈,具有资源"卡脖子"风险,不利于国家能源战略安全。因此,发展下一代不受资源束缚的钠离子电池,逐渐成为该领域内越来越多专家学者的普遍共识。

20世纪70年代,钠离子电池与锂离子电池几乎被同时提出,但由于性能的差异导致钠离子电池的研究一度停滞,直到2010年前后才重新回归人们的视野。目前,经过研发人员的共同努力,钠离子电池在基础研究和产业化方面都取得了突出的成果。我国钠离子电池能量密度可达140~160W·h/kg,循环寿命根据需求可达6000次以上,实验室钠离子电芯能量密度可超过200W·h/kg,与磷酸铁锂电池相当,且具有"长宽高"(长循环、宽温域、高功率/安全)的特点。目前,我国已实现千吨级正负极材料和GW·h级电芯年产能,并在电动自行车、景区观光车、家用储能柜等领域实现应用示范。我国已发布全球首套电力储能电站用10MW·h钠离子电池储能系统,并实现A00级电动汽车量产下线。

英国帝国理工学院的Maria-Magdalena Titirici教授、德国柏林洪堡大学的Philipp Adelhelm教授和中国科学院物理研究所的胡勇胜研究员均是钠离子电池领域的杰出科学家,取得了举世瞩目的研究成果。《钠离子电池:材料、表征与技术》是目前该领域内系统全面介绍钠离子电池的权威书籍。本书从材料、理论,到技术与应用多个层面,系统地对钠离子电池负极材料、正极材料、电解液、固体电解质、先进表征手段与理论计算、环境适应性与生命周期评估、全固态电池、产业化应用等进行了全面综述和讨论,对从事二次电池、新能源储能行业的研发工作者来说是非常实用和方便的参考书。本书也适合对钠离子电池领域感兴趣的投资者或政策制定者阅读,还可作为高校相关专业的教材和参考书。

本书由中国科学院物理研究所组织翻译,谢飞、李钰琦、余彦、芮先宏、殷雅侠、郭玉洁、金若溪、苏晓川、孙宁、杨良滔、郭浩、郭思彤、钟贵明、孙亚楠、刘珏、罗思共同参与完成了本书的翻译与校稿工作，全书由谢飞统稿、审阅和校对。

  本书介绍的钠离子电池材料、表征与技术涉及物理学、化学、材料学、固态离子学、环境科学等多学科，相关知识范围很广，由于译者能力有限，译文中难免出现不准确甚至错误的地方，敬请广大读者朋友们谅解，并欢迎提出宝贵的意见和建议，在此表示诚挚的谢意。

译　者

前言

针对钠离子电池的研究早在 20 世纪 70 年代就和锂离子电池几乎同时展开,然而,由于其性能上的限制,几十年来研究工作一度停滞不前,直到 2010 年前后才又掀起研究的热潮。目前,钠离子电池已经是非常热门和活跃的研究领域,其主要目的是基于丰产和不受资源束缚的电池技术,发展其储能化学及工艺制造技术。钠离子电池与锂离子电池工作原理相同,也都是基于嵌脱型的电极材料及有机电解液体系,可以直接借鉴许多现成的原理和经验,这也是钠离子电池材料研究发展如此迅速的重要原因。此外,钠离子电池与锂离子电池的生产制造工艺及技术相同,极大地降低了钠离子电池大规模制造时的技术壁垒,这也是相比其他电池技术的一个重要优势。锂资源相对稀缺,已被欧盟列为关键原材料,而钠资源是锂的 1000 多倍,且在全球分布广泛,因此不像锂离子电池那样可能面临原材料的供应问题。然而,值得注意的是,由于碱金属在电池重量中占比很小,仅仅是将锂替换成钠来开发可持续的电池技术远远不够,还需要尽量规避例如钴等其他的关键原材料。锂离子电池中的铜集流体可以被更加廉价、丰产和易循环利用的铝来代替,并且钠离子电池正极材料的选择也更加丰富,可以利用许多如铁、锰、铜等元素来代替锂离子电池中常用的钴、镍等元素(钴也被欧盟列为关键原材料,而 McKinsey 预测到 2030 年镍的需求会增长 25 倍)。近些年的"芯片危机"无疑明确了世界经济的脆弱以及其对材料供应的高度依赖性,而更加多样性的电池化学可以更好地规避未来材料供应链的波动问题。

尽管具体的电芯情况可能不同,但受限于更低的电压,钠离子电池的能量密度相比锂离子电池总体低 20% 左右。钠离子电池可与磷酸铁锂基的锂离子电池性能相当,但欧盟也将磷矿资源列为了关键原材料。而与目前和锂离子电池共同被广泛使用的铅酸电池相比,钠离子电池具有显著提升的能量密度。因此,钠离子电池的主要应用场景不在于超越锂离子电池,而更适合大规模储能及小型电动汽车。令人振奋的是,全球已有多家企业活跃在钠离子电池材料与技术的发展上。Faradion(Reliance)、AMTE、Tiamat 和中科海钠展示了不同的技术路线,开展了多项应用示范。Natron Energy 也开发了针对高功率应用场景的钠离子电池产品。中科海钠于 2018 年推出了搭载 80A·h 钠离子电池的微型电动汽车,并于 2019 年和 2021 年分别投运 100kW·h 和 1MW·h 钠离子电池储能系统。该公司发布的软包钠离子电池平均工作电压 3.2V,能量密度 145W·h/kg,2C 充放电倍率下循环 4500 次容量保持率 ≥ 83%,并可在 −40℃ 环境下运行。尽管此前人们一致认为钠离子电池的主要市场是在储能领域,但动力电池龙头企业 CATL 于近期宣布,将开发锂/钠离子电池混用电池包用于电动汽车市场,其中钠离子电池可提供更高的功率及更好的低温性能,而锂离子电池可以保障足够高的整体能量密度,从而将两种电池技术的优势结合起来。一众企业宣布了将在未来几年实现钠离子电池的量产,我们也对钠离子电池能否在竞争的环境中实现真正的应用拭目以待。

如前文所述,不受资源束缚是大力发展钠离子电池的一个重要原因。从科学的角度,由于钠离子比锂离子大 30% 左右，将锂替代成钠也会带来很多问题。不同的尺寸所导致的极化会极大影响离子扩散、材料相变、溶剂化结构、吉布斯自由能和电荷转移等。更大尺寸的钠离子会带来更多有利还是不利的性质是一个关键的问题。

本书旨在提供钠离子电池材料发展的最新进展，分为上、下两卷。上卷首先介绍和讨论了石墨、硬碳、合金这些负极材料；并且概括了重要的正极材料，包括层状氧化物、聚阴离子化合物和普鲁士蓝；接下来介绍了应用于钠离子电池研究的先进表征手段，包括 X 射线 / 中子散射、核磁共振、对分布函数和理论计算等。下卷首先讨论了碳酸酯基和醚基电解液、离子液体、聚合物电解质以及氧化物固体电解质；然后介绍了钠离子电池的失效机制、安全性以及制造技术和环境相关内容；最后介绍了高功率器件、海水电池和全固态电池。

由衷地感谢所有作者在本书编写中付出的努力以及提供的专业意见，希望本书的内容能够给钠离子电池的研究人员带来一定的帮助与支持。衷心希望钠离子电池未来可期。

编　者

目 录

译者序
前言

第 1 章 钠离子电池石墨负极 // 1

1.1 概述 // 1

1.2 石墨与石墨嵌入化合物（GIC） // 1

1.3 石墨作为锂 / 钠离子负极材料 // 3

    1.3.1 石墨在锂离子电池中的应用（富锂二元 GIC） // 3

    1.3.2 在钠离子电池中使用石墨的问题（缺乏富钠二元 GIC） // 4

    1.3.3 在钠离子电池中使用石墨的解决策略（利用富钠的三元 GIC） // 4

1.4 石墨在钠离子电池中应用的最新进展 // 6

    1.4.1 循环过程中晶格和电极膨胀 // 6

    1.4.2 电解质影响 // 8

    1.4.3 温度影响 // 9

    1.4.4 理化性质 // 10

    1.4.5 SEI // 12

    1.4.6 增加容量 // 13

1.5 展望 // 14

参考文献 // 14

第 2 章 钠离子电池硬碳负极 // 20

2.1 概述 // 20

2.2 硬碳结构特征 // 22

2.3 硬碳材料表征 // 22

    2.3.1 碳层间距及无序度 // 23

    2.3.2 缺陷表征 // 25

    2.3.3 孔结构表征 // 27

    2.3.4 表面成分及电极 - 电解液界面表征 // 28

    2.3.5 其他原位 / 非原位表征技术应用 // 29

2.4 硬碳储钠机理 // 31

2.5 钠离子电池硬碳负极分类 // 33

2.5.1 生物质衍生硬碳 // 33
2.5.2 杂原子掺杂硬碳 // 35
2.5.3 其他硬碳材料 // 39
2.5.4 软硬碳复合材料 // 40

2.6 总结与展望 // 41

附录 常用缩写词 // 42

参考文献 // 42

第3章 钠离子电池合金型负极 // 48

3.1 概述 // 48

3.2 合金型负极材料面临的主要挑战 // 48
    3.2.1 体积膨胀 // 48
    3.2.2 不稳定的SEI膜 // 49
    3.2.3 电压滞后 // 49
    3.2.4 电化学反应机理 // 50

3.3 高性能合金型负极的实现策略 // 50
    3.3.1 纳米结构 // 50
    3.3.2 形貌和电极结构调控 // 51
    3.3.3 结构工程 // 51
    3.3.4 表面工程 // 52
    3.3.5 复合材料设计 // 52

3.4 合金负极改性 // 53
    3.4.1 磷（P） // 53
    3.4.2 硅（Si） // 56
    3.4.3 锡（Sn） // 56
    3.4.4 锗（Ge） // 58
    3.4.5 锑（Sb） // 59
    3.4.6 铋（Bi） // 61
    3.4.7 金属间化合物 // 63

3.5 总结 // 64

参考文献 // 65

第4章 钠基层状氧化物正极材料 // 73

4.1 结构类型 // 74

4.2 高电压镍基层状氧化物 // 76
    4.2.1 概述 // 76

4.2.2 一元 Ni 基层状氧化物 // 76
4.2.3 二元 Ni/Fe 基层状氧化物 // 77
4.2.4 二元 Ni/Mn 基层状氧化物 // 77
4.2.5 结论与展望 // 81

4.3 低成本 Mn 及 Fe 基层状氧化物 // 81
4.3.1 概述 // 81
4.3.2 一元 Mn 和 Fe 基层状氧化物 // 82
4.3.3 二元 Mn/Fe 基层状氧化物 // 83
4.3.4 掺杂的二元 Mn/Fe 基层状氧化物 // 85
4.3.5 结论与展望 // 87

4.4 阴离子参与氧化还原的层状正极材料 // 87
4.4.1 概述 // 87
4.4.2 增强氧的氧化还原活性及其可逆性的方法 // 88
4.4.3 结论与展望 // 92

4.5 总结与未来发展趋势 // 92

参考文献 // 92

第 5 章 钠离子电池聚阴离子类磷酸盐正极材料 // 102

5.1 引言 // 102

5.2 磷酸盐类电极材料 // 104
5.2.1 过渡金属磷酸钠（PO_4^{3-}）// 104
5.2.2 过渡金属偏磷酸钠 $(PO_4^{3-})_3$ // 106
5.2.3 过渡金属焦磷酸钠（$P_2O_7^{4-}$）// 108
5.2.4 过渡金属氧磷酸钠（OPO_4）// 110
5.2.5 过渡金属氟磷酸钠 // 112
5.2.6 氟化氧磷酸钒钠 $Na_3V_2(PO_4)_2F_{3-x}O_x(0 \leq x \leq 2)$ // 113
5.2.7 过渡金属亚硝酸钠 $Na_2M_2^{II}(PO_3)_3N$ 和 $Na_3M^{III}(PO_3)_3N$ // 116

5.3 混合聚阴离子类电极材料 // 117
5.3.1 磷酸盐–焦磷酸盐混合聚阴离子化合物 [$(PO_4)(P_2O_7)$] // 117
5.3.2 碳酸盐–磷酸盐混合聚阴离子化合物 [$(CO_3)(PO_4)$] // 121

5.4 总结与展望 // 122

参考文献 // 125

第 6 章 钠离子电池的普鲁士蓝电极 // 133

6.1 概述 // 133
6.2 结构与化学键 // 133

IX

6.3 影响电化学行为的因素 // 135
   6.3.1 结构转变 // 135
   6.3.2 空位和水分子 // 136

6.4 合成策略 // 137
   6.4.1 溶液共沉积法 // 137
   6.4.2 水热法/溶剂热法 // 137
   6.4.3 电镀 // 138

6.5 水性钠离子电池 // 138
   6.5.1 单氧化还原 PBA // 138
   6.5.2 多电子氧化还原 PBA // 139
   6.5.3 全 PBA 水性钠离子全电池（ASIB）// 140

6.6 非水性 SIB // 141
   6.6.1 $Na_xM[Fe(CN)_6]^-$ 单氧化还原位点 // 141
   6.6.2 $Na_xM[Fe(CN)_6]^-$ 多氧化还原位点 // 143
   6.6.3 $Na_xM[A(CN)_6]^-$ 改变 C-配位金属 // 144

6.7 商业化实用性 // 145

6.8 挑战和未来方向 // 145

参考文献 // 146

第7章 利用原位 X 射线和中子散射技术从原子尺度研究钠离子电池 // 151

7.1 原位研究的重要性和优点 // 151

7.2 原位 X 射线粉末衍射 // 154
   7.2.1 X 射线源和探测器的选择 // 154
   7.2.2 设计基于 X 射线粉末衍射的原位电池 // 156
   7.2.3 构建适用于原位 X 射线衍射实验的钠离子电池 // 157
   7.2.4 X 射线粉末衍射数据的分析 // 159

7.3 基于原位 X 射线粉末衍射技术研究钠离子电池的实例 // 160

7.4 能提供结构信息的其他原位技术 // 162
   7.4.1 中子粉末衍射 // 162
   7.4.2 利用全散射和对分布函数分析局域原子结构 // 163

参考文献 // 166

第8章 钠离子电池的核磁共振研究 // 170

8.1 概述 // 170

8.2 电池材料的 NMR 相互作用 // 171

8.2.1 四极相互作用　// 171

8.2.2 顺磁作用　// 173

8.2.3 奈特位移　// 174

8.3 电池材料 NMR 谱的采集　// 175

8.3.1 魔角旋转　// 175

8.3.2 电池材料的非原位 NMR 表征　// 177

8.3.3 电化学池的工况原位/现场原位 NMR 检测　// 178

8.4 案例　// 180

8.4.1 碳基负极的嵌钠反应　// 180

8.4.2 正极材料的固体 NMR 研究　// 188

8.4.3 $NaPF_6^-$ 基电解液的分解　// 192

8.5 总结与展望　// 194

参考文献　// 195

第 9 章　钠离子电池电极材料模拟　// 203

9.1 概述　// 203

9.2 密度泛函理论和分子动力学模拟　// 203

9.2.1 DFT 模拟中的近似值　// 204

9.2.2 吸附能和插层能　// 204

9.2.3 相稳定性　// 205

9.2.4 电压曲线　// 205

9.2.5 钠迁移和扩散　// 205

9.3 正极材料　// 206

9.3.1 层状正极材料　// 206

9.3.2 聚阴离子正极材料　// 209

9.3.3 普鲁士蓝类似物　// 214

9.4 负极材料　// 215

9.4.1 碳基负极材料　// 215

9.4.2 二维负极材料　// 218

9.4.3 层状负极材料　// 220

9.4.4 合金钠离子电池负极材料　// 225

9.5 总结　// 228

致谢　// 229

参考文献　// 229

第10章　对分布函数在钠离子电池研究中的应用　// 237

10.1　全散射及对分布函数（PDF）简介　// 237
　　10.1.1　常规晶体分析（布拉格衍射）和全散射　// 237
　　10.1.2　对分布函数的定义　// 238
　　10.1.3　获得对分布函数的实验方法　// 239
　　10.1.4　电池材料数据收集方法　// 240

10.2　分析对分布函数　// 242
　　10.2.1　独立于模型的分析　// 242
　　10.2.2　PDF 分析建模　// 243

10.3　钠离子对分布函数分析电池材料　// 245
　　10.3.1　硬碳阳极　// 245
　　10.3.2　锡阳极　// 250
　　10.3.3　锑阳极　// 252
　　10.3.4　Na(Ni$_{2/3}$Sb$_{1/3}$)O$_2$ 中的局域阳离子有序度　// 254
　　10.3.5　水钠锰矿材料　// 255
　　10.3.6　电解质　// 257

10.4　对分布函数应用的前景　// 258

参考文献　// 259

第 1 章
钠离子电池石墨负极

作者：*Gustav Åvall, Mustafa Goktas, and Philipp Adelhelm*
译者：李钰琦

▼ 1.1 概述

石墨作为一种"能量储存化合物"表现出独特的能力。它结合力较弱的层状结构以及分散的电子为其提供了在嵌入反应方面的大量化学变化可能性，其中最引人入胜的或许是与所有其他锂离子电池（LIB）电极材料相比，石墨能够储存阳离子和阴离子这一事实。石墨是迄今为止最常用的 LIBs 负极材料，天然石墨和合成石墨都有所使用。乍一看，将石墨用于钠离子电池（SIB）似乎非常合理。然而，在所有碱金属中，只有钠没有显著的石墨嵌入容量。因此，需要采取其他方法才能在 SIB 中使用石墨。

本章将首先简要概述不同类型的石墨嵌入化合物（GIC），随后讨论石墨在 LIB 和 SIB 中的应用；接着讨论了其储存容量有限的原因，并提出了一种解决这一问题的策略。后者涉及所谓的三元石墨嵌入化合物（t-GIC），其中溶剂分子与钠离子一起共嵌入石墨晶格。尽管 t-GICs 已知存在于数十年，但直到最近才发现它们在电化学电池中的形成高度可逆且非常快速。本章讨论了这种反应类型的基本方面，提供了过去几年中获得的研究结果概览。本章最后展望了石墨在 SIB 中的未来应用。

▼ 1.2 石墨与石墨嵌入化合物（GIC）

在不同的碳同素异形体（石墨和钻石）及相关纳米结构（石墨烯、纳米管和纳米纤维、富勒烯）中，石墨在技术上是最重要的一种。石墨由平面的石墨烯层组成，这些层以 ABA 的堆叠顺序沿着 c 轴（六角形石墨）堆叠，如图 1.1 所示。如图 1.1 所示的菱形石墨（ABC 堆叠）也存在，但这种结构在热力学上不太有利。层内的键是强共价键，而层间存在弱的范德华键（π-π 相互作用）[2]。这种弱相互作用是石墨作为各种分子和离子的宿主从而形成 GICs 家族的重要性质[2a, 3]。最早关于 GICs 的报道可以追溯到 19 世纪中期[4, 5]。这些 GICs 由石墨和 HSO_4^- 以及 H_2SO_4 分子间隔组成。

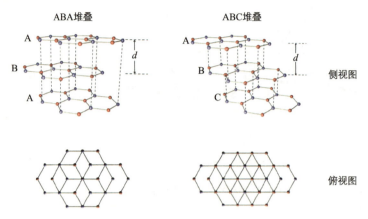

图 1.1 （左）石墨的 ABA 堆叠顺序和（右）ABC 堆叠顺序；d 表示层间距离

GIC 形成的一个重要特征是石墨的层状结构始终保持完整。然而，取决于储存物质（嵌入物）的性质，层间距离以及堆叠顺序会发生变化。另一个特点是嵌入并不是随机发生的。相反，嵌入物倾向于有序排列，从而形成周期性结构。随着嵌入物浓度的增加，所有层间空间最终被填满。随后填充石墨的过程称为"阶变"，这一现象在 20 世纪 30 年代由 Rüdorff 和 Hofmann 观察到[6]。GIC 的阶段 n 形式上对应于两层嵌入物之间的石墨烯层数。例如，从 $n=4$（LiC_{36}）到 $n=1$（LiC_6）的阶段常常被报道为锂对石墨的嵌入[7]。然而，不同阶之间的转换并非易事，因为嵌入物不能穿过石墨烯层，所以需要一种特殊的机制。目前普遍接受的模型是 Daumas 和 Herold 在 1969 年提出的领域模型[8]，这一模型仍用于研究热力学与动力学，尤其是对于 Li^+ 的嵌入[9]。值得注意的是，石墨的类型也会影响阶转换，例如 HSO_4^- 嵌入[10]。显然，离子的嵌入（以及石墨的还原/氧化）会导致 GIC 的电、磁性和热性质的改变[11]。例如，Li-GIC 的颜色和导电性会根据阶而变化。有关 GIC 结构和性质的更详细描述，可以在 M.S.Dresselhaus 和 G.Dresselhaus 的著名综述[11b] 以及 Zabel 和 Solin 的书籍中找到[12]。实际上，许多 GIC 在 20 世纪 70 年代和 80 年代就已经被密集研究，但由于分析工具和理论的改进，这些材料近年来再次引起人们的兴趣，特别是在电池方面。这超越了 Li、Na 或 K 电池[13]，还涉及 Mg 和 Al 电池[14]，或双离子电池（DIB）[1f, 15]。

如前所述，GIC 家族非常庞大，因为存在许多不同的嵌入物。对于离子类的嵌入，石墨必须被还原或氧化以保持电荷中性。例如，Li 离子的嵌入伴随着石墨的还原，即形式上将 Li（$Li^+ + e^-$）添加到石墨中形成 LiC_6（第 I 阶段）。为了分类不同的 GIC，阳离子的嵌入导致所谓的"供体型"GIC，而阴离子的嵌入则导致"受体型"GIC。另一种分类 GIC 的方法是根据嵌入物的数量。大多数报道的 GIC 是"二元"GIC（b-GIC），因为它们由石墨和一种类型的嵌入物组成。然而，也报告了"三元"GIC（t-GIC）或更复杂的 GIC，在这些 GIC 中，两种嵌入物同时嵌入。例如，可以是阳离子和溶剂分子，比如这里讨论的 Na^+ 与醚溶剂分子共嵌入形成 Na（二乙二醇二甲醚）$_y C_{\sim 20}$ t-GIC。但也可以是两种金属如 Au 和 K 形成 t-GIC[16]。其他常见的例子包括卤化物，如 $FeCl_3$[17]、$MoCl_5$[18] 或 $AlCl_4^-$，这些现在也作为电极材料进行研究。t-GIC 可以进一步分类为均相和非均相，这取决于分子层面是如何结构演变的。这种差异在图 1.2 中有所说明，正如 Solin 所讨论的[19]。然而，有趣的是，在某些情况下，只有两种嵌入物的组合才能形成 GIC，而单独的嵌入物则不会自行嵌入。考虑到这一点，很容易看出 GIC 的化学性质极为丰富，并且可以通过添加额外的反应物来定制，可能存在大量尚未研究的 GIC（见图 1.2）。

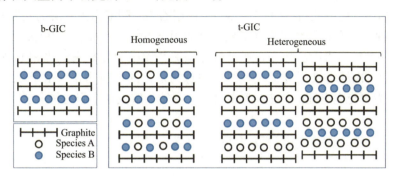

图 1.2　将 GIC 分类为二元 GIC（b-GIC），其中单一物质嵌入石墨，以及三元 GIC（t-GIC），其中两种独特物质被嵌入。t-GIC 可以进一步划分为均相的（其中两种物质在石墨中随机分布）和非均相的，其中两种嵌入物以可区分的层次有序排列（来源：改编自文献 [19]）

1.3　石墨作为锂/钠离子负极材料

1.3.1　石墨在锂离子电池中的应用（富锂二元 GIC）

碳素材料的发展对锂离子电池（LIB）的成功至关重要。在第一代商业电池中，基于早期由 Asahi Kasai 的吉野彰（2019 年诺贝尔奖得主）等人的研究，采用了无序碳作为负极材料[20]。无序碳可分为硬碳和软碳。两者的区别在于软碳可以通过热处理转化为石墨，因为它们基于芳香前体。另一方面，硬碳因其极高的无序程度（更高的 sp^3 含量）在实际条件下不能转化为石墨。无序碳的微观结构极其复杂，主要取决于炭化温度和所用前体类型。这些碳通常含有较多的异种元素，如 H、O 或 N，这些元素也强烈影响碳的性质。由于无序性，硬碳中不同的机制有助于储存锂和钠等碱金属。与石墨相比，这些材料不会发生阶变现象，离子插入发生在更广泛的电位范围内，导致更平缓的电压行为[21]。硬碳在钠离子电池（SIB）中的发展经常被总结在相关文献中[22]，也可参见关于硬碳的章节。尽管无序碳颇具前景，但重要的是要认识到，由于石墨具有更好的整体性能，其在 LIB 中得到了广泛应用。

石墨的理论容量为 372mA·h·g^{-1}（基于 LiC_6 的化学计量学），商业电池观察到的容量约为 360mA·h·g^{-1}。该反应可以概括如下：

$$Li^+(solv)n(l) + x \cdot C(s) + e^-(g) \rightleftharpoons LiC_x(s) + n \cdot solv(l) \qquad (1.1)$$

LiC_x 是一个二元 GIC。如前所述，反应经过几个中间阶段，可以通过 X 射线衍射（XRD）跟踪[23]。对于最终阶段（第 I 阶段），x 等于 6[22a, 24]。还原氧化活性主要发生在

0.05～0.2V vs. Li⁺/Li 之间。该方程强调了液态电解质中 Li⁺ 需要在电荷转移过程中剥离溶剂化壳的事实。这与下一节讨论的溶剂化壳（或其部分）与钠离子一起共嵌入石墨晶格的概念在本质上不同。

原本，石墨被认为不适用于 LIBs，因为在嵌入过程中会发生石墨晶格的分层，例如当使用丙烯碳酸酯作为电解质溶剂时[25]。然而，使用乙烯碳酸酯作为共溶剂成为解决这个问题的突破[26]。这种溶剂在石墨粒子表面形成有利的固态电解质界面层（SEI），因此使 Li⁺ 的高度可逆嵌入/脱嵌成为可能。如今，通过特殊添加剂和成型方案来优化 SEI。SEI 的概念由 E. Peled 引入[27]，也经常被反复提及。值得注意的是，到目前为止，由于缺乏合适的 SEI，阻碍了将 Li 作为可充电电池的负极材料的使用，尽管为解决这个问题付出了巨大努力[28]。

1.3.2　在钠离子电池中使用石墨的问题（缺乏富钠二元 GIC）

由于锂和钠在化学上的相似性，使用碳材料制作钠离子电池似乎是一种直接的方法。尽管硬碳显示出相当的钠储存能力，但长期以来石墨的使用并不成功。报告的容量值相当低，通常在 20～40mA·h·g⁻¹ 的范围内，即没有形成富钠的二元 GIC（富 Na b-GIC）[29]。这通常被解释为钠离子的较大尺寸（r_{Na^+} = 1.06Å vs. r_{Li^+} = 0.76Å，1Å=0.1nm）；然而，更大的碱金属离子似乎在形成 b-GIC（如 KC_8、RbC_8 和 CsC_8）时没有困难[11b]。因此，碱金属离子的大小并不足以决定一个离子是否能够嵌入石墨。

针对缺乏富钠 b-GIC 的问题，几项理论研究发现，它们在热力学上是不利的[24b, 30]。Nobuhara 等人将钠离子富集的 b-GIC 中的正向形成能量与石墨烯片内 C—C 键的拉伸和随后的不稳定性联系起来[24b]，而 Liu 等人发现，在所有碱金属和碱土金属中，钠和镁离子通常显示出最弱的与基底的结合，这一点来自于相互竞争的电离能和离子-基底耦合的趋势[30a]。Moriwake 等人发表的一项重要理论研究表明，应该将 Li（而不是 Na）视为碱金属 b-GIC 系列中的异常。根据碱金属的趋势，Li b-GIC 也应该是不稳定的；然而，额外的共价键结合使结构稳定，从而使其形成在热力学上变得可行[30b]。Lenchuk 等人也报告了类似的结论，支持富钠 GIC 在热力学上不利的论点，而锂在碱金属中打破了趋势[30c]。

1.3.3　在钠离子电池中使用石墨的解决策略（利用富钠的三元 GIC）

由于缺乏富钠的二元 GIC（Na-rich b-GIC），在钠离子电池中使用石墨似乎并不乐观。然而，在 2014 年，Jache 和 Adelhelm 以及 Kim 等人独立报告了一种可逆的氧化还原反应[31]。在该研究中，他们用醚类替代了传统的基于碳酸盐的电解质，这样获得了 100～150mA·h·g⁻¹ 的储存容量。尽管特定容量与硬碳相比较差，且有较大的体积膨胀，但初始库仑效率（ICE）、循环寿命和反应动力学明显更好。这种反应的底层储存机制是形成一个三元 GIC（t-GIC），这只在使用醚类作为电解质溶剂的情况下发生。与二元 GIC（b-GIC）一样，在充放电过程中观察到几个中间相（阶段），这可以从图 1.3a 和图 1.3b 中看出。嵌入开始于接近 1V vs. Na⁺/Na 的位置，之后发生特征性的步骤（在图 1.3b 中峰值清晰可见）。在~0.6V vs. Na⁺/Na 处出现一个较大的平台，代表两相区域，接着是主要的赝电容区域，一直到 0V vs. Na⁺/Na。形成三元 GIC 的半电池反应可以写为：

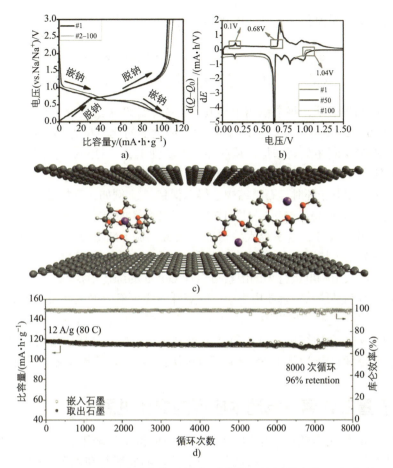

图 1.3 （a）1mol NaOTf- 二乙二醇二甲醚中的石墨电压曲线，特征平台位于（b）约 0.7V vs. Na/Na$^+$；（c）二乙二醇二甲醚与钠共嵌入石墨的示意图；（d）该反应高度可逆，经过 8000 次循环后显示出 96% 的容量保持率（来自文献 [32]，经美国化学学会许可）

$$Na^+(solv)_n + x \cdot C + e^- \rightleftharpoons Na(solv)_nC_x \quad (1.2)$$

与二元 GIC（b-GIC）的形成 [反应方程式（1.1）] 相比，在此过程中，溶剂化壳在电荷转移时被（部分）共嵌入，从而形成 Na(solv)$_n$C$_x$ 化合物（见图 1.3c）。换句话说，电荷转移过程中不发生脱溶剂作用，从而降低了电荷转移的激活能。值得注意的是，自 20 世纪 50 年代以来，已经通过化学方法制备了 Na t-GIC，主要目的是探索这一材料类别的结构多样性[12, 33]。也有一些电化学研究报道，但最近发现的这种反应的意外可逆性引起了过去几年对这一反应的重新关注。确实，共嵌入溶剂分子通常被认为是锂离子电池石墨电极中相当棘手的问题，这一过程导致石墨结构的分层，从而导致电极快速退化，因此这种可逆性一开始是令人惊讶的。然而，使用醚类作为电解质溶剂似乎克服了这个问题。有趣的是，在使用锂的情况下，使用醚类也会发生 t-GICs 形成，但与钠电池相比，其循环寿命较差[31a]。与此同时，已经发表了一系列关于电化学电池中 t-GICs 形成的研究，并最近在 Park 等人[34] 和 Li 等人[1c] 的综述中进行了总结。

对于二乙二醇二甲醚作为溶剂,电化学半电池反应可以写为:

$$Na^+(二乙二醇二甲醚)_n(l) + x \cdot C(s) + e^-(g) \rightleftharpoons$$
$$Na(二乙二醇二甲醚)_nC_x(s) \quad n = 1 \text{ or } 2, x = 16 \sim 26 \quad (1.3)$$

实验和理论结果表明,每个钠离子共嵌入了一个或两个溶剂分子(见图1.1c),相关文献中 x 的值为 16~26 不等[31a, 32, 35]。对于 $x=20$,理论上的比容量为 112mA·h·g^{-1}(石墨)。共嵌入时,石墨烯层间距显著增加,从 3.35Å 扩展到 11.3~11.9Å,直至形成第Ⅰ阶段化合物。这种大的体积变化通常对电极的循环寿命有害[29e, 35a, 35c, 36]。然而,令人惊讶的是,即使在高倍率和高电流密度下循环时,石墨结构也得以保持[36]。例如,已报道超过 8000 次循环[32],并且电流密度高达至少 30A·g^{-1}(见图1.3d)。高倍率性能要求快速扩散,考虑到离子及共嵌入的溶剂分子的大尺寸,这是令人惊讶的。核磁共振(NMR)研究表明,快速扩散是由二乙二醇二甲醚分子(特别是在 Na$^+$ 的情况下)几乎自由旋转实现的[35b, 37]。关于这一特殊反应的更详细讨论以及影响电极行为的因素可以在 Gotoh 的综述中找到[38]。最后,重要的是强调,反应所需的溶剂必须从电解质中供应。这意味着需要额外的电解质。考虑式(1.3)并假设 $n=2$ 和 $x=20$,所需电解质量为 10.7μL(m·A·h)$^{-1}$ 或 1.18μL·m·g^{-1}(石墨)[39]。

总的来说,关于确切结构、组成和反应动力学(例如,晶格中溶剂化离子的扩散、电荷转移过程、晶格变化等)仍有许多未解答的问题。下一节将会讨论这些问题。

▼ 1.4 石墨在钠离子电池中应用的最新进展

最近在使用石墨制造钠离子电池(SIB)方面取得了显著进展,特别是在解决富钠三元石墨嵌入化合物(t-GIC)的挑战方面。一个关键的发展是在电解质中使用不同的溶剂,这对共嵌入电压和 t-GICs 的稳定性有重大影响。研究表明,使用不同链长的溶剂可以改变平均共嵌入电压,表明更长的醚类溶剂分子可能由于在溶剂化结构中更好地屏蔽钠离子而导致更高的嵌入电位。这种方法有助于稳定 t-GIC 结构,并减少正电荷嵌入物与负电荷石墨烯层之间的排斥作用。这种稳定对于提高石墨在 SIB 中的能量存储容量是有益的。

此外,还探索了使用膨胀石墨(EG)作为 SIB 的阳极材料。EG 样品表现出低表面积,这意味着低度的剥离和良好的石墨样堆叠形态的保持。这一特性对 SIB 有益,因为它为有效的钠离子传输和存储提供了必要的结构完整性。这些材料的石墨化程度和电子导电性也已被表征,显示 EG 部分保持了其石墨特性,并表现出比氧化石墨(GO)更好的导电性。通过透射电子显微镜(TEM)成像观察到的这些材料的形态表明,它们具有良好组织的结构和扩展的层间距离,适合钠离子传输[43]。

总体而言,这些进展表明,石墨在 SIB 中的应用前景光明,重点是优化嵌入机制,并改善材料的结构和电气性能,以获得更好的性能。

1.4.1 循环过程中晶格和电极膨胀

在离子嵌入、共嵌入或吸附的电化学过程中,电极会经历晶格结构的变化,导致电极体积的变化。如果电极在循环过程中持续膨胀和收缩导致显著的机械应力,电池的循环寿命可能会大大受限。此外，大的体积膨胀限制了系统的体积能量和功率密度。因此，由于共嵌入导致石墨烯层间距的巨大变化，电极的体积膨胀在这些系统中是一个非常重要的话题。为了监测循环过程中晶格的变化，可以进行原位/实时 X 射线衍射（XRD）分析。Seidl 等人使用实时 XRD 研究了单、双、三、四乙二醇二甲醚的阶变行为，并发现三乙二醇二甲醚导致最小的晶格膨胀，同时也跳过了第三阶段化合物的形成。总的来说，完全钠化后的层间距为 11.59 ~ 12.01Å [36]。Jache 等人也通过事后 XRD 研究了溶剂效应，得出了三乙二醇二甲醚导致最小晶格膨胀的相同结论，见图 1.4a [29e]。另一种研究晶格变化的方法是使用理论模型。密度泛函理论已被用来研究在两个石墨烯层之间放置一个溶剂化离子时，能量上最有利的距离，结果显示层间距从 3.35Å 增加到 11.3Å，与实验结果相符 [45]。因此，预计体积膨胀为 240% ~ 250%。当然，我们不希望离子存储过程中有如此大的体积变化。然而，电极由许多单独的颗粒组成，这些颗粒通过黏结剂粘合在一起，根据制备方法，电极的孔隙度可以在很大范围内调整。实验室电极的孔隙度通常在体积分数 30% ~ 70% 之间变化。因此，电极的膨胀/收缩可能与晶格变化预期的不同。

研究电池循环过程中电极膨胀/收缩的方法是电化学膨胀测量（ECD）。ECD 通常被称为原位方法，尽管实际模式是实时的。测量提供了关于电极的组成和形态如何影响整体体积变化的有价值信息——希望能够找到减轻大体积膨胀的方法。典型的 ECD 测量结果显示在图 1.4b、c 中。图 1.4 显示了在钠电池中使用醚电解质（二乙二醇二甲醚，t-GIC 形成）的石墨电极与在锂电池中使用传统碳酸酯电解质（EC:DMC，b-GIC 形成）的前五个循环的比较。对于钠电池，电极的厚度（最初约 50μm）在初始钠化期间增加了近 200%。随后的脱钠导致电极收缩，但没有恢复到原始值。进一步的循环导致电极有大约 50μm 的周期性膨胀和收缩（也称为"呼吸"），即与初始电极厚度相比变化了 100%。这仍然很大，但与晶格变化相比要小得多。

作为对比，图 1.4 还展示了形成二元 GIC（LiC_6）的电化学膨胀仪（ECD）数据。在这里，锂嵌入过程中的层间距仅增加约 10%，因此与形成三元 GIC 相比，电极厚度的变化也大大减小。对于一个初始厚度为 50μm 的可比电极，二元 GIC 形成的电极呼吸仅为大约 2μm，或 4% ~ 6%（同时容量约为 3 倍）。图 1.4 还显示，两种电池的第一个循环都是特殊的，即初始厚度变化远大于后续循环。这种"激活"可能归因于多种现象，但很可能是由于颗粒重构和剥离造成的。这种剥离可以从扫描电子显微镜（SEM）图像中看到，见图 1.4d、e。尽管原始石墨颗粒平滑且定义清晰，但在第一个循环内颗粒就被剥离成小片。然而，重要的是，石墨没有发生分层，即石墨烯层没有分离。这些小片仍然保持石墨晶体，平均晶体厚度约为 30nm，且结晶性在数千个循环中得以保持。这可以从事后分析或仅从循环过程中保持其特征形状的电压曲线中看出。ECD 观察到的初始大体积膨胀捕捉到了形成小片的不可逆剥离过程，而后续循环中观察到的呼吸是由于小片结构中的可逆共嵌入过程。第一个循环中的膨胀也取决于黏结剂的类型，Escher 等人在比较聚偏氟乙烯（PVDF）和羧甲基纤维素（CMC）时表明了这一点 [46]。关于 ECD 方法的全面综述可以在文献 [47] 中找到。总的来说，锂和钠电池之间 ECD 结果的巨大差异直接表明了不同的反应机制，且测量结果与 XRD 研究 [31a] 很好地相关。

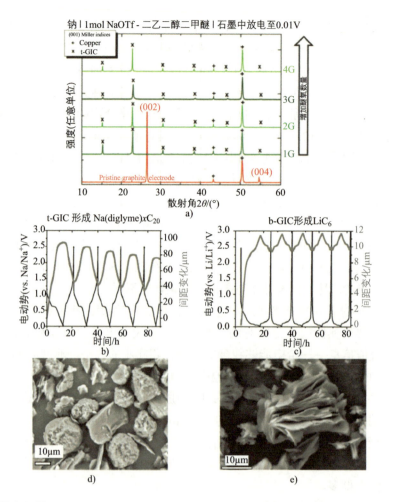

图1.4 （a）X射线衍射（XRD）测量显示了在共嵌入反应期间晶格间距的大幅变化（来源：改编自文献[35d]）；电化学膨胀仪（ECD）用于跟踪随后的体积膨胀，其中可以看到（b）共嵌入反应和（c）嵌入反应之间的明显对比；扫描电子显微镜（SEM）图像显示了（d）原始石墨颗粒和（e）初始钠化后的剥离石墨（来源：摘自文献[45]，经John Wiley & Sons许可）

1.4.2 电解质影响

反应方程式（1.3）表明，溶剂成为氧化还原反应的一部分。这为定制石墨电极的氧化还原行为提供了机会。例如，使用一系列乙二醇二甲醚化合物可以将氧化还原电位移动约200mV[29e, 48]。乙二醇二甲醚、二乙二醇二甲醚、三乙二醇二甲醚、四乙二醇二甲醚和五乙二醇二甲醚已被多个研究小组系统地研究。醚系列中的例外是三乙二醇二甲醚和五乙二醇二甲醚，因为它们在室温下没有显示出明确的氧化还原平台，并且容量较低。在三乙二醇二甲醚的情况下，这被解释为钠离子的不利配位[29e]。五乙二醇二甲醚可能太黏稠，无法在室温下获得更好的结果。

由于醚类化合物的相似性，冠醚也已经被研究，并表明它们能够实现共嵌入反应。冠醚 4（12-冠-4）、冠醚 5（15-冠-5）和冠醚 6（18-冠-6）已经被证明能够在较高温度下共嵌入，尽管只取得了有限的成功。一个可能的原因是冠醚缺乏形成三元 GIC 所需的结构灵活性。对于 18-冠-6，获得了接近 80mA·h·g^{-1} 的可逆容量，温度条件为 60℃ [39]。电压曲线显示出大的极化和许多步骤，表明这是一个复杂的存储机制与迟缓的动力学。

与溶剂不同，阴离子不参与共嵌入过程，因此不影响共嵌入反应。然而，阴离子对电池中的界面/相界层有影响，因此可以对电化学行为产生强烈影响。Goktas 等人对传导盐的影响进行了系统研究 [48]，将含有 NaOTf、NaPF$_6$、NaClO$_4$、NaFSI 和 NaTFSI 的二乙二醇二甲醚基电解液进行了比较。研究得出结论，盐类可以按照 NaOTf ≥ NaPF$_6$ > NaClO$_4$ > NaFSI ≫ NaTFSI 的顺序从好到差进行排名。NaTFSI 表现不佳的原因是其在低电位下的不稳定性，导致石墨电极和半电池实验中的 Na 对电极发生副反应。NaTFSI（部分也是 NaFSI）的副反应导致过大的放电容量、低库仑效率和差的循环寿命。副反应还影响电极的膨胀，其中循环过程中电极厚度增加到更大的值，并且离子被困在石墨结构中。对于 NaPF$_6$ 和 NaOTf，其获得了优异的循环寿命和高库仑效率。通过气体分析对副反应的程度进行了跟踪，明显显示 NaTFSI 和 NaFSI 有持续的副反应。

Xu 等人系统研究了盐浓度对氧化还原行为的影响 [40]，将 NaPF$_6$ 的浓度从 0.05mol 增加到 3mol 导致电压下降。在较低浓度范围（0.05～1mol）内，仅发现轻微影响，电压仅变化 8mV。在浓缩电解液（1～3mol）中发现了更强的影响，电压移动约 100mV。

除了乙二醇二甲醚、少数乙二醇二甲醚衍生物和一些冠醚 [29e, 39] 之外，乙二胺（EN）作为共溶剂是迄今为止唯一显示对共嵌入行为有影响的其他溶剂。Zhang 等人的研究显示，使用乙二胺与二乙二醇二甲醚按 1:1 比例混合时，可以降低平台电压 [49]。Escher 等人对更少量（体积分数 10% EN）添加的研究也发现了相同的结果 [46]。添加 EN 改变了电压曲线，表明它积极参与反应。尽管这种基础氧化还原反应尚不清楚，但两种溶剂（EN 和二乙二醇二甲醚）可能共同共嵌入石墨晶格。这导致了结构复杂性的进一步增加，并展示了调节三元 GIC 性质的另一种可能性。有趣的是，添加 EN 也显著降低了晶格和电极的膨胀。通过 ECD 测量的电极呼吸只有大约 20%。带有和不带有 EN 作为共溶剂的电压曲线和 ECD 数据的比较显示在图 1.5 中。

1.4.3 温度影响

温度对三元 GIC 形成的影响也已被研究。通常情况下，温度会影响反应的动力学和热力学性质。从热力学角度来看，电池电压 E 随温度的变化取决于反应熵，根据 $(dE/dT) = \Delta S/zF$ 计算。从动力学角度来看，速率常数 k 依据温度遵循 $k = \text{Const.} \cdot \exp(E_a/k_B T)$ 变化，其中 E_a 是激活能。Goktas 等人在 25～85℃ 之间进行的系统测量显示，在单、双和四乙二醇二甲醚中的反应是热力学控制的，因为平台氧化还原电位随着温度的升高线性降低 [39]。同一研究显示氧化还原电位的温度系数为 $(-2.55 \pm 0.3)\text{mV} \cdot \text{K}^{-1}$，可用于计算反应的熵变。Xu 等人也讨论了熵变，指出三元 GIC 形成的熵变比传统嵌入反应大 [28b]。这意味着三元 GIC 反应的氧化还原电位对温度相对敏感（尽管在合理的温度范围内绝对变化仍然很小）。如前所述，使用三乙二醇二甲醚和五乙二醇二甲醚作为溶剂与单、双和四乙二醇二甲醚相比，室温下的氧化还原活性较差。温度依赖性研究表明，这是一个动力学效应，两种溶剂在稍高温度下，从大约40℃开始就能很好地工作[39]。提高电池温度也可以促进副反应，当超过70~80℃时就会开始。

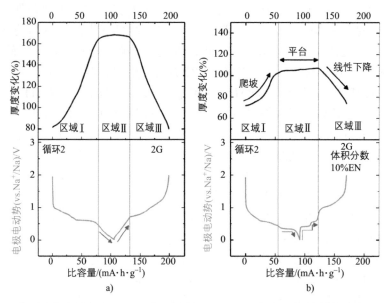

图 1.5　纯二乙二醇二甲醚（2G）和二乙二醇二甲醚+10%乙二胺（EN）的钠电池中三元GIC形成的电压曲线和电化学膨胀仪（ECD）数据；导电盐为$NaPF_6$；添加EN改变了氧化还原行为，这从电压曲线的变化可以看出，并显著减少了电极的膨胀/收缩（呼吸）；图表显示了第二个循环（来源：摘自文献[46]，John Wiley & Sons/CC BY 4.0）

1.4.4　理化性质

在电池电解液中，黏度和离子导电性是两个非常重要的物理化学性质，这两种性质都高度依赖于温度。对于乙二醇二甲醚，黏度随着乙二醇二甲醚链的长度增加而增加，从单乙二醇二甲醚的0.78mPa·s增加到四乙二醇二甲醚的7.59mPa·s（在20℃时）。由于单乙二醇二甲醚的高蒸气压，其黏度仅在20℃时被确定。然而，五乙二醇二甲醚的黏度远高于其他乙二醇二甲醚，在20℃时为186mPa·s，但随着温度升高，黏度急剧降低至72.2mPa·s（50℃），一直到22.4mPa·s（80℃）。尽管电极反应的动力学性质取决于许多参数，但低黏度值是受青睐的[39]。

电解质的离子导电性对电池至关重要。基于二乙二醇二甲醚的电解液比基于单、三、四和五乙二醇二甲醚以及冠醚的电解液具有显著更高的导电性。使用NaOTf时，二乙二醇二甲醚中的离子导电性在20℃时为4.47mS·cm^{-1}，升至60℃时增加到5.91mS·cm^{-1}，在80℃时为6.23mS·cm^{-1}，即使在-30℃时，导电性也是1.59mS·cm^{-1}。二乙二醇二甲醚的低冰点（-64℃）在低温电池操作方面是一个优势。值得一提的是，基于三乙二醇二甲醚的电解液在20℃时的离子导电性特别低，仅为0.306mS·cm^{-1}；然而，它在60℃时迅速上升到2.60mS·cm^{-1}，到80℃时达到3.56mS·cm^{-1}[39]。这可能与三乙二醇二甲醚和钠离子之间不利的配位有关[29e, 39]。

几项拉曼光谱研究显示了共嵌入过程如何影响 G、D 和 D' 带 [31b, 32, 41, 51]。原始石墨展示了强 G 带和弱 D 带，这是强 sp2 杂化的 C—C 键的特征。共嵌入后，D 带强度大大增加，D' 带出现，表明了 sp^3 缺陷的形成以及分阶 GIC 的形成，如图 1.6 所示 [31b, 41a, 51]。优异的循环性能再次通过拉曼测量得以体现，因为在 8000 个循环过程中几乎没有观察到结构变化 [32]。

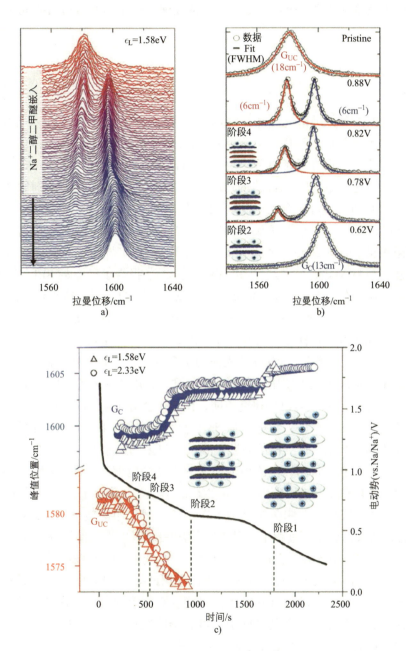

图 1.6 （a）显示高度有序的分级反应的原位拉曼光谱；（b）显示了选定的光谱和分量的洛伦兹拟合；（c）在电化学插层反应过程中跟踪拉曼 G 峰分量的位置，相应的恒流放电（~0.2 A·g^{-1}）曲线显示在右 y 轴上（黑线）（来源：摘自文献 [32]，经美国化学学会许可使用）

除了展示在 8000 个循环后仍保持 96% 的容量和在 30A·g^{-1} 电流密度下以 65% 容量运行的能力之外，即电池可以在 12.5s 内充满电，Cohn 等人还研究了使用伽伐尼间歇循环技术的溶剂化钠离子扩散，并将优异的速率性能归因于电极材料中钠离子的快速扩散[32]。同样，Jung 等人对溶剂化钠离子在石墨烯层间的扩散进行了理论研究，他们惊讶地发现，溶剂化钠离子的扩散系数要高一个数量级（与裸钠或锂离子相比），即 t-GIC 可能特别适合用于高功率电池[35c]。

1.4.5　SEI

SEI（固体电解质中间相）已经在锂离子电池（LIB）中进行了深入研究。SEI 直接影响电池性能，因此其形成和特性至关重要。理想情况下，SEI 对电子具有绝缘性，离子导电性好，化学稳定（但在循环过程中足够灵活以跟随体积变化），并且应在初始循环内形成，以便系统迅速稳定[52]。从经典的角度来看，SEI 还阻止了任何溶剂的共插层。毫无疑问，基于溶剂共插层的可逆石墨电极对 SEI 的传统概念提出了质疑。关于可逆 t-GIC 电极是否存在 SEI，在学术界存在争议。特别是反应如此之快的事实表明，溶解态 Na$^+$ 的电荷传递电阻极低，同时需要一个无 SEI（或几乎无 SEI）界面。因此，有多项研究探讨了 SEI 的特性。虽然 Maibach 等人[52]和 Wang 等人[53]报告了已有的 SEI，但我们的团队和 Kang 团队得出结论，共插层反应需要一个"无 SEI"的界面，这得到了透射电子显微镜（TEM）、X 射线光电子能谱（XPS）和在线电化学质谱（OEMS）研究的支持[45, 54]。在电池电极上分析 SEI 由于各种原因而变得非常困难。然而，在某些情况下，不同的发现可以通过不同的实验条件来解释。Wang 等人使用了含有大量异电碳黑添加剂的石墨电极，而 Maibach 等人和 Goktas 等人则使用了不同的电解质（NaFSI 在四乙二醇二甲醚中与 NaOTf 在二乙二醇二甲醚中）。我们自己的研究表明，NaFSI 会引起额外的副反应[48]，可能会人为地导致过多的 SEI 形成。此外，导电添加剂上也可能形成 SEI，这会掩盖石墨颗粒。通常用于制备电极的黏结剂也存在类似的问题。副反应过多的迹象可以从库仑效率较低的电极中看出，这些电极含有大量的导电添加剂和含 NaFSI 的电解质。图 1.7 显示了电化学循环后石墨颗粒的 TEM 图像，左侧图像显示了在碳酸盐电解质下进行的 Li 电池（b-GIC 形成）的结果，可以观察到 SEI；右侧图像显示了在二乙二醇二甲醚电解质（t-GIC 形成）中循环的 Na 电池的结果，在循环过程中，既没有使用黏结剂也没有使用导电添加剂，在这种情况下，SEI 不可见。Kim 等人也报告了类似的结果，他们通过 TEM（和 XPS）无法找到 SEI[54]。如前所述，对 SEI 的分析具有挑战性，常用的研究 SEI 的技术，如 XPS 和 TEM，都是事后技术，需要样品转移和样品制备，可能会引起表面反应，而被误认为 SEI。另一方面，在样品制备过程中对电极的过度洗涤可能会冲洗掉 SEI。此外，石墨表面的污染也可能是电解质与对电极的反应（交叉反应）导致的。

总体而言，溶解态离子进入石墨的电荷转移是非常有趣的。关于可逆 t-GIC 形成的情况是否存在 SEI 仍然存在争议。与此相关的理论研究表明，二乙二醇二甲醚在可能阻止 SEI 形成的低电位下确实可以稳定[56]。

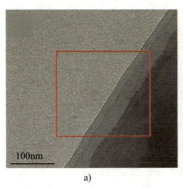 

图 1.7 （a）显示了在 1.2mol LiPF$_6$/EC 电解质中首次充电期间，经过四个截止电压循环的新鲜石墨和石墨阳极上的 SEI 的 TEM 图像（来源：摘自文献 [55]，获得美国化学学会的许可）；（b）显示了在 1mol NaOTf 二乙二醇二甲醚电解质溶液中循环后的石墨颗粒的 TEM 和 HRTEM 图像（第五个循环结束时，去钠态）；局部插图选择区域电子衍射（SAED）图案的区域，半圆圈表示石墨晶面间距的预期位置（来源：摘自文献 [48]，获得美国化学学会的许可）

1.4.6 增加容量

在钠离子电池（SIBs）中使用石墨作为电极的一个主要限制是其有限的容量，基于 t-GIC 的形成，其仍然保持在大约 110mA·h·g^{-1} 左右。对于电池电极来说，这个值很低（应该远大于 150mA·h·g^{-1}），但与电容电极相比较高，这表明 t-GIC 形成可能更适用于设计高功率电极，例如杂化电容器。通过寻找新的 Na t-GIC，可以获得更高的容量，其中可以存储更多的钠。然而，迄今为止的尝试并不成功。增加容量更实际的方法是添加金属。对于锂离子电池（LIB），众所周知，可以在石墨电极中添加少量硅以增加容量。高容量金属（如 Si 或 Sn）的普遍缺点是它们具有极大的体积膨胀/收缩，导致循环寿命较差，因此需要仔细优化电极和金属含量。到目前为止，Si 作为 SIB 阳极的性能不佳，但对于 Sn 却取得了有希望的结果，Na$_{3.75}$Sn 形成的理论容量为 847mA·h·g^{-1}[57]。Sn 在完全钠化过程中的理论体积膨胀约为 430%[58]。但对于碳/Sn 复合材料，电极层面的膨胀可以小得多。例如，Palaniselvam 等人发现一个含有 58wt%（质量分数）Sn 和 42wt% 硬碳的复合材料的膨胀率为 14%[59]。因此，我们的团队向石墨电极中添加了少量锡，并研究了对钠储存行为的影响[43]。对于含有 17wt% Sn 和 83wt% 石墨的电极，容量达到了 223mA·h·g^{-1}，即与纯石墨电极相比容量大致翻了一番。首周库仑效率（ICE）保持在 90% 以上，电极在至少 2200 个循环中表现出高容量保持。尽管额外的锡使容量翻倍，但其对电极膨胀的贡献可以忽略不计（约为 3%）。由于反应的高倍率能力，该电极作为 Na 离子杂化电容器的阳极（以活性炭作为阴极）进行了测试，在 8000 个循环后保持了 80% 的初始容量，具有优秀的长循环稳定性。基于电极的质量，电池提供了 93W·h·kg^{-1} 的能量密度和 7.8kW·kg^{-1} 的功率密度。

1.5 展望

尽管过去几年来，钠-醚 t-GIC 的形成引起了关注，但仍有许多问题需要未来的研究来解决。首先，有关溶剂、离子和电极材料的性质组合，使这些高度可逆的共插层和电荷转移过程成为可能的基本问题仍然没有答案，并且基本上没有得到解决。然而，已经确定了去溶剂化能作为关键量，且在这方面已经研究了一组非常有限的溶剂[35d]。事实上，由于乙二醇二甲醚电解质和石墨中共插层过程的确切化学计量尚不清楚，因此可能需要更深入和详细的研究，以建立对该现象的基本理解。一旦理解这一过程，可能会发现几个通过共插层机制运行的新系统；事实上，有几项研究正在使用钾和二价甚至三价阳离子[34]。

一些研究已经论证或断言，每个二乙二醇二甲醚分子都伴随着钠离子，因此在离子进入活性材料之前发生了部分去溶剂化。例如，一项研究测量了石墨电极的质量变化，同时进行了能谱 X 射线分析，并发现每个阳离子都伴随着一个溶剂分子[35a]，一些理论研究也考察了钠离子周围的单个溶剂分子[35b, 45]。同样，一些研究已经论证或再次断言，每个钠离子都伴随着两个二乙二醇二甲醚溶剂分子，因此在电荷转移过程中不发生脱溶。当钠离子被两个二乙二醇二甲醚溶剂分子溶解时[35b, 37, 45]，理论研究在 XRD 测量的石墨烯层间距和计算的层间距之间取得了极好的一致性。两项 NMR 研究发现，在石墨基体中，钠离子周围有两个二乙二醇二甲醚分子的溶剂化层保持完整，还有额外的游离二乙二醇二甲醚分子[35b, 37]。此外，其中一项 NMR 研究揭示，钠离子的溶剂化层与锂离子相比和石墨的相互作用更弱，允许钠离子更快地扩散[37]。毋庸置疑的是，由于研究界对究竟是什么进入了石墨通道存在分歧，因此在解决这个问题之前需要更多的研究。

正如前面所述，已经有一些研究调查了这些系统中的 SEI，但结果仍然没有定论，可能是由于所研究的系统不相同，因此 SEI 是否存在，以及如果 SEI 存在的话，其特性仍然没有答案。但是，很明显，要实现高倍率性能，界面必须对整个溶剂化层高度渗透。未来需要解决的实际问题还涉及最小化电解质体积和多层的实际全电池，其中大幅度的呼吸可能导致机械问题。因此，特别希望找到富钠的 t-GIC，其具有更高的容量，但与此同时晶格膨胀更小。更理性的发展将由对石墨晶格、钠离子和共插层溶剂分子之间复杂相互作用的更好理解来实现。至今，Na t-GIC 在实际应用中的一个关键优势似乎是快速的平面内扩散，这使高功率设备成为可能。

参 考 文 献

1 (a) (1990). *Graphite Intercalation Compounds I*. Berlin: Springer-Verlag. (b) Inagaki, M. (1989). Applications of graphite intercalation compounds. *Journal of Materials Research* 4: 1560–1568. (c) Li, Y., Lu, Y., Adelhelm, P. et al. (2019). Intercalation chemistry of graphite: alkali metal ions and beyond. *Chemical Society Reviews* 48: 4655–4687. (d) Hérold, C. and Lagrange, P. (2006). Intercalation reactions into graphite: a two-dimensional chemistry; Les reactions d'intercalation dans le graphite. Une chimie bidimensionnelle. *Actualite Chimique* 33–37. (e) Zhang, M., Song, X., Ou, X., and Tang, Y. (2019). Rechargeable batteries based on anion intercalation graphite cathodes. *Energy Storage Materials* 16: 65–84. (f) Placke, T., Heckmann, A., Schmuch, R. et al. (2018).

Perspective on performance, cost, and technical challenges for practical dual-ion batteries. *Joule* 2: 2528–2550. (g) Xu, J., Dou, Y., Wei, Z. et al. (2017). Recent progress in graphite intercalation compounds for rechargeable metal (Li, Na, K, Al)-ion batteries. *Advanced Science* 4: 1700146.

2 (a) Salvatore, M., Carotenuto, G., De Nicola, S. et al. (2017). Synthesis and characterization of highly intercalated graphite bisulfate. *Nanoscale Research Letters* 12: 167. (b) Rüdorff, W. (1959). Graphite intercalation compounds. *Advances in Inorganic Chemistry and Radiochemistry* 1: 223–266.

3 Yazami, R. and Touzain, P. (1983). A reversible graphite-lithium negative electrode for electrochemical generators. *Journal of Power Sources* 9: 365–371.

4 Schafhäutl, C. (1840). *Journal für praktische Chemie* 21: 129–157.

5 Brodie, B. (1855). *Annals de Chemie et de Physique* 45: 351–352.

6 Rüdorff, W. and Hofmann, U. (1938). *Zeitschrift für anorganische und allgemeine Chemie* 238: 1–50.

7 (a) Guerard, D. and Herold, A. (1975). Intercalation of lithium into graphite and other carbons. *Carbon* 13: 337–345. (b) Sole, C., Drewett, N.E., and Hardwick, L.J. (2014). In situ Raman study of lithium-ion intercalation into microcrystalline graphite. *Faraday Discussions* 172: 223–237. (c) Winter, M., Besenhard, J.O., Spahr, M.E., and Novák, P. (1998). Insertion electrode materials for rechargeable lithium batteries. *Advanced Materials* 10: 725–763. (d) Senyshyn, A., Dolotko, O., Mühlbauer, M.J. et al. (2013). Lithium intercalation into graphitic carbons revisited: experimental evidence for twisted bilayer behavior. *Journal of The Electrochemical Society* 160: A3198–A3205. (e) Schweidler, S., de Biasi, L., Schiele, A. et al. (2018). Volume changes of graphite anodes revisited: a combined operando x-ray diffraction and in situ pressure analysis study. *The Journal of Physical Chemistry C* 122: 8829–8835.

8 Daumas, N. and Herold, A. (1969). *Comptes Rendus des Seances de l'Academie des Sciences, Serie C. Sciences Chimiques*.

9 (a) Gavilán-Arriazu, E.M., Pinto, O.A., López de Mishima, B.A. et al. (2018). The kinetic origin of the Daumas-Herold model for the Li-ion/graphite intercalation system. *Electrochemistry Communications* 93: 133–137. (b) Krishnan, S., Brenet, G., Machado-Charry, E. et al. (2013). Revisiting the domain model for lithium intercalated graphite. *Applied Physics Letters* 103: 251904. (c) Mathiesen, J.K., Johnsen, R.E., Blennow, A.S., and Norby, P. (2019). Understanding the structural changes in lithiated graphite through high-resolution operando powder X-ray diffraction. *Carbon* 153: 347–354.

10 Dimiev, A.M., Shukhina, K., Behabtu, N. et al. (2019). Stage transitions in graphite intercalation compounds: role of the graphite structure. *The Journal of Physical Chemistry C* 123: 19246–19253.

11 (a) Brandt, N.B., Chudinov, S.M., and Ponomarev, Y.G. (1988). *Modern Problems in Condensed Matter Sciences*, Chapter 10, vol. 20, 197–321. Elsevier. (b) Dresselhaus, M.S. and Dresselhaus, G. (2002). *Advances in Physics* 51: 1–186.

12 Zabel, H. and Solin, S. (1990). *Graphite Intercalation Compounds I, Structure and Dynamics*, vol. 14. Springer Series in Materials Science.

13 (a) Nayak, P.K., Yang, L., Brehm, W., and Adelhelm, P. (2018). From lithium-ion to sodium-ion batteries: advantages, challenges, and surprises. *Angewandte Chemie International Edition* 57: 102–120. (b) Hosaka, T., Kubota, K., Hameed, A.S., and Komaba, S. (2020). Research development on K-ion batteries. *Chemical Reviews* 120: 6358–6466.

14 (a) Das, S.K., Mahapatra, S., and Lahan, H. (2017). Aluminium-ion batteries: developments and challenges. *Journal of Materials Chemistry A* 5: 6347–6367. (b) Elia, G.A., Marquardt, K., Hoeppner, K. et al. (2016). An overview and future perspectives of aluminium batteries. *Advanced Materials* 28: 7564–7579.

15 Sui, Y., Liu, C., Masse, R.C. et al. (2020). Dual-ion batteries: the emerging alternative rechargeable batteries. *Energy Storage Materials* 25: 1–32.

16 Fauchard, M., Cahen, S., Lagrange, P. et al. (2019). Overview on the intercalation of gold into graphite. *Carbon* 145: 501–506.

17 Zhang, C., Ma, J., Han, F. et al. (2018). Strong anchoring effect of ferricchloride-graphite intercalation compounds (FeCl 3-GICs) with tailored epoxy groups for high-capacity and stable lithium storage. *Journal of Materials Chemistry A* 6: 17982–17993.

18 Li, Z., Zhang, C., Han, F. et al. (2020). Towards high-volumetric performance of Na/Li-ion batteries: a better anode material with molybdenumpentachloride–graphite intercalation compounds (MoCl5-GICs). *Journal of Materials Chemistry A* 8: 2430–2438.

19 Solin, S.A. (1986). Ternary graphite intercalation compounds. In: *Intercalation Layered Materials* (ed. M.S. Dresselhaus), 291–300. Springer.

20 (a) Blomgren, G.E. (2016). The development and future of lithium ion batteries. *Journal of The Electrochemical Society* 164: A5019–A5025. (b) Yoshino, A., Sanechika, K., and Nakajima, T. (1987). US Patent 4,668,595A.

21 Stevens, D.A. and Dahn, J.R. (2001). The mechanisms of lithium and sodium insertion in carbon materials. *Journal of The Electrochemical Society* 148: A803.

22 (a) Yabuuchi, N., Kubota, K., Dahbi, M., and Komaba, S. (2014). Research development on sodium-ion batteries. *Chemical Reviews* 114: 11636–11682. (b) Irisarri, E., Ponrouch, A., and Palacin, M.R. (2015). Hard carbon negative electrode materials for sodium-ion batteries. *Journal of The Electrochemical Society* 162: A2476–A2482. (c) Dou, X., Hasa, I., Saurel, D. et al. (2019). Hard carbons for sodium-ion batteries: structure, analysis, sustainability, and electrochemistry. *Materials Today* 23: 87–104. (d) Xie, F., Xu, Z., Guo, Z., and Titirici, M.-M. (2020). Hard carbons for sodium-ion batteries and beyond. *Progress in Energy* 2: 042002.

23 (a) Dahn, J.R. (1991). Phase diagram of LixC6. *Physical Review B: Condensed Matter* 44: 9170–9177. (b) Ohzuku, T., Iwakoshi, Y., and Sawai, K. (1993). Formation of lithium-graphite intercalation compounds in nonaqueous electrolytes and their application as a negative electrode for a lithium ion (shuttlecock) cell. *Journal of The Electrochemical Society* 140: 2490–2498.

24 (a) Charlier, A., Charlier, M.F., and Fristot, D. (1989). Binary graphite intercalation compounds. *Journal of Physics and Chemistry of Solids* 50: 987–996. (b) Nobuhara, K., Nakayama, H., Nose, M. et al. (2013). First-principles study of alkalimetal-graphite intercalation compounds. *Journal of Power Sources* 243: 585–587.

25 (a) Fong, R., Sacken, U.Y., and Dahn, J.R. (1990). Studies of lithium intercalation into carbons using nonaqueous electrochemical cells. *Journal of The Electrochemical Society* 137: 2009–2013. (b) Dey, A.N. and Sullivan, B.P. (1970). The electrochemical decomposition of propylene carbonate on graphite. *Journal of Electrochemical Society* 117: 222–224.

26 (a) Xu, K. (2019). A long journey of lithium: from the big bang to our smartphones. *Energy & Environmental Materials* 2: 229–233. (b) Winter, M., Barnett, B., and Xu, K. (2018). Before Li ion batteries. *Chemical Reviews* 118: 11433–11456.

27 (a) Peled, E. (1979). The electrochemical behavior of alkali and alkaline earth metals in nonaqueous battery systems—the solid electrolyte interphase model. *Journal of The Electrochemical Society* 126: 2047. (b) Peled, E., Golodnitsky, D., and Ardel, G. (1997). Advanced model for solid electrolyte interphase electrodes in liquid and polymer electrolytes. *Journal of Electrochemical Society* 144: L208–L210. (c) Peled, E. and Menkin, S. (2017). SEI: past, present and future. *Journal of The Electrochemical Society* 164: A1703–A1719.

28 (a) Krauskopf, T., Richter, F.H., Zeier, W.G., and Janek, J. (2020). Physicochemical concepts of the lithium metal anode in solid-state batteries. *Chemical Reviews* 120: 7745–7794. (b) Fang, C., Wang, X., and Meng, Y.S. (2019). Key issues hindering a practical lithium-metal anode. *Trends in Chemistry* 1: 152–158. (c) Zhang, X.-Q., Cheng, X.-B., and Zhang, Q. (2018). Advances in interfaces between Li metal anode and electrolyte. *Advanced Materials Interfaces* 5: 1701097. (d) Li, S., Jiang, M., Xie, Y. et al. (2018). Developing high-performance lithium metal anode in liquid electrolytes: challenges and progress. *Advanced Materials* 30: 1706375. (e) Yu, X. and Manthiram, A. (2018). Electrode-electrolyte interfaces in lithium-based batteries. *Energy & Environmental Science* 11: 527–543. (f) Nair, J.R., Imholt, L., Brunklaus, G., and Winter, M. (2019). Lithium metal polymer electrolyte batteries: opportunities and challenges. *The Electrochemical Society Interface* 28: 55–61.

29 (a) Wenzel, S., Hara, T., Janek, J., and Adelhelm, P. (2011). Room-temperature sodium-ion batteries: Improving the rate capability of carbon anode materials by templating strategies. *Energy & Environmental Science* 4: 3342. (b) Slater, M.D., Kim, D., Lee, E., and Johnson, C.S. (2013). Sodium-ion batteries. *Advanced Functional Materials* 23: 947–958. (c) Ge, P. and Fouletier, M. (1988). Electrochemical intercalation of sodium in graphite. *Solid State Ionics* 28–30: 1172–1175. (d) Cabello, M., Chyrka, T., Klee, R. et al. (2017). Treasure Na-ion anode from trash coke by adept electrolyte selection. *Journal of Power Sources* 347: 127–135. (e) Jache, B., Binder, J.O., Abe, T., and Adelhelm, P. (2016). A comparative study on the impact of different glymes and their derivatives as electrolyte solvents for graphite co-intercalation electrodes in lithium-ion and sodium-ion batteries. *Physical Chemistry Chemical Physics* 18: 14299–14316.

30 (a) Liu, Y., Merinov, B.V., and Goddard, W.A. 3rd, (2016). Origin of low sodium capacity in graphite and generally weak substrate binding of Na and Mg among alkali and alkaline earth metals. *Proceedings of the National Academy of Sciences* 113: 3735–3539. (b) Moriwake, H., Kuwabara, A., Fisher, C.A.J., and Ikuhara, Y. (2017). Why is sodium-intercalated graphite unstable? *RSC Advances* 7: 36550–36554. (c) Lenchuk, O., Adelhelm, P., and Mollenhauer, D. (2019). New insights into the origin of unstable sodium graphite intercalation compounds. *Physical Chemistry Chemical Physics* 21: 19378–19390. (d) Wang, Z., Selbach, S.M., and Grande, T. (2014). Van der Waals density functional study of the energetics of alkali metal intercalation in graphite. *RSC Advances* 4: 4069–4079.

31 (a) Jache, B. and Adelhelm, P. (2014). Use of graphite as a highly reversible electrode with superior cycle life for sodium-ion batteries by making use of co-intercalation phenomena. *Angewandte Chemie International Edition* 53:

10169–10173. (b) Kim, H., Hong, J., Park, Y.-U. et al. (2015). Sodium storage behavior in natural graphite using ether-based electrolyte systems. *Advanced Functional Materials* 25: 534–541.

32 Cohn, A.P., Share, K., Carter, R. et al. (2016). Ultrafast solvent-assisted sodium ion intercalation into highly crystalline few-layered graphene. *Nano Lett* 16: 543–548.

33 (a) Solin, S.A. and Zabel, H. (1988). The physics of ternary graphite intercalation compounds. *Advances in Physics* 37: 87–254. (b) Lagrange, P., Bendriss-Rerhrhaye, A., and Mcrae, J.F.M.A.E. (1985). Synthesis and electrical properties of some new ternary graphite intercalation compounds. *Synthetic Metals* 12: 201–206.

34 Park, J., Xu, Z.-L., and Kang, K. (2020). Solvated ion intercalation in graphite: sodium and beyond. *Frontiers in Chemistry* 8: 432–432.

35 (a) Kim, H., Hong, J., Yoon, G. et al. (2015). Sodium intercalation chemistry in graphite. *Energy & Environmental Science* 8: 2963–2969. (b) Gotoh, K., Maruyama, H., Miyatou, T. et al. (2016). Structure and dynamic behavior of sodium–diglyme complex in the graphite anode of sodium ion battery by 2H nuclear magnetic resonance. *The Journal of Physical Chemistry C* 120: 28152–28156. (c) Jung, S.C., Kang, Y.J., and Han, Y.K. (2017). Origin of excellent rate and cycle performance of Na±solvent cointercalated graphite vs. poor performance of Li±solvent case. *Nano Energy* 34: 456–462. (d) Yoon, G., Kim, H., Park, I., and Kang, K. (2016). Conditions for reversible Na intercalation in graphite: theoretical studies on the interplay among questions, solvent, and graphite host. *Advanced Energy Materials* 1601519. (e) Kim, H., Yoon, G., Lim, K., and Kang, K. (2016). A comparative study of graphite electrodes using the co-intercalation phenomenon for rechargeable Li, Na and K batteries. *Chemical Communications* 52: 12618–12621.

36 Seidl, L., Bucher, N., Chu, E. et al. (2017). Intercalation of solvated Na-ions into graphite. *Energy & Environmental Science* 10.

37 Leifer, N., Greenstein, M.F., Mor, A. et al. (2018). NMR-detected dynamics of sodium co-intercalation with diglyme solvent molecules in graphite anodes linked to prolonged cycling. *The Journal of Physical Chemistry C* 122: 21172–21184.

38 Gotoh, K. (2021). ^{23}Na solid-state NMR analyses for Na-ion batteries and materials. *Batteries & Supercaps* 4: 1267–1278.

39 Goktas, M., Akduman, B., Huang, P. et al. (2018). Temperature-induced activation of graphite co-intercalation reactions for glymes and crown ethers in sodium-ion batteries. *The Journal of Physical Chemistry C* 122: 26816–26824.

40 Xu, Z.-L., Yoon, G., Park, K.-Y. et al. (2019). Tailoring sodium intercalation in graphite for high energy and power sodium ion batteries. *Nature Communications* 10: 2598.

41 Zhu, Z., Cheng, F., Hu, Z. et al. (2015). Highly stable and ultrafast electrode reaction of graphite for sodium ion batteries. *Journal of Power Sources* 293: 626–634.

42 Hasa, I., Dou, X., Buchholz, D. et al. (2016). A sodium-ion battery exploiting layered oxide cathode, graphite anode and glyme-based electrolyte. *Journal of Power Sources* 310: 26–31.

43 Palaniselvam, T., Babu, B., Moon, H. et al. (2021). Tin-containing graphite for sodium-ion batteries and hybrid capacitors. *Batteries & Supercaps* 4: 173–182.

44 (a) Laziz, N.A., Abou-Rjeily, J., Darwiche, A. et al. (2018). Li-and Na-ion storage performance of natural graphite via simple flotation process. *Journal of Electrochemical Science and Technology* 9: 320–329. (b) Liu, K., Yang, S., Luo, L. et al. (2020). From spent graphite to recycle graphite anode for high-performance lithium ion batteries and sodium ion batteries. *Electrochimica Acta* 356: 136856.

45 Goktas, M., Bolli, C., Berg, E.J. et al. (2018). Graphite as cointercalation electrode for sodium-ion batteries: electrode dynamics and the missing solid electrolyte interphase (SEI). *Advanced Energy Materials* 8: 1702724.

46 Escher, I., Kravets, Y., Ferrero, G.A. et al. (2021). Strategies for alleviating electrode expansion of graphite electrodes in sodium-ion batteries followed by in situ electrochemical dilatometry. *Energy Technology* 9: 2000880.

47 Escher, I., Hahn, M., Ferrero, G.A., and Adelhelm, P. (2022). A practical guide for using electrochemical dilatometry as operando tool in battery and supercapacitor research. *Energy Technology* 2101120.

48 Goktas, M., Bolli, C., Buchheim, J. et al. (2019). Stable and unstable diglyme-based electrolytes for batteries with sodium or graphite as electrode. *Applied Materials and Interfaces* 11: 32844–32855.

49 Zhang, H., Li, Z., Xu, W. et al. (2018). Pillared graphite anodes for reversible sodiation. *Nanotechnology* 29: 325402.

50 Guan, Z., Shen, X., Yu, R. et al. (2016). Chemical intercalation of solvated sodium ions in graphite. *Electrochimica Acta* 222: 1365–1370.

51 Xu, K. (2014). Electrolytes and interphases in Li-ion batteries and beyond. *Chemical Reviews* 114: 11503–11618.

52 Maibach, J., Jeschull, F., Brandell, D. et al. (2017). Surface layer evolution on graphite during electrochemical sodium-tetraglyme cointercalation. *ACS Applied Materials & Interfaces* 9: 12373–12381.

53 Wang, Z., Yang, H., Liu, Y. et al. (2020). Analysis of the stable interphase responsible for the excellent electrochemical performance of graphite electrodes in sodium-ion batteries. *Small* 16: 2003268.

54 Kim, H., Lim, K., Yoon, G. et al. (2017). Exploiting lithium–ether co-intercalation in graphite for high-power lithium-ion batteries. *Advanced Energy Materials* 7: 1700418.

55 Nie, M., Chalasani, D., Abraham, D.P. et al. (2013). Lithium ion battery graphite solid electrolyte interphase revealed by microscopy and spectroscopy. *The Journal of Physical Chemistry C* 117: 1257–1267.

56 Westman, K., Dugas, R., Jankowski, P. et al. (2018). Diglyme based electrolytes for sodium-ion batteries. *ACS Applied Energy Materials* 1: 2671–2680.

57 (a) Ellis, L.D., Hatchard, T.D., and Obrovac, M.N. (2012). Reversible insertion of sodium in tin. *Journal of The Electrochemical Society* 159: A1801–A1805. (b) Li, Z., Ding, J., and Mitlin, D. (2015). Tin and tin compounds for sodium ion battery anodes: phase transformations and performance. *Accounts of Chemical Research* 48: 1657–1665.

58 Chevrier, V.L. and Ceder, G. (2011). Challenges for Na-ion negative electrodes. *Journal of The Electrochemical Society* 158: A1011.

59 Palaniselvam, T., Goktas, M., Anothumakkool, B. et al. (2019). Sodium storage and electrode dynamics of tin-carbon composite electrodes from bulk precursors for sodium-ion batteries. *Advanced Functional Materials* 29: 1900790.

第 2 章
钠离子电池硬碳负极

作者：*Fei Xie, Zhen Xu, Zhenyu Guo, Yuqi Li, Yaxiang Lu, Maria-Magdalena Titirici, and Yong-Sheng Hu*

译者：谢飞

▼ 2.1 概述

几千年以来，碳材料在人类的生活中一直扮演着重要的角色，服务于社会民生的方方面面，碳材料的发展在一定程度上也反映了人类文明的发展进程。从化石燃料到现今的二次电池，碳材料在能源储存与转换领域一直发挥着至关重要的作用。自 20 世纪 90 年代锂离子电池成功商业化以来，二次电池在能源储存应用中做出了不可磨灭的巨大贡献。随着便携式电子设备和电动汽车的发展，为了满足不同的应用场景需要，对于锂离子电池和各类不同的电池技术的需求也日益增长。基于 Web of Science 的统计数据，仅 2020 年关于锂电池的研究论文发表数量就达到了 13443 篇。然而，目前的商业锂离子电池仍面临许多瓶颈和挑战，在过去的 25 年里，商业锂离子电池每年的能量密度增长率仅为 3% 左右[1]。此外，锂资源储量少且分布不均（主要集中在南美洲地区）的问题也极大限制了锂离子电池的未来发展。

因此，开发更加低成本且资源丰富的二次电池技术越来越受到科研人员的广泛关注，其中，钠与锂处于元素周期表的同一主族，且地壳中钠资源含量是锂的 400 余倍，其储量丰富、成本低廉、分布广泛，价格仅为 150 美元 /t（锂价约为 5000 美元 /t）[2, 3]，因此钠离子电池成为研究的重点。另一方面，Hu 等[2, 4]在国际上首次提出了 Cu^{3+}/Cu^{2+} 氧化还原活性和煤基碳负极材料，相较于锂离子电池大量使用含钴等贵金属的正极材料以及石墨负极材料，钠离子电池可使用成本更加低廉的铜基正极和煤基无定形碳负极，从而使其在电极材料层面也具有更大的成本优势。

钠离子电池研究的首要任务之一是如何设计低成本、高性能的电极材料。借鉴锂离子电池研究的成熟经验，各类高性能正极材料被广泛研究和报道，但负极材料一直是一大挑战，不同负极材料的设计会直接影响储钠容量，以及固体电解质中间相（SEI）的形成，从而直接影响电池的能量密度、倍率性能及库仑效率。锂离子电池中最常用的石墨负极无法直接在钠离子电池中作为负极使用，但研究人员发现，无定形碳材料，尤其是硬碳材料，由于具有较多的储钠位点、高的结构稳定性和性价比，被视为是目前最具有实际应用前景的钠离子电池负极材料[2,5,6]。

所谓硬碳材料，是指在极高的炭化温度下也不能被石墨化的碳材料，这主要源于其前驱体天然含有许多如氧等杂原子以及无定形结构。在高温炭化之后，硬碳仍可以保持无定形的结构，同时含有随机分布的石墨微晶层和杂原子，且相比石墨具有更大的碳层间距。此外，硬碳材料也具有许多的闭合孔隙结构，闭孔的尺寸一般由石墨微晶区的尺寸所影响。这样的短程有序、长程无序的结构导致了丰富的缺陷、纳米孔隙及大的碳层间距，从而提供了储钠位点和钠离子扩散通道。此外，前驱体中富含的氧等杂原子也会在硬碳中形成交联区和弯曲的碳层，因而影响其石墨化以及石墨微晶区和孔隙间的连接。因此，理想的硬碳前驱体一般含有丰富的氧等杂原子，这些杂原子在炭化后也会制造缺陷结构而促进钠离子的吸附[7,8]。另一方面，由于硬碳结构的多样性，不同前驱体材料对硬碳无定形结构的影响也极为复杂，一直以来其储钠机理也存在很大的争议，亟待科研人员更加深入研究。硬碳负极材料作为钠离子电池的核心材料体系，在产业化的道路上尚有许多问题与挑战需要解决，这需要全世界学者的共同努力。

硬碳材料的特性与分类如图 2.1 所示。

图 2.1 钠离子电池硬碳负极材料特性及分类

2.2 硬碳结构特征

常见的碳材料一般有石墨（graphite）、硬碳（hard carbon）和软碳（soft carbon）三种，其典型结构特征如图 2.2a 所示，其中硬碳的闭孔结构示意图如图 2.2b 所示。硬碳即使在 3000℃的高温下也难以被石墨化，而软碳在高温炭化下可以被完全石墨化成为石墨[9, 10]，这也是硬碳与软碳的基本定义，无论是硬碳还是软碳，均属于无序碳（disordered carbon）。值得注意的是，相关文献中经常使用无定形碳（armorphous carbon）一词，但并不准确，无定形碳概念相对更窄，一般特指含有局域 π 电子的碳材料，也称类金刚石碳[10]。换言之，无定形碳属于无序碳，但无序碳不一定都是无定形碳，因此使用无序碳一词来描述常见的硬碳或软碳更加严谨。对于储能应用场景而言，碳材料通常会在 600～2000℃温度下进行热解炭化处理，在这一温度范围内，无论硬碳还是软碳一般均不能被完全石墨化，从而含有无序结构，但通常硬碳材料的无序度更高。随着炭化温度的提高，软碳材料会逐渐转变为石墨，而硬碳依然可以保持长程无序的状态。

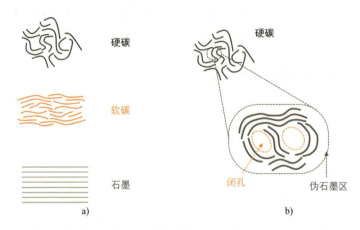

图 2.2 （a）硬碳、软碳与石墨的典型微观结构示意图；（b）硬碳中的闭孔结构示意图

虽然硬碳负极材料的可逆储钠容量大多为 200～400mA·h/g，相比一些氧/硫化物及合金类负极材料更低，但其已然可以接近甚至超过锂离子电池中石墨负极的理论容量（372mA·h/g），而硬碳负极更低的工作电势可以提升全电池工作电压，进而提升能量密度[3]。此外，虽然硬碳负极的容量远不及基于合金和转换反应机制的负极材料，但其循环过程中结构稳定，不会发生剧烈的体积膨胀和极片粉化等情况，从而保证了更好的循环稳定性[11]。与软碳相比，硬碳材料具有更多的缺陷和官能团结构、更大的碳层间距及更加丰富的闭合孔隙结构，从而提供了更多的储钠位点和钠离子扩散通道，一般具有更高的可逆比容量。由于上述这些结构优势，硬碳负极材料受到最为广泛的关注和研究，是最具有实际应用前景的负极材料体系[10, 12, 13]。

2.3 硬碳材料表征

利用先进的表征技术可以揭示硬碳材料的本征化学结构、孔隙、表面官能团、缺陷、动力学、电极–电解质界面等特性以及其与电化学性能之间的构效关系，从而更好地帮助科研人员理解硬碳负极材料的嵌脱钠机制,加快钠离子电池负极材料的发展。本章节将主要介绍钠离子电池硬碳负极材料的结构特征及相应的表征手段应用。

2.3.1 碳层间距及无序度

如前文所述,硬碳材料不具有石墨那样的晶体结构,相比软碳材料往往具有更高的无序度。硬碳、软碳和石墨的典型 XRD 图谱如图 2.3 所示,基于以下布拉格方程:

$$d_{002} = \frac{\lambda}{2\sin\theta}$$

由于无序的纳米结构,X 射线衍射(XRD)谱在 24° 和 44° 左右显示出宽化的(002)和(100)峰。与硬碳略有不同,软碳材料有序度相对更高,其峰形会相对更窄更尖,且由于碳层间距相对更小,其(002)峰对应的衍射角也会相对更大。而对于石墨而言,其高度有序的结构使得(002)峰展现出晶体的特征,且同时会存在(101)和(012)等晶面峰。透射电子显微镜(TEM)可以更加直观地观测到硬碳的微观结构(图 2.4),很多报道也会采用直接测量 TEM 图像的方法来计算碳层间的距离,但是由于 TEM 图像选区有限,选择性较强,利用布拉格方程计算 XRD 图谱中(002)峰的信息来计算碳层间距的方法往往被更加广泛地利用。

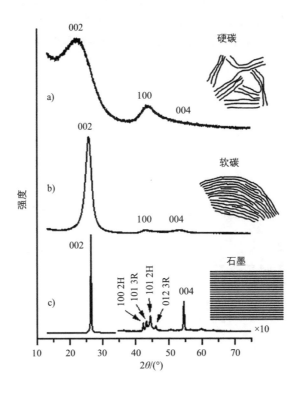

图 2.3 (a)硬碳、(b)软碳和(c)石墨的 XRD 图谱[14]

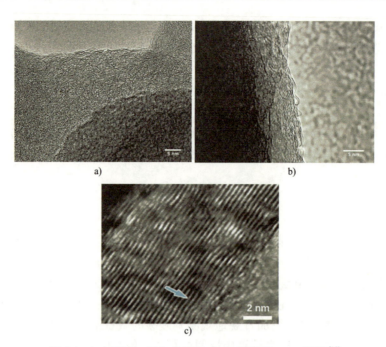

图 2.4 （a）硬碳、(b)软碳和（c）石墨的 TEM 图像[15]

由于 XRD 中的（002）峰是由碳层的 X 射线干涉得到的[16]，因此 XRD 的结果也可以用来近似定量材料的无序度。通过定义背底 A 与峰高 B 的商 R 这一参数（图 2.5），可以计算相邻平行的碳层的比例，R 值越小，说明硬碳的无序度越高[17-19]。此外，XRD 还可以用来计算石墨烯层的堆叠厚度 L_c 和碳层平面的尺寸 L_a，这里就要用到谢勒公式（Scherrer equation）：

$$L = \frac{K\lambda}{\beta\cos\theta}$$

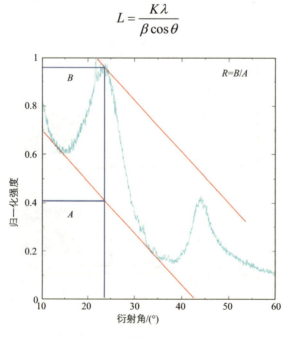

图 2.5 硬碳 XRD 图谱中 A、B 和 R 的定义示意图

式中，λ 为 X 射线的波长（一般为 0.154nm）；β 和 θ 分别为衍射峰的半峰宽和衍射角；K 为常数，一般计算 L_c 时 K 取 0.89，计算 L_a 时 K 取 1.84。

2.3.2 缺陷表征

相对于石墨而言，硬碳最典型的结构特征就是存在大量的缺陷，一般包含弯曲、边缘、湍层纳米区域、杂原子及一些层内结构缺陷等，这些缺陷会很大程度上影响硬碳负极的储钠行为和性能。因此，缺陷结构的表征对于理解硬碳微观结构、指导硬碳负极材料设计优化至关重要。

最重要且常用的缺陷表征手段是拉曼光谱。硬碳的拉曼光谱一般在 1340cm^{-1} 和 1580cm^{-1} 左右分别出现一个 D 和 G 特征峰，D 峰（A_{1g} 呼吸模式）反映了无定形结构中的缺陷，而 G 峰（E_{2g} 模式）代表 sp^2 碳原子层内的键拉伸运动[20]。

硬碳中缺陷的含量可以通过计算 D 峰与 G 峰强度的比值（I_D/I_G）来判断，值得注意的是，对于不同的碳材料，I_D/I_G 的变化趋势与缺陷的对应关系也会不同。如图 2.6 所示，对于有序度相对较高的碳来说，即图中第 I 阶段，例如从石墨到纳米晶石墨这一范围，I_D/I_G 增加对应了材料无序度的增加，这时 D 峰强度的增加来源于碳层内芳香环缺陷的增加。而对于无序碳而言（如硬碳），对应图中第 II 阶段，即从纳米晶石墨到无定形碳这一范围，I_D/I_G 的变化趋势与第 I 阶段相反，此时 D 峰与在碳层内找到完整六元环的概率相关，无序度增加，层内完整六元环的数量减少，对应 I_D/I_G 减小[20-22]。

对分布函数（PDF）也是一种表征硬碳材料缺陷的有效手段，图 2.7 展示了分别在 700℃ 和 2800℃ 炭化后的两种硬碳材料的 PDF 图谱。X 轴对应 2 个原子间的空间距离，每个峰值代表具有相同距离原子的配位数。可见，在 2800℃ 高温下炭化的硬碳材料，由于具有更高的有序度，其峰形更为尖锐[23,24]。

除了常见的实验手段外，密度泛函理论（DFT）计算也是研究硬碳材料缺陷结构及其对电化学性能影响的常见方法。图 2.8a 展示了基于碳层内不同缺陷位点的建模情况，这些不同的缺陷位点可以作为氧化还原

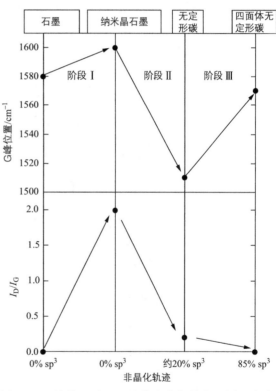

图 2.6　G 峰位置及 I_D/I_G 比值变化规律与不同无序度碳材料间的对应关系示意图（此图内数值仅适用于波长为 514 nm 的拉曼光谱）[20]

中心与钠离子发生化学吸附，较大的缺陷位点具有更高的钠离子吸附电势（图 2.8b）。此外，研究表明，表面处的弯曲及拉伸等缺陷位点拥有更高的形成能，从而更易出现，而钠离子在基面的吸附能高于边缘位点，从而基面吸附的钠离子更易造成不可逆容量损失[26,27]。

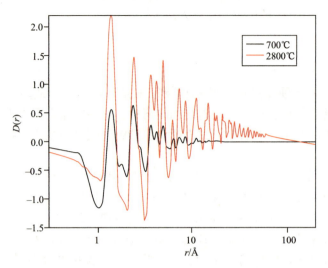

图 2.7 在 700℃和 2800℃炭化后的硬碳材料的中子散射对分布函数图谱[23]

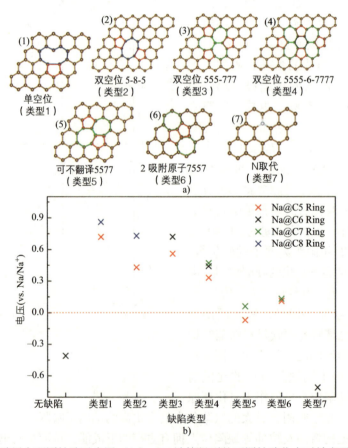

图 2.8 （a）碳层内不同缺陷示意图；（b）DFT 计算得到的不同缺陷位点对钠离子的吸附能[25]

2.3.3 孔结构表征

气体吸脱附是硬碳材料比表面积及孔隙结构表征最为常用的方法之一，主要利用气体吸附接触硬碳材料表面及孔结构，并基于范德华相互作用得到表面及孔结构信息[28]。一般单层吸附（如 CO_2 吸附）发生在较低压力时，而多层吸附（如 N_2 吸附）发生在较高压力下[29]。其中，在液氮温度下（77K）使用 N_2 吸脱附表征材料的开孔结构及计算比表面积最为常见，6 种典型的 N_2 等温吸脱附曲线如图 2.9 所示。I 型曲线代表了硬碳材料主要以微孔结构为主，其中 I(a) 型表示其孔一般在 1nm 及以下，而 I(b) 型曲线表示孔径稍大，甚至有个别小介孔出现，孔径范围一般不超过 2.5nm。II 型曲线一般代表无孔或大孔碳材料，图中的 B 点是单层吸附和多层吸附的分界点。III 型曲线同样代表无孔或大孔材料，但其没有 B 点的出现，几乎没有单层吸附，也表明气体与材料间的相互作用很微弱。IV 型曲线对应介孔碳材料，其中 IV(a) 型曲线有一个明显的毛细管凝结现象带来的脱附滞后环，而 IV(b) 型曲线更为可逆，不存在滞后环，一些具有圆锥形或圆柱形介孔的碳材料往往会展现出这种吸脱附线。V 型曲线和 III 型类似，也在低压区域表现出较弱的气体-表面相互作用，但在相对高压范围气体分子团簇会吸附进孔隙中。VI 型曲线展示出阶梯状，一般表明气体在无孔且非常均匀的材料表面一层一层吸附。

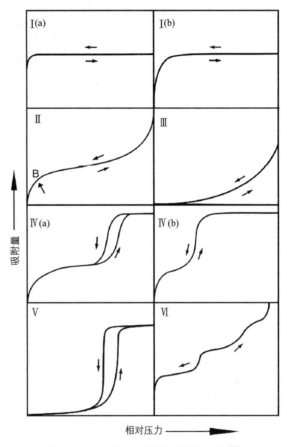

图 2.9 典型的 N_2 等温吸脱附曲线[28]

在 77K 温度下，N_2 往往只能进入介孔或较大的微孔，但对于尺寸更小的微孔结构并不能有效进行表征，这时就需要使用如 CO_2 等气体来进行研究（273K）。值得一提的是，用于计算材料比表面积最常用的 BET（Brunauer-Emmett-Teller）模型仅适用于 N_2 吸附这类多层吸附方法，并不适用于如 CO_2 这种单层吸附，对于 CO_2 吸脱附下的比表面积计算需要使用其他模型。

小角 X 射线散射（SAXS）是探究硬碳材料孔结构的另一有效表征技术。如图 2.10 所示，SAXS 曲线一般由一个低 Q 区域内的斜线和一个高 Q 区域内的肩部组成，其中斜线代表材料的颗粒或表面及近表面的孔，而肩部对应材料湍层区域内的纳米孔隙。

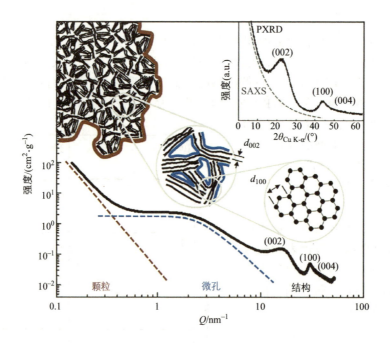

图 2.10　硬碳材料典型 SAXS 曲线[10]

2.3.4　表面成分及电极－电解液界面表征

X 射线光电子能谱（XPS）通过捕获对材料表面辐照单色 X 射线激发的光电子来表征材料的表面元素、官能团等信息，是硬碳材料研究的重要表征技术。原子内层电子的结合能可通过以下公式计算[30]：

$$E_k = h\nu - E_B$$

式中，E_k 是激发的光电子的动能；$h\nu$ 为入射 X 光子的能量；E_B 为原子内层电子的结合能。

Komaba 等人[31]利用 XPS 研究了钠/锂离子电池中硬碳负极的固体电解质中间相（SEI）成分，如图 2.11 所示，循环后的硬碳负极在 284.5eV 对应的 sp^2 碳峰较原始硬碳明显减弱，说明表面包覆了一层由电解液分解得到的 SEI 成分。基于不同结合能处的特征峰可知，钠离子电池硬碳负极的 SEI 成分主要包含 Na_2CO_3、$ROCO_2$、酯键和 $-CH_2-$ 等。

飞行时间二次离子质谱（TOF-SIMS）也是一种有效的界面表征手段，样品表面的分子可以被脉冲离子束移除，这些轰击出的粒子会被加速，其到达探测器的时间会被仪器记录下来。与 XPS 相比，TOF-SIMS 灵敏度更高，可以探测包含 H 在内的所有元素，但其探测深度大约只有 2nm，相比 XPS 较小（~10nm）[32]。

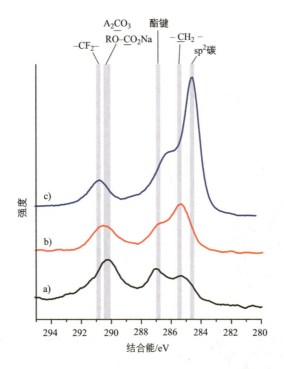

图 2.11 （a）嵌钠态、（b）嵌锂态和（c）原始硬碳的 XPS 图谱 [31]

2.3.5 其他原位/非原位表征技术应用

原位电化学膨胀测定法（ECD）可以通过直观地探测电极嵌脱钠过程中的厚度变化来研究材料的储钠行为，最早由 Adelhem 等人报道用于研究石墨负极在醚类电解液中的共嵌入行为 [33]。如图 2.12a 所示，首周放电后极片的厚度由 50μm 增加到 95μm，在后续的循环中，每一次循环极片厚度展现出 35 ~ 50μm 的周期性变化，说明钠离子可逆的嵌入脱出行为。Titirici 课题组 [36] 首次将该技术应用于钠离子电池的硬碳负极材料中，并观察到了类似的极片厚度变化趋势，据此认为在斜坡段钠离子可以可逆地嵌入和脱出石墨层间。

2016 年，Grey 等人 [34] 使用 ^{23}Na 固态核磁共振（NMR）技术研究了硬碳负极的储钠机理。如图 2.12b 所示，在 0ppm（10^{-4}%）对应的钠离子特征峰在斜坡段保持不变，但在低电压平台段移动到了 760ppm，接近钠金属峰的位置，说明斜坡段钠保持离子态吸附在硬碳的缺陷位点上，而在平台段发生嵌入形成团簇。

电子自旋共振谱（ESR）或电子顺磁共振谱（EPR）也是被广泛用于检测金属钠团簇的有效手段，如图 2.12c、d 所示，1300℃炭化处理的原始硬碳材料由于缺少局域自由基和自由电子，没有显示 ESR 峰。随着嵌钠深度的增加，EPR 峰逐渐增强，直到过放电至 0V 以下时，EPR 谱出现了与金属钠类似的尖锐的 Dysonian 线型峰，这说明在过放电状态下生成了金属或准金属态的钠沉积 [35]。

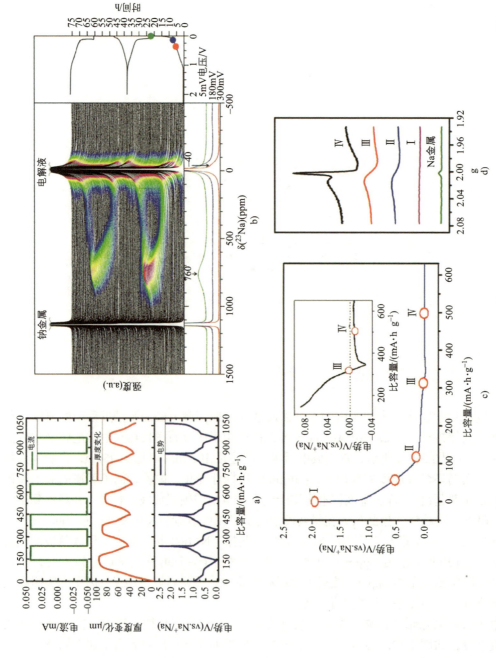

图2.12 （a）石墨负极的原位ECD图谱[33]；（b）硬碳负极的原位^{23}Na-NMR谱[34]；（c、d）硬碳负极放电曲线及对应电位的EPR谱[35]

2.4 硬碳储钠机理

尽管目前全世界多个团队都在钠离子电池负极材料的基础研究中取得了瞩目的成果，但关于硬碳负极的储钠机理问题仍存在一定争议。由于硬碳具有不同的无序结构、孔隙和杂原子等，因此其充放电曲线中斜坡段和平台段的储钠行为很难准确解释和统一。依据目前的研究，如图 2.13 所示，硬碳负极中钠离子的存储行为主要包含以下 3 种：①钠离子在缺陷或杂原子位点的吸附；②钠离子嵌入石墨层间；③钠离子在硬碳体相纳米孔隙中的填充。换句话说，主要的钠离子活性位点主要有缺陷、杂原子、层间及孔隙结构。基于这些储钠位点和钠离子的存储行为，目前报道的硬碳负极储钠机理主要有如下 4 种模型[37]：

1）插层－填孔模型：斜坡段对应钠离子在石墨层间的嵌入，平台段对应钠离子在纳米孔隙中的填充[38, 39]。

2）吸附－插层模型：斜坡段对应钠离子在缺陷位点的吸附，平台段对应钠离子在石墨层间的嵌入[40, 41]。

3）吸附－填孔模型：斜坡段对应钠离子在缺陷位点的吸附，平台段对应钠离子在纳米孔隙中的填充[42-44]。

4）三阶模型：斜坡段依然为钠离子在缺陷位点的吸附，平台段则为钠离子先插入石墨层间，在平台段末尾变为填孔行为[45]。

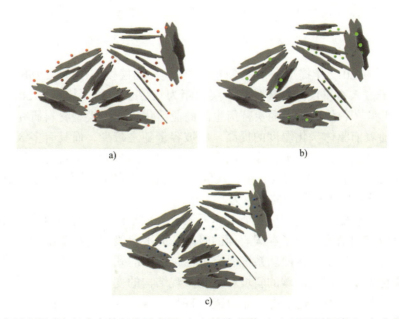

图 2.13 钠离子在硬碳负极中存储行为示意图：(a) 缺陷吸附；(b) 石墨层间嵌入；(c) 纳米孔隙填充

2000 年，Dahn 等人[39]认为硬碳的储钠机理与锂离子电池中石墨负极的储锂机理相似，提出了"插层－填孔模型"（图 2.14a）。他们利用原位广角 X 射线散射（WAXS）发现放电至斜坡段时（002）峰发生了位移，说明钠离子嵌入了石墨层间导致层间距变化。虽然硬碳材料由于其单层、双层或三层碳层仍然存在，使得宽化的（002）峰并没有特别剧烈的位移变化，但作者相信其依然代表了相似的插层行为。此外，通过原位 SAXS 发现，材料在斜坡段的放电过程中电子密度并没有变化，而在平台段有所降低，说明在平台段钠离子进入了材料的纳米孔隙结构中[46]。

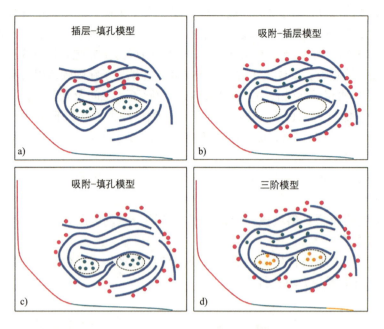

图2.14 硬碳储钠机理模型示意图[37]

Cao等人[40]在2012年提出了一种不同的"吸附-插层模型"（图2.14b），并通过理论计算得到钠离子嵌入石墨层间所需的最小层间距为0.37nm。这一模型在2013年也得到了Mitlin等人的证实[41]。他们使用泥炭苔衍生的商业活化碳作为模型材料研究了钠离子的存储机理，发现随着前驱体炭化温度的提高，斜坡容量随之减少，而具有多级孔结构的活化碳其平台容量反而消失，说明平台段并没有纳米孔填充的行为。通过对泥炭苔前驱体和活化碳在不同放电状态下的表征发现，平台段区间对应的碳层间距变化要比斜坡段更加明显，说明在平台段应该对应钠离子的插层行为。

2015年，Hu等人[42]通过研究沥青和木质素复合的软硬碳复合材料，提出硬碳充放电曲线的斜坡段应该归结为钠离子在碳表面的吸附，而平台段闭合孔隙结构提供了更多稳定的钠离子存储环境。后来，该团队系统研究了棉花衍生的硬碳微米管材料的储钠机理，通过对比不同炭化温度处理的硬碳的斜坡容量和微观结构的变化规律，发现斜坡容量与缺陷结构高度相关。此外，通过透射电子显微镜（TEM）观察发现，碳层间距在嵌钠前后没有发生变化。最后，通过非原位XPS发现，从0.12V放电至0V的过程中，Na 1s峰的强度和结合能均增加，并逐渐接近金属钠的峰，说明钠离子吸附在纳米孔的表面，对应了平台段的填孔行为[43]。2016年，Tarascon等人[44]研究了聚丙烯腈基碳纳米纤维的储钠机理。原位XRD研究发现嵌钠过程中（002）峰没有出现明显的偏移，说明没有钠离子的插层行为发生，并发现钠金属的沉积行为只有当过放电至约−0.015V（Na⁺/Na）时才会发生，说明平台段不应该发生钠金属沉积，且仅在1000℃以上炭化处理的碳材料含有较多的孔并出现了平台容量，因此平台段的储钠机理归结为钠离子的填孔，据此他们也提出了"吸附-

填孔模型"（图2.14c），即斜坡段对应钠离子在缺陷的吸附，平台段则对应钠离子在纳米孔隙中的填充。

与上述几种机理不同，Ji等人[45]提出了一种"三阶模型"来解释硬碳的储钠机理（图2.14d）。通过横流间歇滴定法（GITT）计算嵌钠过程中的钠离子扩散系数，发现钠离子在斜坡段的扩散速度比平台段快，这可能主要归功于斜坡段钠离子可以快速扩散和存储在表面的缺陷或边缘上。此外，不同炭化温度处理的硬碳材料，其缺陷浓度和储钠容量也呈现很好的相关性，说明斜坡段主要对应于钠离子在缺陷位点的吸附。而对于平台段而言，原位XRD测试能够观察到（002）峰的位移，对应了钠离子的插层行为，然而，平台范围内的钠离子扩散系数在平台段末端增大，说明平台末端的钠离子扩散和存储行为要比平台前段更快，基于此，作者认为平台末端发生了钠离子在纳米孔表面的吸附，因此提出了这一"三阶模型"。

除上述4种最常见的机理解释，Titirici等人[7]通过实验和理论计算的方法研究了硬碳的储钠机理，他们认为钠离子更易在缺陷或弯曲的孔结构表面位点吸附，其次才是钠离子插入膨胀的石墨层间，上述两种行为均发生在斜坡段，直到这些位点饱和后，平台段才发生填孔行为，并且填孔行为也同时受到碳层间钠离子扩散通道的影响。

目前，虽然针对硬碳负极的储钠机理仍然存在一定争议，但也存在很多共性，一定程度上很好地指导了硬碳负极材料的设计。大量的研究表明，硬碳材料的缺陷、层间距、孔结构及彼此的交联情况均会影响硬碳的储钠容量。不同的硬碳材料结构复杂多变且各不相同，因此钠离子的存储行为也可能存在差异，如果能够找到储钠机理的统一点，对于未来硬碳负极的理解和设计将会有很大帮助。

2.5 钠离子电池硬碳负极分类

2.5.1 生物质衍生硬碳

生物质是一种资源丰富、可再生、低成本的碳基前驱体，其天然含有大量的O、H甚至其他如N、S等杂元素，用来制备钠离子电池硬碳负极材料具有很大的优势。

2016年，Hu和Titirici等人[43]报道了以棉花作为前驱体制备的硬碳微米管材料，通过直接在不同温度下炭化，这种棉花基硬碳微米管材料可以获得无序的微观结构及出色的储钠性能，其中1300℃炭化处理的样品在0.1C倍率下拥有315mA·h/g的储钠容量（图2.15a）。Komaba等人[47]于2018年研究了不同前驱体的生物质基硬碳负极材料的储钠性能以及不同预处理和炭化温度的影响（图2.15b、c）。Cao和Liu等人[48]使用蔗糖作为前驱体制备了一系列硬碳负极材料，并研究了炭化过程的升温速率对其微观结构和电化学性能的影响。前驱体首先在180℃进行水热炭化（HTC）处理，然后进一步分别以5℃/min、2℃/min、1℃/min和0.5℃/min的升温速率在1300℃进行高温炭化。结果发现，低的升温速率会导致相对更有序的微观结构、更小的碳层间距、更少的缺陷含量以及较小的比表面积，从而使在0.5℃/min速率下炭化的样品获得了最高的可逆比容量（361mA·h/g）和86.1%的首周库仑效率（ICE）。

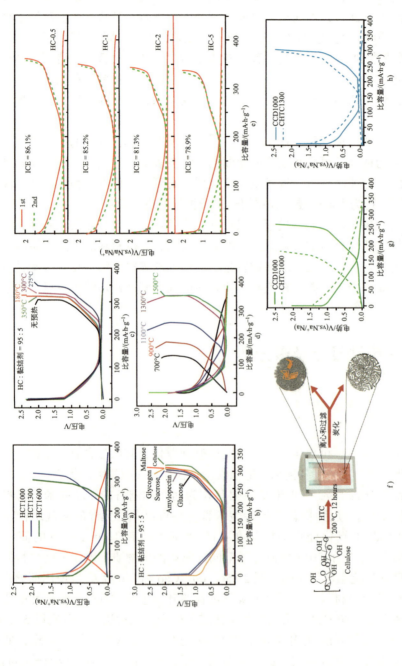

图2.15 (a) 不同炭化温度下棉花基硬碳负极材料的首周充放电曲线；(b) 180℃预处理后炭化至1300℃的不同生物质前驱体所得硬碳负极材料的首周充放电曲线[43]；(c) 不同预处理温度下的纤维素基硬碳材料的首周充放电曲线；(d) 275℃预处理后在不同炭化温度下处理的纤维素基硬碳的首周充放电曲线[47]；(e) 不同炭化升温速率下蔗糖基硬碳材料的首周充放电曲线[48]；(f) HTC处理纤维素获得上层碳点及下层水热碳示意图；(g、h) 碳点和水热碳在1000℃和1300℃炭化后的首周充放电曲线对比[49]

HTC 处理生物质前驱体可以得到球形形貌的碳材料,在储能相关领域的材料合成中起到了重要的作用 [7, 36, 50-52]。葡萄糖、蔗糖等生物质前驱体如果直接进行高温炭化往往会导致剧烈的发泡膨胀 [45, 53],而 HTC 预处理可以先将其转变为生物炭,从而避免后续高温炭化时的发泡膨胀 [13, 54, 55]。Titirici 等人 [49] 对比研究了 HTC 处理后的下层沉淀(即常说的水热碳)和上层废液中的碳点(carbon dots)分别制备得到的硬碳材料(图 2.15f),结果显示,在相对较低温 1000℃炭化后,碳点基硬碳材料相比水热碳基硬碳材料获得了更高的储钠容量(图 2.15g),而在 1300℃炭化后,二者虽然容量相近,但碳点基硬碳拥有更高的首周库仑效率,可达到 91%,这基本可以和锂离子电池中的石墨负极相媲美(图 2.15h),这主要归功于 HTC 上层废液中的碳点经高温炭化后,相比传统水热碳经高温炭化所得硬碳材料,具有相对小的比表面积和少的缺陷,从而在保证高容量的同时获得了更高的首效。除 HTC 以外,化学活化 [56, 57]、物理活化 [58]、盐模板 [59] 等方法也被研究用于生物质基硬碳材料的预处理,尤其在制备多孔碳材料时被广泛使用,这些多孔的生物质基硬碳材料可以获得较高的储钠容量 [25, 60-65],但由于其比表面积过大导致电解液大量分解生成 SEI,首周库仑效率往往很低,难以直接应用于商业钠离子电池。

对于绝大多数报道的生物质基硬碳负极材料而言,其储钠容量仅为 300mA·h/g 左右,仍远低于锂离子电池中石墨负极的处理容量。Hu 等人 [66] 首次报道了一种果木炭基硬碳材料,拥有 400mA·h/g 的高比容量和较高的首周库仑效率。此外,生物质基硬碳材料的成本相比石墨或一些软碳前驱体仍较高,但得益于其丰富的资源和可持续性,未来的制造成本有望进一步降低。总而言之,生物质硬碳材料对于钠离子电池的产业化具有极大的优势和潜力,仍需要科研人员持续进一步地投入到其研发和优化的过程中。

2.5.2 杂原子掺杂硬碳

在钠离子电池硬碳负极材料的设计中,杂原子掺杂策略具有提升材料导电性和表面浸润性、促进界面处电荷转移、增大碳层间距、提升电化学性能等作用 [13, 67]。常见的用于掺杂的异质元素主要包含氮(N)、硼(B)、硫(S)和磷(P)等,其中 N 和 B 掺杂属于取代掺杂,即通过替代层内的碳原子进行掺杂,而 S 和 P 掺杂一般属于间隙掺杂,杂原子会进入碳层之间的间隙 [68]。常见的掺杂策略主要有如下 3 种:①原位掺杂,即通过混合杂原子前驱体于碳材料或前驱体实现掺杂;②后掺杂,即将碳基前驱体在 NH_3、H_2S 等含有杂元素的气氛中烧结实现掺杂;③直接炭化热解含有杂元素的碳基前驱体材料实现掺杂 [68]。本节将对不同元素掺杂的硬碳材料进行介绍。

1. 氮掺杂硬碳

得益于合成制备工艺的简便性,N 掺杂硬碳是研究报道最多的杂原子掺杂硬碳材料之一,N 掺杂可以提高硬碳的电化学活性、导电性、表面浸润性,增大碳层间距和制造一定的缺陷 [69]。掺杂取代进碳层内的 N 一般有吡啶氮(N-6)、吡咯氮(N-5)和石墨氮或季氮(N-Q)(图 2.16a),其中吡咯氮的孤对电子垂直于石墨层,可以增大碳层间距(图 2.16b)[70]。

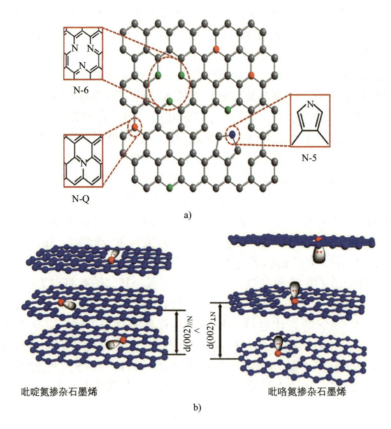

图 2.16 （a）N-5、N-6 和 N-Q 构型示意图[69]；（b）吡啶氮和吡咯氮影响碳层间距示意图[70]

Huang 等人[71]在氮气气氛下 600℃ 热解聚吡咯制备了功能性 N 掺杂碳纳米纤维，测得 N 含量达 13.93wt.%，O 和 N 的官能团加速了材料表面的氧化还原反应，增大了碳层间距，实现了出色的倍率性能，在 50mA/g 和 20A/g 的电流密度下，分别具有 172mA·h/g 和 87mA·h/g 的储钠容量，200mA/g 电流密度循环 200 周容量保持率 88.7%。N 掺杂还可以增加更多的拓扑缺陷从而产生更多的储钠位点。Wang 等人[72]通过静电纺丝加炭化热解的方法制备了 N 掺杂碳纳米纤维，该材料展示了出色倍率性能，在 0.5A/g 电流密度下拥有 315mA·h/g 的可逆容量，即使在 15A/g 的高电流密度下依然具有 154mA·h/g 的容量。甲壳素是自然界第二丰富的生物质，也是最常用的天然含 N 的碳基前驱体之一[73-75]。Guo 等人[76]在氩气中 500～900℃ 下热解甲壳素制备了一系列 N 掺杂硬碳纳米纤维用于钠离子电池负极，他们认为在高温处理下 N 原子更易以 N-6 和 N-Q 的形式存在。其中在 700℃ 处理得到的硬碳材料拥有 369.48m²/g 的比表面积，同时展现了优异的倍率和循环性能，在 50mA/g 和 1000mA/g 的电流密度下，材料可分别提供 320.6mA·h/g 和 120.6mA·h/g 的容量，并且在 1000mA/g 电流密度下循环 8000 周，容量保持率可高达 85%。

2. 硼、硫、磷掺杂硬碳

另一种取代掺杂的策略是使用 B 掺杂，这种 p 型掺杂可以有效降低费米能级，提升钠离子电池硬碳负极材料的电化学性能[77, 78]。Cao 等人[79]研究发现,基于碳的杂化轨道,每个 B 原子可以吸附 3 个 Na。第一性原理计算结果显示,B 掺杂碳对 Na 的吸附能是不含杂原子时的 2.7 倍,是 N 掺杂的 7.1 倍,说明 B 掺杂碳中钠离子存储更加稳定。此外,由于 B 属于 p 型掺杂原子,更易从钠离子中获得电子,因而可以更稳定地与 Na 结合[77]。然而,即使 B 掺杂有着上述诸多优势,但钠离子电池 B 掺杂硬碳负极材料的研究很少,其中一个主要原因是其合成较为困难,并且其高能量的层内缺陷使得首周放电时库仑效率较低[77],因此 B 掺杂硬碳材料仍需要许多后续的研究来加以改进。

与 N、B 掺杂一样,S 和 P 可以提高电子电导率、促进钠离子的吸附,从而提升储钠容量。此外,S 和 P 具有更大的原子尺寸,往往会掺入碳层之间,从而显著增大碳层间距。单质硫是用于制备 S 掺杂硬碳最常用的掺杂剂,一般将单质硫与硬碳前驱体均匀混合后再经高温炭化处理即可得到 S 掺杂硬碳。Jiang 等人[80]研究了将细菌纤维素与单质硫按质量比 1∶2 混合后在氩气气氛中 500℃进行热解处理,制备了 S 掺杂碳纳米纤维。材料拥有 17.44wt.% 的 S 含量,且 -C-S-C- 键与钠离子的可逆反应显著提升了材料的储钠性能,在 0.05A/g 的电流密度下可获得 355mA·h/g 的高可逆容量,即使在 8A/g 的超高倍率下也可拥有 257mA·h/g 的高容量。通过模拟计算发现,掺入的 S 增大了硬碳的碳层间距,从而降低了钠离子的扩散势垒。除了单质硫以外,也有许多不同的 S 掺杂源,例如聚(3,4-乙烯二氧噻吩)(PEDOT)[81]、2-噻吩甲醇[82]、二甲基二硫醚、Na_2S、H_2S 以及 SO_2[83] 等均被研究用于制备钠离子电池 S 掺杂硬碳负极材料,一般含硫前驱体的主要用途是增大碳层间距而非单纯提供足够多的掺杂元素[84],而在材料制备过程中产生的含硫气体也会带来一定的环境问题。掺入的 S 一般会集中在碳层的缺陷或边缘位点,形成噻吩型的结构[67],而掺杂量往往较难精准控制。目前,开发合适的 S 掺杂源以及保证掺杂后均匀的 S 位点分布是未来此类材料的主要挑战之一。

P 具有较低的电负性和较高的给电子特性,可以为硬碳负极材料提供更多的活性位点和外源缺陷结构,在杂原子掺杂硬碳设计中得到了越来越多的关注。研究发现,在同样掺杂量的不同元素掺杂硬碳中(P-HC、S-HC、B-HC),P 掺杂与 S 和 B 掺杂相比拥有更多的缺陷和弯曲碳层结构,从而展现出最高的储钠容量,在 20mA/g 的电流密度下可达 359mA·h/g(图 2.17)[77]。Ji 等人[85]通过将零维的碳点转化为二维的 P 掺杂纳米片,发现所得材料拥有 1.39wt.% 的 P 含量,在 0.1A/g 电流密度下拥有 328mA·h/g 的储钠容量。然而,P 是一种 n 型掺杂,难以从钠中获

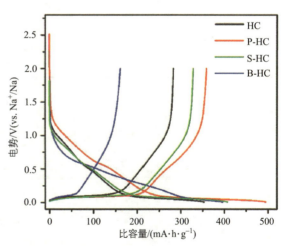

图 2.17 HC、P-HC、S-HC 和 B-HC 在 20mA/g 下的充放电曲线[77]

得电子,从而使得掺入的 P 原子与钠离子间结合能不稳定[77]。同时,较大的原子尺寸使得 P 掺杂相比其他元素的掺杂更为困难,掺杂量往往也较低[67]。因此,未来在 P 掺杂硬碳的设计制备中需要统筹考虑这一策略的优势和劣势。

3. 氧掺杂硬碳

事实上 O 掺杂这一概念一般很少被使用,因为硬碳材料在前驱体中就含有本征的 O 元素,经过高温炭化热解后,仍有一部分含量的 O 会保留在最终的硬碳材料中,一般不需要额外掺杂。但是对于开发高性能硬碳负极材料而言,对于含氧官能团的深入理解是不可忽视的,这直接影响了材料的储钠行为及储钠性能。Hu 等人[86]也发现在制备沥青基软碳材料时,通过氧化处理引入 O 元素可以阻碍其热解过程中的熔融及结构重排,从而打破其有序度,经过氧化处理的沥青基碳材料因此可以获得超过 300mA·h/g 的高储钠容量。

在大多数 O 掺杂硬碳中,Na 与 O 之间的相互作用一般体现在充放电曲线 0.1V 以上的斜坡段。Song 等人[87]在 N 掺杂碳球中掺入不同比例的 O 来研究 O 元素对储钠性能的影响,结果发现,C=O 官能团较为稳定,在充放电过程中可以与钠离子发生几乎完全可逆的相互作用。C-OH、C-O-C 和 COOH 官能团可以提供更多的缺陷并扩大碳层间距,这些官能团的含量越高,其储钠活性及钠离子吸附容量就越高,但是这些含氧官能团也会导致很多的不可逆容量(图 2.18)。Huang 等人[88]研究发现在以荞麦为前驱体制备的硬碳材料中,C=O 官能团可以提升钠离子吸附容量,1100℃炭化后的硬碳在 0.05A/g 和 2A/g 的电流密度下分别拥有 400mA·h/g 和 116mA·h/g 的容量,高倍率下循环 3000 周容量保持率高达 96%。炭化温度从 700℃增加到 1300℃时,材料中 C=O 官能团含量增加,C-O 含量减少,首周库仑效率从 42% 提高到 72%,说明 C-O 会导致很多的首周不可逆容量。DFT 计算结果也表明,在边缘和弯曲表面处的 O、OH 和 COOH 官能团相比在基面内更有利于钠离子的吸附[27]。

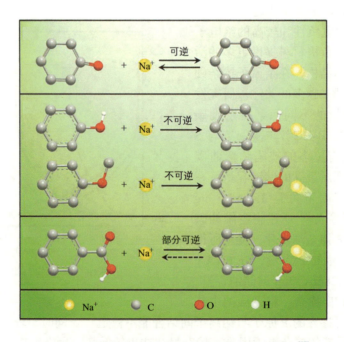

图 2.18 不同类型含氧官能团与钠离子的反应模型[87]

4. 多元素共掺杂硬碳

采用多种杂原子共掺杂可以同时结合不同杂原子的优势,从而获得具有更佳优越性能的钠离子电池硬碳负极材料。Jiang 等人[89]使用明胶和硼酸为前驱体,发展了一种二维 N/B 双掺杂硬碳纳米片材料,其储钠性能明显优于单一 N 掺杂的硬碳材料,且主要反应以赝电容行为为主。Zhou 等人[84]研究了 N/S 双掺杂碳纳米片负极材料,发现 S 的引入相比单一使用 N 掺杂可以显著扩大碳层间距、增加缺陷含量,从而获得了更加优异的倍率和循环性能。

总体来说,杂原子掺杂策略是公认的可以有效提升硬碳电化学性能的手段,通过杂原子的引入可以有效提升硬碳的导电性和表面浸润性,改善费米能级,扩大碳层间距,制造更多的外源缺陷及官能团和钠离子吸附位点。此外,杂原子掺杂硬碳往往表现出以斜坡为主的充放电曲线,这主要因为其大多以表面控制的赝电容储钠行为为主导,相比于长平台的硬碳材料具有更高的安全性以及更好的倍率和循环性能。然而,在相对低的炭化温度处理下,这些杂原子伴随着缺陷的引入和比表面积的增大,往往会造成首周不可逆容量的增加,使得首周库仑效率大幅下降。另一方面,从实际应用角度出发,相比不掺杂的硬碳,杂原子掺杂的制备方法也更为复杂,从而一定程度上限制了其实际商业化应用。不同杂原子对储钠行为深入的影响机制目前仍不能完全搞清楚,因此需要未来进行更加系统全面的研究。

2.5.3 其他硬碳材料

本节主要介绍钠离子电池中的一些其他硬碳前驱体、合成策略及硬碳负极材料。Ji 等人[90]将丙酮与 NaOH 混合制备了碳量子点,再在氩气氛围下热解制备了三位多孔碳材料,其较大的碳层间距、多孔结构、更大的电极-电解液接触面、较短的钠离子扩散距离以及循环过程较小的体积膨胀,协同提升了该材料的倍率性能,在 0.2A/g 和 20A/g 下容量分别为 290mA·h/g 和 90mA·h/g,5A/g 下循环 10000 次仍能保持 99.8mA·h/g 的容量。另一项研究工作使用了 D-抗坏血酸钠和 Na_2CO_3 作为前驱体和盐模板,将二者混合并在 600~800℃范围内炭化以制备多孔富缺陷碳材料。其中,在 600℃处理的样品具有最好的倍率和循环性能,在 0.05A/g、0.1A/g、10A/g 和 20A/g 电流密度下,容量分别为 280mA·h/g、229mA·h/g、130mA·h/g 和 126mA·h/g,循环 15000 周后(10A/g)仍可保持 115mA·h/g 的容量。通过循环伏安曲线结合 $i=av^b$ 计算得到 b 值为 0.82,说明该材料在嵌脱钠过程中表面控制的赝电容反应占有很大比例[91]。

Hu 等人[92]研究了一种通过调控酚醛树脂基硬碳材料闭孔结构获得高储钠容量的方法,将酚醛树脂与乙醇按 2:1 比例混合并进行溶剂热反应(其中酚醛树脂为碳基前驱体,乙醇为造孔剂),随后炭化至 1400℃,即得到拥有大量闭合孔隙的硬碳材料,该材料可以获得 410mA·h/g 的高比容量,且拥有 84% 的首周库仑效率,与 $NaNi_{1/3}Fe_{1/3}Mn_{1/3}O_2$ 正极匹配的全电池能量密度可达 300W·h/kg(图 2.19)。

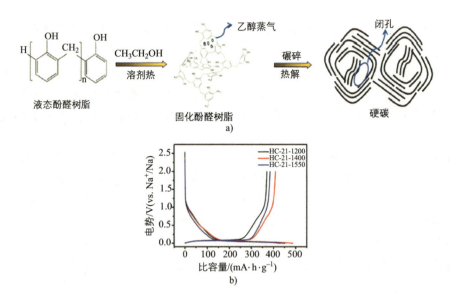

图 2.19 （a）乙醇作为造孔剂制备硬碳材料示意图；（b）所得硬碳材料的充放电曲线[92]

2.5.4 软硬碳复合材料

硬碳和软碳作为钠离子电池负极材料的研究不胜枚举，二者除了如前文介绍的那样拥有能否被石墨化的差异，其也有着各自独特的优势与劣势。硬碳材料往往可作为钠离子电池的高性能负极材料，但相比软碳前驱体来说，其产碳率较低，不可逆容量较多（尤其在炭化处理温度较低时），成本相对更高，这些在一定程度上也对其商业化带来了挑战。而相比之下，软碳材料由于其结构有序度较高，储钠性能往往相对较低，因此为了制备兼具高性能、低成本的钠离子电池负极材料，选择软硬碳复合材料以期结合二者各自的优势成为一个有效的策略。

Hu 等人的课题组[42]研究了将沥青和木质素复合制备软硬碳复合负极材料，将两种前驱体均匀混合后球磨，然后进行高温炭化处理（图 2.20a），通过优化调控沥青与木质素的比例以及炭化温度来得到最优的性能。结果发现，二者以 1:1 混合并在 1400℃炭化的样品可以得到 254mA·h/g 的可逆容量和 82% 的首周库仑效率（图 2.20b、c）。

Titirici 等人[5]研究了使用滤纸和中间相沥青制备的软硬碳复合材料展现出了协同储钠效应，相比于单独使用滤纸和沥青制得的硬碳和软碳材料拥有更好的储钠性能。SAXS 拟合结果显示 A 值（对应表面的开孔和闭孔）随着沥青比例的增加并不能与 BET 比表面积有着明晰的对应关系（图 2.20d），说明有一些孔结构并不能被氮气吸附，意味着沥青堵住了一些开孔结构，从而大幅降低了电极与电解液的接触面积，抑制了 SEI 的形成，从而产生了协同储钠效应。在最优比例下复合的材料经相对较低温度 1000℃ 炭化后，即可得到 282mA·h/g 的可逆容量和 80% 的首周库仑效率（图 2.20e），性能远高于同等条件下单纯使用滤纸和沥青制备的硬碳和软碳材料。

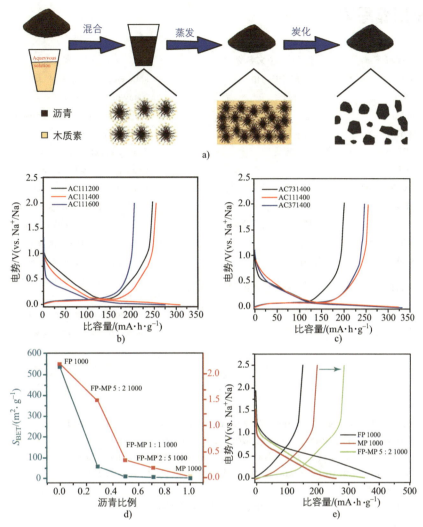

图 2.20 （a）沥青/木质素基软硬碳复合材料制备流程示意图；（b、c）不同沥青/木质素比例及不同炭化温度下软硬碳复合材料的充放电曲线[42]。（d）SAXS 拟合的 A 值与 BET 比表面积对比；（e）硬碳、软碳和软硬碳复合材料的首周充放电曲线[5]

2.6 总结与展望

目前，硬碳材料得益于其低成本和较好的储钠容量及稳定性，一直被认为是最具有实际应用和商业化前景的钠离子电池负极材料体系。科研人员针对如何理解硬碳负极材料的储钠机理问题付出了大量的精力和努力，以期通过对钠离子存储行为的理解来指导和优化材料的设计制备。如前文所述，有越来越多的研究人员逐渐认可"吸附-填孔模型"，并发现硬碳的闭合孔隙结构可以显著提升平台容量。基于这一理解，合理设计优化硬碳的缺陷及闭孔结构可以将容量提升至约 450mA·h/g 以上。然而不得不承认，针对储钠机制细节深入的理解，现在业界仍然存在争议，因此需要结合先进表征手段和可持续的合成策略，进一步突破硬碳负极材料的瓶颈与挑战。

附录　常用缩写词

序号	缩写词	中文名称	英文名称
1	SEI	固体电解质中间相	solid electrolyte interphase
2	XRD	X射线衍射	X-ray diffraction
3	TEM	透射电子显微镜	transmission electron microscopy
4	PDF	对分布函数	pair distribution function
5	DFT	密度泛函理论	density Functional theory
6	BET	—	Brunauer-Emmett-Teller
7	SAXS/WAXS	小角/广角X射线散射	small/wide-angel X-ray scattering
8	XPS	X射线光电子能谱	X-ray photoelectron spectroscopy
9	TOF-SIMS	飞行时间二次离子质谱	time of flight secondary ion mass spectrometry
10	ECD	电化学膨胀法	electrochemical dilatometry
11	NMR	核磁共振谱	nuclear magnetic resonance
12	ESR/EPR	电子自旋共振谱/电子顺磁共振谱	electron spin resonance/electron paramagnetic resonance
13	GITT	横流间歇滴定法	galvanostatic intermittent titration technique
14	ICE	首周库仑效率	initial Coulombic efficiency

参 考 文 献

1. Lu, Y., Rong, X., Hu, Y.-S. et al. (2019). Research and development of advanced battery materials in China. *Energy Storage Mater.* 23: 144–153.
2. Li, Y., Hu, Y.-S., Qi, X. et al. (2016). Advanced sodium-ion batteries using superior low cost pyrolyzed anthracite anode: towards practical applications. *Energy Storage Mater.* 5: 191–197.
3. Slater, M.D., Kim, D., Lee, E., and Johnson, C.S. (2013). Sodium-ion batteries. *Adv. Funct. Mater.* 23: 947.
4. Shu-Yin, X., Xiao-Yan, W., Yun-Ming, L. et al. (2014). Novel copper Redox-based cathode materials for room-temperature sodium-ion batteries. *Chin. Phys. B* 23: 118202.
5. Xie, F., Xu, Z., Jensen, A.C.S. et al. (2019). Hard-soft carbon composite anodes with synergistic sodium storage performance. *Adv. Funct. Mater.* 29: 1901072.
6. Wang, Q., Zhao, C., Lu, Y. et al. (2017). Advanced Nanostructured anode materials for sodium-ion batteries. *Small* 13: 1701835.
7. Au, H., Alptekin, H., Jensen, A.C.S. et al. (2020). A revised mechanistic model for sodium insertion in hard carbons. *Energy Environ. Sci.* https://doi.org/10.1039/d0ee01363c.
8. Olsson, E., Cottom, J., Au, H. et al. (2020). Elucidating the effect of planar graphitic layers and cylindrical pores on the storage and diffusion of Li, Na, and K in carbon materials. *Adv. Funct. Mater.* 30: 1908209.
9. Xiao, B., Rojo, T., and Li, X. (2019). Hard carbon as sodium-ion battery anodes: progress and challenges. *ChemSusChem* 12: 133.
10. Dou, X., Hasa, I., Saurel, D. et al. (2019). Hard carbons for sodium-ion batteries: structure, analysis, sustainability, and electrochemistry. *Mater. Today* 23: 87.

11 Deng, J., Li, M., and Wang, Y. (2016). Biomass-derived carbon: synthesis and applications in energy storage and conversion. *Green Chem.* 18: 4824.

12 Wahid, M., Puthusseri, D., Gawli, Y. et al. (2018). Hard carbons for sodium-ion battery anodes : synthetic strategies, material properties, and storage mechanisms. *ChemSusChem* 11: 506.

13 Hou, H., Qiu, X., Wei, W. et al. (2017). Carbon anode materials for advanced sodium-ion batteries. *Adv. Energy Mater.* 7: 1602898.

14 Muñoz-Márquez, M.Á., Saurel, D., Gómez-Cámer, J.L. et al. (2017). Na-ion batteries for large scale applications: a review on anode materials and solid electrolyte interphase formation. *Adv. Energy Mater.* 7: 1700463.

15 Wen, Y., He, K., Zhu, Y. et al. (2014). Expanded graphite as superior anode for sodium-ion batteries. *Nat. Commun.* 5: 1.

16 Dahn, J.R., Xing, W., and Gao, Y. (1997). The "Falling Cards Model" for the structure of microporous carbons. *Carbon N. Y.* 35: 825.

17 Smith, A.J., MacDonald, M.J., Ellis, L.D. et al. (2012). A small angle X-ray scattering and electrochemical study of the decomposition of wood during pyrolysis. *Carbon N. Y.* 50: 3717.

18 Qi, Y., Lu, Y., Ding, F. et al. (2019). Slope-dominated carbon anode with high specific capacity and superior rate capability for high safety Na-ion batteries. *Angew. Chem. Int. Ed.* 131: 4405.

19 Qi, Y., Lu, Y., Liu, L. et al. (2019). Retarding graphitization of soft carbon precursor: from fusion-state to solid-state carbonization. *Energy Storage Mater.* 26: 577.

20 Ferrari, A.C. and Robertson, J. (2000). Interpretation of Raman spectra of disordered and amorphous carbon. *Phys. Rev. B* 61: 14095.

21 Ferrari, A.C. and Robertson, J. (2004). Raman spectroscopy of amorphous, nanostructured, diamond-like carbon, and nanodiamond. *Philos. Trans. R. Soc. A Math. Phys. Eng. Sci.* 362: 2477.

22 Ferrari, A.C. and Basko, D.M. (2013). Raman Spectroscopy as a versatile tool for studying the properties of graphene. *Nat. Nanotechnol.* 8: 235.

23 Pol, V.G., Wen, J., Lau, K.C. et al. (2014). Probing the evolution and morphology of hard carbon spheres. *Carbon N. Y.* 68: 104.

24 Jian, Z., Bommier, C., Luo, L. et al. (2017). Insights on the mechanism of Na-ion storage in soft carbon anode. *Chem. Mater.* 29: 2314.

25 Yun, Y.S., Park, K.Y., Lee, B. et al. (2015). Sodium-ion storage in pyroprotein-based carbon nanoplates. *Adv. Mater.* 27: 6914.

26 Olsson, E., Cottom, J., and Cai, Q. (2021). Defects in hard carbon: where are they located and how does the location affect alkaline metal storage? *Small* 2007652.

27 Olsson, E., Cottom, J., Au, H. et al. (2021). Investigating the effect of edge and basal plane surface functionalisation of carbonaceous anodes for alkali metal (Li/Na/K) ion batteries. *Carbon N. Y.* 177: 226.

28 Thommes, M., Kaneko, K., Neimark, A.V. et al. (2015). Physisorption of gases, with special reference to the evaluation of surface area and pore size distribution (IUPAC Technical Report). *Pure Appl. Chem.* 87: 1051.

29 Sing, K. (2001). The use of nitrogen adsorption for the characterisation of porous materials. *Coll. Surf. A Physicochem. Eng. Asp.* 187–188: 3.

30 Imelik, B. and Vedrine, J.C. (1994). *Catalyst Characterization – Physical Technqiues for Solid Materials*. Springer.

31 Komaba, S., Murata, W., Ishikawa, T. et al. (2011). Electrochemical Na insertion and solid electrolyte interphase for hard-carbon electrodes and application to

Na-ion batteries. *Adv. Funct. Mater.* 21: 3859.

32 Dahbi, M., Nakano, T., Yabuuchi, N. et al. (2014). Sodium carboxymethyl cellulose as a potential binder for hard-carbon negative electrodes in sodium-ion batteries. *Electrochem. Commun.* 44: 66.

33 Goktas, M., Bolli, C., Berg, E.J. et al. (2018). Graphite as cointercalation electrode for sodium-ion batteries: electrode dynamics and the missing solid electrolyte interphase (SEI). *Adv. Energy Mater.* 8: 1.

34 Stratford, J.M., Allan, P.K., Pecher, O. et al. (2016). Mechanistic insights into sodium storage in hard carbon anodes using local structure probes. *Chem. Commun.* 52: 12430.

35 Qiu, S., Xiao, L., Sushko, M.L. et al. (2017). Manipulating adsorption–insertion mechanisms in nanostructured carbon materials for high-efficiency sodium ion storage. *Adv. Energy Mater.* 7: 1700403.

36 Alptekin, H., Au, H., Jensen, A.C. et al. (2020). Sodium storage mechanism investigations through structural changes in hard carbons. *ACS Appl. Energy Mater.* 3: 9918–9927. https://doi.org/10.1021/acsaem.0c01614.

37 Xie, F., Xu, Z., Guo, Z., and Titirici, M. (2020). Hard carbons for sodium-ion batteries and beyond. *Prog. Energy* 2: 042002.

38 Stevens, D. and Dahn, J.R. (2000). High capacity anode materials for rechargeable sodium-ion batteries. *J. Electrochem. Soc.* 147: 1271.

39 Stevens, D.A. and Dahn, J.R. (2001). The mechanisms of lithium and sodium insertion in carbon materials. *J. Electrochem. Soc.* 148: 803.

40 Cao, Y., Xiao, L., Sushko, M.L. et al. (2012). Sodium ion insertion in hollow carbon nanowires for battery applications. *Nano Lett.* 12: 3783.

41 Ding, J., Wang, H., Li, Z. et al. (2013). Carbon nanosheet frameworks derived from peat moss as high performance sodium ion battery anodes. *ACS Nano* 7: 11004.

42 Li, Y., Hu, Y.S., Li, H. et al. (2015). A superior low-cost amorphous carbon anode made from pitch and lignin for sodium-ion batteries. *J. Mater. Chem. A* 4: 96.

43 Li, Y., Hu, Y.S., Titirici, M.M. et al. (2016). Hard carbon microtubes made from renewable cotton as high-performance anode material for sodium-ion batteries. *Adv. Energy Mater.* 6: 1600659.

44 Zhang, B., Ghimbeu, C.M., Laberty, C. et al. (2016). Correlation between microstructure and Na storage behavior in hard carbon. *Adv. Energy Mater.* 6: 1501588.

45 Bommier, C., Surta, T.W., Dolgos, M., and Ji, X. (2015). New mechanistic insights on Na-ion storage in nongraphitizable carbon. *Nano Lett.* 15: 5888.

46 Stevens, D.A. and Dahn, J.R. (2000). In situ small-angle X-ray scattering study of sodium insertion into a nanoporous carbon anode material within an operating electrochemical cell. *J. Electrochem. Soc.* 147: 4428.

47 Yamamoto, H., Muratsubaki, S., Kubota, K. et al. (2018). Synthesizing higher-capacity hard-carbons from cellulose for Na- and K-ion batteries. *J. Mater. Chem. A* 6: 16844.

48 Xiao, L., Lu, H., Fang, Y. et al. (2018). Low-defect and low-porosity hard carbon with high coulombic efficiency and high capacity for practical sodium ion battery anode. *Adv. Energy Mater.* 8: 1703238.

49 Xie, F., Xu, Z., Jensen, A. et al. (2019). Unveiling the role of hydrothermal carbon dots as anodes in sodium-ion batteries with ultrahigh initial coulombic

efficiency. *J. Mater. Chem. A* 7: 27567.

50 Titirici, M.M. and Antonietti, M. (2010). Chemistry and materials options of sustainable carbon materials made by hydrothermal carbonization. *Chem. Soc. Rev.* 39: 103.

51 Titirici, M.M., White, R.J., Brun, N. et al. (2015). Sustainable carbon materials. *Chem. Soc. Rev.* 44: 250.

52 Titirici, M.M., White, R.J., Falco, C., and Sevilla, M. (2012). Black perspectives for a green future: hydrothermal carbons for environment protection and energy storage. *Energy Environ. Sci.* 5: 6796.

53 Luo, W., Bommier, C., Jian, Z. et al. (2015). Low-surface-area hard carbon anode for Na-ion batteries via graphene oxide as a dehydration agent. *ACS Appl. Mater. Interfaces* 7: 2626.

54 Zheng, P., Liu, T., Yuan, X. et al. (2016). Enhanced performance by enlarged nano-pores of Holly leaf-derived lamellar carbon for sodium-ion battery anode. *Sci. Rep.* 6: 1.

55 Liu, T. and Li, X. (2019). Biomass-derived nanostructured porous carbons for sodium ion batteries: a review. *Mater. Technol.* 34: 232.

56 Xu, Z., Xie, F., Wang, J. et al. (2019). All-cellulose-based quasi-solid-state sodium-ion hybrid capacitors enabled by structural hierarchy. *Adv. Funct. Mater.* 29: 1903895.

57 Deng, J., Xiong, T., Wang, H. et al. (2016). Effects of cellulose, hemicellulose, and lignin on the structure and morphology of porous carbons. *ACS Sustain. Chem. Eng.* 4: 3750.

58 Schlee, P., Hosseinaei, O., Baker, D. et al. (2019). From waste to wealth: from kraft lignin to free-standing supercapacitors. *Carbon N. Y.* 145: 470.

59 Schlee, P., Herou, S., Jervis, R. et al. (2019). Free-standing supercapacitors from kraft lignin nanofibers with remarkable volumetric energy density. *Chem. Sci.* 10: 2980.

60 Xiang, J., Lv, W., Mu, C. et al. (2017). Activated hard carbon from orange peel for lithium/sodium ion battery anode with long cycle life. *J. Alloys Compd.* 701: 870.

61 Yang, C., Zhang, M., Kong, N. et al. (2019). Self-supported carbon nanofiber films with high-level nitrogen and phosphorus Co-doping for advanced lithium-ion and sodium-ion capacitors. *ACS Sustain. Chem. Eng.* 7: 9291.

62 Tang, H., Wang, M., Lu, T., and Pan, L. (2017). Porous carbon spheres as anode materials for sodium-ion batteries with high capacity and long cycling life. *Ceram. Int.* 43: 4475.

63 Wang, H., Yu, W., Shi, J. et al. (2016). Biomass derived hierarchical porous carbons as high-performance anodes for sodium-ion batteries. *Electrochim. Acta* 188: 103.

64 Wang, H., Yu, W., Mao, N. et al. (2016). Effect of surface modification on high-surface-area carbon nanosheets anode in sodium ion battery. *Microporous Mesoporous Mater.* 227: 1.

65 Liang, Q., Ma, W., Shi, Y. et al. (2013). Easy synthesis of highly fluorescent carbon quantum dots from gelatin and their luminescent properties and applications. *Carbon N. Y.* 60: 421.

66 Zhao, C., Wang, Q., Lu, Y. et al. (2018). High-temperature treatment induced carbon anode with ultrahigh Na storage capacity at low-voltage plateau. *Sci. Bull.*

63: 1125.
67 Chen, W., Wan, M., Liu, Q. et al. (2019). Heteroatom-doped carbon materials: synthesis, mechanism, and application for sodium-ion batteries. *Small Methods* 3: 1800323.
68 Lin, Q., Zhang, J., Lv, W. et al. (2019). A functionalized carbon surface for high-performance sodium-ion storage. *Small* 16: 1902603.
69 Wu, J., Pan, Z., Zhang, Y. et al. (2018). The recent progress of nitrogen-doped carbon nanomaterials for electrochemical batteries. *J. Mater. Chem. A* 6: 12932.
70 Liu, J., Zhang, Y., Zhang, L. et al. (2019). Graphitic carbon nitride (g-C3N4)-derived N-rich graphene with tuneable interlayer distance as a high-rate anode for sodium-ion batteries. *Adv. Mater.* 31: 1901261.
71 Wang, Z., Qie, L., Yuan, L. et al. (2013). Functionalized N-doped interconnected carbon nanofibers as an anode material for sodium-ion storage with excellent performance. *Carbon N. Y.* 55: 328.
72 Wang, S., Xia, L., Yu, L. et al. (2016). Free-standing nitrogen-doped carbon nanofiber films: integrated electrodes for sodium-ion batteries with ultralong cycle life and superior rate capability. *Adv. Energy Mater.* 6: 1.
73 Hao, R., Lan, H., Kuang, C. et al. (2018). Superior potassium storage in chitin-derived natural nitrogen-doped carbon nanofibers. *Carbon N. Y.* 128: 224.
74 Nguyen, T.D., Shopsowitz, K.E., and MacLachlan, M.J. (2014). Mesoporous nitrogen-doped carbon from nanocrystalline chitin assemblies. *J. Mater. Chem. A* 2: 5915.
75 Marinovic, A., Kiat, L.S., Dunn, S. et al. (2017). Carbon-nanodot solar cells from renewable precursors. *ChemSusChem* 10: 1004.
76 Hao, R., Yang, Y., Wang, H. et al. (2018). Direct chitin conversion to N-doped amorphous carbon nanofibers for high-performing full sodium-ion batteries. *Nano Energy* 45: 220.
77 Li, Z., Bommier, C., Sen Chong, Z. et al. (2017). Mechanism of Na-ion storage in hard carbon anodes revealed by heteroatom doping. *Adv. Energy Mater.* 7: 1602894.
78 Stadie, N.P., Billeter, E., Piveteau, L. et al. (2017). Mechanism of Na-ion storage in hard carbon anodes revealed by heteroatom doping. *Chem. Mater.* 29: 3211.
79 Yao, L., Cao, M., Yang, H. et al. (2014). Adsorption of Na on intrinsic, B-doped, N-doped and vacancy graphenes : a first-principles study. *Comput. Mater. Sci.* 85: 179.
80 Jin, Q., Li, W., Wang, K. et al. (2019). Experimental design and theoretical calculation for sulfur-doped carbon nanofibers as a high performance sodium-ion battery anode. *J. Mater. Chem. A* 7: 10239.
81 Qie, L., Chen, W., Xiong, X. et al. (2015). Sulfur-doped carbon with enlarged interlayer distance as a high-performance anode material for sodium-ion batteries. *Adv. Sci.* 2: 1500195.
82 Zhao, G., Zou, G., Hou, H. et al. (2017). Carbon as a carrier with enhanced sodium storage. *J. Mater. Chem. A* 5: 24353.
83 Kicin, W., Szala, M., and Bystrzejewski, M. (2013). Sulfur-doped porous carbons: synthesis and applications. *Carbon N. Y.* 68: 1.
84 Yang, J., Zhou, X., Wu, D. et al. (2017). S-doped N-rich carbon nanosheets with expanded interlayer distance as anode materials for sodium-ion batteries. *Adv.*

Mater. 29: 1604108.

85 Hou, H., Shao, L., Zhang, Y. et al. (2017). Large-area carbon nanosheets doped with phosphorus : a high-performance anode material for sodium-ion batteries. *Adv. Sci.* 4: 1600243.

86 Lu, Y., Zhao, C., Qi, X. et al. (2018). Pre-oxidation-tuned microstructures of carbon anodes derived from pitch for enhancing Na storage performance. *Adv. Energy Mater.* 8: 1800108.

87 Zhou, C., Li, A., Cao, B. et al. (2018). The non-ignorable impact of surface oxygen groups on the electrochemical performance of N/O dual-doped carbon anodes for sodium ion batteries. *J. Electrochem. Soc.* 165: A1447.

88 Chen, C., Huang, Y., Zhu, Y. et al. (2020). The non-ignorable influence of oxygen in hard carbon for sodium-ions storage. *Chem. Eng.* 8: 1497.

89 Jin, Q., Li, W., Wang, K. et al. (2020). Tailoring 2D heteroatom-doped carbon nanosheets with dominated pseudocapacitive behaviors enabling fast and high-performance sodium storage. *Adv. Funct. Mater.* 30: 1909907.

90 Hou, H., Banks, C.E., Jing, M. et al. (2015). Carbon quantum dots and their derivative 3D porous carbon frameworks for sodium-ion batteries with ultralong cycle life. *Adv. Mater.* 27: 7861.

91 Wang, N., Wang, Y., Xu, X. et al. (2018). Defect sites-rich porous carbon with pseudocapacitive behaviors as an ultrafast and long-term cycling anode for sodium-ion batteries. *ACS Appl. Mater. Interfaces* 10: 9353.

92 Meng, Q., Lu, Y., Ding, F. et al. (2019). Tuning the closed pore structure of hard carbons with the highest Na storage capacity. *ACS Energy Lett.* 4: 2608.

第 3 章
钠离子电池合金型负极

作者：*Yan Yu, Xianhong Rui, and Xianghua Zhang*
译者：余彦　芮先宏

3.1 概述

目前，钠离子电池负极材料主要分为插层型、合金型和转换型材料。本章将着重介绍合金型材料。该类材料主要包含 IV 和 V 族元素，如锡（Sn）、锑（Sb）、铋（Bi）、硅（Si）、锗（Ge）和磷（P）。作为储钠负极材料，这些单质能够与大量钠形成合金，比传统碳基负极材料具有更高的比容量。此外，合金型材料的工作电压较低，有利于提高全电池的能量密度，因此成为钠离子电池负极材料研究的热点之一。2023 年，加利福尼亚州初创公司 Sila Nanotechnologies 计划商业化一种富硅负极材料，这种材料被视为现有新兴二次电池的直接替代方案。尽管合金型负极极具潜力，但在将其商业化应用于钠离子电池之前仍需解决许多潜在问题。例如，合金型负极面临哪些挑战？如何充分发挥其潜力？本章通过详细介绍合金型负极在商业化道路上面临的挑战以及相关结构优化设计策略来回答这些问题。

3.2 合金型负极材料面临的主要挑战

3.2.1 体积膨胀

合金型负极的高比容量源于其在合金形态下能够吸纳众多离子。然而，在充放电反应过程中，合金型负极承受巨大的机械应力，其物理结构易损坏，导致循环性能不稳定，高比容量特性受到影响。相较于插层型材料，合金化反应涉及固态键的断裂和形成过程。因此，充分发挥合金型负极优势的首要任务是克服离子储存过程中的巨大体积膨胀。事实上，储钠时最常见的机械变形发生在两相区，该区域存在不完全钠化现象。由于摩尔体积差异大，两个不同相界面容易发生结构坍塌[1]。另一方面，巨大的体积变化也会导致结构不稳定，合金无法支撑膨胀时常常会粉化。由于多种原因，体积变化引发应力和应变巨大，可能导致合金型负极失去其形态优势。更为严重的是，粉化会中断单个颗粒和集流体之间的连续电子传输路径，最终导致部分活性材料电隔离。接下来，合金型负极的破碎必然会影响固体电解质界面（Solid Electrolyte Interface，SEI）膜的形成。通常合金型负极新形成的SEI膜会随着电极表面的破坏而破裂。除了结构变形，体积变化也可导致合金型负极的反应动力学变缓。此外，当合金化过程中热力学吉布斯自由能发生变化，导致界面处离子扩散速率发生变化时，电极失效现象也将出现[2]。

3.2.2 不稳定的 SEI 膜

SEI 膜是电解液在电极表面分解后形成的钝化层。事实上，SEI 膜的形成是由于电解液的最低未占据分子轨道（Lowest Unoccupied Molecular Orbital，LUMO）低于合金型负极的费米能级，从而导致电解液被还原[3]。SEI 膜允许离子传导，同时其自身又是电子绝缘体。因此，SEI 膜的厚度和性质对于调节电化学反应至关重要。由于钠在有机电解液中的溶解度比锂高，在钠电池体系中形成的 SEI 膜更容易在电解液中再溶解[4]。对于反应电位低于 1.0V（相对于 Na^+/Na）的合金型负极，形成稳定的 SEI 膜对平衡离子传导和副反应很重要。实际应用中，由于钠来自于正极且数量有限，钠源在全电池中对 SEI 膜的影响比半电池更为明显。当钠源被不可逆地截留在 SEI 膜中时，会对在随后循环中的库仑效率产生影响。此外，当初始循环中消耗了大量的钠源时，通常会出现比容量降低的现象。对于体积膨胀较大的合金型负极来说，形成稳定的 SEI 膜是一项巨大的挑战。这是因为在嵌钠/脱钠过程中，SEI 膜会承受巨大的应力，从而导致其破裂，同时也使活性材料的结构坍塌。电极粉化后，SEI 膜的持续生长会不可避免地耗尽钠源，形成不均匀的 SEI 膜。另外，SEI 膜增厚会增加离子在界面处的扩散壁垒，使离子无法进入其内部的活性位点[5]。SEI 膜的再生成还可能改变合金型负极表面的化学性质，从而导致离子扩散动力学变慢并进一步引发极化[6]。尽管电极层面的电接触未受干扰，但实际容量持续下降是常见现象。

3.2.3 电压滞后

电压滞后在半电池中可能不是一个很大的问题，但在全电池中会导致能量损失，从而严重影响充放电效率，并对实际应用产生重要影响。由于合金化反应的复杂性，合金型负极的电压曲线通常呈现充放电不对称的现象，这是电压滞后的显著特征之一。电化学反应电压的轻微延迟可能是由充放电过程中离子扩散和界面迁移动力学缓慢引起的。如果该反应受到欧姆限制，极化程度会随着扫描速率的增加而增大，反之亦然[7]。因此，在扫描速率最低时，极化最小。此外，根据电压滞后计算出的能量损失与反应过程中的热耗散相关。当电压延迟以较低的速率持续时，极化现象可能是由相变引起的。众所周知，合金型负极存在多步合金化反应，会形成多种中间产物。在多相合金化反应过程中，旧相断键和新相活化所需的能量并不相同[8]。当中间相的电子传导性和结晶度发生变化时，充放电现象也会不同。除了对反应动力学有影响外，较大的体积变化也是造成电压滞后的因素之一。之前的研究报告指出，在锂离子电池中，硅的塑性变形会导致活性材料中机械应力的变化，从而改变反应电压，使其偏离平衡值[9]。

3.2.4 电化学反应机理

目前仍难以捉摸合金化反应的机理，主要是由于中间相的瞬时性和无定形性导致的。目前开发的分析表征方法，如原位/非原位透射电子显微镜（Transmission Electron Microscope，TEM）、X射线衍射（X-Ray Diffraction，XRD）和拉曼光谱等，无法明确识别各个阶段的中间相。尽管如此，深入了解中间相的特性有助于揭示合金型负极的电化学机理。有时候，合金型负极的反应途径与平衡相图不同。据推测，由于在嵌钠时经历了巨大的结构转变，初始的合金化反应与随后的反应有所不同[10]。例如，平坦的电压平台变成倾斜的曲线，表明电化学行为发生了变化。连续的斜线被认为是没有反应前端的单相反应。通过原位TEM进一步研究发现，无定形特性表明存在更为复杂的两相反应，并且具有不同的应力和断裂行为[11]。这两种观察结果和初始阶段可能产生的误解都归因于缺乏先进的表征技术，难以实时探测反应并区分不同阶段的中间相。

3.3 高性能合金型负极的实现策略

3.3.1 纳米结构

目前，学术界和工业界的研究重点正从微米级合金型负极转向纳米级，以缓冲剧烈的体积变化，从而延长循环寿命，并且缩短离子扩散距离以改善反应动力学。菲克定律可以解释合金型负极纳米结构与块状结构的不同之处[12]。

$$\tau \propto \frac{L^2}{D} \tag{3.1}$$

式中，τ是离子扩散时间；D是离子扩散系数；L是离子扩散距离。

根据式（3.1），减小合金型负极材料尺寸不仅能显著增加接触表面积，还能通过缩短离子扩散距离来提高活性材料的反应动力学。更重要的是，纳米结构在合金化反应时的机械变形和裂纹形成较少，有效缓解了合金型负极因体积变化过大而产生的粉化问题[2, 13]。

尽管纳米结构效应很大，但同时也会产生一些副作用。较小的颗粒会增加压应力，改变平衡离子浓度，导致合金化反应不完全[14]。此外，纳米结构的应用经常会引发副反应，尤其是在将其缩小到临界尺寸以下的情况。例如，由于纳米结构合金型负极的表面能较高，会导致严重的团聚现象，因此，在增大活性材料与电解液之间的接触界面的情况下，如何调控稳定的SEI膜形成也是一项巨大挑战。

纳米合金型负极的另一个问题是其电化学行为与块状负极不同，初始明显的电压平台会转变为倾斜曲线。实际上，当比表面积大幅增加时，这种变化可归因于以下几个因素：

①赝电容增加；②固溶区扩大；③表面能增加，从而导致亚稳态中间相逐渐增多[15]。除了纳米结构中的赝电容特性外，合金型材料也被认为在整个成分范围内具有扩展的固溶区域，这是由高表面能引起的[15b]。

3.3.2 形貌和电极结构调控

为了进一步改善合金型负极的电化学性能，研究者们开发了多种方法制备尺寸和形状各异的合金型负极材料，如一维纳米线和纳米管、二维纳米片以及三维分级结构等。这些特殊纳米结构形态也为合金型负极的表面性质调控提供了一种有效方法。一维纳米结构具有沿轴向不受干扰的电子转移路径，有利于提高电子导电性。而一维纳米管内部含有空隙，使其对沿轴向和径向不同方向的体积膨胀具有更高的耐受性。因此，在嵌钠/脱钠过程中，电极材料体积变化小，展现出较好的储钠能力[16]。二维纳米材料能够限制电子束缚在其平面内，提高电极材料的机械韧性，以应对剧烈的体积变化[17]。三维多孔结构可以解决厚电极中动力学缓慢的问题。此外，其内部互连的电子/离子传输通道可以促进载流子的快速传输，从而缓解电极极化。目前的研究趋势是通过共同调控形貌和结构，既能维持形貌方面的优势，也能保留纳米结构的尺度效应。例如，构建三维多级结构能够兼具各结构的各自优势，并且产生协同效应。

形貌和纳米结构共同调控可以激发电极材料展现独特的功能优势，有助于提高电化学性能。例如，多孔纳米结构可以使电解液在界面处具有良好的渗透性，显著缓解浓差极化。一维纳米管的内部中空结构显著提高了电解液的接触面，从而最大限度地减少了质量传输的动力学阻碍[18]。此外，研究表明，合金型负极外延生长的表面保护层可以阻止粉化破裂，同时有助于形成稳定的SEI膜。与蛋黄-蛋壳结构相比，核壳结构的外层在膨胀系数不匹配的情况下容易在巨大应力作用下开裂，对体积变化的缓冲效果较差。因此，将合金型负极封装在中空结构中，构造蛋黄-蛋壳形貌，这可为其提供充足的膨胀空间，以防止破裂，从而更好地应对体积变化[19]。

通常来说，设计上述独特的形貌是为了最大限度地增加暴露在电解液中的表面积，从而增强界面接触。合理设计合金型负极的形貌能够使电解液更容易得到补充，从而将浓差极化降至最低，同时预防严重的体积膨胀。

3.3.3 结构工程

结构工程可实现合金型负极的改性，促进晶格结构中离子扩散[20]。以下为经典的阿伦尼乌斯公式，离子扩散系数取决于活性材料的能垒[20b]：

$$D_i = D_0 \exp\left(-\frac{\Delta G}{k_B T}\right) \quad (3.2)$$

式中，ΔG是能垒；k_B是玻尔兹曼常数；T是温度；D_0是前因子。

如前文所述，钠离子大尺寸限制了反应动力学速率，尤其是在层状结构中。对此，目前有多种方法可以加速离子迁移，如扩大晶格间距可以降低合金型聚硅烷中离子迁移的活化能（聚硅烷的能垒为0.41eV，远低于块状硅的1.06eV）[20b]。此外，还可以通过非晶化或预嵌入离子调节晶格结构[21]。实验表明，纳米线状硅和锗非晶态区域嵌钠/脱钠过程中离子迁移的活化能垒较低，在能耗上更具优势。非晶态材料的各向异性还可以抑制纳米结构在合金化反应过程中的断裂和裂纹产生，从而缓解体积变化。因此，非晶态合金型负极在抑制各向异性膨胀方面显示出更好的弹性[22]。

3.3.4 表面工程

合金型负极在嵌钠时会产生较大的体积膨胀，表面工程在保护电极结构方面起到重要作用。因此，研究者们致力于表面化学工程设计，以确保离子传导和电子传输时界面保持稳定。目前的表面工程策略主要有以下作用：①通过导电涂层提高电子电导率，改善反应动力学；②通过坚固的涂层保护活性材料，防止由于体积变化过大而破裂；③利用保护涂层确保在循环过程中形成稳定的SEI膜。

碳材料如有机聚合物（聚乙烯吡咯烷酮（PVP）、聚乙二醇（PEG））、多糖（葡萄糖、琼脂糖）和有机酸（柠檬酸、抗坏血酸）常用作导电涂层，以提高合金型负极的反应动力学。这些材料中的极性官能团具有螯合能力，并可在热解炭化后用作原位导电涂层的原料。此外，保护涂层还能提高纳米结构的稳定性，缓解其面临的团聚和溶解问题。同时，使用金属如镍和铜等作为惰性涂层，也可以在介导纳米结构的形态变化和应力演化方面发挥相似的作用[23]。当界面膨胀系数不匹配而产生巨大应力时，原位表面涂层会表现出较大的脆性。此时，形貌设计发挥重要作用。研究证实，空心蛋黄-蛋壳结构可以完美缓冲合金型负极的体积变化，从而防止涂层表面变形。此外，这种材料设计还保证了涂层表面静态浸没在电解液中，有利于固态SEI膜的生长。

3.3.5 复合材料设计

将合金型负极与其他成分复合，可以改善其电子传输和离子扩散方面的缺陷。已经有许多导电金属、碳基材料和聚合物应用于合金型复合材料的设计。例如，碳基材料（如科琴黑和活化碳）已广泛用于商业锂离子电池的导电基质中。这类材料由于具备导电性、化学惰性和机械性能方面的卓越特性，因而被广泛采用。除了传统的基质，目前的研究侧重于纳米形态的石墨碳（如石墨烯、碳纳米管和碳纳米纤维），它们可以为集流体提供三维互连的导电通道。将合金型负极镶嵌于碳基体中，形成紧密的电连接，从而实现连续的电子迁移路径。重要的是，将合金型负极沉积在碳基体中可以防止活性材料在反复循环过程中出现团聚和粉碎的严重问题。此外，研究证实，在存在不定域电子的情况下，碳质材料中的缺陷和空位对钠离子的亲和力更强[24]。结合碳基质增强电子传导性，可以合理解释实验中观察到的钠离子快速扩散和反应动力学改善现象。这说明在碳材料中，通过单原子或双原子掺杂可以调节合金型负极的倍率性能和容量等电化学特性[25]。研究者们还尝试采用金属构建三维导电网络。金属具有出色的导电性能，使其成为理想的合金型负极原位沉积集流体。聚合物，如聚丙烯腈（PAN）、聚乙烯醇（PVA）等，是前景广阔的导电基质，其作用类似于碳材料和金属，除了具有高导电性外，它们还具有很高的柔韧性，可以被模塑成不同的尺寸和形状[26]。聚合物骨架的多样性不仅使其可以设计出成各种各样的结构，还可以掺入杂原子。此外，可以用生物衍生材料（如纤维素纳米纤维、木质素、玉米芯或苎麻纤维）来替代合成聚合物，以更环保和经济的方式达到类似的效果[27]。

▼ 3.4 合金负极改性

合金化反应的化学方程式如下：

$$x\text{Na}^+ + xe^- + M \longleftrightarrow \text{Na}_x M \tag{3.3}$$

合金化反应通过逐步形成具有不同化学计量比的二元合金来实现钠的储存。持续储钠会不可避免地增大合金的体积，但考虑到合金具有显著的电化学优势，它们是未来钠离子电池的重要发展方向。

本节将分别讨论 IVA 族和 VA 族元素（Sn、Sb、Bi、Si、Ge 和 P）及其金属间化合物。总的来说，它们因具有高比容量和低氧化还原电位而被广泛研究。此外，其中一些材料还具有优异的导电性和低体积膨胀性，这对于获得高倍率性能和稳定的长循环性能非常有帮助。基于以上考虑，合金型负极可分为三类：高容量合金型负极（P、Si）、稳定型合金负极（Sb、Bi）和低电压合金型负极（Sn、Ge）。

3.4.1 磷（P）

磷有三种同位素：白磷、红磷和黑磷。相较于白磷，红磷和黑磷在环境中的化学性质更为稳定。磷与钠之间可发生三电子转移的合金化反应，其理论比容量高达 $2596\text{mA}\cdot\text{h}\cdot\text{g}^{-1}$ 及工作电位为 0.45V（相对于 Na/Na^+），是目前合金型负极材料研究的热点。在钠化过程中，磷与钠会形成不同化学计量比的 Na_xP，最终生成 Na_3P 化合物[28]。Na_3P 中 Na-P 键的强共价特质使得其摩尔体积较小。因此，相较于其他 Na-M 合金，Na_3P 具有更高的体积容量[29]。然而，由于其高活性，Na_3P 表面发生的副反应导致了电解液耗尽以及磷基负极还面临巨大的体积膨胀问题[30]。此外，红磷和黑磷具有不同的晶体结构、化学和物理性质，因此表现出截然不同的电化学性质，下文将对其进行分别讨论。

1. 红磷（RP）

红磷被视为白磷的聚合体，其晶体结构呈现出链状结构，其中 P_4 四面体与相邻 P_4 分子共价键相连。与白磷相比，红磷在室温下较为稳定且易制备。然而，红磷存在的主要问题是其较低的电子电导率（约 $10^{-14}\text{S}\cdot\text{cm}^{-1}$），这使得其在电池实际应用中无法凸显其电化学优势[31]。

为了改善红磷的电化学性能，研究者提出了多种形貌工程策略，例如，通过合理设计多孔和中空结构来缓解红磷的大体积变化效应。Zhou 等人设计了独特的多孔空心球红磷材料（图 3.1a），该多孔结构确保了钠离子的快速扩散[32]。经过 600 周循环，磷纳米空心球仍能在 1C 倍率下达到 $970\text{mA}\cdot\text{h}\cdot\text{g}^{-1}$ 的高比容量。而无定形红磷的电子电导率在与碳耦合后会得到进一步改善。目前有许多方法可以将碳与红磷复合，其中球磨杂化可以将各种碳转变为导电基质，并均匀分布在红磷表面。例如，聚合物基的硫化聚丙烯腈（SPAN）通过聚合物骨架上的 C-S-S 分子，形成 P-S 化学键（图 3-1b），实现了牢固的磷碳连接[33]。为了更精确地控制红磷的均匀性和浓度，通过采用汽化-冷凝法制备的红磷和碳纳米管复合材料表现出优异的循环性能[31]。另外，高度有序的介孔碳材料可作为红磷沉积的载体，在 5C 倍率下经过 210 周循环，可获得 1020mA·h·g^{-1} 的高可逆容量[34]。红磷封装在掺氮的微孔碳中，展现出 1000 周以上的长循环寿命[35]。通过比较封装在微孔碳（YP-80F）中的红磷（P@YP-80F）和沉积在 CNT 上的红磷（P@CNT）的电化学性能和动力学特性（图 3.1c）[36]，发现红磷/微孔碳复合材料具有更好的缓冲效应和更稳定的 SEI 膜，表现出更好的循环稳定性。此外，逐层堆叠构建的三维结构也呈现出出色的储钠性能[37]。

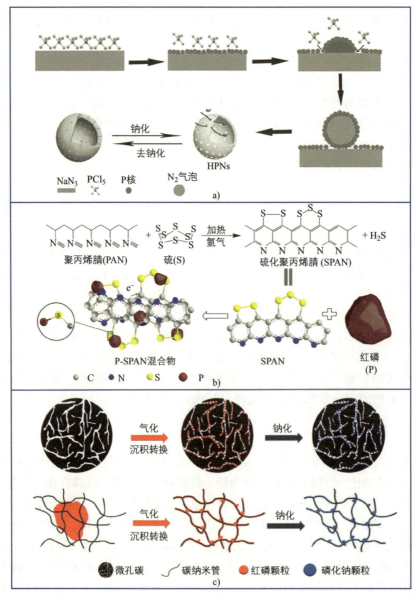

图 3.1 （a）空心磷纳米球的形成机理[32]（b）聚合硫化聚丙烯腈（P-SPAN）混合物的制备过程示意图[33]（c）P@YP-80F 和 P@CNT 复合材料的制备和钠化过程示意图[36]

2. 黑磷（BP）

黑磷与石墨类似，是一种具有各向异性的层状材料，由褶皱的磷原子片层组成。相邻层之间存在范德华力的作用，形成了一条宽度为5.4Å的通道，允许钠离子自由迁移[38]。相较于红磷，黑磷具有较高的导电率（约 $10^2 S \cdot cm^{-1}$），有利于电子传输，从而改善反应动力学。另外，从层状黑磷中剥离出的磷烯层较薄，表现出良好的反应动力学特性，成为当前研究的热点。然而，如何制备高质量磷烯以及解决其易氧化而导致的贮存问题仍然是巨大的挑战[39]。

据报道，层状黑磷呈现插层和合金两种机制，取决于不同的电压范围。在合金化反应之前，钠离子会首先嵌入到黑磷的层状结构中，形成中间相 $Na_{0.25}P$。随后，P-P键断裂，最终形成合金态 Na_3P（图3.2a）[40]。磷烯可以将电子束缚在其横向平面上，呈现高度各向异性，并沿着Z字方向而非扶手椅方向扩散[43]。先前研究表明，磷烯的带隙与厚度有关。块状磷烯的带隙约为0.3eV，而单层磷烯的带隙为2.0eV[44]。此外，钠离子沿黑磷[100]晶向的扩散能垒较低[38, 45]。同时，由于体积膨胀大，黑磷[001]晶向的化学应变高，钠离子会沿该方向优先扩散[42]。

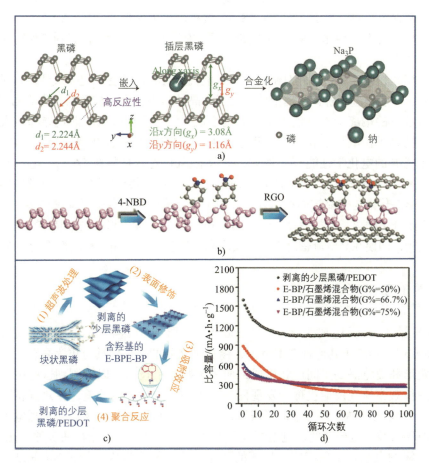

图3.2 （a）黑磷钠化过程示意图[40]；（b）4-NBD改性及与RGO复合的示意图[46]；（c）黑磷表面生长PEDOT纳米纤维的示意图；（d）循环性能图[47]

类似于红磷，黑磷常与碳基质复合，以更好地展现其电化学储能特性。例如，将黑磷嵌入石墨烯片之间，可缓解黑磷的体积膨胀问题。磷烯－石墨烯复合材料在钠离子电池中表现出色，能够在高电流密度下保持较高的比容量[41]。受该研究启发，有机分子也被应用于增强黑磷与石墨烯之间的相互作用。例如，4-硝基苯偶氮（4-NBD）中的官能团可以扩大黑磷的层间距，从而容纳更多钠离子（图 3.2b）[46]。黑磷与聚 3，4-亚乙二氧基噻吩（PEDOT）的结合也能有效促进电解液的润湿性和黑磷的反应动力学[47]。虽然合成复杂（图 3.2c），但 PEDOT 纳米纤维能均匀覆盖超薄的黑磷纳米片，从而降低电荷转移阻抗。PEDOT 纳米纤维与电解液之间具有良好的相容性，因此能显著改善润湿性。该复合材料在 $0.1A \cdot g^{-1}$ 下循环 100 周后，成功达到 $1078mA \cdot h \cdot g^{-1}$ 的高比容量（图 3.2d），同时还表现出优异的倍率性能。

3.4.2 硅（Si）

硅在锂离子电池中获得了成功应用，这启发了研究者将硅应用于钠离子电池中。根据完全钠化的 NaSi 估算，硅的理论比容量为 $954mA \cdot h \cdot g^{-1}$。然而，研究发现，1mol 硅原子只能容纳 0.76mol 的钠离子（即 $Na_{0.76}Si$），这将理论值降低至 $725mA \cdot h \cdot g^{-1}$[48]。由于钠离子嵌入的数量变少，钠化（$Na_{0.76}Si$）体积膨胀预计会降至 114%，有利于保持合金反应中的结构完整性。

与结晶相硅相比，无定形硅对钠离子的扩散性更好，因此受到更多关注。这种现象可以从钠离子的迁移能垒进行解释。理论计算表明，晶体硅中钠离子扩散的活化能相对较高，只能容纳有限数量的钠离子[49]。而无定形硅则相反[48, 50]，呈现较低的活化能和较大的间隙通道，有利于钠离子扩散[51]。在钠化过程中，无定形硅中 Si-Si 键断裂后会发生非晶化反应，从而展现出优异的电化学性能[52]。例如，非晶态 Si/C 复合材料在 $5A \cdot g^{-1}$ 电流密度下循环 2000 次后，容量保持率可达 75%（图 3.3a）。此外，还有研究者开发了具有卷曲纳米膜结构的硅，将其形态优点与非晶结构相结合，证明了无定形硅的悬空键可提供更多的钠离子储存位点，从而促进了钠离子的扩散动力学（图 3.3b、c）[50]。无定形硅的独特结构使其具有良好的电化学性能，即使在高电流密度下仍能实现高比容量，且其循环稳定性不受影响。

3.4.3 锡（Sn）

当锡与钠离子反应时（最多 3.75mol），可形成最终的 $Na_{15}Sn_4$ 相，理论容量为 $847mA \cdot h \cdot g^{-1}$。相较于其他合金型负极，锡和钠之间的合金化反应更为复杂，主要是该反应涉及无定形和亚稳晶的中间产物生成，而大多数表征技术难以检测到这些中间产物。通过理论和原位观察研究反应机理，发现低温下锡的动力学性能较差，导致其相图中两相区部分缺失[53]。总之，钠－锡合金的形成取决于一系列重要的反应参数，包括电流密度、截止电压、循环次数、电极厚度、电池配置和电解液[54]。尽管锡可能存在多种二元合金形式，但研究表明锡的合金化反应有四个显著的两相反应，最终生成产物为 $Na_{15}Sn_4$[55]。Chevrier 等人通过理论计算探讨了钠－锡合金中多种二元合金相的可能性[55]。与 Huggins 实验结果不同的是，离散傅里叶变换（DFT）分析并未发现 $NaSn_5$ 相，尽管存在其他类似的中间产物[56,57]。此后，研究者们采用更先进的原位表征技术来解析钠-锡产物的复杂结构。例如，Wang 等人提出了一种不同于常规的反应机理，即锡与钠的合金化反应分为两步，包括相界迁移以及后续的单相反应，从而形成 $Na_{15}Sn_4$ 晶相[54c]。此外，还有研究者认为锡的反应机制依次经过 β-Sn → $NaSn_2$ → 无定形 $Na_{1.2}Sn$ → $Na_{5-x}Sn_2$ → $Na_{15+x}Sn_4$ 的连续相变[58]。

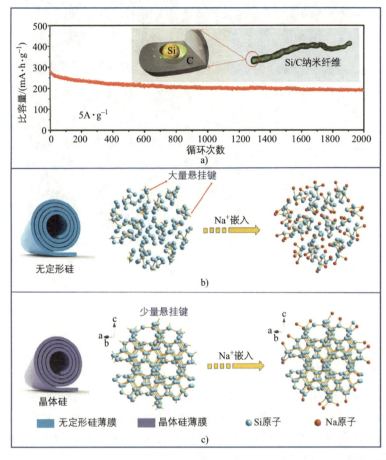

图 3.3 （a）Si/C 复合材料在 $5A\cdot g^{-1}$ 下的长循环性能图（插图：Si/C 复合材料示意图）[52]；（b）无定形硅（a-Si）纳米薄膜和（c）晶体硅（c-Si）纳米薄膜的合金化反应示意图[50]

锡基材料作为一种具有广阔前景的电极材料，已经取得了很大进展。例如，将锡设计成多孔纳米纤维，可以避免材料在经历巨大体积变化时出现粉化现象[59]。由于锡多孔纳米纤维各向异性膨胀和电解液的渗透，该材料在 1C 倍率下可释放 $785mA\cdot h\cdot g^{-1}$ 的高容量。另外，将锡纳米粒子嵌入二维纳米片中构建蛋黄-蛋壳结构，可以更好地提高其机械稳定性（图 3.4a、b）[60]。由于其独特的结构，在电流密度为 $1A\cdot g^{-1}$ 时，循环 1000 次后的比容量可达 $200mA\cdot h\cdot g^{-1}$。同样，构建三维多级结构也能进一步提高锡的电化学性能。例如，在碳纸上生长的核-壳结构 Sn@CNT 纳米柱（图 3.4c、d）表现出良好的高倍率特性，并能在长期循环中保持稳定，这主要得益于碳纸的分散作用和壳的缓冲作用[61]。该电极循环 100 次后，比容量为 $377mA\cdot h\cdot cm^{-2}$（电流密度：$0.5A\cdot cm^{-2}$）和 $299mA\cdot h\cdot cm^{-2}$（电流密度：$1A\cdot cm^{-2}$）。

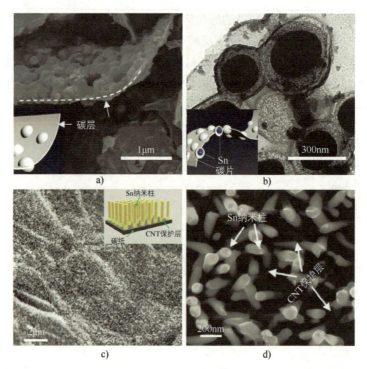

图 3.4 （a）蛋壳结构 Sn@C 的 SEM 图及其（b）TEM 图[60]；(c, d) 碳纸上生长的 Sn@CNT 纳米柱的 SEM 图[61]

3.4.4 锗（Ge）

锗的钠化反应与硅相似，每个锗能够容纳一个钠离子，形成最终的钠-锗相 NaGe，理论容量为 $369mA·h·g^{-1}$[62]。然而，最近的模拟研究表面，每个无定形锗可容纳一个以上的钠离子，形成 $Na_{1.56}Ge$，理论容量高达 $576mA·h·g^{-1}$[48]。研究表明，锗可作为钠离子电池负极，相较于锡和硅，锗和钠离子之间的合金化反应在热力学上更为有利。此外，与锡相比，锗的体积膨胀率和体积模量适中。最近有文献指出将纳米形态的锗与碳基质进行复合，可以有效地激发其电化学储钠潜能。例如，将锗纳米粒子封装在互连的碳盒中（图 3.5a、b），在 $0.1A·g^{-1}$ 下经过 500 次循环后，该复合材料的容量仍接近于理论值（图 3.5c）[63]。

与硅类似，晶体锗在锂离子电池体系中表现出色，但在钠离子电池中却没有令人满意的电化学性能。Lu 等人对其结晶性进行了研究，以探究钠-锗体系的合金化反应，通过原位 TEM 观察到，在循环过程中，晶体锗纳米线上的纳米孔会发生演变和愈合[64]。此外，由于钠的能级较大，达到 1.5eV（锂为 0.51eV），在晶格中跃迁到另一个晶隙位点时需要克服较高的能垒，因此晶态合金反应动力学较差[65]。

因此，无定形锗被广泛用作钠离子电池的负极。过去，无定形锗是通过晶体锗的锂化反应来实现的，这样做是为了降低 NaGe 成核过程所需的能垒，并进一步增强合金反应的固态扩散动力学[21a, 64, 66]。更重要的是，在最初的脱钠过程中形成的纳米孔隙可以缩短固态扩散距离，提高材料的表面润湿性[21a]。Kohandehghan 等人也验证了这一结果，并证明无定形锗可以获得更好的循环稳定性和倍率性能（图 3.5d）。

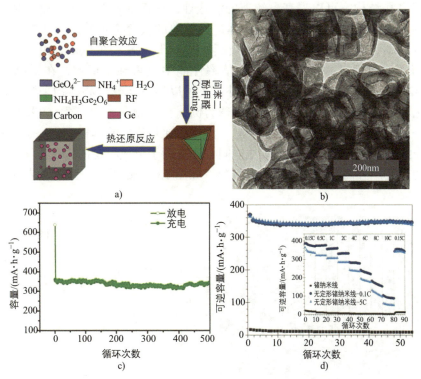

图 3.5　锗嵌于碳纳米盒中的（a）形成过程示意图（b）形貌表征图（c）循环性能图（电流密度：0.1A·g^{-1}）[63]；（d）无定形锗纳米线的循环特性（0.15C）和倍率性能图[21a]

3.4.5　锑（Sb）

锑基材料具有优异的导电性（$2.56×10^6$ S·m^{-1}），即使在高电流密度下，锑的合金化反应也具有高度可逆性，有望成为优异的钠离子电池负极材料[67]。锑完全钠化后形成 Na_3Sb，理论容量为 660mA·h·g^{-1}。从过去多年的基础研究来看，锑的合金化反应与在锂-锑体系中观察到的机理不同[67,68]，锑以 Na_xSb 的形式发生一系列相变，并有可能在合金化过程中发生非晶化反应。例如，Baggetto 等人认为结构效应是引起非晶化的根源，导致应变在晶格中长程传播[10a]。与锂-锑体系相比，钠空位的存在会延缓长程应变的传播，因此非晶态中间体的形成在钠-锑体系中更为常见。与此同时，Baggetto 等人还根据放电产物 Na_xSb 的异构体位移确定了其原子环境，指出 NaSb 是合金化过程中的一个中间相[69]。Caputo 等人的理论研究也支持了这一点，他们发现 NaSb 可能是钠化反应后的结构之一[70]。直到最近，Allan 等人通过操作数对分布函数和固态核磁共振光谱进行分析，成功解析并确定了几种未知的非晶态放电产物，从而对锑的合金化机理作出了新的解释[21c]。他们提出了以下的嵌钠/脱钠过程：c-Sb → a-Na_{3-x}Sb + c-Na_3Sb → c-Na_3Sb → a-$Na_{1.7}$Sb → a-$Na_{1.0}$Sb → a-$Na_{1.0}$Sb + c-Sb。随后，他们还发现无定形锑和晶体锑的混合物对相变引起的应变具有更好的耐受性，有利于提高锑基负极的循环稳定性[21c]。

为充分发挥锑基负极材料应用潜能，形貌改性一直是一种有效的策略。例如，通过将锑设计成多孔结构，可以提高电解液的渗透性，进而加速钠离子传输。制备多孔锑负极最常见的方法是使用铝–锑作为前驱体进行简单的去合金化[71]。该工艺不仅能保留前驱体最初的珊瑚状形貌，还能赋予锑电极额外的多孔网络（图 3.6a）。由于这种独特的结构，其电荷转移电阻进一步降低，这在倍率性能中也得到了证实，在 3.3A·g^{-1} 下，比容量高达 420mA·h·g^{-1}（图 3.6b）。此外，还可以通过构建空心结构来缓解锑的体积变化。以电化学置换反应制备的锑空心纳米球为例，在 1.6A·g^{-1} 下循环 50 次后，仍能保持 315mA·h·g^{-1} 的稳定比容量[72]。为了进一步应对锑基负极的体积变化，研究者还设计了核壳和蛋壳结构，它们不仅提供了缓冲空间，还有助于形成稳定的 SEI 膜。在保护锑免受严重膨胀的"壳"方面，通常使用碳基材料。如图 3.6c、d 所示，锑被封装在碳纳米笼[73]和碳管[74]中。

图 3.6 （a）纳米多孔锑的形貌表征图及其（b）倍率性能图[71]；（c）Sb@C 蛋壳纳米球的形貌表征图[73]；（d）掺氮纳米管封装锑纳米棒复合材料的形貌表征图[74]

近期研究发现，三维多级结构能够解决锑固有的缺陷，从而显著改善锑基负极的电化学性能。通过在三维多孔碳基底上掺杂锡纳米颗粒，不仅能解决各个颗粒之间的电连接问题，还能抑制合金化反应时锑的结构变形（图 3.7a、b）[75]。此外，通过在三维多孔氮掺杂碳上均匀沉积锑，也能实现良好的电化学性能[76]。例如，在 0.5A·g^{-1} 下循环 100 次后，可获得 372mA·h·g^{-1} 的比容量；并且在 32A·g^{-1} 下，容量可达到 138mA·h·g^{-1}。此外，也可将锑封装在网状无定形碳中（图3.7c）。同样，在5C的高倍率下，该复合电极能够保持161mA·h·g^{-1}的高可逆比容量[77]。另外，Wu等人通过将锑嵌入从有机溶剂中剥离的二维片状前驱体中，再经过炭化后，形成了三维互连结构（图3.7d）[78]。这种稳定的三维互连网络结构有利于改善钠离子的扩散动力学，并提供更好的结构稳定性。该电极材料在2A·g^{-1}下可实现271mA·h·g^{-1}的高比容量，以及在0.3A·g^{-1}下循环250次后，仍能保持380mA·h·g^{-1}的稳定比容量。更重要的是，将锑纳米复合材料组装成全电池后，表现出了良好的能量密度和功率密度，使其更加接近商业化目标[79]。

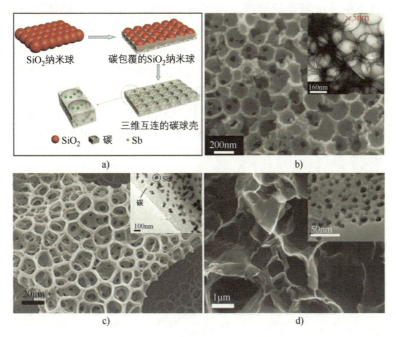

图3.7 锑纳米颗粒封装在硫-氮共掺杂的大孔碳中的（a）制备示意图和（b）形貌表征图[75]；（c）锑纳米颗粒封装在网状碳中的形貌表征图[76]；（d）嵌入碳纳米片中的锑纳米点的形貌表征图[78]

锑烯是锑的二维层状形式，具有3.8Å的大层间距，不仅便于钠离子的快速迁移，而且又不会使晶格产生显著的应变[20d]。与石墨类似，少层锑可从块状锑中剥离而来[20e]。锑具有双电荷存储机制，钠离子在可逆插层后会在锑材料二维面上发生合金化反应。另外，钠离子的扩散能垒较低，约为0.14eV，这有利于凸显出少层锑在插层反应中的动力学特性。基于上述结构优势，少层锑展现出了良好的倍率性能和循环稳定性。例如，在经过150次循环后，其容量保持率可高达99.7%，并在倍率增加10倍的情况下，比容量仅从620mA·h·g^{-1}下降到429mA·h·g^{-1}。此外，锑纳米片还可以与石墨烯逐层堆叠耦合，这种混合薄膜的逐层排列方式大大降低了纳米锑片的电荷转移电阻，并且使得在经历大体积膨胀时仍能保持结构的稳定性。

3.4.6 铋（Bi）

相较于其他的合金型负极，铋的研究热度较小，这是因为它的反应电压较高且熔点较低（约270℃）[80]。然而，铋的电子导电性较高，在一定程度上可用作钠离子电池负极。同时，铋的层状结构有助于钠离子在其层间隙中快速传输。尽管如此，铋的电荷存储机制仍然难以确定。根据NaBi平衡相图，铋的合金化反应首先形成NaBi，然后是Na_3Bi，能够提供385mA·h·g^{-1}的理论容量。Ellis和Sottmann等人也验证了上述合金化反应过程[81]。此外，Sottmann等人还指出铋的钠化过程与晶体尺寸有关。

  由于铋具有独特的层状结构，插层反应被认为是铋可能的反应途径之一[82]。然而，Gao等人否定了这一推测[83]，并指出对于铋的反应机制的误解是由于Na_3Bi的逸散性和NaBi在环境条件下的易分解性导致的。为了进一步研究铋材料，使用了$NaPF_6$-碳酸二聚体基的溶剂，经过反复循环后，普通的块状铋材料可转化为多孔结构[84]。由于该材料具有更好的电解液渗透性以及电荷转移动力学，在循环2000次后，可实现94.4%的容量保持率（图3.8a）；同时，还具有良好的倍率性能，当电流密度从0.05A·g^{-1}增加到2A·g^{-1}时，只出现了极小的容量下降。另外，将铋与石墨耦合可以进一步提高铋的循环稳定性[85]。在石墨层中，可以稳定存在极小的铋纳米颗粒（图3.8b），即使经过大电流充放电，仍能表现出较好的电化学储钠特性。例如，在20C的高倍率下，经过10000次循环后，其容量保持率高达90%（图3.8c）。

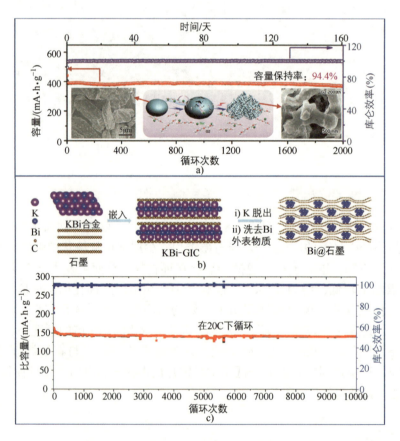

图3.8 （a）块状铋的循环性能图（电流密度：400mA·g^{-1}），插图是块状铋负极在循环过程中的形貌演变示意图[84]；铋@石墨的（b）合成示意图和（c）循环性能图[85]

3.4.7 金属间化合物

金属间化合物是合金型负极中的一个重要类别，这是因为不同元素耦合形成二元合金会产生协同效应。金属间化合物的一般形式可写成MM′，其中M′可以是电化学不活泼元素（如Ni、Cu、Fe、Co、Mo等），也可以是电化学活泼元素（如Sn、Sb、Mo、Ge、Bi等）。非活性元素的主要作用是提高金属间化合物的结构稳定性和电子导电性。例如，它的惰性可缓冲活性位点的体积膨胀，而高导电性基体可补偿元素M的电子传导性不足。此外，通过电化学置换其中一种元素参与合金化反应，可形成Na_xM合金，然后再与钠进行合金化反应。尽管这些电极的前景广阔，但它们的电化学性能往往只限于最初的几个循环，这可能是由于偏析导致单相元素的形成。在某些情况下，这种偏析会导致电极失去完整的电连接。目前，有多种工程策略可弥补这些缺点，特别是通过碳基质掺杂以保持电极的电子完全传导。

最常见的金属间化合物是由锡和锑组成的二元合金。例如，Sn通常以不同的形式与Sb配对，将SnSb设计嵌入掺氮的三维多孔结构石墨烯中（图3.9a）[86]。石墨烯具有出色的电子导电性和缓冲作用，其多孔结构确保了良好的电解液渗透性，进一步提高了材料的循环性能和倍率性能。该电极不仅在$10A·g^{-1}$条件下保持$290mA·h·g^{-1}$的高比容量，而且经过4000次循环后，容量几乎没有下降（图3.9a）。除了SnSb外，由于金属间化合物具有相似的物化性质，铋与锑之间的比例可灵活调控以实现BiSb的耦合，从而避免电压曲线中常见的倾斜曲线[88]。最近，研究者利用去合金反应成功制备了具有纳米多孔结构的BiSb[89]。这种独特结构结合最佳的成分比例使得该金属间化合物具有优异的电化学储钠性

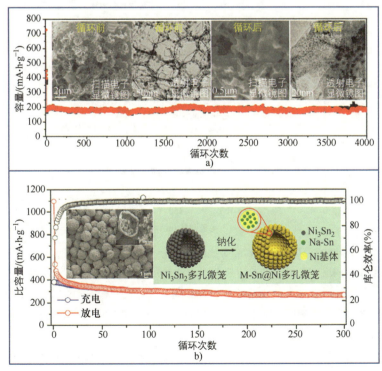

图3.9 （a）SnSb封装于三维掺氮多孔石墨烯中的复合材料循环性能，插图是该电极经过4000次循环前后的形貌表征[86]；（b）微笼Ni_3Sn_2在1C下的循环性能，插图是微笼Ni_3Sn_2的形貌表征和首次钠化示意图[87]

能。在电流密度 1A·g^{-1} 下，经过 10000 次循环后，仍能保持 150mA·h·g^{-1} 的稳定比容量。当电流密度为 10A·g^{-1} 和 15A·g^{-1} 时，其比容量分别达到 403mA·h·g^{-1} 和 304mA·h·g^{-1}。此外，设计成微笼结构的 NiSn 金属间化合物也表现出良好的循环性能和倍率性能[87]，如在 1C 下循环 300 次后，该电极的比容量仍能达到 350mA·h·g^{-1}（图 3.9b）。

3.5 总结

钠离子电池作为锂离子电池最先进的补充技术，带来了一种经济实惠的解决方案来应对当前的能源危机。事实上，钠离子电池的研究重点在于开发能够正常工作的电极材料，因为锂类似物电极的直接替代品尚未被完全发现。早期的钠离子电池开发主要集中在插层化学上，但这种电荷存储机制很难提供理想的能量密度。因此，人们迫切希望找到合适的电极材料，以缩小钠离子电池与锂离子电池之间的性能差距。基于氧化还原合金化反应来容纳高浓度钠的合金型负极材料有望推动钠离子电池技术的可持续发展。在本章中，我们总结了合金型负极的最新前沿进展，重点介绍了在商业化道路上遇到的挑战，以及用于优化合金型负极的结构工程策略。

图 3.10 总结了目前钠离子电池中合金型负极的发展概况。尽管合金型负极已经取得了很大进步，但仍有一些关键性的挑战尚未解决。例如，合金型负极在钠化过程中的巨大体

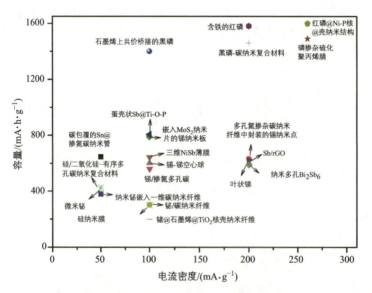

图 3.10 钠离子电池合金型负极的电化学性能对比图，包括：碳包覆的 Sn@掺氮碳纳米管（C@Sn@掺氮碳）[90]、多孔氮掺杂碳纳米纤维中封装的锡纳米点（Sn NDs@PNC 纳米纤维）[91]、叶状锑[92]、锑/掺氮多孔碳（Sb/NPC）[93]、嵌入 MoS_2 纳米片的锑纳米板（MoS_2/Sb）[94]、蛋壳状 Sb@Ti-O-P[95]、Sb/rGO[96]、添加铁的红磷（Fe-RP）[97]、磷掺杂硫化聚丙烯腈（SPAN-P）[33]、红磷@Ni-P核@壳纳米结构（RP@Ni-P）[98]、石墨烯上共价桥接的黑磷（NBD@RGO@BP）[46]、黑磷-碳纳米复合材料（BP-C）[99]、硅纳米膜[50]、硅/二氧化硅-有序多孔碳纳米复合材料（Si/SiO_2-OMC）[100]、锗@石墨烯@TiO_2核壳纳米纤维（Ge@G@TiO_2 NFs）[45]、微米化的铋[84]、铋/碳纳米纤维（Bi/CNF）[101]、纳米铋嵌入一维碳纳米纤维（Bi/C 纳米纤维）[102]、锡-锑空心球[103]、三维 NiSb 薄膜[104]、纳米多孔 Bi_2Sb_6[89]

积变化是亟待解决的最大瓶颈。结构破坏会引发一系列副反应，导致 SEI 膜不稳定、电极失去电子传输完整性以及界面电荷转移紊乱。晶态合金型负极的另一个问题是钠离子在晶格中扩散的能垒较高，并且钠离子的尺寸较大也是造成嵌钠/脱钠动力学缓慢的原因之一，这进一步加剧了上述副反应的发生。目前，对合金型负极的研究主要集中在寻找有效方法来优化钠离子电池的电化学性能。最常见的方法是电池化学与纳米技术连用，并结合形貌和结构调控、结构工程、表面涂层改性、混合复合结构设计和其他电池组件的优化等策略相结合，以避免纳米结构带来的副作用。

长期以来，科学家们一直困扰于合金型负极的合金化反应机理。当前的研究致力于解决这一问题，主要集中于明确嵌钠和脱钠过程中形成的中间产物，尤其是那些难以检测的亚稳态和无定形的中间产物。未来的研究方向是借助先进的原位表征和理论模拟，来深入了解合金型负极材料的基本特性。在采用上述工程策略时，不可避免地会添加额外的非活性物质（特别是使用碳作为导电基质时），可能会导致能量密度的下降。总之，钠离子电池合金型负极研发需要实验、理论和模拟之间的紧密配合，加深对电荷及其失效机制的基础科学认识。此外，还需要长期投入，以加快和促进基础研究向工业生产转化，从而支撑其未来的商业化发展。

参 考 文 献

1 Obrovac, M.N. and Chevrier, V.L. (2014). Alloy negative electrodes for Li-ion batteries. *Chem. Rev.* 114: 11444.
2 Yang, J., Wang, H., Hu, P. et al. (2015). A high-rate and ultralong-life sodium-ion battery based on $NaTi_2(PO_4)_3$ nanocubes with synergistic coating of carbon and rutile TiO_2. *Small* 11: 3744.
3 Goodenough, J.B. and Park, K.-S. (2013). The Li-ion rechargeable battery: a perspective. *J. Am. Chem. Soc.* 135: 1167.
4 (a) Mogensen, R., Brandell, D., and Younesi, R. (2016). Solubility of the solid electrolyte interphase (SEI) in sodium ion batteries. *ACS Energy Lett.* 1: 1173. (b) Huang, Z., Ivana, H., and Stefano, P. (2018). Beyond insertion for Na-ion batteries: nanostructured alloying and conversion anode materials. *Adv. Energy Mater.* 8: 1702582.
5 Liu, N., Lu, Z., Zhao, J. et al. (2014). A pomegranate-inspired nanoscale design for large-volume-change lithium battery anodes. *Nat. Nanotechnol.* 9: 187.
6 Oumellal, Y., Delpuech, N., Mazouzi, D. et al. (2011). The failure mechanism of nano-sized Si-based negative electrodes for lithium ion batteries. *J. Mater. Chem.* 21: 6201.
7 Wu, C., Dou, S., and Yu, Y. (2018). The state and challenges of anode materials based on conversion reactions for sodium storage. *Small* 14: 1703671.
8 Chang, D., Huo, H., Johnston, K.E. et al. (2015). Elucidating the origins of phase transformation hysteresis during electrochemical cycling of Li–Sb electrodes. *J. Mater. Chem. A* 3: 18928.
9 Sethuraman, V.A., Srinivasan, V., Bower, A.F., and Guduru, P.R. (2010). In situ measurements of stress-potential coupling in lithiated silicon. *J. Electrochem. Soc.* 157: A1253.

10 (a) Baggetto, L., Ganesh, P., Sun, C.-N. et al. (2013). Intrinsic thermodynamic and kinetic properties of Sb electrodes for Li-ion and Na-ion batteries: experiment and theory. *J. Mater. Chem. A* 1: 7985. (b) He, M., Kravchyk, K., Walter, M., and Kovalenko, M.V. (2014). Monodisperse antimony nanocrystals for high-rate Li-ion and Na-ion battery anodes: nano versus bulk. *Nano Lett.* 14: 1255.

11 McDowell, M.T., Lee, S.W., Nix, W.D., and Cui, Y. (2013). Understanding the lithiation of silicon and other alloying anodes for lithium-ion batteries. *Adv. Mater.* 25: 4966.

12 Tan, H., Xu, L., Geng, H. et al. (2018). Nanostructured $Li_3V_2(PO_4)_3$ cathodes. *Small* 14: 1800567.

13 Deshpande, R., Cheng, Y.-T., and Verbrugge, M.W. (2010). Modeling diffusion-induced stress in nanowire electrode structures. *J. Power Sources* 195: 5081.

14 McDowell, M.T., Lee, S.W., Ryu, I. et al. (2011). Novel size and surface oxide effects in silicon nanowires as lithium battery anodes. *Nano Lett.* 11: 4018.

15 (a) Puthusseri, D., Wahid, M., and Ogale, S. (2018). Conversion-type anode materials for alkali-ion batteries: state of the art and possible research directions. *ACS Omega* 3: 4591. (b) Zhang, W.-J. (2011). Lithium insertion/extraction mechanism in alloy anodes for lithium-ion batteries. *J. Power Sources* 196: 877. (c) Genki, K., Shin-ichi, N., Min-Sik, P. et al. (2009). Isolation of solid solution phases in size-controlled Li_xFePO_4 at room temperature. *Adv. Funct. Mater.* 19: 395.

16 Song, T., Xia, J., Lee, J.-H. et al. (2010). Arrays of sealed silicon nanotubes as anodes for lithium ion batteries. *Nano Lett.* 10: 1710.

17 (a) Rui, X., Lu, Z., Yu, H. et al. (2013). Ultrathin V_2O_5 nanosheet cathodes: realizing ultrafast reversible lithium storage. *Nanoscale* 5: 556. (b) Rui, X., Zhao, X., Lu, Z. et al. (2013). Olivine-type nanosheets for lithium ion battery cathodes. *ACS Nano* 7: 5637.

18 (a) Zhu, C., Kopold, P., van Aken, P.A. et al. (2016). High power–high energy sodium battery based on threefold interpenetrating network. *Adv. Mater.* 28: 2409. (b) Zhong, X., Yang, Z., Jiang, Y. et al. (2016). Carbon-coated $Na_3V_2(PO_4)_3$ anchored on freestanding graphite foam for high-performance sodium-ion cathodes. *ACS Appl. Mater. Inter.* 8: 32360.

19 Liu, N., Wu, H., McDowell, M.T. et al. (2012). Shell design for stabilized and scalable li-ion battery alloy anodes. *Nano Lett.* 12: 3315.

20 (a) Jiajie, Z. and Udo, S. (2016). Silicene for Na-ion battery applications. *2D Materials* 3: 035012. (b) Kulish, V.V., Malyi, O.I., Ng, M.-F. et al. (2014). Controlling Na diffusion by rational design of Si-based layered architectures. *Phys. Chem. Chem. Phys.* 16: 4260. (c) Wu, L., Lu, P., Quhe, R. et al. (2018). Stanene nanomeshes as anode materials for Na-ion batteries. *J. Mater. Chem. A* 6: 7933. (d) Tian, W., Zhang, S., Huo, C. et al. (1887). Few-layer antimonene: anisotropic expansion and reversible crystalline-phase evolution enable large-capacity and long-life Na-ion batteries. *ACS Nano* 2018: 12. (e) Gu, J., Du, Z., Zhang, C. et al. (2017). Liquid-phase exfoliated metallic antimony nanosheets toward high volumetric sodium storage. *Adv. Energy Mater.* 7: 1700447.

21 (a) Kohandehghan, A., Cui, K., Kupsta, M. et al. (2014). Activation with Li enables facile sodium storage in germanium. *Nano Lett.* 14: 5873. (b) Zhu, J. and Deng, D. (2015). Amorphous bimetallic Co3Sn2 nanoalloys are bet-

ter than crystalline counterparts for sodium storage. *J. Phys. Chem. C* 119: 21323. (c) Allan, P.K., Griffin, J.M., Darwiche, A. et al. (2016). Tracking sodium-antimonide phase transformations in sodium-ion anodes: insights from operando pair distribution function analysis and solid-state NMR spectroscopy. *J. Am. Chem. Soc.* 138: 2352.

22 Liu, X.H., Zheng, H., Zhong, L. et al. (2011). Anisotropic swelling and fracture of silicon nanowires during lithiation. *Nano Lett.* 11: 3312.

23 (a) McDowell, M.T., Woo Lee, S., Wang, C., and Cui, Y. (2012). The effect of metallic coatings and crystallinity on the volume expansion of silicon during electrochemical lithiation/delithiation. *Nano Energy* 1: 401. (b) Sandu, G., Brassart, L., Gohy, J.-F. et al. (2014). Surface coating mediated swelling and fracture of silicon nanowires during lithiation. *ACS Nano* 8: 9427.

24 (a) Datta, D., Li, J., and Shenoy, V.B. (2014). Defective Graphene as a High-Capacity Anode Material for Na- and Ca-Ion Batteries. *ACS Appl. Mater. Inter.* 6: 1788. (b) Paraknowitsch, J.P. and Thomas, A. (2013). Doping carbons beyond nitrogen: an overview of advanced heteroatom doped carbons with boron, sulphur and phosphorus for energy applications. *Energy Environ. Sci.* 6: 2839.

25 (a) Wang, M., Yang, Z., Li, W. et al. (2016). Superior sodium storage in 3D interconnected nitrogen and oxygen dual-doped carbon network. *Small* 12: 2559. (b) Feng, P., Wang, W., Wang, K. et al. (2017). $Na_3V_2(PO_4)_3$/C synthesized by a facile solid-phase method assisted with agarose as a high-performance cathode for sodium-ion batteries. *J. Mater. Chem. A* 5: 10261. (c) Jiang, Y., Wu, Y., Chen, Y. et al. (2018). Design nitrogen (N) and sulfur (S) Co-doped 3D graphene network architectures for high-performance sodium storage. *Small* 14: 1703471.

26 Stojanovska, E., Buyuknalcaci, F.N., Calisir, M.D. et al. (2018). 12 – nanofibrous composites for sodium-ion batteries. In: *Polymer-based Nanocomposites for Energy and Environmental Applications*, doi:10.1016/B978-0-08-102262-7.00012-X (ed. M. Jawaid and M.M. Khan), 333. London: Woodhead Publishing.

27 (a) Luo, W., Schardt, J., Bommier, C. et al. (2013). Carbon nanofibers derived from cellulose nanofibers as a long-life anode material for rechargeable sodium-ion batteries. *J. Mater. Chem. A* 1: 10662. (b) Jin, J., Yu, B., Shi, Z. et al. (2014). Lignin-based electrospun carbon nanofibrous webs as free-standing and binder-free electrodes for sodium ion batteries. *J. Power Sources* 272: 800. (c) Jiang, Q., Zhang, Z., Yin, S. et al. (2016). Biomass carbon micro/nano-structures derived from ramie fibers and corncobs as anode materials for lithium-ion and sodium-ion batteries. *Appl. Surf. Sci.* 379: 73.

28 Yang, F., Gao, H., Chen, J., and Guo, Z. (2017). Phosphorus-based materials as the anode for sodium-ion batteries. *Small Methods* 1: 1700216.

29 Yabuuchi, N., Matsuura, Y., Ishikawa, T. et al. (2014). Phosphorus electrodes in sodium cells: small volume expansion by sodiation and the surface-stabilization mechanism in aprotic solvent. *ChemElectroChem* 1: 580.

30 Dahbi, M., Yabuuchi, N., Kubota, K. et al. (2014). Negative electrodes for Na-ion batteries. *Phys. Chem. Chem. Phys.* 16: 15007.

31 Zhu, Y., Wen, Y., Fan, X. et al. (2015). Red phosphorus–single-walled carbon nanotube composite as a superior anode for sodium ion batteries. *ACS Nano* 9: 3254.

32 Zhou, J., Liu, X., Cai, W. et al. (2017). Wet-chemical synthesis of hollow red-phosphorus nanospheres with porous shells as anodes for high-performance lithium-ion and sodium-ion batteries. *Adv. Mater.* 29: 1700214.

33 Hu, Y., Li, B., Jiao, X. et al. (2018). Stable cycling of phosphorus anode for sodium-ion batteries through chemical bonding with sulfurized polyacrylonitrile. *Adv. Funct. Mater.* 28: 1801010.

34 Li, W., Hu, S., Luo, X. et al. (2017). Confined amorphous red phosphorus in MOF-derived N-doped microporous carbon as a superior anode for sodium-ion battery. *Adv. Mater.* 29: 1605820.

35 Li, W., Yang, Z., Li, M. et al. (2016). Amorphous red phosphorus embedded in highly ordered mesoporous carbon with superior lithium and sodium storage capacity. *Nano Lett.* 16: 1546.

36 Yu, Z., Song, J., Wang, D., and Wang, D. (2017). Advanced anode for sodium-ion battery with promising long cycling stability achieved by tuning phosphorus-carbon nanostructures. *Nano Energy* 40: 550.

37 Wu, Y., Liu, Z., Zhong, X. et al. (2018). Amorphous red phosphorus embedded in sandwiched porous carbon enabling superior sodium storage performances. *Small* 14: 1703472.

38 Hembram, K.P.S.S., Jung, H., Yeo, B.C. et al. (2015). Unraveling the atomistic sodiation mechanism of black phosphorus for sodium ion batteries by first-principles calculations. *J. Phys. Chem. C* 119: 15041.

39 (a) Zhang, Y., Wang, H., Luo, Z. et al. (2016). An air-stable densely packed phosphorene–graphene composite toward advanced lithium storage properties. *Adv. Energy Mater.* 6: 1600453. (b) Fu, Y., Wei, Q., Zhang, G., and Sun, S. (2018). Advanced phosphorus-based materials for lithium/sodium-ion batteries: recent developments and future perspectives. *Adv. Energy Mater.* 8: 1703058.

40 Sun, J., Lee, H.-W., Pasta, M. et al. (2015). A phosphorene–graphene hybrid material as a high-capacity anode for sodium-ion batteries. *Nat. Nanotechnol.* 10: 980.

41 Nie, A., Cheng, Y., Ning, S. et al. (2016). Selective ionic transport pathways in phosphorene. *Nano Lett.* 16: 2240.

42 Chen, T., Zhao, P., Guo, X., and Zhang, S. (2017). Two-fold anisotropy governs morphological evolution and stress generation in sodiated black phosphorus for sodium ion batteries. *Nano Lett.* 17: 2299.

43 Li, W., Yang, Y., Zhang, G., and Zhang, Y.-W. (2015). Ultrafast and directional diffusion of lithium in phosphorene for high-performance lithium-ion battery. *Nano Lett.* 15: 1691.

44 (a) Carvalho, A., Wang, M., Zhu, X. et al. (2016). Phosphorene: from theory to applications. *Nat. Rev. Mater.* 1: 16061. (b) Kulish, V.V., Malyi, O.I., Persson, C., and Wu, P. (2015). Phosphorene as an anode material for na-ion batteries: a first-principles study. *Phys. Chem. Chem. Phys.* 17: 13921.

45 Wang, X., Fan, L., Gong, D. et al. (2016). Core–shell Ge@graphene@TiO2 nanofibers as a high-capacity and cycle-stable anode for lithium and sodium ion battery. *Adv. Funct. Mater.* 26: 1104.

46 Liu, H., Tao, L., Zhang, Y. et al. (2017). Bridging covalently functionalized black phosphorus on graphene for high-performance sodium-ion battery. *ACS Appl. Mater. Inter.* 9: 36849.

47 Zhang, Y., Sun, W., Luo, Z.-Z. et al. (2017). Functionalized few-layer black phosphorus with super-wettability towards enhanced reaction kinetics for rechargeable batteries. *Nano Energy* 40: 576.

48 Jung, S.C., Jung, D.S., Choi, J.W., and Han, Y.-K. (2014). Atom-level understanding of the sodiation process in silicon anode material. *J. Phys. Chem. Lett.* 5: 1283.

49 Oleksandr, I.M., Teck, L.T., and Sergei, M. (2013). A comparative computational study of structures, diffusion, and dopant interactions between Li and Na insertion into Si. *Appl. Phys. Express* 6: 027301.

50 Huang, S., Liu, L., Zheng, Y. et al. (2018). Efficient sodium storage in rolled-up amorphous Si nanomembranes. *Adv. Mater.* 30: 1706637.

51 Kim, H., Kim, H., Ding, Z. et al. (2016). Efficient sodium storage in rolled-up amorphous Si nanomembranes. *Adv. Energy Mater.* 6: 1600943.

52 Zhang, L., Hu, X., Chen, C. et al. (2017). In operando mechanism analysis on nanocrystalline silicon anode material for reversible and ultrafast sodium storage. *Adv. Mater.* 29: 1604708.

53 Massalski, H.O.T.B., Subramanian, P.R., and Kacprzak, L. (1990). *Binary Alloy Phase Diagrams*, 2e doi:10.31399/asm.hb.v03.a0006167. Materials Park, OH: ASM International.

54 (a) Fukunishi, M., Yabuuchi, N., Dahbi, M. et al. (2016). Impact of the cut-off voltage on cyclability and passive interphase of Sn-polyacrylate composite electrodes for sodium-ion batteries. *J. Phys. Chem. C* 120: 15017. (b) Baggetto, L., Ganesh, P., Meisner, R.P. et al. (2013). Characterization of sodium ion electrochemical reaction with tin anodes: experiment and theory. *J. Power Sources* 234: 48. (c) Wang, J.W., Liu, X.H., Mao, S.X., and Huang, J.Y. (2012). Microstructural evolution of tin nanoparticles during in situ sodium insertion and extraction. *Nano Lett.* 12: 5897.

55 Hume-Rothery, W. (1928). The system sodium–tin. *J. Chem. Soc. (Resumed)* https://doi.org/10.1039/JR9280000947947.

56 Chevrier, V.L. and Ceder, G. (2011). Challenges for Na-ion negative electrodes. *J. Electrochem. Soc.* 158: A1011.

57 Crouch-Baker, S., Deublein, G., Tsai, H.C. et al. (1990). Materials considerations related to sodium-based rechargeable cells for use above room temperature. *Solid State Ionics* 42: 109.

58 Stratford, J.M., Mayo, M., Allan, P.K. et al. (2017). Investigating sodium storage mechanisms in tin anodes: a combined pair distribution function analysis, density functional theory, and solid-state NMR approach. *J. Am. Chem. Soc.* 139: 7273.

59 Nam, D.-H., Kim, T.-H., Hong, K.-S., and Kwon, H.-S. (2014). Template-free electrochemical synthesis of sn nanofibers as high-performance anode materials for Na-ion batteries. *ACS Nano* 8: 11824.

60 Li, S., Wang, Z., Liu, J. et al. (2016). Yolk–shell Sn@C Eggette-like nanostructure: application in lithium-ion and sodium-ion batteries. *ACS Appl. Mater. Inter.* 8: 19438.

61 Xie, X., Kretschmer, K., Zhang, J. et al. (2015). Sn@CNT nanopillars grown perpendicularly on carbon paper: a novel free-standing anode for sodium ion batteries. *Nano Energy* 13: 208.

62 Xiao, X., Li, X., Zheng, S. et al. (2017). Nanostructured germanium anode materials for advanced rechargeable batteries. *Adv. Mater. Interfaces* 4: 1600798.

63 Li, Q., Zhang, Z., Dong, S. et al. (2017). Ge nanoparticles encapsulated in interconnected hollow carbon boxes as anodes for sodium ion and lithium ion batteries with enhanced electrochemical performance. *Part. Part. Syst. Charact.* 34: 1600115.

64 Lu, X., Adkins, E.R., He, Y. et al. (2016). Germanium as a sodium ion battery material: in situ TEM reveals fast sodiation kinetics with high capacity. *Chem. Mater.* 28: 1236.

65 Abel, P.R., Lin, Y.-M., de Souza, T. et al. (2013). Nanocolumnar germanium thin films as a high-rate sodium-ion battery anode material. *J. Phys. Chem. C* 117: 18885.

66 Yue, C., Yu, Y., Sun, S. et al. (2015). High performance 3D Si/Ge nanorods array anode buffered by TiN/Ti interlayer for sodium-ion batteries. *Adv. Funct. Mater.* 25: 1386.

67 He, J., Wei, Y., Zhai, T., and Li, H. (2018). Antimony-based materials as promising anodes for rechargeable lithium-ion and sodium-ion batteries. *Mater. Chem. Front.* 2: 437.

68 Darwiche, A., Marino, C., Sougrati, M.T. et al. (2012). Better cycling performances of bulk Sb in Na-ion batteries compared to Li-ion systems: an unexpected electrochemical mechanism. *J. Am. Chem. Soc.* 134: 20805.

69 Baggetto, L., Hah, H.-Y., Jumas, J.-C. et al. (2014). The reaction mechanism of SnSb and Sb thin film anodes for Na-ion batteries studied by X-ray diffraction, 119Sn and 121Sb Mössbauer spectroscopies. *J. Power Sources* 267: 329.

70 Caputo, R. (2016). An insight into sodiation of antimony from first-principles crystal structure prediction. *J. Electron. Mater.* 45: 999.

71 Liu, S., Feng, J., Bian, X. et al. (2016). The morphology-controlled synthesis of a nanoporous-antimony anode for high-performance sodium-ion batteries. *Energy Environ. Sci.* 9: 1229.

72 Hou, H., Jing, M., Yang, Y. et al. (2014). Sodium/lithium storage behavior of antimony hollow nanospheres for rechargeable batteries. *Mater. Inter.* 6: 16189.

73 Liu, J., Yu, L., Wu, C. et al. (2017). New nanoconfined galvanic replacement synthesis of hollow Sb@C yolk–shell spheres constituting a stable anode for high-rate Li/Na-ion batteries. *Nano Lett.* 17: 2034.

74 Luo, W., Li, F., Gaumet, J.-J. et al. (2018). Bottom-up confined synthesis of nanorod-in-nanotube structured Sb@N-C for durable lithium and sodium storage. *Adv. Energy Mater.* 8: 1703237.

75 Yang, C., Li, W., Yang, Z. et al. (2015). Nanoconfined antimony in sulfur and nitrogen Co-doped three-dimensionally (3D) interconnected macroporous carbon for high-performance sodium-ion batteries. *Nano Energy* 18: 12.

76 Wang, M., Yang, Z., Wang, J. et al. (2015). Sb nanoparticles encapsulated in a reticular amorphous carbon network for enhanced sodium storage. *Small* 11: 5381.

77 Duan, J., Zhang, W., Wu, C. et al. (2015). Self-wrapped Sb/C nanocomposite as anode material for high-performance sodium-ion batteries. *Nano Energy* 16: 479.

78 Wu, C., Shen, L., Chen, S. et al. (2018). Top-down synthesis of interconnected

two-dimensional carbon/antimony hybrids as advanced anodes for sodium storage. *Energy Stor. Mater.* 10: 122.

79 Wan, F., Guo, J.-Z., Zhang, X.-H. et al. (2016). In situ binding Sb nanospheres on graphene via oxygen bonds as superior anode for ultrafast sodium-ion batteries. *Mater. Inter.* 8: 7790.

80 Dai, R., Wang, Y., Da, P. et al. (2014). Indirect growth of mesoporous Bi@C core-shell nanowires for enhanced lithium-ion storage. *Nanoscale* 6: 13236.

81 (a) Ellis, L.D., Wilkes, B.N., Hatchard, T.D., and Obrovac, M.N. (2014). In situ XRD study of silicon, lead and bismuth negative electrodes in nonaqueous sodium cells. *J. Electrochem. Soc.* 161: A416. (b) Sottmann, J., Herrmann, M., Vajeeston, P. et al. (2016). How crystallite size controls the reaction path in nonaqueous metal ion batteries: the example of sodium bismuth alloying. *Chem. Mater.* 28: 2750.

82 Su, D., Dou, S., and Wang, G. (2015). Bismuth: a new anode for the Na-ion battery. *Nano Energy* 12: 88.

83 Gao, H., Ma, W., Yang, W. et al. (2018). Sodium storage mechanisms of bismuth in sodium ion batteries: an operando X-ray diffraction study. *J. Power Sources* 379: 1.

84 Wang, C., Wang, L., Li, F. et al. (2017). Bulk bismuth as a high-capacity and ultralong cycle-life anode for sodium-ion batteries by coupling with glyme-based electrolytes. *Adv. Mater.* 29: 1702212.

85 Chen, J., Fan, X., Ji, X. et al. (2018). Intercalation of Bi nanoparticles into graphite results in an ultra-fast and ultra-stable anode material for sodium-ion batteries. *Energy Environ. Sci.* 11: 1218.

86 Qin, J., Wang, T., Liu, D. et al. (2018). A top-down strategy toward snsb in-plane nanoconfined 3D N-doped porous graphene composite microspheres for high performance Na-ion battery anode. *Adv. Mater.* 30: 1704670.

87 Liu, J., Wen, Y., van Aken, P.A. et al. (2014). Facile synthesis of highly porous Ni–Sn intermetallic microcages with excellent electrochemical performance for lithium and sodium storage. *Nano Lett.* 14: 6387.

88 Zhao, Y. and Manthiram, A. (2015). High-capacity, high-rate Bi–Sb alloy anodes for lithium-ion and sodium-ion batteries. *Chem. Mater.* 27: 3096.

89 Gao, H., Niu, J., Zhang, C. et al. (2018). A dealloying synthetic strategy for nanoporous bismuth–antimony anodes for sodium ion batteries. *ACS Nano* 12: 3568.

90 Ruan, B., Guo, H., Hou, Y. et al. (2017). Carbon-encapsulated Sn@N-doped carbon nanotubes as anode materials for application in SIBs. *ACS Appl. Mater. Inter.* 9: 37682.

91 Liu, Y., Zhang, N., Jiao, L., and Chen, J. (2015). Tin nanodots encapsulated in porous nitrogen-doped carbon nanofibers as a free-standing anode for advanced sodium-ion batteries. *Adv. Mater.* 27: 6702.

92 Liang, L., Xu, Y., Li, Y. et al. (2017). Facile synthesis of hierarchical fern leaf-like Sb and its application as an additive-free anode for fast reversible Na-ion storage. *J. Mater. Chem. A* 5: 1749.

93 Wu, T., Hou, H., Zhang, C. et al. (2017). Antimony anchored with nitrogen-doping porous carbon as a high-performance anode material for Na-ion batteries. *ACS Appl. Mater. Inter.* 9: 26118.

94 Li, C., Wei, G., Wang, S. et al. (2018). Two-dimensional coupling: Sb nanoplates embedded in MoS_2 nanosheets as efficient anode for advanced sodium ion

batteries. *Mater. Chem. Phys.* 211: 375.

95 Wang, N., Bai, Z., Qian, Y., and Yang, J. (2017). One-dimensional yolk–shell Sb@Ti–O–P nanostructures as a high-capacity and high-rate anode material for sodium ion batteries. *ACS Appl. Mater. Inter.* 9: 447.

96 Zhang, W., Liu, Y., Chen, C. et al. (2015). Flexible and binder-free electrodes of Sb/rGO and $Na_3V_2(PO_4)_3$/rGO nanocomposites for sodium-ion batteries. *Small* 11: 3822.

97 Chin, L.-C., Yi, Y.-H., Chang, W.-C., and Tuan, H.-Y. (2018). Significantly improved performance of red phosphorus sodium-ion anodes with the addition of iron. *Electrochim. Acta* 266: 178.

98 Liu, S., Feng, J., Bian, X. et al. (2017). A controlled red phosphorus@Ni–P core@shell nanostructure as an ultralong cycle-life and superior high-rate anode for sodium-ion batteries. *Energy Environ. Sci.* 10: 1222.

99 Peng, B., Xu, Y., Liu, K. et al. (2017). High-performance and low-cost sodium-ion anode based on a facile black phosphorus–carbon nanocomposite. *ChemElectroChem* 4: 2140.

100 Zeng, L., Liu, R., Han, L. et al. (2018). Preparation of a Si/SiO_2–ordered-mesoporous-carbon nanocomposite as an anode for high-performance lithium-ion and sodium-ion batteries. *Chem. Eur. J.* 24: 4841.

101 Jin, Y., Yuan, H., Lan, J.-L. et al. (2017). Bio-inspired spider-web-like membranes with a hierarchical structure for high performance lithium/sodium ion battery electrodes: the case of 3d freestanding and binder-free bismuth/CNF anodes. *Nanoscale* 9: 13298.

102 Yin, H., Li, Q., Cao, M. et al. (2017). Nanosized-bismuth-embedded 1D carbon nanofibers as high-performance anodes for lithium-ion and sodium-ion batteries. *Nano Res.* 10: 2156.

103 Yi, Z., Han, Q., Geng, D. et al. (2017). One-pot chemical route for morphology-controllable fabrication of Sn-Sb micro/nano-structures: advanced anode materials for lithium and sodium storage. *J. Power Sources* 342: 861.

104 Dong, S., Li, C., and Yin, L. (2018). one-step in situ synthesis of three-dimensional NiSb thin films as anode electrode material for the advanced sodium-ion battery. *Eur. J. Inorg. Chem.* 8: 992.

第4章
钠基层状氧化物正极材料

作者：A.Robert Armstrong, Stephanie F.Linnell, Philip A.Maughan, Begoña Silván, and Nuria Tapia-Ruiz

译者：殷雅侠　郭玉洁　金若溪　苏晓川

自 1980 年[1]发现 Li_xCoO_2 并由 SONY 公司[2]商业化应用以来，锂层状氧化物正极材料（$LiMO_2$，其中 M 代表过渡金属）在电池行业一直处于主导地位。这类材料具有很多可调控的化学性质，因此具有多样的电化学性能。典型的锂层状氧化物正极材料包括 NMC 型 Li[Ni, Mn, Co]O_2 和高镍型 $LiNi_yCo_zMn(Al)_{1-y-z}O_2$[3]。

由于锂和钠的物理化学性质相似，研究人员在 20 世纪 80 年代开展锂相关研究工作的同时，也进行了钠基过渡金属氧化物的研究。早期的研究工作集中在 Na_xCoO_2[4]上，随后，有关 Ti[5]、Cr[6]、Ni[6]、Mn[7]、Mo[8]等过渡金属和多元体系[9]的探索也逐渐展开。然而，因为锂离子电池（LIBs）性能更优且在便携式电子设备中成功实现了商业化应用，导致在很长一段时间内对钠过渡金属氧化物材料以及钠离子电池的研究陷于停滞状态。直到 21 世纪初，考虑到未来锂资源成本及供应相关的问题，钠层状氧化物再次引起了关注[10]。此后，这些材料的研究呈指数增长，全世界各地实验室和工业部门也开始了相关的探索，Faradion（英国）和 Hi-Na（中国）等一些公司正在引领低成本、资源丰富层状氧化物正极材料为基础的钠离子电池的大规模商业化。

尽管这两种碱金属层状氧化物体系在许多方面存在相似性，但它们之间有一个关键区别，即这些材料具有不同的堆叠结构，这是由锂和钠不同的离子半径以及它们对应的配位环境差异所导致的。例如，Li^+ 只能占据拉伸的八面体位点，无法占据体积更大的棱柱位点，与之不同的是，Na^+ 可以占据这两种位点。结构的多样性使得钠离子电池具有实现高功率/高能量密度的可能。

本章在 4.1 节中介绍了钠离子电池层状氧化物正极中最常见的几种结构（O3、P3 和 P2）；然后在 4.2 和 4.3 节中，详细阐述了以 Ni、Mn、Fe 和 Cu 作为氧化还原中心的高电压、低成本层状氧化物的例子及其最新进展，这些材料按照一元、二元和三元体系进行系统分类；4.4 节详细讨论了具有阴离子氧氧化还原活性的层状氧化物一些实例，同时强调了用于激活阴离子氧化还原活性的主要策略；4.5 节是结论和未来发展态势，旨在促进层状材料的快速发展。

4.1 结构类型

最常见的层状氧化物的晶体结构有 O3、P2 和 P3 三种类型，这个命名方法是由 Delmas 等人[4]提出，大写字母表示 MO_2 层中钠原子与氧原子的配位关系（P：棱柱体；O：八面体；M：过渡金属），而数字（即 2 或 3）反映了单个晶胞内（A、B 或 C）最少重复单元的层数（见图 4.1）。相关的畸变结构也可以通过使用撇号（′）表示，例如 P′2 和 O′3[11, 12]。在某些情况下，为了区分多个畸变结构，会使用到额外的撇号（例如 P″2 和 O‴3）[13]。这些畸变结构会在循环过程中（即钠的嵌入/脱出）形成，后文将会介绍这类结构。

O3 型化合物具有 ABCABC 的堆叠结构，其中 Na^+ 以拉伸的八面体配位，与 MO_6 八面体通过共棱连接。而 P2 型化合物具有 ABBA 的结构，其中 Na^+ 占据两种三棱柱位点，与 MO_6 八面体共面或共棱连接。P3 型化合物具有 ABBCCA 的堆叠方式，其中 Na^+ 位于三棱柱位点，与 MO_6 八面体共面连接。

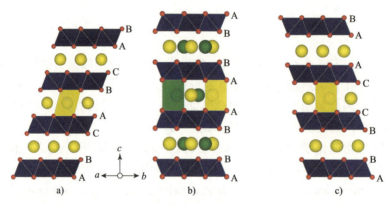

图 4.1 （a）O3、（b）P2 和（c）P3 的晶体结构示意图。深蓝色多面体为 MO_6 八面体，黄色和绿色圆球代表 Na^+，不同颜色代表不同的位点（分别为共棱和共面）

O3 型化合物的钠含量最高（$0.7 \leq x_{Na} \leq 1$），而 P2 和 P3 型化合物的钠量较少（P2 通常为 $0.6 \leq x_{Na} \leq 0.8$，P3 为 $0.5 \leq x_{Na} \leq 0.7$）。不同的反应温度会形成不同的结构。P2 型化合物的结晶煅烧温度要高于 O3 或 P3 型化合物。例如，O3-$Na_xFe_{0.5}Mn_{0.5}O_2$ 在 700℃（$x=1$）可以合成，而 P2 结构需要 900℃（$x=2/3$）才能得到[14]，P3-$Na_xNi_{0.5}Mn_{0.5}O_2$（$x=2/3$）的合成温度在 750℃[15]。

近期研究表明，基于过渡金属的离子势，可以计算并选择合适的过渡金属来合成结构可控的层状材料。一般来说，具有更局域化电子分布的化合物，例如含有 Mn^{4+} 或 Co^{3+} 的化合物，MO_2 层之间的排斥力更强，层间距更大，倾向于形成 P 型结构；而如果 MO_2 层中电子分布更离域，例如存在 Fe^{3+}、Ti^{4+} 或 Cr^{3+} 时，MO_2 之间的排斥力较弱，层间距较小，会形成 O 型结构[16]。

在循环稳定性和倍率性能方面，相较于 O 型材料，P 型结构表现出更优越的电化学性能。在 P 型化合物中，因为钠离子扩散能垒较低，所以动力学性能更好，例如，使用密度泛函理论（DFT）计算 P2 和 O3 型 $Na_{2/3}Fe_{2/3}Mn_{1/3}O_2$ 得到的 E_a 值分别为 127meV 和 201meV[17]。这种差异可以从 P 型化合物中 MO_2 层层间距更大来解释，因为 P 型材料的氧–氧层在 c 轴方向是直接堆叠的，而且钠离子在棱柱位点之间"直接"跃迁要更加容易（与 O3 型化合物中涉及相邻四面体位点的多步跃迁不同）[18]（见图 4.2）。然而，由于合成的 P2 和 P3 型材料中 Na 含量较低，这在一定程度上限制了它们的初始容量，除非使用额外的钠源来补钠。此外，通过调整 MO_2 层的元素组成实现钠层无序化可以提高钠离子扩散动力学[19-21]。Na 层无序化后，电压曲线更为平滑，具有固溶体的特征。

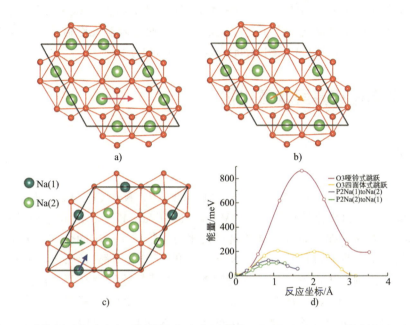

图 4.2 使用 DFT 计算得到的 Na^+ 离子扩散路径和能量曲线，包括：(a) O3 哑铃式跳跃；(b) O3 四面体式跳跃；(c) Na(1) 到 Na(2) 和 Na(2) 到 Na(1) 的 P2 型跳跃；(d) 在 (a～c) 图中扩散路径的能量曲线，计算时使用的超晶胞为黑色菱形框区域，连接各点的线是通过 CI-NEB 能量计算得到的样条曲线（来源：摘自文献 [17]，经 John Wiley & Sons 许可使用）

钠基层状氧化物在钠嵌入/脱出过程中往往会发生结构变化，这些变化中有些是不可逆的，涉及层滑移和/或过渡金属（包括掺杂元素）向钠层迁移[22-26]。此外，MO_2 层之间的静电作用力会受到钠含量 x 的影响，脱出钠离子会导致相邻层中氧离子之间的库仑斥力增加，同时 MO_2 层之间的范德华引力也会增强[27]。这将导致层间距的不均匀变化，一开始随着钠的脱出而增加，随后再次减小。在脱钠过程中，P2 型化合物往往会发生层滑移，形成 O2 相[28]，或者是 P 型和 O 型的复合相，复合相可以是有序的（如 $Na_{2/3}Fe_{1/2}Mn_{1/2}O_2$ 中的 OP4 结构）[29]，也可以是随机分布的（$Na_{2/3}Ni_{1/6}Mn_{1/2}Fe_{1/3}O_2$ 中的 Z 结构）[30]。

这些相变发生在较高的电压下（>4.0V）[22,30,31]。OP4 相或 "Z" 相的相变通常是可逆的，即在放电过程中可以恢复 P2 结构，而 O2 相的可逆性较差。有报道表明通过在结构中引入非活性元素作为支柱离子可以稳定 P2 相，例如 Ca^{2+}[32]、Mg^{2+}[19] 或 Zn^{2+}[33]。

O3 相在钠嵌入/脱出过程中会经历多个相变，形成的结构也不尽相同，包括 O′3、O1、P3 和 P′3。此外，层滑移可能伴随着 M 离子迁移到 Na 层的四面体位点，从而形成尖晶石相的三维结构[34]。这些相变不是完全可逆的,导致其循环性能不如P2材料,特别是在高电压下循环性能更差。P3型化合物很容易发生层滑移,转变成O3相[15]。因此,与O3相一样,P3相也会发生不可逆的结构转变(即不可逆的层滑移和M离子向Na层的迁移)。

在放电时嵌入额外的Na^+可以制备部分钠化的结构。例如,将P2型材料钠化至≥ 0.7时,P2相将转变为畸变的P'2相(如$Na_xNi_{1/3}Co_{1/3}Mn_{1/3}O_2$)[35]或P2+P'2双相(如$Na_{2/3}[Fe_{2/3}Mn_{1/3}]O_2$和$Na_{0.55}Ni_{0.1}Fe_{0.1}Mn_{0.8}O_2$中)[36, 37]。对于O3结构,钠嵌入可能导致放电过程中形成畸变的O'3相(例如在$Na_{0.82}Fe_{2/3}Mn_{1/3}O_2$和$NaNi_{0.5}Co_{0.5}O_2$中)[38-40]。然而,与P相不同的是,O相在完全钠化状态下是稳定的,并且通过限制充电截止电压不会发生不可逆的相变,放电状态依旧是O3结构($NaMn_{1/3}Fe_{1/3}Co_{1/3}O_2$)[41]。

▼ 4.2 高电压镍基层状氧化物

4.2.1 概述

在钠离子电池的Na_xMO_2($0 < x \leq 1$,M = Cr、V、Ni、Co、Fe、Mn)正极材料中,基于$Ni^{2+/3+}$和$Ni^{3+/4+}$的氧化还原反应在3V(vs. Na^+/Na)以上,因此Ni基层状氧化物引起了研究人员极大的兴趣。而且,这类材料最多可以嵌入/脱出两个Na^+来补偿两个电子的转移,因此有望实现较高的比容量。Ni和Co的工作电压都很高,但Ni更便宜,容易获得,并且在钢铁制造中广泛使用。尽管对Ni基层状氧化物存在毒性的担忧,但还是被广泛用于商业化的NIBs正极中[42]。本节将介绍一元和二元Ni基层状氧化物及其掺杂衍生物的研究进展,这部分将不包括含Co的材料,因为Co的使用存在毒性、成本和伦理等问题。

4.2.2 一元Ni基层状氧化物

由于具有高的工作电压和理论容量(235mA·h·g^{-1})[4],层状O'3-$NaNiO_2$得到了广泛研究。在C/10下,1.5~4.0V之间的首周充电和放电容量分别为160mA·h·g^{-1}和115mA·h·g^{-1}。但是,材料在循环过程中会经历多个不可逆的相变(O'3 → P'3 → P''3 → O''3 → O'''3),并且低自旋Ni^{3+}会引发强烈的Jahn-Teller(JT)畸变,导致首周循环后容量显著下降[13]。通过结构分析可以发现,首周循环的不可逆性可以归因为以下两点:①在3.0V以下,c轴发生严重膨胀,导致原始O'3结构发生显著畸变并转变为O''3相,随后形成P'3相;②在4.0V以上,从P'3相中脱出更多的Na^+导致NiO_2层不可逆滑移,从而形成严重畸变的P''3相[43]。为了提高Ni基体系的循环稳定性并抑制Ni^{3+}的JT畸变,研究发现利用1/3的M^{5+}(M = Sb^{5+},Bi^{5+})取代,形成层状O'3-$Na_3Ni_2MO_6$(M = Sb^{5+},Bi^{5+})化合物,可以实现以上效果。由于Ni^{2+}(0.69Å)和M^{5+}(Sb^{5+}=0.6Å,Bi^{5+}= 0.76Å)的离子半径和电荷差异较大,这些阳离子会形成蜂窝有序的超结构[44]。高度有序的O'3-$Na_3Ni_2SbO_6$材料基于$Ni^{2+/3+}$的氧化还原可以在2.5~4.0V之间发挥130mA·h·g^{-1}理论容量。

电压曲线上存在两个平台，第一个在3.3V，对应于O3 → P3相变；第二个在3.6V，对应于P3 → P′3相变。这些相变在放电过程中几乎是可逆的，在C/50的倍率下可以实现90%的容量保持。然而，当使用C/20或更大倍率时，O′3-$Na_3Ni_2SbO_6$表现出较差的倍率性能，容量迅速衰减[45]。同样，O′3-$Na_3Ni_2BiO_6$在C/20倍率，2.0～4.0V之间的首周放电容量为106mA·h·g^{-1}，50次循环后的容量衰减小于10%。与Sb类似，O′3-$Na_3Ni_2BiO_6$在高压下的充电平台分别为3.35V和3.56V，对应O3 → P3和P3 → P′3相变。

另一种提高$NaNiO_2$稳定性的方法是通过Ti^{4+}部分取代，以抑制MO_2层的结构重排和滑移[46-48]。在所研究的钛取代材料中，O3-$NaTi_{0.5}Ni_{0.5}O_2$在C/5倍率，2.0～4.7V的电压区间内发挥了121mA·h·g^{-1}的可逆容量，平均电压为3.1V。这种材料表现出优异的循环稳定性，循环100周后容量保持率为93%[49]。

4.2.3 二元Ni/Fe基层状氧化物

一种改善O′3-$NaNiO_2$电化学性能和抑制Ni^{3+} JT畸变的方法是用其他3d等价过渡金属取代Ni。铁（Fe）是一种备受关注的候选材料，因为它无毒、储量丰富且便宜。已报道了一系列Fe取代O3-$NaFe_{1-y}Ni_yO_2$ (0.5 ≤ y ≤ 0.7)材料，并表现出较好的循环稳定性。O3-$NaFe_{0.3}Ni_{0.7}O_2$在2.0～3.8V、30mA·g^{-1}电流密度下首周放电容量为135mA·h·g^{-1}，首周库伦效率为93%，30个循环后的容量保持率为74%。但是，这个材料仅有2.7V的工作电压[50]。原位X射线衍射（XRD）结果表明O3-$NaFe_{0.5}Ni_{0.5}O_2$材料仅发生O3到P3的相变，说明Fe取代$NaNiO_2$可以抑制$NaNiO_2$的多相转变。然而，O3-$NaFe_{0.5}Ni_{0.5}O_2$在充电到3.9V以上时会出现容量衰减，这是因为Fe^{3+}会氧化为Fe^{4+}并随后不可逆地迁移到四面体位点[39]。有研究已经证明在Ni/Fe基材料中掺杂Ti^{4+}可以降低Ni的平均价态，从而减少具有JT活性的Ni^{3+}的浓度，以提升电化学性能。例如，O3-$Na[Fe_{1/3}Ni_{1/3}Ti_{1/3}]O_2$在1.5～4.0V电压区间内，C/10倍率时首周放电容量为117mA·h·g^{-1}，材料具有平滑的电压曲线、良好的倍率性能和循环性能，在2C倍率下1000次循环后容量保持率为57%。原位XRD发现材料只发生一个高度可逆的O3到P3的相变，这解释了O3-$Na[Fe_{1/3}Ni_{1/3}Ti_{1/3}]O_2$循环性能提升的原因[51]。

4.2.4 二元Ni/Mn基层状氧化物

得益于高压时的Ni^{2+}/Ni^{3+}和Ni^{3+}/Ni^{4+}的多电子氧化还原反应，以及低成本、稳定性好的无JT效应Mn^{4+}，已有针对镍锰基层状氧化物体系的高能量密度正极材料的报道。

早期的研究集中在两种典型的O3和P2材料上，即$NaMn_{0.5}Ni_{0.5}O_2$和$Na_{0.67}Mn_{0.67}Ni_{0.33}O_2$。这两种材料都包含$Ni^{2+}$和$Mn^{4+}$离子。O3-$NaMn_{0.5}Ni_{0.5}O_2$在C/50倍率，2.2～4.5V之间循环时，可以提供高达185mA·h·g^{-1}的容量[52]。然而，电压曲线上存在多个平台，对应多个相变过程。非原位XRD结果表明相变过程为O3 → O′3 → P3 → P′3 → P3″，此外在4.0 V以下还存在Na^+/空位有序[52]。由于这些相变是不可逆的，伴随着巨大的体积和层间距变化，导致容量迅速衰减，仅10个循环后就衰减了约50%的容量。将充电截止电压限制到3.8V后，可以明显提高循环稳定性（10个循环后容量保持率95%），但同时容量也会减少（≈125mA·h·g^{-1}），这表明3.8V以上的相变很大程度上是导致容量衰减的原因。Yu等人认为3.6V以上的相变与电极颗粒中的微裂纹相关，这种微裂纹是由于不同相之间较大的体积差异所导致的，特别是充电到高电压时产生O'3相，在受到电解液侵蚀后会形成电化学惰性的类NiO岩盐相[53]。

与O3材料对应的P2-Na$_{0.67}$Mn$_{0.67}$Ni$_{0.33}$O$_2$在2.0～4.5V之间可以提供高达160mA·h·g^{-1}的容量。当Na < 0.33时，大约在4.2V左右，会出现一个由MO$_2$层滑移引起的不可逆相变，称为P2-O2相变，沿c轴方向出现大幅度收缩，导致在这个电压窗口内循环稳定性较差[54]。通过限制充电截止电压来避免P2-O2相变可以显著提高容量保持率，在50个循环后容量保持率可达95%（首周容量90mA·h·g^{-1}），当充电到4.5V时，10个循环的容量保持率为64%（134mA·h·g^{-1}）[55]。

由于锰镍基氧化物的循环稳定性较差，大量的研究工作致力于提高其循环稳定性并保持高能量密度。一种策略是使用掺杂元素延迟或抑制P2-O2相变。由于Ni^{2+}（0.69Å）和Mg^{2+}（0.72Å）的离子半径相似，Wang等人使用Mg^{2+}取代来抑制P2-Na$_{0.67}$Mn$_{0.67}$Ni$_{0.33-x}$Mg$_x$O$_2$（0 ≤ x ≤ 0.33）中的P2-O2相变，其中x = 0.05就可以使电压曲线平滑，通过抑制Na$^+$/空位有序以及P2-O2相变，最大限度地减少了容量损失[56]。提高Mg含量能进一步提高循环稳定性，但同时能量密度也会降低。总体而言，P2-Na$_{0.67}$Mn$_{0.67}$Ni$_{0.28}$Mg$_{0.05}$O$_2$在2.5～4.35V的电压范围内的首周放电容量为123mA·h·g^{-1}，平均放电电压约为3.7V，在50个循环后可以保持85%的容量，能量密度高达455W·h·kg^{-1}。非原位XRD和高角度环形暗场扫描透射电子显微镜（HAADF-STEM）结果显示，即使将所有含Mg的材料充电到4.35V，P2结构仍然保持不变，从而确认了在这个电压窗口内无P2-O2相变发生。Singh等人也报道了类似的性能，他们研究了Na$_{0.67}$Ni$_{0.3-x}$Mg$_x$Mn$_{0.7}$O$_2$（x = 0.05, 0.1）[57]。然而，他们使用原位XRD发现了在4.22～4.5V之间形成了额外的OP4相，而且比P2-O2相变更具可逆性，以此解释了循环稳定性提高的原因。Mg掺杂也提高了材料的倍率性能，避免出现Na$^+$/空位有序结构，材料表现出具有较高的钠离子扩散系数，恒电流间歇滴定技术（GITT）测量了掺杂材料的钠离子扩散系数为10^{-7}cm^2·s^{-1}，而未掺杂材料为10^{-10}cm^2·s^{-1}。

用Zn^{2+}掺杂形成P2-Na$_{0.66}$Ni$_{0.33-x}$Zn$_x$Mn$_{0.67}$O$_2$（x = 0, 0.07）同样抑制了Na$^+$/空位有序结构的产生，提高了高电压下相变的可逆性。与未掺杂的材料相比，2.2～4.25V之间的循环稳定性得到了改善（在x = 0.07时，30个循环后的容量保持率为89%，而x = 0时为63%）。该材料的放电容量高达132mA·h·g^{-1}，平均电压为3.6V，随着Zn含量的增加，初始放电容量减少，与Mg^{2+}掺杂的结论相同，这是因为掺杂元素没有电化学活性。为了减少掺杂引起的容量损失，可以使用具有电化学活性的掺杂元素。Cu^{2+}取代可以发挥与Mg^{2+}和Zn^{2+}类似的作用，但与其他二价掺杂剂相比，Cu^{2+}取代具有更高的容量，因为Cu^{2+}/Cu^{3+}有电化学活性且可以提高空气稳定性[59]。

一些工作研究了具有高M-O键键能的高氧化态掺杂元素，如Al^{3+}和Ti^{4+}[60, 61]。由于Ti^{4+}的引入，P2-Na$_{2/3}$Ni$_{1/3}$Mn$_{1/2}$Ti$_{1/6}$O$_2$具有较高的容量（127mA·h·g^{-1}）和放电电压（3.7V），能量密度高达470W·h·kg^{-1}，20次循环后的容量在100mA·g^{-1}以上[61]。非原位XRD数据显示，Ti^{4+}取代使充电过程的体积变化从23%减少到了12%，因而具有更好的电化学性能。

将锂掺杂到过渡金属层中可以合成具有高钠含量的 P2 材料。Zhao 等人使用经验方法设计了高 Na 含量的 P2 材料，将其和 Na 层层间距与 M 层层间距的比值联系起来，证明了要增加 P2 材料的 Na 含量，就需要减小 M 层层间距（图 4.3）[62]。对已报道的 P2 和 O3 化合物进行研究，发现 Na 层与 M 层的层间距比可用于区分所形成的相。具体来说，当这个比值大于 1.6 时，形成 P2 相；小于 1.6 时，形成 O3 相（图 4.3b）。受 M 层和 Na 层中 M-O 和 Na-O 键长的影响，较小的 M-O 层间距通常对应于较大的 Na-O 层间距。尺寸小、高电荷的 M 层阳离子具有更高的电子密度（电子云更局域化），导致 M-O 键较短，并对相邻 Na 层产生较弱的排斥作用，从而使 Na-O 层间距更大。由于 P2 材料中棱柱位置的 Na 相对于 O3 材料中八面体位置的钠能更好地适应较大的钠间距，且 P2 材料相邻 M-O 层之间的排斥力会更大，所以在这种情况下会倾向于形成 P2 材料。基于这项研究工作，他们提出了一种钠含量较高的层状正极材料——P2-Na$_{45/54}$Li$_{4/54}$Ni$_{16/54}$Mn$_{34/54}$O$_2$，其利用两电子的镍氧化还原电对实现在 2.0～4.0V 之间 100mA·h·g^{-1} 的容量（对于在 4.0V 截止电压下的 P2 型材料而言，这个容量很高），Mn^{4+} 作为电荷较多、半径较小的过渡金属来减小 M 层的间距，Li$^+$ 用于电荷平衡和提高结构稳定性。该材料能够在 3000 次循环后仍然具有 68% 的容量保持率。使用硬碳作为负极进行全电池测试，放电容量超过 100mA·h·g^{-1}（平均电压超过 3.3V），在 1.5～4.0V 电压区间内循环 400 次后容量保持率超过 90%。虽然这项研究是基于经验方法得到的，但使用密度泛函理论（DFT）也验证了这种材料的结构稳定性。

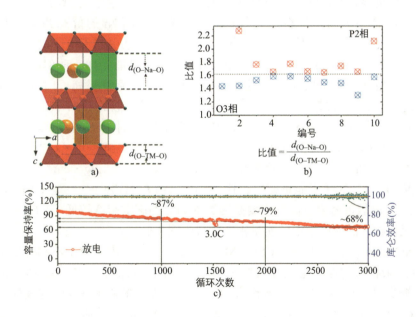

图 4.3 （a）P2 型氧化物的晶体结构示意图，层间距 $d_{\text{(O-Na-O)}}$ 是包含钠离子的两个氧层之间的平均垂直距离，而层间距 $d_{\text{(O-TM-O)}}$ 是含有过渡金属（TMs）的两个平行氧层之间的垂直距离；（b）典型的 P2 和 O3 型化合物的 $d_{\text{(O-Na-O)}}$ 和 $d_{\text{(O-TM-O)}}$ 层间距的比值；（c）Na$_{45/54}$Li$_{4/54}$Ni$_{16/54}$Mn$_{34/54}$O$_2$ 的放电容量保持率，在 2.0～4.0V，C/10（18mA·g^{-1}）循环 3 次，然后以 3.0C（540mA·g^{-1}）进行循环（来源：出自文献 [62]，经美国化学学会许可使用）

除了高钠量的研究之外，有研究表明锂在钠和过渡金属层之间存在可逆迁移，如 ^{7}Li NMR 所示[63]，可以使材料的循环性能更好。这种可逆迁移使得材料即使在低钠量时仍有助于稳定 P2 结构，如 P2-$Na_{0.85}Li_{0.12}Ni_{0.22}Mn_{0.66}O_2$ 和 P2-$Na_{0.85}Ni_{0.34}Mn_{0.66}O_2$ 的对比所示[64]。结果表明，材料的循环性能得到显著改善，在 2.0～4.3V 之间 500 次循环后，容量保持率分别为 85% 和 47%，这是因为锂掺杂后的材料体积变化很小，仅为 1.7%。

由于高钠量的正极材料通常是 O3 型的，通过改性 O3-$NaMn_{0.5}Ni_{0.5}O_2$ 有望实现高能量密度和长循环寿命。一些课题组研究了不同 Mn∶Fe∶Ni 比例的 Fe^{3+} 掺杂化合物 $NaFe_x(Ni_{0.5}Mn_{0.5})_{1-x}O_2$($x$ = 0, 0.1, 0.2, 0.3, 0.4, 1)，结果显示在 x = 0.2 时性能最佳，具有 131mA·h·g^{-1} 的初始可逆容量，30 个循环后保持 95% 的容量，在 2.0～4.0V 之间以 2.4A·g^{-1} 的高倍率循环时容量达到 86mA·h·g^{-1} [65]。非原位 XRD 数据显示，在充电到 4.3V 时，由于掺杂材料形成了可逆的 OP2 相而提高了循环稳定性，而无掺杂材料中 P3″ 相的可逆性较差。Zhang 等人研究了 Fe 掺杂对 P2-$Na_{0.67}Ni_{0.33}Mn_{0.67}O_2$ 充电超过 4.2V 时容量衰减的影响，发现未掺杂材料由于氧的氧化还原导致释氧和颗粒表面致密化，因此性能较差[66]。他们的研究证明 Fe 掺杂构筑了 Fe-(O-O) 键合结构，可通过还原耦合机制稳定材料结构，其中 Fe^{4+} 还原为 Fe^{3+}，抑制了 O_2 释放，从而避免了表面致密化。首周循环中的不可逆容量损失也从 25% 降低到了 4%。

通过多元素共掺杂策略，如 Cu^{2+} 和 Ti^{4+}，可以实现较高的能量密度。在 O3-$NaNi_{0.45}Cu_{0.05}Mn_{0.4}Ti_{0.1}O_2$ 中掺杂 Ti^{4+}，Ti^{4+} 的费米能级与 Ni^{2+} 和 Mn^{4+} 相比显著不同，可以降低过渡金属层中的电荷有序性，缩小 Na 层间距（防止水嵌入层中），增加电子的离域化[67]。另一方面，Cu^{2+} 掺杂提高了材料的空气稳定性，通过提高 Ni 的价态并将开路电压提高 0.12V，使其暴露在空气中时更不容易氧化[67]。由于 Ti 掺杂引起了电子的离域化，该材料表现出高的放电容量（124mA·h·g^{-1}），以及良好的倍率性能（10C 时 81mA·h·g^{-1}）。在 2.0～4.0V 之间循环时固溶反应区间延长，循环稳定性也显著提高，1C 循环 500 次后仍有 70% 的容量（未掺杂材料为 7.8%）[67]。另外一个组成相似的 O3-$NaNi_{0.4}Cu_{0.1}Mn_{0.4}Ti_{0.1}O_2$ 材料与硬碳负极组装了 18650 全电池，基于正极质量计算的全电池可逆容量约为 154mA·h·g^{-1}（平均电压为 3.1V），总质量能量密度约为 115W·h·kg^{-1}（如图 4.4a 中插图所示）。值得注意的是，由于层状氧化物具有高震实密度（1.9g·cm^{-3}），所以有报道得到了约 250W·h·L^{-1} 的体积能量密度，比 $Na_3V_2(PO_4)_2F_3$(NVPF)/C 电池（100W·h·kg^{-1}，175W·h·L^{-1}）的能量密度更高，主要是因为 NVPF 的震实密度较低（1.1g·cm^{-3}），这也体现了层状氧化物在储能应用中的能量密度优势（图 4.4）。

在 O3-$NaNi_{0.45}M_{0.05}Mn_{0.4}Ti_{0.1}O_2$（M = Mg^{2+}，Zn^{2+}，Cu^{2+}）中研究了不同二价掺杂元素的影响[69]，锌掺杂材料的循环稳定性最好（100 周循环容量保持率 85%），镁掺杂的性能最差，因为它缺少可与相邻氧形成 π-p 键合的 d 电子，从而在循环过程中与其他二价掺杂元素相比，Mg^{2+} 更容易迁移。由于 Cu^{2+}/Cu^{3+} 氧化还原对有电化学活性，Cu^{2+} 掺杂材料与硬碳匹配的全电池在循环过程中提供了较高的能量密度（大约多 10～20W·h·kg^{-1}，最高达 350W·h·kg^{-1}）。这三种掺杂元素通过抑制电荷有序并拓宽 P3 固溶区，减小充电时的体积收缩，比未掺杂材料的循环稳定性更好。在 O3-$Na[Ni_{1/2-x}Mn_{1/2-y}Mg_xTi_y]O_2$（$x$ = 0 和 1/18，y = 0 和 1/6）中使用 Ti^{4+} 和 Mg^{2+} 同时取代实现了非常高的可逆容量，具有比单一掺杂更优异的性能[70]。

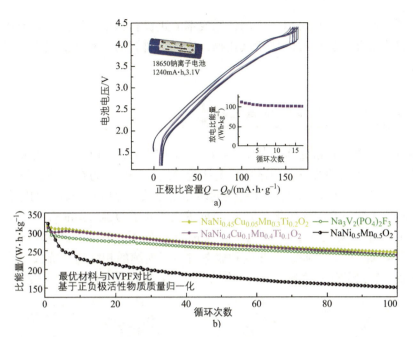

图 4.4 （a）O3-$NaNi_{0.4}Cu_{0.1}Mn_{0.4}Ti_{0.1}O_2$/硬碳组成的 18650 钠离子电池循环性能，在 25℃下以 C/20 倍率，1.2 ~ 4.4V 区间的电压曲线以及能量密度图（插图）；（b）基于极片质量计算的能量密度与电池循环次数的关系图，比较了 $NaNi_{0.4}Cu_{0.1}Mn_{0.4}Ti_{0.1}O_2$ 和 $NaNi_{0.45}Cu_{0.05}Mn_{0.4}Ti_{0.1}O_2$ 与硬碳匹配的纽扣电池在 4.5 ~ 1.2V 之间的循环性能，并与 $NaNi_{0.5}Mn_{0.5}O_2$ 和 $Na_3V_2(PO_4)_2F_3$ 进行对比（来源：选自文献 [68]，经 John Wiley & Sons 许可使用）

4.2.5 结论与展望

Mn^{4+} 的结构稳定性与 Ni^{2+} 的高能量相结合，使得锰－镍氧化物在下一代钠离子电池（NIBs）的商业应用中非常有前景。其性能已经可与其他最先进的钠离子电池正极相媲美，甚至优于它们，而且逐渐接近商业化锂离子电池（LIBs）的水平。未来的研究会继续探讨不同掺杂元素组合对复杂结构－电化学性质关系的影响，以期设计出具有高能量、高功率和长循环寿命的材料。

4.3 低成本 Mn 及 Fe 基层状氧化物

4.3.1 概述

目前已经有大量的研究工作集中在开发基于低成本、可持续和无毒化学元素的钠层状氧化物上，特别是铁和锰。此外，应尽量避免使用锂离子电池中常见的受供应链限制的元素，如钴和镍，以及一些储量丰富、价格低，但存在毒性的氧化还原活性元素，如钒和铬。铜在钠基层状金属氧化物中也具有氧化还原活性，通常其前驱体成本约为镍的一半，并且毒性显著降低。因此，它也可以用于制备低成本的正极材料中。因此，本节将重点介绍基于锰、铁和铜为氧化还原中心的层状氧化物，这些材料有助于实现低成本、安全和可持续储能的目标。

4.3.2 一元Mn和Fe基层状氧化物

锰基层状氧化物（Na_xMnO_2，其中$x = 0.6 \sim 1$）因锰的低成本而备受关注。通常情况下，它们能发挥出较高的容量，但循环稳定性能较差。这是因为在循环过程中，由于Mn^{2+}溶解和Mn^{3+} JT效应以及Na/空位有序有关的多相变导致在充电末态较大的体积变化和失去结晶性，从而造成循环性能的恶化。例如，Ma等人研究了O′3-$NaMnO_2$，该材料在$2 \sim 3.8V$的电压区间（相对于Na^+/Na），0.1C倍率（$24mA \cdot g^{-1}$）下，发挥出高达$185mA \cdot h \cdot g^{-1}$的初始容量（图4.5a）[71]。然而，在充电和放电时由于连续的相变造成充放电曲线有多个平台，这也导致了容量的快速衰减，在20次循环后，容量仅剩$132mA \cdot h \cdot g^{-1}$[71]。

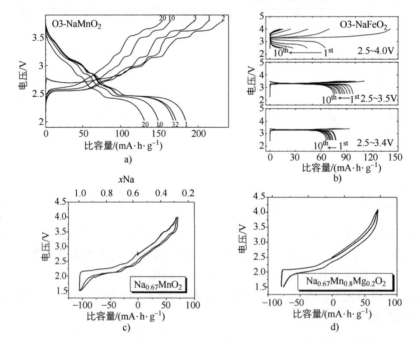

图4.5 （a）$NaMnO_2$在$2.0 \sim 3.8V$电压区间内，C/10倍率（$24mA \cdot g^{-1}$）下不同循环圈数的充放电曲线（资料来源：摘自文献[71]，经IOP出版社许可）；（b）$NaFeO_2$在$12mA \cdot g^{-1}$电流密度下不同截止电压下的前10周充放电曲线（资料来源：摘自文献[72]，经日本电化学学会许可）；（c）$Na_{0.67}MnO_2$和（d）$Na_{0.67}Mn_{0.8}Mg_{0.2}O_2$在$1.5 \sim 4.2V$电压区间内，$12mA \cdot g^{-1}$电流密度下的前两周充放电曲线（资料来源：摘自文献[73]，经英国皇家化学学会许可）

P2相Na_xMnO_2（$x = 0.6 \sim 0.7$）材料也存在类似的问题。例如，Caballero等人的研究表明，$Na_{0.6}MnO_2$会经历多重相变过程，容量显著衰减，在$2.0 \sim 3.8V$的电压区间内循环10次后容量仅为初始容量（$140mA \cdot h \cdot g^{-1}$）的35%[74]。Billaud等人合成了$x = 2/3$的材料，在$1.5 \sim 4V$之间具有较高的初始容量（$175mA \cdot h \cdot g^{-1}$），并且该材料在25个循环后仍有

140mA·h·g^{-1} 的容量（图 4.5c、d）。然而，在该材料中也观察到多重相变过程，充电结束时为 OP4 相[73]。

实验证明，掺杂可使材料在反复循环过程中保持稳定。Billaud 等人在 P2-Na$_{0.67}$MnO$_2$ 中掺入 Mg^{2+} 使得结构更加稳定。当掺入 20% 的 Mg^{2+} 时，25 次循环几乎没有容量损失（150mA·h·g^{-1}）（图 4.5d）[73]。Mg^{2+} 的掺杂使得电压曲线明显平滑，表明掺入 Mg^{2+} 可以抑制不利相变的发生，包括 Na 有序结构和 P2-OP4 相变。掺杂 Al^{3+} 同样可平滑电压曲线并抑制 P2-OP4 相变，从而提高循环稳定性[75]。Komaba 等人对扭曲的 P′2 相 Na$_{2/3}$Mn$_{0.9}$Me$_{0.1}$O$_2$（其中 Me = 镁、钛、钴、镍、铜和锌）以及 Gonzalo 等人对非扭曲的 P2 相 Na$_{2/3}$Mn$_{0.8}$M$_{0.1}$M′$_{0.1}$O$_2$（其中 M = 铁、锌，M′ = 铜、铝、钛）[11,76] 的研究表明，通过选择掺杂的元素种类来控制 Mn^{3+} 的含量，可以最大限度地减少循环过程中 P2 晶格的畸变。根据这两项研究可知，Cu^{2+}、Zn^{2+} 和 Al^{3+} 的掺杂特别适合于实现长循环稳定。

Mn^{3+}/Mn^{4+} 电对的平均电压较低，这限制了这些材料的实际能量密度。因而，人们还研究了基于较高电压氧化还原电对（如 Fe^{3+}/Fe^{4+} 和 Cu^{2+}/Cu^{3+}）的电极材料。Yabuuchi 等人发现，O3-NaFeO$_2$ 在 2.5～3.5V 的电压窗口内容量为 80～100mA·h·g^{-1}，平均电压为 3.3V，明显高于同类型的锰基材料（图 4.5b）[72]。然而，30 次循环后容量保持率仅约为 50%。更宽的电压区间可产生更高的容量（150mA·h·g^{-1}），但由于不可逆相变和 Fe^{4+} 迁移到钠层的四面体位点，同时伴随着 Fe^{4+} 还原为 Fe^{3+} 和氧参与反应[26,77,78]，容量衰减速度也更快。虽然最初认为铁迁移会抑制钠离子的扩散，从而导致容量衰减，但 Silvan 等人使用恒电位间歇滴定技术（PITT）证明，在 4V 以下的电压范围中，钠离子的扩散系数不会随着铁的迁移而降低[77]。然而，铁的迁移只是部分可逆的，在循环过程中会造成容量的累积损失。此外，通过深度放电来逆转铁迁移需要很大的活化能，这会导致阻抗和极化大幅增加。

4.3.3 二元 Mn/Fe 基层状氧化物

为了解决一元锰基和铁基层状氧化物的上述缺点，锰、铁复合的层状氧化物吸引了人们的浓厚兴趣。2012 年，Komaba 等人报道了两种分别具有 O3 和 P2 相结构的锰铁基层状氧化物，即 O3-NaMn$_{0.5}$Fe$_{0.5}$O$_2$ 和 P2-Na$_{0.67}$Mn$_{0.5}$Fe$_{0.5}$O$_2$（图 4.6）[79]。O3 相的性能相对较差，初始容量约为 110mA·h·g^{-1}（1.5～4.3V），极化大，容量衰减快。相比之下，P2 相材料则表现出极高的容量（190mA·h·g^{-1}）、相对较低的极化、2.75V 的高平均电压和 520W·h·kg^{-1} 的高能量密度，可与锂电正极材料磷酸铁锂相比。虽然 P2 材料的性能优于 O3 相材料，但在短短 30 次循环后，其容量仍迅速下降了约 20%。为此，进一步开展了系列研究以提高性能，包括调整铁锰比例、使用掺杂的方法改性以及加深对嵌入机制和不同充放电状态下相变过程的理解。

Rojot 团队进行了一系列 P2-Na$_{2/3}$Fe$_{1-y}$Mn$_y$O$_2$（其中 1/3 ≤ y ≤ 0.9）中铁锰比影响的研究[80-83]。高锰含量（y>0.8）可抑制高压下不利 P2-OP4 相变（发生在 4.0～4.2V 之间）的发生和深度放电态下 P2-P′2 相转变（通常发生在 1.5～2V）。高锰含量可提高容量和循环稳定性，但平均电压较低，而高铁含量则显示出更高的初始充电容量，这在全电池中是非常重要的。

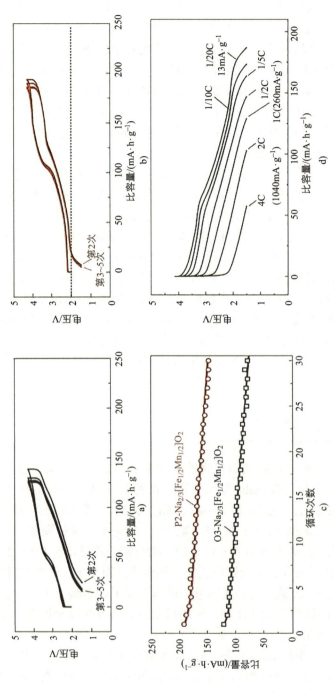

图4.6 （a）$NaFe_{1/2}Mn_{1/2}O_2$ 和（b）$Na_{2/3}Fe_{1/2}Mn_{1/2}O_2$ 在1.5~4.3V电压区间，12mA·g^{-1}电流密度下的恒流充放电曲线，为了简化，省略了$Na_{2/3}Fe_{1/2}Mn_{1/2}O_2$首周充放电曲线；（c）放电容量保持率的比较；（d）$Na_{2/3}Fe_{1/2}Mn_{1/2}O_2$在1.5~4.3V电压区间，1/20C（13mA·g^{-1}）~4C（1040mA·g^{-1}）不同倍率下的放电曲线（资料来源：摘自文献[73]，经Springer·Nature许可）

Zhou 等研究了 O3-$Na_xMn_{0.5}Fe_{0.5}O_2$ 在 $x = 0.8 \sim 1$ 的范围内初始 Na 含量对性能的影响[84]，证明了较低的 Na 含量可提高初始放电容量（$x = 0.8$ 时为 179mA·h·g^{-1}，而 $x = 1$ 时为 145mA·h·g^{-1}）。当 $x = 0.8$ 时，60 次循环后的容量保持率高达 86%，并提高了倍率性能（$x = 0.8$ 时，5C 下容量为 60mA·h·g^{-1}，而 $x = 1$ 时容量为 0）。这是因为随着 Na 含量的降低，相邻氧层之间的静电排斥力增加，Na 层间距增大，从而改善了 Na^+ 的扩散。此外，还合成了缺 Na 的 O3-$Na_{2/3}Mn_{0.5}Fe_{0.5}O_2$ 和 $Na_{2/3}Mn_{1/3}Fe_{2/3}O_2$ 材料，并与 P2 相材料进行了比较[81、85、86]。通过在较低煅烧温度和较短反应时间的晶体生长动力学控制，从而合成了 O3 结构，而不是热力学上更稳定的 P2 结构。每种相的前驱体选择都不同，这表明前驱体也会影响最终结构。O3 材料的性能与 P2 相材料相似（约 120mA·h·g^{-1}，$2 \sim 4V$ 电压区间内，容量保持率约为 84%），这表明尽管由于 P2 相材料中钠离子扩散路径更加顺畅，P2 材料表现出更好的 Na^+ 扩散和更低的极化，但通常观察到的 O3 材料和 P2 材料之间的性能差异是由 Na 含量不同而不是相结构不同造成的。

4.3.4 掺杂的二元 Mn/Fe 基层状氧化物

掺杂非氧化还原活性元素已经成为提高二元氧化物性能的一种策略。Xu 等人通过比较 P2 相 $Na_{0.67}Mn_{0.6}Fe_{0.4}O_2$ 和 P2 相 $Na_{0.67}Mn_{0.6}Fe_{0.3}Zn_{0.1}O_2$，研究了 Zn^{2+} 掺杂的作用[87]。惰性的 Zn^{2+} 掺杂使初始容量从 200mA·h·g^{-1} 降至 182mA·h·g^{-1}，但是提高了容量保持率（100 次循环的容量保持从 77% 提高到 88%），并在 540mA·g^{-1} 大倍率条件下将容量从 47mA·h·g^{-1} 提高到 90mA·h·g^{-1}。这是因为材料中 Mn^{3+} 含量的降低导致 JT 畸变减少以及 Na-O 层间距的增加导致极化降低。

Park 等人用 Ti^{4+} 取代 0.05 或 0.1 的 Fe 或 Mn 含量来稳定 P2-$Na_{2/3}Mn_{0.5}Fe_{0.5}O_2$ 结构[88]。Ti 的取代平滑了充放电曲线从而提升了循环稳定性，当 Ti 取代 0.1Fe 时，45 次循环后容量保持率为 84%，而未掺杂材料的容量保持率仅为 77%（$1.5 \sim 4.2V$）。高的 Ti-O 键强压缩了 TM-O 层，从而稳定了结构。由于 NaO_2 层扩大，提高了钠离子扩散动力学，在 1040mA·g^{-1} 的大倍率下，容量也从 25mA·h·g^{-1} 增加到了 75mA·h·g^{-1}。同样具有很强的 M-O 键的 Al^{3+} 掺杂也观察到了类似的现象。Al^{3+} 取代 Fe 比取代 Mn 离子更有利[89]。其性能略低于 Ti^{4+} 掺杂的材料，用 Al^{3+} 取代 Fe 在 400mA·g^{-1} 条件下可保持 67mA·h·g^{-1} 的比容量，而未掺杂的材料容量仅为 25mA·h·g^{-1}（$1.5 \sim 4.2V$）。原位 XRD 表明循环稳定性好的原因是仅发生了高度可逆的 P2-P′2 相变。

与研究的其他掺杂元素不同，Cu^{2+} 具有氧化还原活性，有助于提高电极材料的整体容量。例如，Li 等人合成了空气稳定的 P2-$Na_{7/9}Cu_{2/9}Fe_{1/9}Mn_{2/3}O_2$，这种 P2 材料的 Na 含量相对较高（图 4.7a $\sim$ c）[90]。在 $2.5 \sim 4.2V$ 电压区间，C/10 倍率（10mA·g^{-1}）下循环时，平均电压为 3.6V，容量为 89mA·h·g^{-1}，这与 P2 相 $Na_{2/3}Ni_{1/3}Mn_{2/3}O_2$ 在相同条件下 88mA·h·g^{-1} 的容量发挥相当。在整个循环过程中材料都保持 P2 结构，使得其在 1C 倍率下循环 150 次后，容量保持率仍可达 85%。

在更宽的电压窗口中，锰－铁－铜基材料可以发挥出非常高的能量密度，但由于在高充电态下 O2 相的生成[92]或深度放电态下 P′2 相的生成[93]，通常表现出较差的循环稳定性。通过对 $Na_{0.67}Mn_{0.66}Fe_{0.20}Cu_{0.14}O_2$ 进行原位 XRD 测试证明了这一点，该材料在充电过程中经历

P2 → P2 → P2+Z → Z 的相变过程，放电时则是 Z → P2+Z → P2 → P′2 的相变过程，这导致容量快速衰减（在 1.5～4.3V 电压区间内 100 次循环后容量衰减仅剩 40%）。相比之下，在 2.1～4.1V 电压范围 P2 结构保持稳定，没有明显的相变，因此在 100 次循环后容量保持率高达 84%[94]。

O3 型锰－铁－铜体系为正极材料的发展提供了新的可能。Mu 等人对 O3-$Na_{0.90}Cu_{0.22}Fe_{0.30}Mn_{0.48}O_2$ 进行了研究，该材料在 2.5～4.05V 电压窗口内的初始容量为 100mA·h·g^{-1}（平均电压为 3.2V），100 次循环后容量保持率为 97%（图 4.7d～f）[91]。尽管在循环过程中出现了相对复杂的相变过程，即 O3 → O3+P3 → P3 → O′3，但该材料在首周循环中表现出较高的可逆性。与硬碳匹配组装的全电池平均电压为 3.2V，能量密度为 210W·h·kg^{-1}（根据正负极的总质量计算）和优异的循环稳定性。Tripathi 等人用 Ti^{4+} 掺杂制备了 $Na_{0.9}Cu_{0.22}Fe_{0.30}Mn_{0.43}Ti_{0.05}O_2$，改善了水浸泡的稳定性，提高了平均电压和循环稳定性（在 2.5～4.05V 电压区间内循环 200 次后，容量保持率从 84% 提高到了 96%），性能提升的原因归结为由于充电时较早形成了 P3 相[95]。

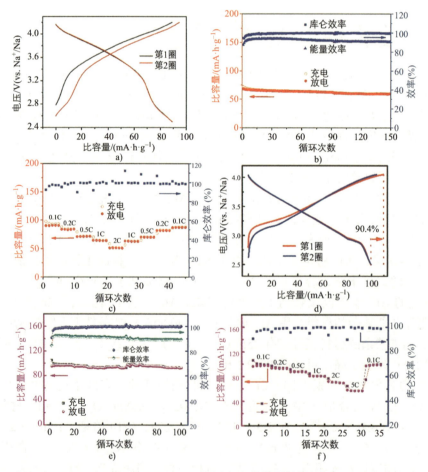

图 4.7 （a～c）$Na_{7/9}Cu_{2/9}Fe_{1/9}Mn_{2/3}O_2$ 在 2.5～4.2V 电压窗口的储钠性能：（a）0.1C 倍率（10mA·g^{-1}）下前两周循环的充放电曲线；（b）1C 下的循环性能；（c）0.1C～2C 不同电流密度下的倍率性能（资料来源：摘自文献 [90]，经 John Wiley & Sons 的许可）（署名 4.0 国际协议）。（d～f）O3-$Na_{0.9}Cu_{0.22}Fe_{0.30}Mn_{0.48}O_2$ 在 2.5～4.05V 电压窗口的储钠性能：（d）2.5～4.05V 电压窗口前两周循环的充放电曲线；（e）0.1C 倍率下的长循环性能；（f）从 0.1C 到 5C 的倍率性能（资料来源：摘自文献 [91]，经 John Wiley & Sons 的许可）

4.3.5 结论与展望

总体而言，过去几年在开发基于锰和铁的低成本层状氧化物材料方面取得了重大进展，目前所报道的最高能量密度与某些商用锂离子正极相当。然而，如何将高能量密度与长循环寿命、高功率和耐水化学稳定性结合仍然具有挑战性。

已有文献报道了基于铜掺杂高钠 P2 材料可解决充电容量较低的问题并抑制铁迁移。最近，报道的高钠 P3-$Na_{0.9}Fe_{0.5}Mn_{0.5}O_2$[96]、P2/O3[97, 98] 或 P2/P3[99] 两相复合锰/铁基材料为设计具有棱柱 Na 位点环境的高 Na 材料提供了新的途径，这很可能成为未来研究的重点领域。

4.4 阴离子参与氧化还原的层状正极材料

4.4.1 概述

一直以来，钠基层状氧化物正极材料中电荷存储都来自于阳离子的氧化还原反应，即 Na^+ 的嵌入/脱出通过相应的过渡金属离子的氧化还原反应进行电荷补偿。这些反应限制了在实际电池应用中的能量密度，而激发阴离子氧化还原反应的新策略可以提高这些材料中的电荷存储量。

阴离子氧化还原反应最早是在富锂层状氧化物中发现的，例如 $Li_{1.20}Mn_{0.54}Co_{0.13}Ni_{0.13}O_2$[100]，其中 Li^+ 位于过渡金属层。关于富锂正极材料的报道随后出现在含有 4d 和 5d 过渡金属的层状氧化物中，例如 Li_2RuO_3 和 Li_2IrO_3[101, 102]。

对于钠离子电池而言，尽管研究者并未直接研究阴离子氧化还原反应，但首次报道具有阴离子氧化还原特性的材料是 P2 相 $Na_{2/3}[Mg_{0.28}Mn_{0.72}]O_2$[103]。此后，Rozier 等人以 $Na_2Ru_{1-y}Sn_yO_3$（y = 0, 0.25, 0.5, 0.75, 1）作为概念验证材料，为高压阴离子氧化还原反应提供了实验证据[104]。

已经发表的多篇文献基于能带结构理论计算以解释锂和钠基氧化物中阴离子氧化还原反应的激发过程。具体来说，层状氧化物的价带结构由成键（M-O）和反键（M-O）*轨道组成。阳离子氧化还原反应是通过位于费米能级附近的反键（M-O）*轨道失去电子，留下电子空穴进行的（见图 4.8a）[105]。与之对比，阴离子氧化还原反应则是在两个轨道重叠，形成一个连续能带时，氧离子失去电子而发生阴离子氧化还原（图 4.8b）[106]。这可以通过在结构中引入强共价 M-O 键，使用 Ru 或 Ir 等 4d 或 5d 过渡金属或电负性较大的过渡金属（如 Co、Ni 或 Cu）来实现[106]。此外，阴离子氧化还原反应还可以通过在结构中引入 Li^+、Mg^{2+} 和 Zn^{2+} 等元素[28, 107-109]，以及在过渡金属层中引入空位（Na-O-□$_{TM}$ 和 Na-O-□$_{TM}$ 键，其中 □ = 空位）[110, 111]（图 4.8c）来实现。在所有这些情况下，结构中的强离子键都会在成键的 M-O 轨道上方产生一个提供额外电荷的非杂化 O 2p 轨道。

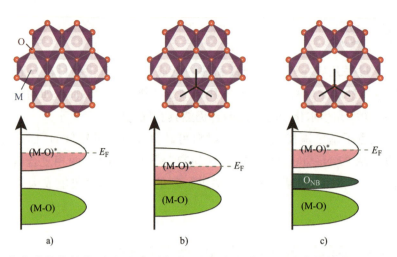

图 4.8 层状氧化物的能带结构:（a）阳离子氧化还原;（b）由强 M-O 共价键产生的阴离子氧化还原;（c）由低配位的氧离子导致的阴离子氧化还原

4.4.2 增强氧的氧化还原活性及其可逆性的方法

最早在层状氧化物中诱导阴离子氧化还原反应的方法之一，如 Na_2RuO_3 和 Na_2IrO_3，是使用强共价性 4d 和 5d 元素，例如 Ru 和 Ir 元素[112-115]。在这些材料中，(M-O) 和 (M-O)* 能带会重叠（图 4.8b），从而引发阳离子和阴离子氧化还原反应。此外，有效轨道重叠产生的强 M-O 键还能抑制部分氧的损失，从而确保脱钠后的结构稳定性[116]。

Na_2RuO_3 晶体结构中既可以在 MO_2 层中以 Ru/Na 随机分布的无序形式存在，也可以以蜂窝状阳离子有序形式存在。Mortemard De Boisse 等人证明，蜂窝状有序是获得可逆阴离子氧化还原活性的必要条件。蜂窝有序的氧化物容量为 $180mA \cdot h \cdot g^{-1}$（以 $30mA \cdot g^{-1}$ 的电流密度在 1.5～4.0V 之间循环），这是由 Ru^{4+}/Ru^{5+}（≈2.5V）和 O^{2-}/O_2^{n-}（≈3.6V）的联合氧化还原活性产生的，该材料循环 50 次后容量保持率为 88%，并在阴离子氧化还原区产生了相当大的电压滞后（≈0.8V）。原位 XRD 结果显示，在大约 3.0V，从阳离子反应转变为阴离子反应，结构发生可逆的 O3 相到 O1 相转变过程[113]。同样，有序 Na_2IrO_3 发挥 $140mA \cdot h \cdot g^{-1}$ 的初始容量，对应于两个不同的平台：Ir^{4+}/Ir^{5+}（≈2.6V）和 O^{2-}/O_2^{n-}（≈3.7V），表现出同样的 O3-O1 可逆相变过程[115]。这两种氧化物的主要区别在于，在 Na_2IrO_3 的氧氧化还原平台上观察到了更高的电压滞后，这是由出现 O1 相的不可逆相变造成的，这导致在第 50 次循环时形成一个单平台，从而使 50 次循环后的容量保持率只剩 43%。

鉴于所使用元素的稀有性，这些研究仅具有学术研究意义，证明了在钠离子电池正极材料中阴离子氧化还原反应的可行性。随后研究者转向了具有实际应用前景的无毒、丰富且具有成本效应的元素在正极材料中阴离子氧化还原反应的研究。Maitra 等人首先证明了 $P2-Na_{2/3}[Mg_{0.28}Mn_{0.72}]O_2$ 中阴离子氧化还原反应的发生[28]。$P2-Na_{2/3}[Mg_{0.28}Mn_{0.72}]O_2$ 的首周充放电曲线由两个电压区域构成：一个是低电压区，电压滞后约为 0.3V，对应于 0.2 个 Na^+ 的可逆脱嵌，同时 Mn^{3+} 被氧化为 Mn^{4+}；另一个是高电压区，电压滞后较大（≈1.2V），相当于 0.4 个 Na^+ 的脱嵌，这归因于氧的氧化还原活性。材料的总容量约为 $160mA \cdot h \cdot g^{-1}$。

阴离子参与氧化还原反应的原因是 Mg^{2+} 的存在[117]。Mg^{2+} 3s 轨道与 O 2p 轨道相互作用，形成离子性的 Mg-O 键，使得 O 2p 轨道位于价带顶端，就像富锂材料中的 Li 2s 一样[118]。此外，还检测到了 O_2 分子的形成，但这些分子没有旋转运动，所以停留在晶格中，并且这一过程几乎完全可逆[119]。随后，Bai 等人报道了锌掺杂的 P2-$Na_{2/3}Mn_{7/9}Zn_{2/9}O_2$ 中的阴离子氧化还原反应[107]。这种材料最初被认为比对应的镁掺杂材料更有希望发生氧的氧化还原反应，这是因为与 Mg^{2+} 相比，Zn^{2+} 的电负性更高（Zn^{2+} 和 Mg^{2+} 分别为 1.65 和 1.35）。然而，由于 Zn 具有一个满填充的 d 轨道 $3d^{10}$，据报道，该轨道位于氧能带之下，因此，只有 Zn 的 4p 轨道能参与氧的氧化还原过程。Zn 与氧的行为类似于其他的 s/p 金属，因此，与 P2-$Na_{2/3}[Mg_{0.28}Mn_{0.72}]O_2$ 的电化学性能相似，锌掺杂材料在阴离子氧化还原区有较大的电压滞后（≈1.0V），尽管在 50 次循环后容量保持率仅为 60%，但能可逆地脱嵌 0.8 个 Na^+（约 195mA·h·g^{-1}）。研究人员还发现，尽管观察到阳离子的迁移，但在循环过程中没有氧的损失。

与富锂材料类似，在钠基层状氧化物的 TMO_2 层中引入 Li^+，以在脱钠过程中在 O 2p 轨道中引入空穴[108, 109, 120]。例如，P3-$Na_{0.6}Li_{0.2}Mn_{0.8}O_2$ 材料在 2.0～4.5V 之间以 C/10 的倍率循环时，可产生超过 140mA·h·g^{-1} 的容量，其中大部分容量（80mA·h·g^{-1}）来自氧的氧化还原反应，并且极化非常小（约 110mV）[109]。后来，House 等人合成了两种不同的 P2 材料：蜂窝状 P2-$Na_{0.75}Li_{0.25}Mn_{0.75}O_2$ 和带状有序超结构 $Na_{0.6}Li_{0.2}Mn_{0.8}O_2$，以研究在 TMO_2 层中 Li/Mn 的局部有序化对首周循环中氧氧化还原电压滞后的影响[120]。研究人员采用多种技术方法证明了蜂窝状有序结构表现出大的电压滞后，其原因是 Li 从 M 层脱出后，Mn 发生面内迁移，形成的空位簇捕获了 O_2。相比之下，在带状结构中几乎没有观察到过渡金属迁移，因此电压滞后较小。

为了弥补电化学惰性元素掺杂（如 Li^+、Mg^{2+}、Zn^{2+}）导致的容量降低，研究人员尝试了用镍替代锰的方法。P2-$Na_{2/3}Ni_{1/3}Mn_{2/3}O_2$ 在首周循环中显示出高度可逆的充放电曲线，甚至在 4.2V 的高压区也只有 100mV 的极小电压滞后，这归因于阳离子和阴离子的氧化还原反应[121]。对于 P3-$Na_{0.67}Ni_{0.2}Mn_{0.8}O_2$，这种材料在 1.8～4.4V 之间表现出 204mA·h·g^{-1} 的高初始放电容量，初始充电到 3.8V 时脱出 0.21 个 Na^+ 时完全由 Ni^{2+} 氧化为 Ni^{4+} 进行电荷补偿。在随后充电到 4.1V 时，不可逆的结构变化进一步脱出了 0.2 个 Na^+，当充电到 4.4V 时，氧发生氧化，同步发生 Ni^{4+} 的还原，通过这个还原耦合机制，0.22 个 Na^+ 脱出（图 4.9）。虽然 Ni 对容量有贡献，但由于 Ni 3d-O 2p 的强杂化作用，Ni 的存在还促进了 O 2p 和过渡金属 3d 价带之间的电子转移，从而稳定了 P3 相中氧的氧化还原活性[122]。Hakim 等人证明了氧阴离子在 4.2～4.5V 之间参与了 P2-$Na_{0.78}Co_{1/2}Mn_{1/3}Ni_{1/6}O_2$ 的电荷补偿反应，从而使容量增加了 25mA·h·g^{-1}[123]。X 射线吸收光谱（XAS）和共振非弹性 X 射线散射（RIXS）结果表明，空轨道的态密度在 4.2～4.5V 之间持续增加，而 P2 结构保持不变，这说明容量增加是由于电子从 O 2p 轨道上失去导致的，而不能归因于镍离子的氧化。

与含镍和钴的正极材料相比，Zheng 等人用具有氧化还原活性的 $Cu^{2+/3+}$ 替代 Mn 获得的材料具有潜在的成本和安全性优势。P2-$Na_{0.67}Cu_{0.28}Mn_{0.72}O_2$ 在 2.0～4.5V 之间可发挥出 104mA·h·g^{-1} 的高可逆容量，循环 50 次后容量保持率高达 98%，并在 4.3V 下氧参与氧化还原反应时仍稳定循环，超过了大多数 P2 材料[124]。此外，他们还发现在循环过程中仍保持 P2-$Na_{0.67}Cu_{0.28}Mn_{0.72}O_2$ 结构和稳定的氧堆叠，这使得氧的氧化还原过程的电压滞后被抑制在160mV[124]。P2-$Na_{2/3}Mn_{0.72}Cu_{0.22}Mg_{0.06}O_2$表现出一种固溶体行为，其在2.0～4.5V之间的可逆容量为107.6mA·h·g^{-1}，在1C倍率下循环100次仍能保持87.9%的容量，并在10C倍率下可实现70.3mA·h·g^{-1}的可逆容量。这些掺铜的材料具有更强的氧化还原可逆性，这一点已通过DFT计算得到验证，由于铜的电负性较大，Cu 3d和O 2p轨道之间具有很强的共价性[125]。

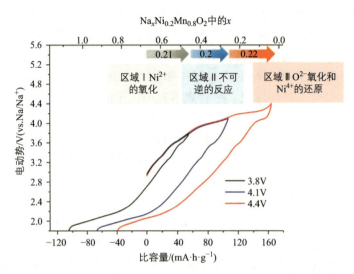

图4.9 P3-$Na_{0.67}Ni_{0.2}Mn_{0.8}O_2$在10mA·$g^{-1}$、不同电压区间的首周恒流充放电曲线：1.3～3.8V（黑色）、1.8～4.1V（蓝色）和1.8～4.4V（红色）；箭头表示第一次充电过程中不同区域内的钠离子脱出量以及相关的化学过程（资料来源：摘自文献[122]，经美国化学学会许可）

引入过渡金属空位是稳定氧的氧化还原反应和提高结构稳定性的另一种策略。例如，$Na_{4/7-x}[\square_{1/7}Mn_{6/7}]O_2$（也可写作$Na_2Mn_3O_7$）中与锰空位相邻的氧的非键合2p轨道有助于提高氧的氧化还原活性[126]。在$Na_2Mn_3O_7$中，Na^+和具有蜂窝状Mn-空位有序排列的$[\square_{1/7}Mn_{6/7}]O_2$层交替堆叠（见图4.10）。该材料在C/20倍率下，在1.5～4.5V电压之间循环时产生200mA·h·g^{-1}的容量，20次循环后容量保持率为85%。其在4.2V和4.5V出现了两个可逆电压平台，氧的K边软X射线吸收光谱（SXAS）结果证明这是空位诱导的氧的氧化还原反应导致的。$Na_{4/7}[\square_{1/7}Mn_{6/7}]O_2$没有出现明显的结构重排，这是由于Mn空位和$Na^+$之间的库仑吸引力稳定了层状结构[126]。后来，Song等人探索了低电压滞后的来源[127]。他们从原位XRD观察到，在$Na_{4/7}[\square_{1/7}Mn_{6/7}]O_2$中保留了P3氧堆积结构[127]。此外，在4.2V的电压下，观察到的体积变化极小，而在4.5V时的氧化还原过程与Na^+脱嵌过程中的空位MnO_6八面体的收缩/膨胀过程有关。最近，Abate等人将这种低电压滞后现象归因于亚稳态O^-极子的形成，O^-与Na^+发生强的库仑相互作用，最大限度地减少了O-O二聚体形成，从而抑制了不可逆的氧气产生[128]。

此外，Zhao等人还研究了P2-$Na_{0.653}[Mn_{0.929}\square_{0.071}]O_2$[129]，其在1.5～4.3V之间循环60次后，容量可达到182mA·h·g^{-1}，并且在4.2V出现与氧的氧化还原有关的可逆电压平台。当在1.5～4.3V之间循环时，由于Mn^{3+}的局部JT畸变，在该电压平台上会观察到较大的容量衰减，在2.5～4.3V之间循环时则不会出现这种情况[129]。此外，Ma等人用Ni

取代 Mn，研究了富钠的 P2-$Na_{0.78}Ni_{0.23}Mn_{0.69}O_2$，其中含有 8% 的过渡金属空位，可获得 180mA·h·g^{-1} 的高初始充电容量[111]。将 Ni^{2+} 氧化成 Ni^{4+} 的过程提供了到 4.1V 的充电容量，继续充电至 4.5V 时又获得了 60mA·h·g^{-1} 的额外容量。电子能量损失光谱（EELS）和 SXAS 表明高压平台与氧的氧化还原反应有关，电极表面氧空位的存在增强了氧的氧化还原反应活性（图 4.11）。这种材料在循环过程中还表现出良好的结构可逆性，推测这是由于合成材料中较高的 Na 含量（$x = 0.78$）抑制了氧层的移动，从而稳定了 P2 结构。

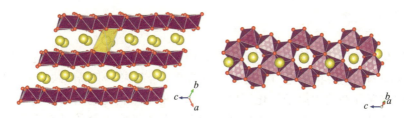

图 4.10　$Na_{4/7}[\square_{1/7}Mn_{6/7}]O_2$ 的晶体结构，由交替的 Na 层和 $[\square_{1/7}Mn_{6/7}]O_2$ 层构成，锰层中存在锰空位，黄色的圆球代表 Na^+，紫色多面体代表 MnO_6 八面体

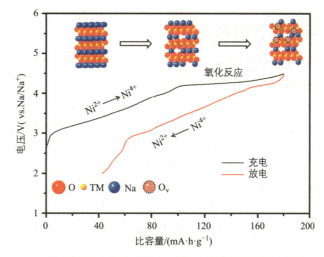

图 4.11　P2-$Na_{0.78}Ni_{0.23}Mn_{0.69}O_2$ 首周恒流充放电曲线以及电荷补偿机制（资料来源：摘自文献 [111]，经美国化学学会许可）

在 $Na_{0.67}Mg_{0.2}Mn_{0.8}O_2$ 和 $Na_{0.67}Co_{0.2}Mn_{0.8}O_2$ 中，通过改变反应气氛在 P3 相材料的过渡金属层中产生空位，研究了空位对氧的氧化还原反应的影响[130,131]。通过第一个材料的研究表明，这些空位（约 4%）在产生未成键的 O 2p 轨道方面发挥了重要作用，促成并稳定了氧的氧化还原反应。在氧气条件下制备的含 6% 过渡金属空位的 $Na_{0.67}Co_{0.2}Mn_{0.8}O_2$ 材料中也观察到了类似的现象。此外，材料还显示出了与该反应相关的较小电压滞后（约 20mV），并抑制了同类氧化物中存在的向 O 相的高压相转变过程[131]。

有关层状氧化物中阴离子氧化还原反应还存在一个未解决的问题，这些反应是发生在体相的氧离子还是在低配位的表面氧离子。最近对 $Na_{0.66}Li_{0.22}Ru_{0.78}O_2$ 进行拉曼光谱研究，表明氧的氧化还原反应既发生在表面，也发生在体相，但表面反应往往占主导地位[132]。此外，以 P2-Na$_{0.67}$Ni$_{0.33}$Mn$_{0.67}$O$_2$ 作为模型体系，利用 XAS 和 SXAS 测量技术，采用 SXAS 的总电子产率（TEY）和总荧光产率（TFY）模式分别对表面元素和体相元素进行了研究，发现表面氧和锰以及镍离子是氧化还原反应活性的来源[133]。因此，关于表面和/或体相氧离子对容量的贡献作用，目前还缺乏共识，该问题将随着技术进步，提供更明确信息而得到解决。

4.4.3 结论与展望

阴离子氧化还原反应的检测和理解仍然是阻碍这些材料商业化应用的挑战。虽然目前正在努力将锂基和钠基层状氧化物材料的实验结果结合起来，但仍然缺乏一个统一的认识。层状氧化物中普遍存在的阴离子氧化还原反应带来的能量密度的增加，使得其成为一个值得关注的研究领域。目前，大多数研究都集中在寻找能够实现氧的可逆氧化还原反应和快速动力学的新材料上。未来研究的重点很可能是使用表面包覆、新电解质配方和复杂电极设计来稳定这些材料中发生的阴离子氧化还原反应。同样，用于检测这些反应的表征技术也有望得到长足的发展和普及[134]。

4.5 总结与未来发展趋势

晶体结构对钠基层状氧化物的电化学性能有着重要的影响。在循环过程中，O3 材料通常会比 P2 材料发生更复杂的相变。此外，P2 材料的 Na$^+$ 扩散能垒更低，因此具有更好的倍率性能。贫钠 O3 材料表现出与对应 P2 材料非常相似的性能，这表明初始 Na 含量本身具有重要的影响。然而，降低这些材料中的 Na 含量会导致全电池的容量降低。由于 Na$^+$/空位有序（低于 4.0V）和 O1 或 O3′ 或 O2 相（4.0V 以上）导致的体积大幅收缩，O3 相和 P2 相材料表现出较差的循环稳定性，这仍是需要解决的一个主要挑战。提高下一代正极材料性能的其他策略包括：支柱作用[135]；合成两相复合材料，如 O3/P2[136] 和 P2/P3[137]，将各相特性互补到单一材料中；表面包覆技术[138-141]。这些方法结合掺杂进一步精细调控原子结构，将有望成为未来研究工作的重点。此外，发展牺牲钠源的策略，以解决 P2 相钠含量低的问题[142]。

随着锰/镍基材料已在诸如法拉第等公司实现商业化，未来预期将发展基于低成本的铁/锰基材料，因此，钠基层状氧化物的未来前景广阔。

参 考 文 献

1 Mizushima, K., Jones, P.C., Wiseman, P.J., and Goodenough, J.B. (1980). Li$_x$CoO$_2$ (0 < x < −1): a new cathode material for batteries of high energy density. *Mater. Res. Bull.* 15: 783–789.

2 Reddy, M.V., Mauger, A., Julien, C.M., Paolella, A. and Zaghib, K. (2020). Brief history of early lithium-battery development. *Materials* 13: 1884.

3 Zubi, G., Dufo-López, R., Carvalho, M., and Pasaoglu, G. (2018). The lithium-ion battery: state of the art and future perspectives. *Renew. Sust. Energ. Rev.* 89: 292–308.

4 Delmas, C., Braconnier, J.-J., Fouassier, C., and Hagenmuller, P. (1981). Electrochemical intercalation of sodium in Na_xCoO_2 bronzes. *Solid State Ionics* 3–4: 165–169.

5 Maazaz, A., Delmas, C., and Hagenmuller, P. (1983). A study of the Na_xTiO_2 system by electrochemical deintercalation. *J. Incl. Phenom.* 1: 45–51.

6 Braconnier, J.J., Delmas, C., and Hagenmuller, P. (1982). Etude par desintercalation electrochimique des systemes Na_xCrO_2 et Na_xNiO_2. *Mater. Res. Bull.* 17: 993–1000.

7 Mendiboure, A., Delmas, C., and Hagenmuller, P. (1985). Electrochemical intercalation and deintercalation of Na_xMnO_2 bronzes. *J. Solid State Chem.* 57: 323–331.

8 Tarascon, J.M. and Hull, G.W. (1986). Sodium intercalation into the layer oxides $Na_xMo_2O_4$. *Solid State Ionics* 22: 85–96.

9 Saadoune, I., Maazaz, A., Ménétrier, M., and Delmas, C. (1996). On the $Na_xNi_{0.6}Co_{0.4}O_2$ system: physical and electrochemical studies. *J. Solid State Chem.* 122: 111–117.

10 Kubota, K., Yabuuchi, N., Yoshida, H., Dahbi, M. and Komaba, S. (2014). Layered oxides as positive electrode materials for Na-ion batteries. *MRS Bull.* 39 (5): 416–422.

11 Kumakura, S., Tahara, Y., Sato, S., Kubota, K. and Komaba, S. (2017). P′2-$Na_{2/3}Mn_{0.9}Me_{0.1}O_2$ (Me = Mg, Ti, Co, Ni, Cu, and Zn): correlation between orthorhombic distortion and electrochemical property. *Chem. Mater.* 29: 8958–8962.

12 Lei, Y., Li, X., Liu, L., and Ceder, G. (2014). Synthesis and stoichiometry of different layered sodium cobalt oxides. *Chem. Mater.* 26: 5288–5296.

13 Han, M.H., Gonzalo, E., Casas-Cabanas, M., and Rojo, T. (2014). Structural evolution and electrochemistry of monoclinic $NaNiO_2$ upon the first cycling process. *J. Power Sources* 258: 266–271.

14 Lu, X., Wang, Y., Liu, P. et al. (2014). Direct imaging of layered O_3- and P_2-$Na_xFe_{1/2}Mn_{1/2}O_2$ structures at the atomic scale. *Phys. Chem. Chem. Phys.* 16: 21946–21952.

15 Kalapsazova, M., Ortiz, G.F., Tirado, J.L. et al. (2015). P_3-type layered sodium-deficient nickel-manganese oxides: a flexible structural matrix for reversible sodium and lithium intercalation. *Chempluschem* 80: 1642–1656.

16 Zhao, C., Wang, Q., Yao, Z. et al. (2020). Rational design of layered oxide materials for sodium-ion batteries. *Science* 370: 708–712.

17 Katcho, N.A., Carrasco, J., Saurel, D. et al. (2017). Origins of bistability and Na ion mobility difference in P_2- and O_3-$Na_{2/3}Fe_{2/3}Mn_{1/3}O_2$ cathode polymorphs. *Adv. Energy Mater.* 7: 1601477.

18 Guo, S., Sun, Y., Yi, J. et al. (2016). Understanding sodium-ion diffusion in layered P2 and P3 oxides via experiments and first-principles calculations: a bridge between crystal structure and electrochemical performance. *NPG Asia Mater.* 8: 266.

19 Tapia-Ruiz, N., Somerville, J.W., Maitra, U. et al. (2018). High voltage structural evolution and enhanced Na-ion diffusion in P2-$Na_{2/3}Ni_{1/3-x}Mg_xMn_{2/3}O_2$ ($0 \leq x \leq 0.2$) cathodes from diffraction, electrochemical and ab initio studies.

Energy Environ. Sci. 11: 1470–1479.

20 Wang, P.F., Yao, H.R., Liu, X.Y. et al. (2018). Na$^+$/vacancy disordering promises high-rate Na-ion batteries. *Sci. Adv.* 4: eaar6018.

21 Gutierrez, A., Dose, W.M., Ren, Y. et al. (2018). On disrupting the Na$^+$-ion/vacancy ordering in P2-type sodium-manganese-nickel oxide cathodes for Na$^+$-ion batteries. *J. Phys. Chem. C* 122: 23251–23260.

22 Mortemard De Boisse, B., Carlier, D., Guignard, M., Bourgeois, L. and Delmas, C. (2014). P2-Na$_x$Mn$_{1/2}$Fe$_{1/2}$O$_2$ phase used as positive electrode in Na batteries: structural changes induced by the electrochemical (De)intercalation process. *Inorg. Chem.* 53: 11197–11205.

23 Lu, Z. and Dahn, J.R. (2001). In situ X-ray diffraction study of P2-Na$_{2/3}$Ni$_{1/3}$Mn$_{2/3}$O$_2$. *J. Electrochem. Soc.* 148: A1225.

24 Sun, Y., Guo, S., and Zhou, H. (2019). Adverse effects of interlayer-gliding in layered transition-metal oxides on electrochemical sodium-ion storage. *Energy Environ. Sci.* 12: 825–840.

25 Li, Q., Xu, S., Guo, S. et al. (2020). A superlattice-stabilized layered oxide cathode for sodium-ion batteries. *Adv. Mater.* 32: 1907936.

26 Li, Y., Gao, Y., Wang, X. et al. (2018). Iron migration and oxygen oxidation during sodium extraction from NaFeO$_2$. *Nano Energy* 47: 519–526.

27 Mortemard de Boisse, B., Reynaud, M., Ma, J. et al. (2019). Coulombic self-ordering upon charging a large-capacity layered cathode material for rechargeable batteries. *Nat. Commun.* 10: 2185.

28 Maitra, U., House, R.A., Somerville, J.W. et al. (2018). Oxygen redox chemistry without excess alkali-metal ions in Na$_{2/3}$[Mg$_{0.28}$Mn$_{0.72}$]O$_2$. *Nat. Chem.* 10: 288–295.

29 Pang, W.K., Kalluri, S., Peterson, V.K. et al. (2015). Interplay between electrochemistry and phase evolution of the P2-type Na$_x$(Fe$_{1/2}$Mn$_{1/2}$)O$_2$ cathode for use in sodium-ion batteries. *Chem. Mater.* 27: 3150–3158.

30 Somerville, W., Sobkowiak, A., Tapia-Ruiz, N. et al. (2019). Nature of the "Z"-phase in layered Na-ion battery cathodes. *Energy Environ. Sci.* 12: 2223–2232.

31 Talaie, E., Duffort, V., Smith, H.L., Fultz, B. and Nazar, L.F. (2015). Structure of the high voltage phase of layered P2-Na$_{2/3-z}$[Mn$_{1/2}$Fe$_{1/2}$]O$_2$ and the positive effect of Ni substitution on its stability. *Energy Environ. Sci.* 8: 2512–2523.

32 Han, S.C., Lim, H., Jeong, J. et al. (2015). Ca-doped Na$_x$CoO$_2$ for improved cyclability in sodium ion batteries. *J. Power Sources* 277: 9–16.

33 Wang, Y., Wang, L., Zhu, H. et al. (2020). Ultralow-strain Zn-substituted layered oxide cathode with suppressed P2-O2 transition for stable sodium ion storage. *Adv. Funct. Mater.* 30: 1910327.

34 Kubota, K., Ikeuchi, I., Nakayama, T. et al. (2015). New insight into structural evolution in layered NaCrO$_2$ during electrochemical sodium extraction. *J. Phys. Chem. C* 119: 166–175.

35 Xu, G.-L., Amine, R., Xu, Y.-F. et al. (2017). Insights into the structural effects of layered cathode materials for high voltage sodium-ion batteries. *Energy Environ. Sci.* 10: 1677–1693.

36 Sharma, N., Han, M.H., Pramudita, J.C. et al. (2015). A comprehensive picture of the current rate dependence of the structural evolution of P2-Na$_{2/3}$Fe$_{2/3}$Mn$_{1/3}$O$_2$. *J. Mater. Chem. A* 3: 21023–21038.

37 Hwang, J.-Y., Kim, J., Yu, T.-Y., and Sun, Y.-K. (2019). A new P2-type layered oxide cathode with extremely high energy density for sodium-ion batteries. *Adv. Energy Mater.* 9: 1803346.

38 de Boisse, B.M., Cheng, J.-H., Carlier, D. et al. (2015). O3-Na$_x$Mn$_{1/3}$Fe$_{2/3}$O$_2$ as a positive electrode material for Na-ion batteries: structural evolutions and redox mechanisms upon Na$^+$ (de)intercalation. *J. Mater. Chem. A* 3: 10976–10989.

39 Vassilaras, P., Kwon, D.-H., Dacek, S.T. et al. (2017). Electrochemical properties and structural evolution of O3-type layered sodium mixed transition metal oxides with trivalent nickel. *J. Mater. Chem. A* 5: 4596–4606.

40 Jia, M., Qiao, Y., Li, X., Jiang, K. and Zhou, H. (2019). Unraveling the anionic oxygen loss and related structural evolution within O3-type Na layered oxide cathodes. *J. Mater. Chem. A* 7: 20405–20413.

41 Li, X., Wang, Y., Wu, D. et al. (2016). Jahn–Teller assisted Na diffusion for high performance Na ion batteries. *Chem. Mater.* 28: 6575–6583.

42 Rudola, A., Rennie, A.J.R., Heap, R. et al. (2021). Commercialisation of high energy density sodium-ion batteries: Faradion's journey and outlook. *J. Mater. Chem. A* 9: 8279–8302.

43 Wang, L., Wang, J., Zhang, X. et al. (2017). Unravelling the origin of irreversible capacity loss in NaNiO$_2$ for high voltage sodium ion batteries. *Nano Energy* 34: 215–223.

44 Shannon, R.D. (1976). Revised effective ionic radii and systematic studies of interatomie distances in halides and chaleogenides. *Acta Cryst.* A32: 751–767.

45 Ma, J., Bo, S.H., Wu, L. et al. (2015). Ordered and disordered polymorphs of Na(Ni$_{2/3}$Sb$_{1/3}$)O$_2$: honeycomb-ordered cathodes for Na-ion batteries. *Chem. Mater.* 27: 2387–2399.

46 Yu, H., Guo, S., Zhu, Y., Ishida, M. and Zhou, H. (2014). Novel titanium-based O$_3$-type NaTi$_{0.5}$Ni$_{0.5}$O$_2$ as a cathode material for sodium ion batteries. *Chem. Commun.* 50: 457–459.

47 Nanba, Y., Hosono, E., Asakura, D. et al. (2016). Redox potential paradox in Na$_x$MO$_2$ for sodium-ion battery cathodes. *Chem. Mater.* 28: 1058–1065.

48 Wang, H., Xiao, Y., Sun, C., Lai, C. and Ai, X. (2015). A type of sodium-ion full-cell with a layered NaNi$_{0.5}$Ti$_{0.5}$O$_2$ cathode and a pre-sodiated hard carbon anode. *RSC Adv.* 5: 106519–106522.

49 Bhange, D.S., Anang, D.A., Kang, Y.-M. et al. (2017). Honeycomb-layer structured Na$_3$Ni$_2$BiO$_6$ as a high voltage and long life cathode material for sodium-ion batteries. *J. Mater. Chem. A* 5: 1300–1310.

50 Wang, X., Liu, G., Iwao, T., Okubo, M. and Yamada, A. (2014). Role of ligand-to-metal charge transfer in O3-type NaFeO$_2$–NaNiO$_2$ solid solution for enhanced electrochemical properties. *J. Phys. Chem. C* 118: 2970–2976.

51 Wang, J., He, X., Zhou, D. et al. (2016). O3-type Na[Fe$_{1/3}$Ni$_{1/3}$Ti$_{1/3}$]O$_2$ cathode material for rechargeable sodium ion batteries. *J. Mater. Chem. A* 4: 3431–3437.

52 Komaba, S., Yabuuchi, N., Nakayama, T. et al. (2012). Study on the reversible electrode reaction of Na$_{1-x}$Ni$_{0.5}$Mn$_{0.5}$O$_2$ for a rechargeable sodium-ion battery. *Inorg. Chem.* 51: 6211–6220.

53 Yu, T.-Y., Ryu, H.-H., Han, G., and Sun, Y.-K. (2020). Understanding the capacity fading mechanisms of O3-type Na[Ni$_{0.5}$Mn$_{0.5}$]O$_2$ cathode for sodium-ion batteries. *Adv. Energy Mater.* 10: 2001609.

54 Lu, Z. and Dahn, J.R. (2001). In situ X-ray diffraction study of P2-$Na_{2/3}[Ni_{1/3}Mn_{2/3}]O_2$. *J. Electrochem. Soc.* 148: A1225.

55 Lee, D.H., Xu, J., and Meng, Y.S. (2013). An advanced cathode for Na-ion batteries with high rate and excellent structural stability. *Phys. Chem. Chem. Phys.* 15: 3304–3312.

56 Wang, P.-F., You, Y., Yin, Y.-X. et al. (2016). Suppressing the P2–O2 phase transition of $Na_{0.67}Mn_{0.67}Ni_{0.33}O_2$ by magnesium substitution for improved sodium-ion batteries. *Angew. Chem. Int. Ed.* 55: 7445–7449.

57 Singh, G., Lopez Del Amo, J.M., Martinez De Ilarduya, J. et al. (2016). High voltage Mg-doped $Na_{0.67}Ni_{0.3-x}Mg_xMn_{0.7}O_2$ (x = 0.05, 0.1) Na-ion cathodes with enhanced stability and rate capability. *Chem. Mater.* 28: 5087–5094.

58 Wu, X., Guo, J., Wang, D. et al. (2015). P2-type $Na_{0.66}Ni_{0.33-x}Zn_xMn_{0.67}O_2$ as new high-voltage cathode materials for sodium-ion batteries. *J. Power Sources* 281: 18–26.

59 Wang, L., Sun, Y.G., Hu, L.L. et al. (2017). Copper-substituted $Na_{0.67}Ni_{0.3-x}Cu_xMn_{0.7}O_2$ cathode materials for sodium-ion batteries with suppressed P2–O2 phase transition. *J. Mater. Chem. A* 5: 8752–8761.

60 Zhang, X.-H., Pang, W.-L., Wan, F. et al. (2016). P2-$Na_{2/3}Ni_{1/3}Mn_{5/9}Al_{1/9}O_2$ microparticles as superior cathode material for sodium-ion batteries: enhanced properties and mechanism via graphene connection. *ACS Appl. Mater. Interfaces* 8: 20650–20659.

61 Yoshida, H., Yabuuchi, N., Kubota, K. et al. (2014). P2-type $Na_{2/3}Ni_{1/3}Mn_{2/3-x}Ti_xO_2$ as a new positive electrode for higher energy Na-ion batteries. *Chem. Commun.* 50: 3677–3680.

62 Zhao, C., Yao, Z., Wang, Q. et al. (2020). Revealing high Na-content P2-type layered oxides as advanced sodium-ion cathodes. *J. Am. Chem. Soc.* 142: 5742–5750.

63 Xu, J., Lee, D., Clement, R. et al. (2014). Identifying the critical role of Li substitution in P2-$Na_x[Li_yNi_zMn_{1-y-z}]O_2$ ($0 < x, y, z < 1$) intercalation cathode materials for high-energy Na-ion batteries. *Chem. Mater.* 26: 1260–1269.

64 Jin, T., Wang, P.-F., Wang, Q.-C. et al. (2020). Realizing complete solid-solution reaction in high sodium content P2-type cathode for high-performance sodium-ion batteries. *Angew. Chem. Int. Ed.* 59: 14511–14516.

65 Yuan, D.D., Wang, Y.X., Cao, Y.L., Ai, X. P. and Yang, H.X. (2015). Improved electrochemical performance of Fe-substituted $NaNi_{0.5}Mn_{0.5}O_2$ cathode materials for sodium-ion batteries. *ACS Appl. Mater. Interfaces* 7: 8585–8591.

66 Zhang, Y., Wu, M., Ma, J. et al. (2020). Revisiting the $Na_{2/3}Ni_{1/3}Mn_{2/3}O_2$ cathode: oxygen redox chemistry and oxygen release suppression. *ACS Cent. Sci.* 6: 232–240.

67 Yao, H.-R., Wang, P.-F., Gong, Y. et al. (2017). Designing air-stable O3-type cathode materials by combined structure modulation for Na-ion batteries. *J. Am. Chem. Soc.* 139: 8440–8443.

68 Wang, Q., Mariyappan, S., Vergnet, J. et al. (2019). Reaching the energy density limit of layered O3-$NaNi_{0.5}Mn_{0.5}O_2$ electrodes via dual Cu and Ti substitution. *Adv. Energy Mater.* 9: 1901785.

69 Mariyappan, S., Marchandier, T., Rousse, G. et al. (2020). The role of divalent ($Zn^{2+}/Mg^{2+}/Cu^{2+}$) substituents in achieving full capacity of sodium layered oxides for Na-ion battery applications. *Chem. Mater.* 32: 1657–1666.

70 Kubota, K., Fujitani, N., Yoda, Y. et al. (2021). Impact of Mg and Ti doping in O3 type NaNi$_{1/2}$Mn$_{1/2}$O$_2$ on reversibility and phase transition during electrochemical Na intercalation. *J. Mater. Chem. A* 9: 12830–12844.

71 Ma, X., Chen, H., and Ceder, G. (2011). Electrochemical properties of monoclinic NaMnO$_2$. *J. Electrochem. Soc.* 158: A1307.

72 Yabuuchi, N., Yoshida, H., and Komaba, S. (2012). Crystal structures and electrode performance of alpha-NaFeO$_2$ for rechargeable sodium batteries. *Electrochemistry* 80: 716–719.

73 Billaud, J., Armstrong, A.R., Bruce, P.G. et al. (2014). Na$_{0.67}$Mn$_{1-x}$Mg$_x$O$_2$ ($0 \leq x \leq 0.2$): a high capacity cathode for sodium-ion batteries. *Energy Environ. Sci.* 7: 1387.

74 Caballero, A., Hernán, L., Morales, J. et al. (2002). Synthesis and characterization of high-temperature hexagonal P2-Na$_{0.6}$MnO$_2$ and its electrochemical behaviour as cathode in sodium cells. *J. Mater. Chem.* 12: 1142–1147.

75 Pang, W.L., Zhang, X.-H., Guo, J.-Z. et al. (2017). P2-type Na$_{2/3}$Mn$_{1-x}$Al$_x$O$_2$ cathode material for sodium-ion batteries: Al-doped enhanced electrochemical properties and studies on the electrode kinetics. *J. Power Sources* 356: 80–88.

76 Gonzalo, E., Ortiz-Vitoriano, N., Drewett, N.E. et al. (2018). P2 manganese rich sodium layered oxides: rational stoichiometries for enhanced performance. *J. Power Sources* 401: 117–125.

77 Silván, B., Gonzalo, E., Djuandhi, L. et al. (2018). On the dynamics of transition metal migration and its impact on the performance of layered oxides for sodium-ion batteries: NaFeO$_2$ as a case study. *J. Mater. Chem. A* 6: 15132–15146.

78 Lee, E., Lu, J., Woo, J.-J. et al. (2015). New insights into the performance degradation of Fe-based layered oxides in sodium-ion batteries: instability of Fe^{3+}/Fe^{4+} redox in α-NaFeO$_2$. *Chem. Mater.* 27: 6755–6764.

79 Yabuuchi, N., Kajiyama, M., Iwatate, J. et al. (2012). P2-type Na$_{(x)}$[Fe$_{(1/2)}$Mn$_{(1/2)}$]O$_2$ made from earth-abundant elements for rechargeable Na batteries. *Nat. Mater.* 11: 512–517.

80 Dose, W.M., Sharma, N., Pramudita, J.C. et al. (2018). Rate and composition dependence on the structural–electrochemical relationships in P2-Na$_{2/3}$Fe$_{1-y}$Mn$_y$O$_2$ positive electrodes for sodium-ion batteries. *Chem. Mater.* 30: 7503–7510.

81 Han, M.H., Acebedo, B., Gonzalo, E. et al. (2015). Synthesis and electrochemistry study of P2- and O3-phase Na$_{2/3}$Fe$_{1/2}$Mn$_{1/2}$O$_2$. *Electrochim. Acta* 182: 1029–1036.

82 Dose, W.M., Sharma, N., Pramudita, J.C. et al. (2016). Cystallographic evolution of P2 Na$_{2/3}$Fe$_{0.4}$Mn$_{0.6}$O$_2$ electrodes during electrochemical cycling. *Chem. Mater.* 28: 6342–6354.

83 Dose, W.M., Sharma, N., Pramudita, J.C. et al. (2017). Structure–electrochemical evolution of a Mn-rich P2 Na$_{2/3}$Fe$_{0.2}$Mn$_{0.8}$O$_2$ Na-ion battery cathode. *Chem. Mater.* 29: 7416–7423.

84 Zhou, D., Huang, W., Zhao, F., and Lv, X. (2019). The effect of Na content on the electrochemical performance of the O3-type Na$_x$Fe$_{0.5}$Mn$_{0.5}$O$_2$ for sodium-ion batteries. *J. Mater. Sci.* 54: 7156–7164.

85 Gonzalo, E., Han, M.H., Lopez Del Amo, J.M. et al. (2014). Synthesis and characterization of pure P2- and O3-Na$_{2/3}$Fe$_{2/3}$Mn$_{1/3}$O$_2$ as cathode materials for Na

ion batteries. *J. Mater. Chem. A* 2: 18523–18530.

86 Sharma, N., Al Bahri, O.K., Han, M.H. et al. (2016). Comparison of the structural evolution of the O3 and P2 phases of $Na_{2/3}Fe_{2/3}Mn_{1/3}O_2$ during electrochemical cycling. *Electrochim. Acta* 203: 189–197.

87 Xu, H., Zong, J., Liu, X., and jiang (2018). P2-type $Na_{0.67}Mn_{0.6}Fe_{0.4-x-y}Zn_xNi_yO_2$ cathode material with high-capacity for sodium-ion battery. *Ionics (Kiel).* 24: 1939–1946.

88 Park, J.K., Park, G.G., Kwak, H.H., Hong, S. T. and Lee, J. W. (2017). Enhanced rate capability and cycle performance of titanium-substituted P2-type $Na_{0.67}Fe_{0.5}Mn_{0.5}O_2$ as a cathode for sodium-ion batteries. *ACS Omega* 3: 361–368.

89 Wang, H., Gao, R., Li, Z. et al. (2018). Different effects of Al substitution for Mn or Fe on the structure and electrochemical properties of $Na_{0.67}Mn_{0.5}Fe_{0.5}O_2$ as a sodium ion battery cathode material. *Inorg. Chem.* 57: 5249–5257.

90 Li, Y., Yang, Z., Xu, S. et al. (2015). Air-stable copper-based P2-$Na_{7/9}Cu_{2/9}Fe_{1/9}Mn_{2/3}O_2$ as a new positive electrode material for sodium-ion batteries. *Adv. Sci.* 2: 1500031.

91 Mu, L., Xu, S., Li, Y. et al. (2015). Prototype sodium-ion batteries using an air-stable and Co/Ni-free O3-layered metal oxide cathode. *Adv. Mater.* 27: 6928–6933.

92 Zhang, Y., Kim, S., Feng, G. et al. (2018). The interaction between Cu and Fe in P2-type Na_xTMO_2 cathodes for advanced battery performance. *J. Electrochem. Soc.* 165: A1184–A1192.

93 Wang, Y., Kim, S., Lu, J., Feng, G. and Li, X. (2020). A study of Cu doping effects in P2-$Na_{0.75}Mn_{0.6}Fe_{0.2}(Cu_xNi_{0.2-x})O_2$ layered cathodes for sodium-ion batteries. *Batter. Supercaps* 3: 376–387.

94 Talaie, E., Kim, S.Y., Chen, N., and Nazar, L.F. (2017). Structural evolution and redox processes involved in the electrochemical cycling of P2-$Na_{0.67}[Mn_{0.66}Fe_{0.20}Cu_{0.14}]O_2$. *Chem. Mater.* 29: 6684–6697.

95 Tripathi, A., Rudola, A., Gajjela, S.R., Xi, S. and Balaya, P. (2019). Developing an O3 type layered oxide cathode and its application in 18 650 commercial type Na-ion batteries. *J. Mater. Chem. A* 7: 25944–25960.

96 Tripathi, A., Xi, S., Gajjela, S.R., and Balaya, P. (2020). Introducing Na-sufficient P3-$Na_{0.9}Fe_{0.5}Mn_{0.5}O_2$ as a cathode material for Na-ion batteries. *Chem. Commun.* 56: 10686–10689.

97 Yang, L., Amo, J.M.L., Shadike, Z. et al. (2020). A Co- and Ni-free P2/O3 biphasic lithium stabilized layered oxide for sodium-ion batteries and its cycling behavior. *Adv. Funct. Mater.* 30: 2003364.

98 Zhou, D., Huang, W., Lv, X., and Zhao, F. (2019). A novel P2/O3 biphase $Na_{0.67}Fe_{0.425}Mn_{0.425}Mg_{0.15}O_2$ as cathode for high-performance sodium-ion batteries. *J. Power Sources* 421: 147–155.

99 Yan, Z., Chou, S.-L., Dou, S.-X. et al. (2019). A hydrostable cathode material based on the layered P2@P3 composite that shows redox behavior for copper in high-rate and long-cycling sodium-ion batteries. *Angew. Chem. Int. Ed.* 58: 1412–1416.

100 Koga, H., Croguennec, L., Ménétrier, M. et al. (2013). Reversible oxygen participation to the redox processes revealed for $Li_{1.20}Mn_{0.54}Co_{0.13}Ni_{0.13}O_2$. *J. Electrochem. Soc.* 160: A786–A792.

101 Sathiya, M., Ben Hassine, M., Dupont, L. et al. (2013). Reversible anionic redox chemistry in high-capacity layered-oxide electrodes. *Nat. Mater.* 12: 827–835.

102 McCalla, E., Abakumov, A.M., Saubanere, M. et al. (2015). Visualization of O—O peroxo-like dimers in high-capacity layered oxides for Li-ion batteries. *Science* 350: 1516–1521.

103 Yabuuchi, N., Hara, R., Kubota, K. et al. (2014). A new electrode material for rechargeable sodium batteries: P2-type $Na_{2/3}[Mg_{0.28}Mn_{0.72}]O_2$ with anomalously high reversible capacity. *J. Mater. Chem. A* 2: 16851–16855.

104 Rozier, P., Sathiya, M., Paulraj, A.R. et al. (2015). Anionic redox chemistry in Na-rich $Na_2Ru_{1-y}Sn_yO_3$ positive electrode material for Na-ion batteries. *Electrochem. Commun.* 53: 29–32.

105 Xie, Y., Saubanère, M., and Doublet, M.L. (2017). Requirements for reversible extra-capacity in Li-rich layered oxides for Li-ion batteries. *Energy Environ. Sci.* 10: 266–274.

106 Xu, H., Guo, S., and Zhou, H. (2019). Review on anionic redox in sodium-ion batteries. *J. Mater. Chem. A* 7: 23662–23678.

107 Bai, X., Sathiya, M., Mendoza-Sánchez, B. et al. (2018). Anionic redox activity in a newly Zn-doped sodium layered oxide P2-$Na_{2/3}Mn_{1-y}Zn_yO_2$ ($0 < y < 0.23$). *Adv. Energy Mater.* 8: 1802379.

108 Rong, X., Liu, J., Hu, E. et al. (2018). Structure-induced reversible anionic redox activity in Na layered oxide cathode. *Joule* 2: 125–140.

109 Du, K., Zhu, J., Hu, G. et al. (2016). Exploring reversible oxidation of oxygen in a manganese oxide. *Energy Environ. Sci.* 9: 2575–2577.

110 Li, Y., Wang, X., Gao, Y. et al. (2019). Native vacancy enhanced oxygen redox reversibility and structural robustness. *Adv. Energy Mater.* 9: 1–9.

111 Ma, C., Alvarado, J., Kodur, M. et al. (2017). Exploring oxygen activity in the high energy P2-type $Na_{0.78}Ni_{0.23}Mn_{0.69}O_2$ cathode material for Na-ion batteries. *J. Am. Chem. Soc.* 139: 4835–4845.

112 Otoyama, M., Jacquet, Q., Iadecola, A. et al. (2019). Synthesis and electrochemical activity of some Na(Li)-rich ruthenium oxides with the feasibility to stabilize Ru^{6+}. *Adv. Energy Mater.* 9: 1803674.

113 Mortemard De Boisse, B., Liu, G., Ma, J. et al. (2016). Intermediate honeycomb ordering to trigger oxygen redox chemistry in layered battery electrode. *Nat. Commun.* 7: 1–9.

114 Qiao, Y., Guo, S., Zhu, K. et al. (2018). Reversible anionic redox activity in Na_3RuO_4 cathodes: a prototype Na-rich layered oxide. *Energy Environ. Sci.* 11: 299–305.

115 Perez, A.J., Batuk, D., Saubanere, M. et al. (2016). Strong oxygen participation in the redox governing the structural and electrochemical properties of Na-rich layered oxide Na_2IrO_3. *Chem. Mater.* 28: 8278–8288.

116 Okubo, M. and Yamada, A. (2017). Molecular orbital principles of oxygen-redox battery electrodes. *ACS Appl. Mater. Interfaces* 9: 36463–36472.

117 House, R.A., Maitra, U., Jin, L. et al. (2019). What triggers oxygen loss in oxygen redox cathode materials? *Chem. Mater.* 31: 3293–3300.

118 Ben Yahia, M., Vergnet, J., Saubanère, M., and Doublet, M.-L. (2019). Unified picture of anionic redox in Li/Na-ion batteries. *Nat. Mater.* 18: 496–502.

119 Boivin, E., House, R.A., Pérez-Osorio, M.A. et al. (2021). Bulk O2 formation and Mg displacement explain O-redox in $Na_{0.67}Mn_{0.72}Mg_{0.28}O_2$. *Joule* 5: 1267–1280.

120 House, R.A., Maitra, U., Pérez-Osorio, M.A. et al. (2020). Superstructure control of first-cycle voltage hysteresis in oxygen-redox cathodes. *Nature* 577: 502–508.

121 Dai, K., Mao, J., Zhuo, Z. et al. (2020). Negligible voltage hysteresis with strong anionic redox in conventional battery electrode. *Nano Energy* 74: 104831.

122 Jeong Kim, E., Ma, L.A., Duda, L.C. et al. (2019). Oxygen redox activity through a reductive coupling mechanism in the P3-type nickel-doped sodium manganese oxide. *ACS Appl. Energy Mater.* 3: 184–191. https://doi.org/10.1021/acsaem.9b02171.

123 Hakim, C., Sabi, N., Dahbi, M. et al. (2020). Understanding the redox process upon electrochemical cycling of the P2-$Na_{0.78}Co_{1/2}Mn_{1/3}Ni_{1/6}O_2$ electrode material for sodium-ion batteries. *Commun. Chem.* 3: 1–9.

124 Zheng, W., Liu, Q., Wang, Z. et al. (2020). Oxygen redox activity with small voltage hysteresis in $Na_{0.67}Cu_{0.28}Mn_{0.72}O_2$ for sodium-ion batteries. *Energy Storage Mater.* 28: 300–306.

125 Wang, P.F., Xiao, Y., Piao, N. et al. (2020). Both cationic and anionic redox chemistry in a P2-type sodium layered oxide. *Nano Energy* 69: 104474.

126 Mortemard de Boisse, B., Nishimura, S., Watanabe, E. et al. (2018). Highly reversible oxygen-redox chemistry at 4.1 V in $Na_{4/7-x}[\square_{1/7}Mn_{6/7}]O_2$ ($\square$: Mn vacancy). *Adv. Energy Mater.* 8: 2–8.

127 Song, B., Tang, M., Hu, E. et al. (2019). Understanding the low-voltage hysteresis of anionic redox in $Na_2Mn_3O_7$. *Chem. Mater.* 31: 3756–3765.

128 Abate, I.I., Pemmaraju, C.D., Kim, S.Y. et al. (2021). Coulombically-stabilized oxygen hole polarons enable fully reversible oxygen redox. *Energy Environ. Sci.* https://doi.org/10.1039/D1EE01037A.

129 Zhao, C., Lu, Y., Jiang, L. et al. (2019). Decreasing transition metal triggered oxygen redox activity in Na-deficient oxides. *Energy Storage Mater.* 20: 395–400.

130 Kim, E.J., Ma, L.A., Pickup, D.M. et al. (2020). Vacancy-enhanced oxygen redox reversibility in P3-type magnesium-doped sodium manganese oxide $Na_{0.67}Mg_{0.2}Mn_{0.8}O_2$. *ACS Appl. Energy Mater.* https://doi.org/10.1021/acsaem.0c01352.

131 Kim, E.J., Mofredj, K., Irvine, J.T.S. et al. (2021). Activation of anion redox in P3 structure cobalt-doped sodium manganese oxide via introduction of transition metal vacancies. *J. Power Sources* 481: 229010.

132 Cao, X., Li, H., Qiao, Y. et al. (2020). Stabilizing reversible oxygen redox chemistry in layered oxides for sodium-ion batteries. *Adv. Energy Mater.* 10: 1903785.

133 Zuo, W., Ren, F., Li, Q. et al. (2020). Insights of the anionic redox in P2-$Na_{0.67}Ni_{0.33}Mn_{0.67}O_2$. *Nano Energy* 78: 105285.

134 Tapia-ruiz, N., Armstrong, A.R., Alptekin, H. et al. (2021). 2021 roadmap for sodium-ion batteries. *J. Phys. Energy* 3: 031503.

135 Sun, L., Xie, Y., Liao, X.-Z. et al. (2018). Insight into Ca-substitution effects on O3-type $NaNi_{1/3}Fe_{1/3}Mn_{1/3}O_2$ cathode materials for sodium-ion batteries application. *Small* 14: 1704523.

136 Lee, E., Lu, J., Ren, Y. et al. (2014). Layered P2/O3 intergrowth cathode: toward high power Na-ion batteries. *Adv. Energy Mater.* 4: 1400458.

137 Li, J., Risthaus, T., Wang, J. et al. (2020). The effect of Sn substitution on the structure and oxygen activity of $Na_{0.67}Ni_{0.33}Mn_{0.67}O_2$ cathode materials for sodium ion batteries. *J. Power Sources* 449: 227554.

138 Ren, J., Dang, R., Yang, Y. et al. (2020). Core–shell structure and X-doped (X = Li, Zr) comodified O3-$NaNi_{0.5}Mn_{0.5}O_2$: excellent electrochemical perfor-

mance as cathode materials of sodium-ion batteries. *Energy Technol.* 8: 1901504.

139 Hwang, J.-Y., Yu, T.-Y., and Sun, Y.-K. (2018). Simultaneous MgO coating and Mg doping of Na[Ni$_{0.5}$Mn$_{0.5}$]O$_2$ cathode: facile and customizable approach to high-voltage sodium-ion batteries. *J. Mater. Chem. A* 6: 16854–16862.

140 Jo, J.H., Choi, J.U., Konarov, A. et al. (2018). Sodium-ion batteries: building effective layered cathode materials with long-term cycling by modifying the surface via sodium phosphate. *Adv. Funct. Mater.* 28: 1705968.

141 Alvarado, J., Ma, C., Wang, S. et al. (2017). Improvement of the cathode electrolyte interphase on P2-Na$_{2/3}$Ni$_{1/3}$Mn$_{2/3}$O$_2$ by atomic layer deposition. *ACS Appl. Mater. Interfaces* 9: 26518–26530.

142 Jo, C.H., Choi, J.U., Yashiro, H., and Myung, S.T. (2019). Controllable charge capacity using a black additive for high-energy-density sodium-ion batteries. *J. Mater. Chem. A* 7: 3903–3909.

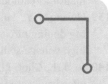

第 5 章
钠离子电池聚阴离子类磷酸盐正极材料

作者：G.M.Nolis, M.Casas-Cabanas, M.Galceran
译者：孙宁

5.1 引言

聚阴离子类磷酸盐化合物由于结构多样、钠离子迁移能垒低以及可以通过改变局部环境来调节工作电压等特性，近年来成为钠离子电池（SIBs）正极材料领域的研究热点。相比于层状过渡金属氧化物，磷酸盐类电极材料尽管比容量较低，但其具有良好的热稳定性、优异的倍率性能和长的使用寿命，并且其稳定的 P-O 框架有效提高了钠离子嵌入和脱出反应的安全性[1-3]。

以 PO_4^{3-} 基团作为基本结构单元可以通过以下几种方式来获得多种聚阴离子组合：①使用 PO_4^{3-} 基团共边/共角，如 $NaMPO_4$；②多个 PO_4^{3-} 基团形成偏磷酸盐或焦磷酸盐，如 $Na_3M_2(PO_4)_3$ 和 $Na_2MP_2O_7$；③ PO_4^{3-} 基团与其他阴离子结合，如 Na_2FePO_4F；④ PO_4^{3-} 与其他官能团结合得到混合磷酸盐，如 $Na_3M(PO_4)_2P_2O_7$、$Na_7M_4(P_2O_7)_4PO_4$ 和 $NaMCO_3PO_4$。

与氧化物相比，磷酸盐等聚阴离子型结构通常会导致 M^{n+1}/M^n 氧化还原能的降低，这种现象被称为诱导效应，主要可归因于 P-O 键的强度对 M-O 键的共价性的影响（从而对费米能级的位置产生影响）。过渡金属 M 3d 和 O 2sp 轨道之间的共价相互作用导致分子轨道分裂，形成反键轨道（e_g^*, t_{2g}^*）和成键轨道（e_g, t_{2g}）。反键轨道和真空态之间的能量差（ΔE）与所选过渡金属的氧化还原电位成正比（图 5.1a）。M-O 键的共价性越小，反键轨道和成键轨道之间的分裂能越低，因此 ΔE 越大，氧化还原电位越高。在这方面，引入具有高电负性的聚阴离子基团降低了 M-O 键的电子密度，导致 M-O 键变弱，从而提高了氧化还原电位（图 5.1b）。利用另一个电负性比 M 强的基团 X 来调控材料组成，形成 X-M-O 键，会导致 M-O 之间的共价性降低，导致更高的 ΔE，从而产生更高的氧化还原电位。

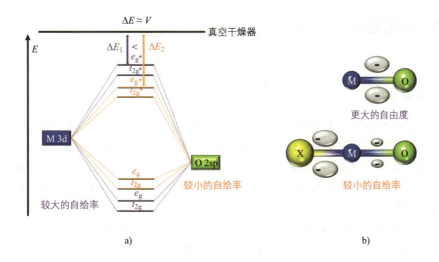

图 5.1 （a）M-O 共价性对分子轨道能量的影响示意图，ΔE 为反键轨道（上）和真空态之间的能量差，它与过渡金属的氧化还原电位成正比；（b）M-O 键的电子密度示意图

PO_4^{3-} 基团与其他元素或聚阴离子通过上述方式结合，例如 Fe 基聚阴离子单元由于不同的电负性，形成了几种氧化还原电位不同的化合物，如图 5.2 所示。结合氧化还原对的选择，图 5.2 右侧给出了不同过渡金属元素的 $Na_3M_2(PO_4)_3$ 的平均电压作为参考，通过调控聚阴离子结构可以有效调节电极材料的氧化还原电位。本章将介绍主要的聚阴离子材料家族。

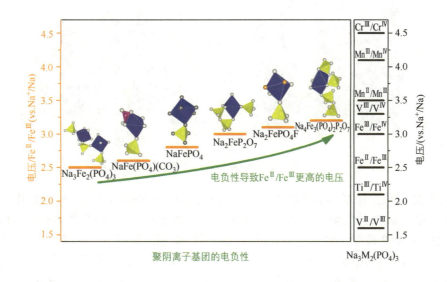

图 5.2 以 $Na_3M_2(PO_4)_3$（M = 过渡金属）为例，展示了诱导效应对不同类型铁基聚阴离子电极材料氧化还原电位的影响，以及不同过渡金属元素在特定磷酸盐体系中的氧化还原电位变化的示意图

5.2 磷酸盐类电极材料

5.2.1 过渡金属磷酸钠（PO_4^{3-}）

NaFePO$_4$(NFP) 由于其高理论容量（154mA·h·g^{-1}）、高稳定性（结构稳定和热稳定）、低成本等性质，成为研究最多的钠离子电池正极材料之一。NFP 是商业化 LiFePO$_4$(LFP) 的 Na 类似物，与 LFP 相比，NFP 有两种不同的正交结构：磷铁钠矿相（m-NFP）和橄榄石相（t-NFP），两者都具有 $Pnma$ 空间群[4-6]。这两种晶型都由轻微扭曲的 FeO$_6$ 八面体和 PO$_4^{3-}$ 四面体链接组成。在 m-NFP 中，FeO$_6$ 共边八面体沿 b 轴方向成链，由 PO$_4^{3-}$ 四面体连接。NaO$_6$ 和 FeO$_6$ 八面体的联结被认为阻断了 Na$^+$ 离子的扩散通道，限制了 Na$^+$ 离子的嵌入和脱出。相比之下，在 t-NFP 中，FeO$_6$ 八面体共用顶点，形成平行于 bc 平面的 2D 层，层与层之间由 PO$_4^{3-}$ 四面体连接，沿 b 轴方向构成了 1D 钠离子迁移隧道，使其成为适用于钠离子电池的正极材料（图 5.3a，b）。

m-NFP 最初被认为是不具有电化学活性的，容量低于 30mA·h·g^{-1}，这主要是由于阴离子结构阻碍了钠的扩散，不利于 Na$^+$ 离子的嵌入和脱出[7, 8]。然而，Kim 等人证明，经过球磨处理后，粒径为 50nm 的 m-NFP 在 C/20 下的容量为 142mA·h·g^{-1}，在 200 次循环后容量保持率为 95%[9]。根据他们的研究结果，m-NFP 在第一次充电时转变为无定形的 FePO$_4$，具有优异的容量和循环稳定性。与之类似，Liu 等人报道了由单壁碳纳米管连接的多孔非晶 FePO$_4$ 纳米颗粒在 C/10 下提供 120mA·h·g^{-1} 的容量，并且在 300 次循环后仍保持约 50mA·h·g^{-1} 的容量[10]。

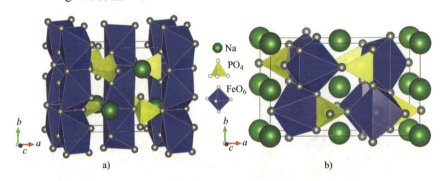

图 5.3 （a）m-NaFePO$_4$ 和（b）t-NaFePO$_4$ 的晶体结构

其他相关的磷铁钠矿 NaMPO$_4$(M = Co、Mn、Ni) 和 NaMn$_{1/3}$Ni$_{1/3}$Co$_{1/3}$PO$_4$ 化合物已经在混合超级电容器水系电解液中进行了测试[11, 12]。图 5.4a 为 m-NFP 和 t-NFP 的恒流充放电曲线对比。t-NFP 遵循不对称且复杂的嵌入和脱出机制，如图 5.4b~d 所示[13, 15]。其中，充电曲线呈现出两个不同的电压平台，由一个电压降分开，对应着形成了一个结构良好的中间相（Na$_{2/3}$FePO$_4$），该相表现为 $3a3bc$ 超晶格结构，具有 Na 和空位有序性以及 Fe^{II}/Fe^{III} 电荷有序性（图 5.4e）[14, 16]。在充电的第一部分，Na$^+$ 离子遵循固溶体机制从结构中脱出，直到形成 Na$_{2/3}$FePO$_4$。然后在富钠的 Na$_y$FePO$_4$ 和贫钠的 FePO$_4$ 相之间进行两相反应，两相的溶解度有很大的变化（即富钠和贫钠相中的 Na 浓度不恒定）。这种平均组成的变化归因于三相（NaFePO$_4$、Na$_x$FePO$_4$ 和 FePO$_4$）之间的扩散界面和由于 FePO$_4$/NaFePO$_4$（~18%）和 FePO$_4$/Na$_{2/3}$FePO$_4$（~14%）之间的晶胞不匹配而引起的应力增强[14]。电荷存储机制在不同的倍率下保持不变[15]，在小倍率放电过程中，可以同时观察到三个相（NaFePO$_4$、Na$_x$FePO$_4$ 和 FePO$_4$），但随着倍率的增加，两个连续的两相反应（Na$_{0+\delta}$FePO$_4$ ⟶ Na$_{2/3-\beta}$FePO$_4$ 和 Na$_{2/3+\beta}$FePO$_4$ ⟶ Na$_{1-\alpha}$FePO$_4$）动态共存，并且由于两种反应的反应动力学不同，放电曲线中出现了第二个平台。t-NFP 面临的主要挑战是它的直接合成比较困难，因为磷铁钠矿晶型在热力学上更稳定，所以研究人员采用间接、复杂的化学或电化学离子交换过程来合成 t-NFP，但合成过程中需要在惰性气氛下使用危险的试剂[5, 6, 17-21]。2020年，Berlanga 等人开发了低成本、环境友好且具有潜在大规模应用前景的水系合成技术，从 t-LFP 中制备 t-NFP，并将锂回收为 Li$_3$PO$_4$[22]。合成的 t-NFP 材料在 C/10 下的初始放电容量为 132mA·h·g^{-1}，并具有良好的容量保持率（在 200 次循环后，容量保持在 101mA·h·g^{-1}，库仑效率为 100%）。在 t-NFP 主体结构中掺杂 Mn 可以使电压从 2.8V（t-NFP）提高到 3.45V（t-NaFe$_{0.2}$Mn$_{0.8}$PO$_4$），但容量下降到 85mA·h·g^{-1}。为了最大限度地提高能量密度，电压和容量之间一个合适的折中方案是合成含有 10%~20% Mn 的 NaFe$_{1-x}$Mn$_x$O$_4$ 化合物[23, 115]。

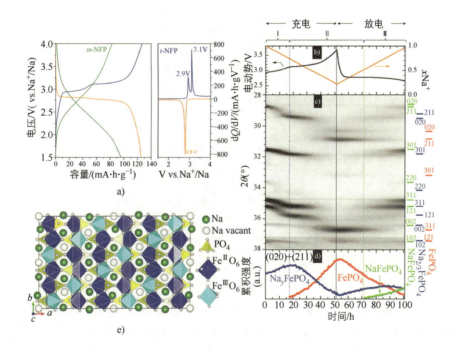

图 5.4 （a）m-NFP 在 C/20 时的恒流充放电曲线（绿色）和 t-NFP 在 C/10 时的恒流充放电曲线（蓝-橙色）以及 t-NFP 的 dQ/dV 曲线；原位 XRD 测试中（b）充放电电压随时间的变化图；（c）2θ 衍射峰随时间的变化，灰度代表相对强度（颜色深，峰强越强），右边的横条表示每个相的衍射峰的位置；（d）所涉及的每个相（020）和（211）峰的综合强度随时间的变化[13]；（e）Na$_{2/3}$FePO$_4$ 精修晶体结构示意图，包含根据 BVS 得到的 Na 空位和 Fe 原子荷序[14]

5.2.2 过渡金属偏磷酸钠 $(PO_4^{3-})_3$

NASICON 是 Sodium（NA）SuperIonic CONductor 的首字母缩写，是指与固体电解质 $Na_{1+x}Zr_2P_{3-x}SiO_{12}$ 结构相似的一类化合物[24]。$Na_{1+x}Zr_2P_{3-x}SiO_{12}$ 是第一个被发现具有 NASICON 结构的化合物。NASICON 型 $Na_xM_2(PO_4)_3$（$1 \leq x \leq 3$；M = V、Fe、Ni、Ti、Mn、Co、Cr、Mg、Zr 等）电极材料被认为是具有高稳定性和多功能 3D 框架的快速离子导体。每个 MO_6 八面体与三个不同的 PO_4^{3-} 四面体共顶点，形成有利于 Na^+ 离子扩散的隧道结构[25, 26]。

该系列中最具代表性的电极材料是 $Na_3V_2(PO_4)_3$（NVP），由于具有高能量密度（≈390W·h·kg^{-1}）而被作为一类有前景的钠离子电池正极材料得到广泛研究[27]。NVP 具有 $R\text{-}3c$ 空间群的菱方结构，其中由 MO_6 和 PO_4^{3-} 多面体构建的三维框架形成两个不同的晶格位点以容纳钠离子（图 5.5）。六配位的 Na(1) 位点（6b）被一个钠离子占据，沿 c 轴方向位于两个相邻的 $[V_2(PO_4)_3]^{3-}$ 单元之间，而八配位的 Na(2) 位点（18e）位于两个 PO_4^{3-} 之间，被两个钠离子占据。尽管有两个不同的 Na 位点，只有位于 Na(2) 位点的钠离子能从结构中脱出[24]。

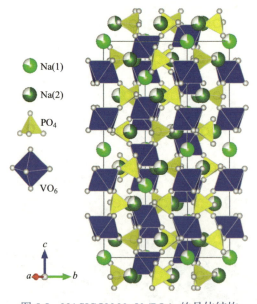

图 5.5 NASICON-$Na_3V_2(PO_4)_3$ 的晶体结构

2002 年，Uebou 等人首次报道了 NASICON 型菱形 NVP 的电化学性能，在 1.2～3.5V（vs.Na$^+$/Na）的电压范围内，其容量为 140mA·h·g^{-1}，但循环性能较差[27]。放电时，V^{IV}/V^{III} 和 V^{III}/V^{II} 氧化还原对分别在 3.3V 和 1.6V 发生反应（图 5.6a）。然而，1.6V 的平台太低，作为正极材料难以实际应用。因此，如果只考虑 V^{IV}/V^{III} 氧化还原的反应活性，其理论容量为 117mA·h·g^{-1}。该反应在 3.3V 处产生一个平台，此外，X 射线吸收光谱也进一步证实了钒 V^{IV}/V^{III} 的氧化态变化[30]。由于磷酸盐基框架固有的低电子导电性，这种材料常常需要通过碳包覆策略来提高其导电性。2012 年，Jian 等人首次报道了一步固相合成法制备碳包覆 $Na_3V_2(PO_4)_3$（$Na_3V_2(PO_4)_3$/C）[31]。该材料在 2.7～3.8V（vs.Na$^+$/Na）的电压窗口表现出 93mA·h·g^{-1} 的初始放电容量，10 次循环后容量保持率为 99%。2013 年，Saravanan 等人通过低成本的沉淀法制备了 $Na_3V_2(PO_4)_3/C$，证明了其优异的循环稳定性和高倍率性能[28]。该材料在 2.3~3.9V 的电压范围内，首次放电容量为 $114mA·h·g^{-1}$，1000 次循环后容量保持率为 88%。

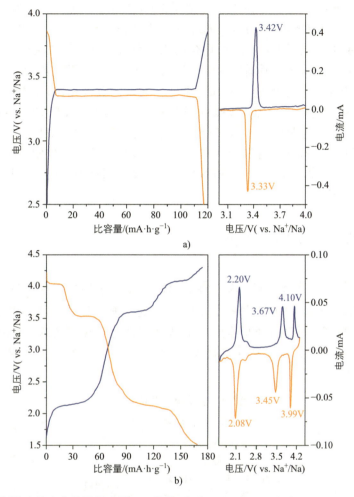

图 5.6　恒流充放电曲线及相应的 CV 曲线：(a) $Na_3V_2(PO_4)_3$；(b) $Na_3MnTi(PO_4)_3$[28, 29]

除了菱形相（高温 γ-NVP）外，$Na_3V_2(PO_4)_3$ 在 -30~225℃的温度范围内还存在另外三种晶型结构[32]。低温 α-NVP 发生单斜畸变并在 $C2/c$ 空间群中结晶，在室温附近存在两个不对称的单斜结构（即 β 和 β'）。然而，只有热力学稳定的菱形相被认为是电化学活性的[24]。

正交 $Na_3V_2(PO_4)_3$ 循环过程中的储钠机制遵循典型的两相反应机制，在 3.4V 下 $Na_3V_2(PO_4)_3$ 脱钠生成 $NaV_2(PO_4)_3$，体积膨胀 8.26%，仅涉及 Na（2）位点的 Na^+ 脱出[33, 34]。采用第一性原理计算对 Na^+ 迁移路径进行了研究，确定了沿 x 轴和 y 轴方向的两条路径以及一条 Na^+ 可能扩散的弯曲路径，从而证实了 3D 传输机制[35, 36]。

其他 NASICON 化合物包括 $Na_3MnTi(PO_4)_3$，在 4.1V 和 3.6V 左右呈现两个平坦的平台（平均电压为 3.9V），基于每个单元中两个 Na^+ 可逆的脱/嵌反应，理论比容量为 $117mA·h·g^{-1}$[37]。此外，第三个 Na^+ 可以被激活，理论比容量达到约 $176mA·h·g^{-1}$，平均电压为 3V。然而，较低的电子导电性限制了它的电化学性能，而碳包覆策略能够获得良好的能量密度（图 5.6b）。在这方面，Li 等报道了一种 rGo@Na$_3$MnTi(PO$_4$)$_3$ 材料，其中，Ti^{III}/Ti^{IV} 氧化还原对激活了第三个 Na$^+$ 离子，在 C/10 时能量密度超过 500W·h·kg^{-1}，在 50C 时容量为 92.4mA·h·g^{-1}，在 20C 下循环 3500 次后容量保持率为 74.5%[29]。

另一方面，NASICON-NaTi$_2$(PO$_4$)$_3$ 的理论容量为 133mA·h·g^{-1}，放电平台为 2.1V（vs. Na$^+$/Na）[38,39]。由于其电压中等，这种化合物用作负极还是正极取决于对电极，但它更多被用作负极。在这种情况下，其适中的电压降低了形成表面电解质界面膜（SEI）或钠金属沉积的可能性，从而提高了库仑效率和安全性。与硬碳负极相比，NASICON-NaTi$_2$(PO$_4$)$_3$ 的这一特性具有明显优势[40]，因为硬碳的嵌入电压低，易形成 SEI 膜，导致其首次库仑效率低，而且还增加了钠金属沉积导致安全隐患的可能性。此外，2.1V 的电压平台以及离子传输快、体积膨胀小、高安全性和低成本、可持续友好的优点，也使其成为水系钠离子电池的理想负极材料[41,42]。然而，与其他 NASICON 基材料类似，仍需要开发新的策略来改善其固有的低电子导电性[43]。

5.2.3 过渡金属焦磷酸钠（$P_2O_7^{4-}$）

近年来，使用焦磷酸根 $P_2O_7^{4-}$ 代替磷酸根框架用于钠离子电池正极也引起了极大的关注，由于聚阴离子基团 $P_2O_7^{4-}$ 比 PO_4^{3-} 基团具有更强的电负性，从而提高了其工作电压（图 5.2）。根据过渡金属氧化态的不同，可以发现过渡金属焦磷酸钠盐有两种不同的组成：NaM^{III}P$_2$O$_7$（M = Fe、Ti、V）和 Na$_2$M^{II}P$_2$O$_7$（M = Fe、Co、Mn、Cu、Zn）。焦磷酸盐类晶型汇总见表 5.1。

表 5.1 焦磷酸盐类晶型汇总

系统		成分				
		NaMP$_2$O$_7$		Na$_2$MP$_2$O$_7$		
		多晶体		多晶体		
		NaMP$_2$O$_7$-I 单斜相	NaMP$_2$O$_7$-II 三斜相	三斜相	正交相	四面体
	空间组	$P2_1/c$	P-1	P-1	$P2_1cn$	$P4_2/mmm$
导电金属	Ti	✓ [44]	✗	✗	✗	✗
	V	✓ [45]	✗	✗	✗	✗
	Mn	✗	✗	✓ [46]	✗	✗
	Fe	✓ [47]	✓ [48]	✓ [49]	✗	✗
	Co	✗	✗	✓ [50]	✓ [51]	✓ [52]
	Zn	✓	✓	✓	✓	✗ [53]

NaMP$_2$O$_7$ 材料的晶型表现为两种不同的结构：NaMP$_2$O$_7$-Ⅰ（M = Fe、Ti、V，与单斜相 KAlP$_2$O$_7$ 同构，具有 $P2_1/c$ 空间群）[54] 和 NaMP$_2$O$_7$-Ⅱ（M = Fe，三斜相，具有 P-1 空间群）。低温 NaFeP$_2$O$_7$-Ⅰ相是亚稳态的，当温度升高到 750℃时，转变为 NaFeP$_2$O$_7$-Ⅱ相，如图 5.7 所示。NaFeP$_2$O$_7$-Ⅰ结构由两个共顶点的略微扭曲的 PO$_4^{3-}$ 四面体形成，其中含有两个磷原子和桥接氧原子的平面与 ac 平面近似平行，每个 FeO$_6$ 八面体与五个 P$_2$O$_7^{4-}$ 基团相连，形成沿 c 轴的开放一维通道，用于 Na$^+$ 迁移。NaFeP$_2$O$_7$-Ⅰ的一些同构化合物，如 NaVP$_2$O$_7$ 和 NaTiP$_2$O$_7$，已被报道作为钠离子电池的活性电极材料，但由于其固有的高电阻，表现出的电化学性能较差[44, 45, 47, 55]。NaFeP$_2$O$_7$-Ⅱ的结构特点是 FeO$_6$ 八面体对共用一个顶点，并通过 P$_2$O$_7^{4-}$ 基团连接到其他八面体对。该框架提供了细长的笼状结构，沿着适合 Na$^+$ 迁移的[101]方向形成了离子传输通道[47]。目前在文献中还没有发现关于该材料的离子电导率和电化学性能的报道。

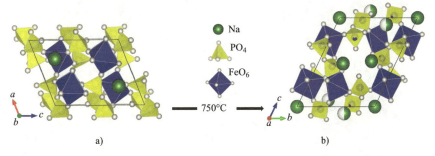

图 5.7 （a）具有 $P2_1/c$ 空间群的单斜相 NaFeP$_2$O$_7$-Ⅰ 和（b）具有 P-1 空间群的三斜相 NaFeP$_2$O$_7$-Ⅱ 的晶体结构

具有 Na$_2$MP$_2$O$_7$ 组分的焦磷酸盐也是钠离子电池的热门材料，根据它们的晶体结构，可以分为三种不同的晶型：①三斜相 P-1（Na$_2$FeP$_2$O$_7$，Na$_2$MnP$_2$O$_7$ 和 Na$_2$CoP$_2$O$_7$）；②正交相 $P2_1cn$(Na$_2$CoP$_2$O$_7$)；③四方相 $P4_2/mmm$(Na$_2$CoP$_2$O$_7$ 和 Na$_2$ZnP$_2$O$_7$)，其结构如图 5.8 所示[56]。

三斜相的 Na$_2$MP$_2$O$_7$（M = Fe、Co 和 Mn），由于其颜色也被称为"Rose"相，具有开放的 Na$^+$ 扩散路径的稳定三维框架，由 P$_2$O$_7$ 单元通过与 MO$_6$ 八面体共角连接组成（图 5.8a）[50]。基于 M^Ⅱ/M^Ⅲ 氧化还原对，只有一个 Na$^+$ 离子可以沿着[011]通道可逆地脱出，对应约 100mA·h·g^{-1} 的理论容量[57]。据报道，三斜相 Na$_2$FeP$_2$O$_7$ 具有 82mA·h·g^{-1} 的可逆容量和出色的倍率性能，平均电压约为 3V（vs.Na$^+$/Na），如图 5.8d 所示[49]。其恒流充放电曲线呈梯形电压分布，对应的 dQ/dV 曲线显示，3.0V 附近的平台是由 2.90V、3.05V 和 3.20V 附近的三个小台阶组成，这是由于钠离子插入/脱出反应过程中发生了结构重排或 Na$^+$ 离子/空位有序化引起的。三斜相 Na$_2$MnP$_2$O$_7$ 在 C/20 下具有 90mA·h·g^{-1} 的可逆容量，平均电压为 3.8V（vs.Na$^+$/Na），30 次循环后容量保持率为 96%[58]。正交相 blue-Na$_2$CoP$_2$O$_7$ 中 CoO$_4$ 和 PO$_4^{3-}$ 四面体连接形成平行于[001]平面的 Co[P$_2$O$_7$]$^{2-}$ 片层，其中每个 CoO$_4$ 四面体单元与相邻的四个 P$_2$O$_7^{4-}$ 单元共用氧原子，Co[P$_2$O$_7$]$^{2-}$ 层与 Na$^+$ 离子层交替堆积形成一种层状结构（图 5.8b）[50]。在 C/20 下的恒流充放电曲线表现为连续倾斜的电压曲线，可逆容量为 80mA·h·g^{-1}（理论值的 83%），平均电压为 2.5V（vs.Na$^+$/Na）。三斜相 Rose 型 Na$_2$CoP$_2$O$_7$ 可以通过在它的正交相 blue-Na$_2$CoP$_2$O$_7$ 中引入贫钠相制备，它的充放电曲线由一个 3.95V 的电压平台和两个 4.33V 和 4.43V 的更高电压平台组成。其电压值与 blue 晶型的电压值有很大不同，通过引入贫钠相导致能量密度提高了 40%。该材料的容量为 85mA·h·g^{-1}，工作电压几乎接近目前钠离子电池电解液稳定窗口的上限[59]。然而，在 C/10 下的循环性能测试中，30 次循环后容量下降到初始容量的 86%，这可能是由于 4.5V 的高工作电压导致电解液逐渐分解[60]。在四方相 $Na_2MP_2O_7$（M = Co、Zn）中，MO_4 四面体通过桥接 $P_2O_7^{4-}$ 基团形成层状结构，其中 Na^+ 离子位于层之间，可沿 [010] 扩散（图 5.8c）[51]。在文献中还没有关于该四方相 $Na_2MP_2O_7$ 的电化学性能的报道。

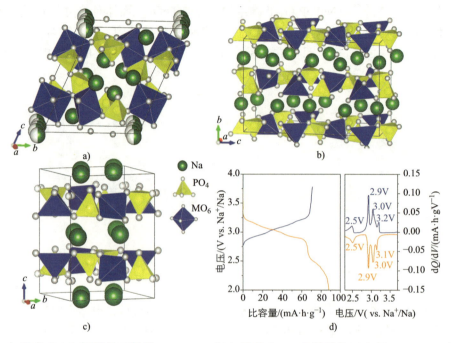

图 5.8 （a）具有 P-1 空间群的三斜相 $Na_2MP_2O_7$；（b）具有 $P2_1cn$ 空间群的正交相 $Na_2MP_2O_7$；（c）具有 $P4_2/mmm$ 空间群的四方相 $Na_2MP_2O_7$ 的典型晶体结构；（d）三斜相 $Na_2FeP_2O_7$ 在 C/20 时的恒流充放电曲线及相应的 dQ/dV 曲线，其中标记了氧化还原峰位置[49]

5.2.4 过渡金属氧磷酸钠（OPO_4）

过渡金属氧磷酸钠，$NaMOPO_4$（M = V、Ti），也被作为钠离子电池的电极材料进行了研究。根据 PO_4^{3-} 四面体和 VO_6 八面体单元在结构中的连接形式，钒氧磷酸钠 $NaVOPO_4$ 可以分为三种不同的晶型：① Pnma 空间群的 β-$NaVOPO_4$；② P4/nmm 空间群的四方相 $α_1$-$NaVOPO_4$；③ $P2_1/c$ 空间群的单斜相 α-$NaVOPO_4$。其中，α-$NaVOPO_4$ 是热力学最稳定的晶型（电压为 3.6V vs.Na^+/Na，理论容量为 115mA·h·g^{-1}），是一种很有前景的钠离子电池正极材料[61]。α-$NaVOPO_4$ 在结构上类似于三斜相的 $LiVOPO_4$[62]，由平行于 c 轴的共角 VO_6 八面体链组成，通过 PO_4^{3-} 四面体连接在一起，为 Na^+ 沿 [110]、[110] 和 [101] 轴迁移提供了三维通道（图 5.9a）。Song 等人报道了该材料在 C/15 下有 90mA·h·g^{-1} 的可逆容量，稳定性好，但库仑效率较低，这可能源于在 4V 以上的电压下 SEI 膜的形成[61]。随后，Fang 等人在 2018 年报道了该材料在 C/20 时的容量为 144mA·h·g^{-1}（图 5.10a），在 5C 的高倍率下首次放电容量为 ~112mA·h·g^{-1}，1000 次循环后容量保持率为 67%[63]。

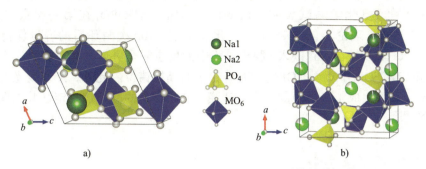

图 5.9 （a）α-NaVOPO$_4$ 和（b）NaTiOPO$_4$ 晶体结构示意图

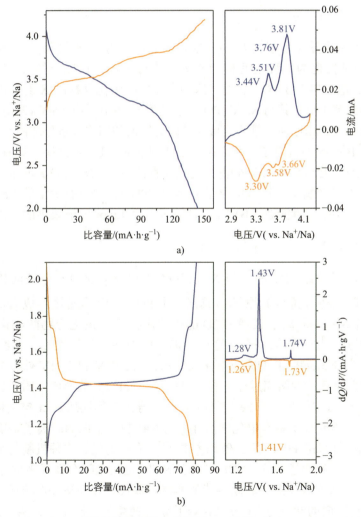

图 5.10 （a）α-NaVOPO$_4$ 在 C/20 下的恒流充放电曲线及 CV 曲线；（b）NaTiOPO$_4$ 在 C/35 时的恒流充放电曲线及相应的 dQ/dV 曲线，CV 和 dQ/dV 曲线标记了氧化还原峰的位置[63, 64]

具有 Tavorite 结构和 $Pna2_1$ 空间群的 $NaTiOPO_4$ 被用来作为钠离子电池的电极材料，在 1.45V（vs.Na^+/Na）时的理论容量为 147mA·h·g^{-1}，极化较小[64, 65]。$NaTiOPO_4$ 的三维结构由扭曲的 TiO_6 八面体螺旋链组成，这些螺旋链在两个角连接，被 PO_4^{3-} 四面体分开（图 5.9b）[66]。电化学测试表明，Tavorite 结构的 $NaTiOPO_4$ 在第一次放电中提供了约 110mA·h·g^{-1}（理论容量的 75%），极化非常小，100 次循环后的容量保持率为 95%（图 5.10b）。$NaTiOPO_4$ 在 Na^+ 嵌入 / 脱出过程中的反应完全可逆，其双相反应在初始状态和结束状态（$NaTiOPO_4$/$Na_{1.58}TiOPO_4$）有着较小的晶格错位。此外，X 射线光电子能谱研究显示，电极表面生成了一层薄的稳定 SEI 膜，这与材料的高结构稳定性共同保证了良好的循环性能[64]。

5.2.5 过渡金属氟磷酸钠

1. $NaMPO_4F(M = V)$

$NaVPO_4F$ 是一种备受争议的材料，尽管对它的研究不如氧磷酸盐多。$NaVPO_4F$ 在几项研究工作中被报道为一种空间群为 $C2/c$[67-69] 或 $I4/mmm$[70] 的材料，容量范围为 83～133mA·h·g^{-1}，电压接近 3.4V。然而，这些参考文献中化合物的 X 射线衍射图谱（没有提供其晶体结构细节）显示其与 $Na_3V_2(PO_4)_2F_3$（见第 5.2.6 节）或 $Na_3V_2(PO_4)_3$ 型（见第 5.2.2 节）晶胞表现出惊人的相似性，推测这可能是因为错误的结构分析导致的[71]。

尽管如此，Boivin 等报道了一种 Tavorite 结构的 $NaVPO_4F$ 材料，具有 $C2/c$ 空间群的单斜晶胞[72]。然而，尽管对应 $LiVPO_4F$ 的电化学性能良好，$NaVPO_4F$ 的电化学活性却不高[73]。事实上，虽然该材料可以被电化学氧化为 VPO_4F，但只有少量的 Na^+ 可以被重新插入，这主要归因于根据价键能态（BVEL）计算得出的 Tavorite 框架中的低钠离子迁移率。

2. $Na_2MPO_4F(M = Fe、Mn、Co、Ni)$

Na_2FePO_4F 以层状结构结晶（与 Na_2FePO_4OH 和 Na_2CoPO_4F 都是同构的），其中双八面体 $Fe_2O_7F_2$ 单元通过桥接 F 原子形成链，由 PO_4^{3-} 四面体连接形成 $[FePO_4]_\infty$ 无限层（图 5.11a），两个层间 Na^+ 离子表现为 2D 的扩散途径[74]。该化合物的电化学活性首次在锂半电池中得到验证[74]，而第一个可逆的钠离子电池在几年后发表，首次放电容量达到 100mA·h·g^{-1}[75]。Na_2FePO_4F 的充放电曲线显示，在 3.06V 和 2.91V 处有两个明显的电压平台，表明存在两个连续的两相过程且有中间相 $Na_{1.5}FePO_4F$ 的形成（图 5.11b）[74, 76, 77]。中间相表现出耦合的 Na 空位和 Fe^{II}/Fe^{III} 电荷有序性，导致对称性从 $Pbcn$ 空间群降低到 $P2_1/b$。只有 Na2 位点上的 Na^+ 离子具有电化学活性，而 Na1 位点上的 Na^+ 离子是惰性的，并保留在结构中，脱钠材料 $NaFePO_4F$ 恢复 $Pbcn$ 结构[77]。有趣的是，这种机制与锂离子电池中非常不同，因为电化学碱离子嵌入 / 脱出和化学 Na/Li 交换之间存在显著的竞争。然后，这两个特征平台被"固溶体"机制的倾斜特征曲线所取代。在高达 50% 的荷电状态（SOC）下，Na^+ 离子进行脱嵌的同时与发生的 Li-Na 化学交换竞争，该化学交换仅针对 Na2 位置，形成 $Li_{0.88}Na_{0.73}FePO_4F$ 化合物（图 5.11c）。这种置换使碱金属位置 A2 失活，使位置 A1 具有电化学活性，抑制了 Fe^{II}/Fe^{III} 电荷有序化和中间相的形成。在高于 50%SOC 的 Na1–Na2 位间交换之后，在完全充电的 $Li_{0.72}Na_{0.28}FePO_4F$ 中，所有碱金属阳离子都位于 A1 位置，与钠离子电池的情况相反[77]。

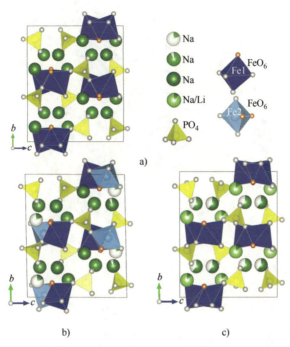

图 5.11 （a）Na_2FePO_4F（b）半带电 $Na_{1.5}FePO_4F$ 和（c）半带电 $Li_{0.88}Na_{0.73}FePO_4F$ 的晶体结构示意图

Na_2CoPO_4F 在 4.3V 下发生可逆反应，虽然与 Na_2FePO_4F 相比，Na^+ 离子传输能力降低，导致其可逆容量较低且快速衰减，再加上高电压下电解质分解产生了较大的首次不可逆容量[78]。类似的 Na_2MnPO_4F 和 Na_2NiPO_4F 化合物为隧道框架而非层状框架。虽然报道的 Na_2MnPO_4F 电化学性能较差[75]，$Na_2Fe_{0.5}Mn_{0.5}PO_4F$ 的放电容量与 Na_2FePO_4F 相似，Mn^{II}/Mn^{III} 氧化还原对的电压为 3.53V[75, 76]。由于相对于其他镍基磷酸盐材料而言过高的电压（>5V），至今没有 Na_2NiPO_4F 电化学活性的相关报道[78]。

5.2.6　氟化氧磷酸钒钠 $Na_3V_2(PO_4)_2F_{3-x}O_x(0 \leqslant x \leqslant 2)$

氟化氧磷酸钒钠家族涉及两种端基组成，$Na_3V_2(PO_4)_2F_3$ 和 $Na_3(VO)_2(PO_4)_2F$（也可写为 $Na_3V_2(PO_4)_2FO_2$）。$Na_3V_2(PO_4)_2F_3$ 由 $V_2O_8F_3$ 双八面体单元组成，其中一个共同的 F 原子沿 [001] 方向排列，并通过 PO_4^{3-} 四面体相互连接，构成具有 Na^+ 2D 扩散通道的 3D 网络。最近人们对该材料的晶体结构进行了重新审视，发现其表现出轻微的正交畸变，可以被认为是 $Amam$ 空间群，显示出三个不同的 Na 位点（图 5.12）[79]。从 $Na_3V_2(PO_4)_2F_3$ 中脱去两个 Na^+，主要包括 $Na_xV_2(PO_3)_2F_3$（其中 x = 2.4，2.2，2，1.8，1.3）几个中间相之间发生复杂相变，最终形成 $NaV_2(PO_4)_2F_3$ 的过程（图 5.13）。这些中间相化合物是 Na^+/空位和/或电荷有序与无序之间交替产生的，在某些情况下表现出超晶格反射。第一个 Na^+ 的脱出与双八面体

单元中 V^{III}/V^{IV} 氧化还原对的形成有关,最终组分 $NaV_2(PO_4)_2F_3$ 中包含单个 Na 位点和处于不同环境中的两个平均价态为 V^{IV} 的钒位点。键价(BVS)计算均支持这一观点,并表明在双八面体单元中形成了 V^{III}/V^V 氧化还原对[80]。

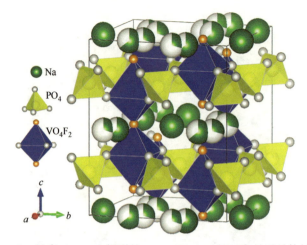

图 5.12　具有 Amam 空间群的 $Na_3V_2(PO_4)_2F_3$ 的正交晶系晶体结构

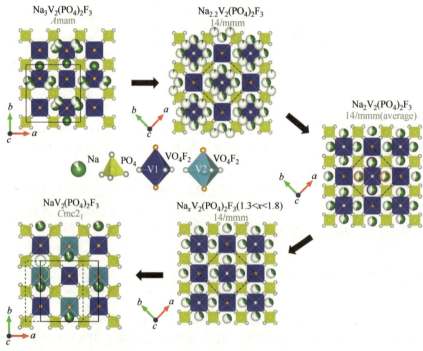

图 5.13　Na^+ 从 $Na_3V_2(PO_4)_2F_3$ 脱出过程中的不同相之间的结构转变示意图:$Na_2V_2(PO_4)_2F_3$ 表示所确定的平均超结构,其中红/黑圆圈表示四个位置中只有两个位置可能被占据;对于 $NaV_2(PO_4)_2F_3$,绿色虚线圆圈显示脱出的第二个 Na^+ 位点(Na1A),其原本填充在 $Na_3V_2(PO_3)_2F_3$(虚线单元)中,而现在是空的[80]

上述不同中间相化合物之间的相变涉及连续的两相和固溶体反应,这导致电压曲线在 3.68V、3.70V、4.16V 和 4.19V(vs.Na$^+$/Na)处有四个不同的氧化还原特征峰,平均电压为 3.9V,理论容量为 129mA·h·g^{-1}(图 5.14)。由于氟的存在,V^{III}/V^{IV} 的平均电

压比 $Na_3V_2(PO_4)_2F_3$ 的平均电压高 0.5V,因此这种材料在高能量密度方面具有很好的应用前景。此外,尽管在整个反应过程中发生了几种不同的相变过程,总体积变化仍相对较小($\Delta V = 3.15\%$)。全电池表现出优异的循环性能(1C 下经 4000 次循环容量仍具有 $100mA \cdot h \cdot g^{-1}$),这使得该材料被认为是最具竞争力的钠离子电池正极材料之一,尽管钒具有毒性[83]。进一步脱出 Na^+ 形成混合 V^{IV}/V^V 价态的 $V_2(PO_4)_2F_3$ 相,该反应在 4.75V($vs.$ Na^+/Na)的上限截止电压下发生,随后在充电结束时电压持续波动[84],这与密度泛函理论(DFT)计算一致[85]。然而,该反应涉及结构的不可逆转变,导致形成无法转化为初始结构的无序四方 $Na_0V_2(PO_4)_2F_3$ 结构。该材料仍然可以进行 Na^+ 的可逆嵌入,但第三个 Na^+ 的嵌入电压突然下降到 ~1.6V,阻碍了实际应用[84]。

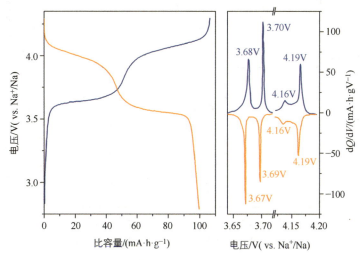

图 5.14 $Na_3V_2(PO_4)_2F_3$ 在 C/50 下的恒电流充放电曲线以及相应标记氧化还原峰位置的 dQ/dV 曲线[81, 82]

$Na_3V_2(PO_4)_2F_3$ 中的部分氟被氧取代转化为 $Na_3(VO)_2(PO_4)_2F$,由于强共价键 V=O 的存在,导致电压降低(大约 0.1V),从而产生反向诱导效应。在此类化合物中,有两个 Na^+ 能够可逆地脱出,电压区间与 $Na_3V_2(PO_4)_2F_3$ 相同:第一个在 3.6~3.7V($vs.Na^+/Na$);第二个在 4.0~4.2V($vs.Na^+/Na$)(图 5.15)[87, 88]。然而,只有在曲线两端出现电压平台,部分取代化合物的电化学反应特征对应固溶体型反应。与 $Na_3V_2(PO_4)_2F_3$ 相反,除了在富氧组分中脱出第二个 Na^+ 时,没有观察到结构转变和钒价态变化,因此被认为不会脱出 >2 个 Na^+[86]。

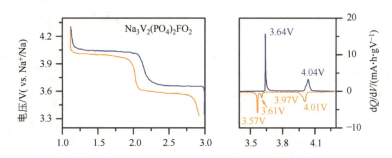

图 5.15 (左)碳包覆 $Na_3V_2(PO_4)_2F_{3-y}O_y$ 在 C/10 下的恒电流充放电曲线对比;(右)标记氧化还原峰位置的 dQ/dV 曲线[86]

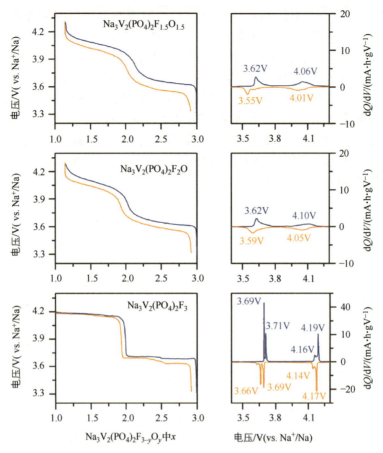

图 5.15 （左）碳包覆 $Na_3V_2(PO_4)_2F_{3-y}O_y$ 在 C/10 下的恒电流充放电曲线对比；（右）标记氧化还原峰位置的 dQ/dV 曲线[86]（续）

5.2.7 过渡金属亚硝酸钠 $Na_2M^{II}_2(PO_3)_3N$ 和 $Na_3M^{III}(PO_3)_3N$

通式为 $Na_2M^{II}_2(PO_3)_3N$ 和 $Na_3M^{III}(PO_3)_3N$ 的氮化磷酸钠为立方晶体，其中 MO_6 八面体通过 $(PO_3)_3N$ 单元相互连接，每三个硝基磷酸 PO_3N 四面体共享一个氮原子，Na^+ 占据三个独立位点（图 5.16）。$Na_2M^{II}_2(PO_3)_3N$ 中额外的二价阳离子（单价与多价阳离子比例为 2:2）占据八面体位置，该位置对应于 3:1 结构类型中的 Na2 位置。根据 BVEL 计算，只有 Na1 和 Na3 位点处的 Na^+ 是可移动的，形成各向同性的三维离子传输网络，而 Na2 处的 Na^+ 移动所需的能量在室温下难以满足[89]。尽管早期的研究报道了如

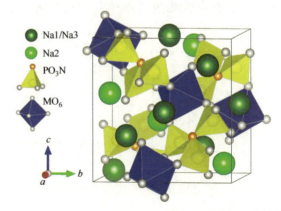

图 5.16 $Na_3M(PO_3)_3N$ 在 $P2_13$ 立方空间群中的晶体结构

何合成此类化合物，涵盖了 $M^{III(II)}$ = Ti、Mn、V、Fe、Al、Cr、Ga、In 或这些阳离子的混合物[89]，但只有 $M^{III(II)}$ = Ti、Fe 和 V 可以通过 Na^+ 嵌入/脱出反应表现出可逆的电化学活性[89-91]。脱出一个 Na^+ 的理论容量为 ~70mA·h·g^{-1}，脱出第二个 Na^+ 时理论容量翻倍。

钠离子电池中报道的第一个电化学活性氮化磷酸化合物是 $Na_3Ti(PO_3)_3N$，其中 Ti^{IV}/Ti^{III} 氧化还原对的平均电压为 2.7V（vs.Na^+/Na），这比 NASICON 型 $Na_3Ti_2(PO_4)_3$ 正极材料的 Ti^{IV}/Ti^{III} 氧化还原对高 0.6V，这主要是由于 P-N 键的诱导效应，该材料在 C/20 下的可逆容量约为 60mA·h·$g^{-1[89]}$。X 射线和中子衍射研究表明，钠离子脱出后的体积变化仅为 0.5%，考虑到 Na^+ 较大的离子半径，这种程度的体积形变非常小。

以金属锂作为负极，测试 $Na_2Fe_2(PO_3)_3N$ 的电化学性能，发现其在 C/20 下的可逆容量约为 40mA·h·g^{-1}。$Li_{0.3}Fe_2P_3O_9N$ 可以通过离子交换法制备，可逆容量为 110mA·h·g^{-1}，对应 1.4 个 Li^+ 在 3.5V 和 2.95V（vs.Li^+/Li）处的两步嵌入过程。到目前为止，还没有关于该材料在钠电池中活性的相关报道，作者认为其具有更好的锂离子动力学[90]。

$Na_2V(PO_3)_3N$ 能够可逆地与钠和锂发生反应，并且表现出该类化合物中最高的工作电压（4.0V vs.Na^+/Na 和 4.1V vs.Li^+/Li），两个碱金属参比电极之间的电压差非常小。与 $Na_7V_3(P_2O_7)_4$ 类似，V^{IV}/V^{III} 氧化还原对使其成为工作电压最高的钠电正极材料[91-93]。所获得的容量对应于 1 个 Na^+ 的可逆嵌入反应，因为 V^V/V^{IV} 氧化还原对的电势被预测是高于电解质稳定值的极限的（图 5.17）[91]。

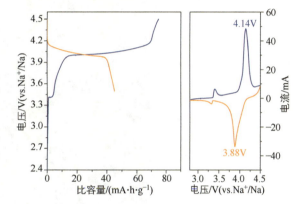

图 5.17 $Na_3V(PO_3)_3N$ 在 C/40 下的恒流充放电曲线以及标注氧化还原峰位置的 CV 曲线[91]

5.3 混合聚阴离子类电极材料

设计具有电化学活性的新型结构的一种有效策略是将不同的阴离子组合在一起，例如，含有（PO_4）（P_2O_7）和（CO_3）（PO_4）基团的聚阴离子化合物，为开发具有可调节金属氧化还原电对和复杂多维快速离子传输路径的新型开放晶体框架提供了新的可能。

5.3.1 磷酸盐 – 焦磷酸盐混合聚阴离子化合物 [(PO_4)(P_2O_7)]

据报道，通式为 $Na_2MP_2O_7$ 的焦磷酸盐在 3.0V（vs.Na^+/Na）附近表现出 M^{III}/M^{II} 的电压平台，而大分子量 $P_2O_7^{4-}$ 相对于 (PO_4)$^{3-}$ 具有更高的容量损失，理论容量仅为 100mA·h·g^{-1}。提高该类材料容量和电压的一个策略是将磷酸和焦磷酸基团结合，形成的化合物通式为 $Na_4M_3(PO_4)_2P_2O_7$（M = Fe[94,95]、Mn[96]、Ni[97,98] 和 Co[99-101]）或 $Na_7M_4(PO_4, P_2O_7)_4$（M = V、Al）[102-104]。

1. $Na_4M_3(PO_4)_2P_2O_7$

$Na_4M_3(PO_4)_2P_2O_7$（M = Co、Mn、Fe、Ni）类化合物在 Na^+ 嵌入/脱出过程中体积应变低，结构稳定性好，此外 $P_2O_7^{4-}$ 基团的强诱导作用使其工作电压更高，因此这类材料广受关注（见图 5.2）。然而，与其他聚阴离子化合物类似，磷酸-焦磷酸基材料的电子导电性较差[105, 106]。这类化合物属于正交晶系，空间群为 $Pn2_1a$，其结构由 PO_4^{3-} 四面体、$P_2O_7^{4-}$ 单元和 MO_6 八面体组成，可以描述为 PO_4^{3-} 四面体通过连接 MO_6 八面体形成 $(M_3P_2O_{13})_\infty$ 无限平行层的 3D 网络（图 5.18）。这样形成的框架结构在三个主要晶面方向上都存在传输通道，并在通道中发现了 Na^+ 的存在，这为阳离子扩散提供了低能垒的合适路径[105]。脱去一个 Na^+ 的理论容量约为 43mA·h·g^{-1}，脱去 xNa^+，容量即为 x 倍。

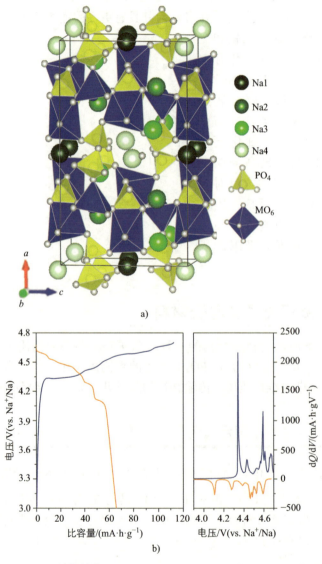

图 5.18 （a）$Na_4M_3(PO_4)_2P_2O_7$ 的晶体结构和（b）$Na_4Co_3(PO_4)_2P_2O_7$ 在 C/10 下的恒电流充放电曲线以及标记氧化还原峰位置的 dQ/dV 曲线[101]

该类化合物中电压最高的材料是 $Na_4Co_3(PO_4)_2P_2O_7$，在 4.0～4.7V（vs.Na^+/Na）之间存在几个电压平台，循环过程中极化较小[99]。然而，可逆嵌入的 Na^+ 最多为每分子单位中 2.3mol，在 C/5 下的可逆容量为 95mA·h·g^{-1}。在 25C 的大倍率下，可逆容量为 80mA·h·g^{-1}，相当于可逆地嵌入 2 个 Na^+。值得注意的是，由于其电子导电性非常差，必须创建导电网络（即加入球形碳和碳纳米管）来改善电子传输性能[99, 101]。$Na_4Co_3(PO_4)_2P_2O_7$ 在电化学循环过程中发生复杂的结构转变，包含四个连续的双相反应，随后在最高电压下发生单相反应（图 5.19）[101]。尽管第一个循环中的结构变化不是完全可逆的，这种结构转变似乎有助于提高钠离子传输性能，因为从第 3 个循环到第 100 个循环，容量衰减可以忽略不计。

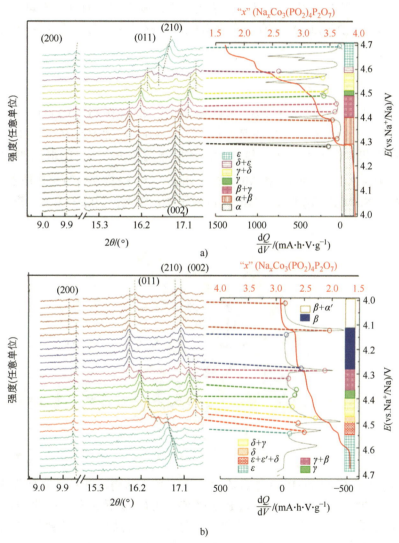

图 5.19 $Na_4Co_3(PO_4)_2P_2O_7$ 在充放电过程中的原位 XRD 数据：首次（a）充电过程和（b）放电过程中 9.0° ≤ 2θ ≤ 17.5° 范围内的 XRD 谱图，以及相应的 dQ/dV 曲线和 Na 浓度演变，右边的竖线表示相变的演变过程[101]

这类化合物中放电电势第二高的材料是$Na_4Mn_3(PO_4)_2P_2O_7$。放电时，在3.6～4.0V（vs.Na^+/Na）之间有几个电位阶跃，使其成为电势最高的Mn^{II}/Mn^{III}氧化还原对之一，平均放电电位接近3.8V（vs.Na^+/Na）[96]。共边$Mn1-O_6$和$Mn3-O_6$多面体在脱钠结构中会产生强烈的$Mn^{III}-Mn^{III}$斥力，使电极的电荷状态不稳定，导致电压显著升高。第一次放电过程中，在C/20的倍率下容量达到了110mA·h·g^{-1}（理论容量的85%，对应于2.5Na^+）。然而，在随后的循环中观察到明显的容量衰减，这是由于在循环过程中发生了几个多相转变[96, 101]。用不同的过渡金属取代可能是减少结构退化和抑制容量衰退的一种有效策略。

$Na_4Fe_3(PO_4)_2P_2O_7$的平均放电电位为3.0V（vs.Na^+/Na），在C/20的倍率下表现出约110mA·h·g^{-1}的可逆容量（理论容量的82%）。研究发现，嵌脱钠过程是通过可逆的Fe^{II}/Fe^{III}氧化还原反应进行的，这是一种单相反应，该反应伴随着小于4%的微小体积变化[95]。此外，$Na_4Fe_3(PO_4)_2P_2O_7$在有机和水电解质中都具有相似的电化学性能，表明其对空气和水分稳定[94, 95, 107]。

2. $Na_7M_4(P_2O_7)_4PO_4$

M.De La Rochère等人[108]于1985年首次阐明了$Na_7M_4(P_2O_7)_4PO_4$(M = Fe、Al、Cr)的晶体结构和阳离子运输机制。大量证据表明，与NASICON和NASICON相关磷酸盐相比，这三种相表现出相对较差的离子传输特性。该家族属于$P42_1c$空间群的四方晶系[102, 103]，其结构由共角的$P_2O_7^{4-}$、PO_4^{3-}和MO_6单元组成，结构空腔和隧道被Na^+离子填充（图5.20）。由于$Na_7M_4(P_2O_7)_4PO_4$正极材料的原子质量较大，脱除一个Na^+离子的理论容量为~23mA·h·g^{-1}。

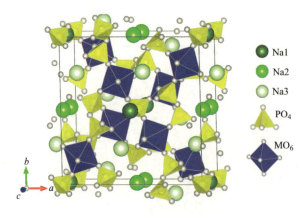

图5.20 $Na_7M_4(P_2O_7)_4(PO_4)$的晶体结构

尽管如此，$Na_7V_4(P_2O_7)_4(PO_4)$被合成为一维纳米棒结构，并且惊喜地发现有利于Na^+的快速插入[102]。图5.21显示了$Na_7V_4(P_2O_7)_4(PO_4)$在C/20下的充放电曲线，平均放电电位约为3.9V（vs.Na^+/Na），涉及V^{III}/V^{IV}氧化还原反应，初始放电容量为92.1mA·h·g^{-1}，对应每分子单位存储4mol Na^+。钠的脱出过程中涉及一个中间相$Na_7V_4(P_2O_7)_4(PO_4)$，该中间相完全形成的特征为0.1V的小电压阶跃。纳米棒结构与$Na_7V_4(P_2O_7)_4(PO_4)$稳定网络结构的结合赋予材料优异的倍率性能，大约有3个Na^+可以在6min（10C）内实现可逆嵌入，在300次循环后容量保持率为92.1%（81.4mA·h·g^{-1}）[109]。此外，Al取代形成

$Na_7V_3Al(P_2O_7)_4(PO_4)$，充电至 5V 可脱出 4.75 个 Na^+（113mA·h·g^{-1}）[104]。在此容量下，V^{IV}/V^V 氧化还原对被激活，但由于反应电位高，电解质的分解导致电化学反应的可逆性较差。

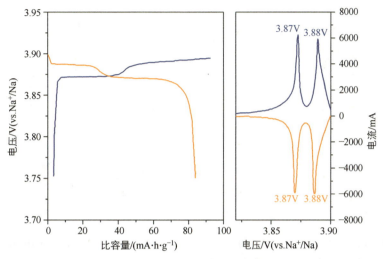

图 5.21　$Na_7V_4(P_2O_7)_4(PO_4)$ 在 C/20 下的恒流充放电曲线和标记氧化还原峰的 CV 曲线[102]

5.3.2　碳酸盐-磷酸盐混合聚阴离子化合物 [(CO$_3$)(PO$_4$)]

$Na_3MCO_3PO_4$（M = Mg、Mn、Fe、Co、Ni、Cu）正极材料属于 sidorenkite 矿物家族，晶体结构为单斜晶型，空间群为 $P2_1/m$。它的基本框架由 PO_4^{3-} 和 MO_6 基团共角形成双层结构（图 5.22）[110-112]，CO_3 基团位于双层结构的一侧，与 MO_6 八面体共用两个氧原子，Na^+ 离子占据了双层间的间隙。在单元晶胞中有两个不同的 Na 位点，与 6 个或 7 个氧原子配位。这些正极材料具有潜在的高容量，脱除一个 Na^+ 离子所对应的理论容量为 ~96mA·h·g^{-1}，如果可以脱除两个 Na^+ 离子，则可以增加一倍。然而，与混合过渡金属磷酸盐-焦磷酸盐不同，相对于裸磷酸盐，CO_3 基团的弱诱导效应降低了平均电压（图 5.2）。

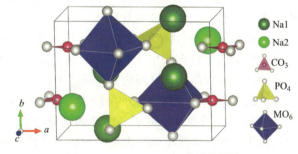

图 5.22　$Na_3MCO_3PO_4$ 的晶体结构

$Na_3MnCO_3PO_4$ 在该化合物家族中表现出了最高的放电电位，在 4.0V 和 3.4V（vs. Na^+/Na）处观察到两个电压平台，对应于 Mn^{IV}/Mn^{III} 和 Mn^{III}/Mn^{II} 氧化还原对（图 5.23）。据报道，这种材料在 C/100 下的首次充电容量为 200mA·h·g^{-1}，略大于理论容量（191mA·h·g^{-1}），这可能归因于一些伴随的反应（电解液的分解），特别是在高电位下。然而，即使这种材料可以在充电时达到其全部理论容量，但在放电时却容量只有 125mA·h·g^{-1}，相当于理论容量的 66%，意味着仅可以可逆地插入 1.3 个 Na^+，表明 Mn^{IV}/Mn^{III} 氧化还原电对是部分电化学活性的[112]。这种材料的循环性能很差，很可能是由于高充电电压下电解质和/或材料分解导致。

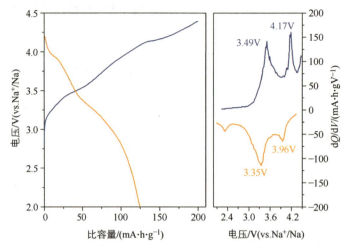

图 5.23　$Na_3MnCO_3PO_4$ 在 C/100 下的恒流充放电曲线及相应的 dQ/dV 曲线，其中标记了氧化还原峰[112]

另一方面，放电过程中，$Na_3FeCO_3PO_4$ 通过在 2.6V（vs.Na^+/Na）的单电压平台发生反应，具有良好的循环性能，在 C/10 下循环 50 次后保持率 >99%[113]。然而，在循环过程中很难达到全部理论容量，因为只有 1.3 个 Na^+ 可以可逆地插入，类似于 $Na_3MnCO_3PO_4$。单电压平台通常对应于单氧化还原对，但原位 X 射线吸收光谱发现 Fe^{II}/Fe^{III}/Fe^{IV} 态是活跃的[113]。

(PO_4)(CO_3) 家族的缺点之一是固有的较差的电子导电性，但是这些材料的分解温度过低难以进行碳包覆。因此，发展新型的碳包覆策略是至关重要的。

5.4　总结与展望

开发具有高容量、优异循环和倍率性能且具有成本竞争力的先进正极材料，仍然是钠离子电池技术广泛实现商业化的主要瓶颈之一。在储能需求快速增长的推动下，过去几年中已经研究了各种各样的电极材料，其中磷酸盐基材料引起了特别的关注。聚阴离子磷酸盐基材料表现出许多吸引人的特性，包括因坚固的框架而具有的结构稳定性，因聚阴离子基团的诱导效应而具有可调的氧化还原电位和潜在的高电压，以及热稳定性和化学稳定性。然而，磷酸盐基化合物的分子量较大，迫使在电压和容量之间去寻求合适的折中方案，并且此类材料较低的本征电子导电性通常导致 Na^+ 扩散动力学性能差。通常通过碳包覆和/或通过将颗粒尺寸减小到纳米级来缩短 Na^+ 扩散路径和优化颗粒的形貌。

然而，尽管存在这些限制，一些材料已经有潜力与商业化锂离子电池中的 $LiMn_2O_4$ 的能量密度相媲美（见表 5.2、图 5.24），但仍需进一步发展。由于缺少合适的电解质，高电压材料（特别是多电子材料）良好的电化学性能受到了限制（传统电解质在 4.2Vvs.Na^+/Na 以上分解），此外，许多性能优异的材料，例如 $Na_3V_2(PO_4)_3$ 和 $Na_3V_2(PO_4)_2F_3$，其结构中含有钒，被认为是一种资源不丰富且毒性高的元素（特别是在 V^{5+} 氧化态下）。使用资源丰富的锰、铁等元素替代钒，同时保持优异的电化学性能，是实现钠离子电池可持续发展面临的主要挑战之一。应对这一挑战可能需要新的颠覆性方法，例如将计算和实验高通量平台相结合，从而加速开发新型高性能的电活性材料和电解质。

第 5 章 钠离子电池聚阴离子类磷酸盐正极材料

表 5.2 钠离子电池最具代表性的磷酸盐基聚阴离子的结构和电化学概述

族	组成	系统/空间组合	电池单体参数				电化学性能		参考文献
			a(Å)	b(Å)	c(Å)	角度/(°)	理论比容量/(mA·h·g^{-1})	实际电压/V	
Phosphates	t-NaFePO$_4$	正交(晶)/$Pnma$	10.4058(2)	6.2206(1)	4.9461(1)	$\alpha=\beta=\gamma=90$	154	2.8	[22]
	m-NaFePO$_4$	正交(晶)/$Pnma$	9.001(1)	6.874(2)	5.052(5)	$\alpha=\beta=\gamma=90$	154	2.5	[8, 9]
	Na$_3$V$_2$(PO$_4$)$_3$	菱面体/R-$3c$	8.6217	8.6217	21.6924	$\alpha=\beta=\gamma=90$	117	3.3	[28]
Metaphos-phates	Na$_3$MnTi(PO$_4$)$_3$	菱面体/R-$3c$	8.8253(9)	8.8253(9)	21.7078(11)	$\alpha=\beta=\gamma=90$	117(2Na$^+$) 176(3Na$^+$)	33.8	[29, 37]
	NaTi$_2$(PO$_4$)$_3$	菱面体/R-$3c$	8.49	8.49	21.78	$\alpha=\beta=\gamma=90$	133	2.1	[39, 41]
	NaFeP$_2$O$_7$-I	单晶体/$IP2_1/c$	7.3244(13)	7.9045(7)	9.5745(1.5)	$\beta=111.858(13)$	较差		[47]
							由表面高内阻决定性能		
	NaVP$_2$O$_7$-I	单晶体/$IP2_1/c$	7.324(5)	7.930(4)	9.586(6)	$\beta=111.96(4)$	108	3.2	[45]
	Na$_2$FeP$_2$O$_7$	三斜晶体/IP-1	6.43382(16)	9.4158(3)	11.0180(3)	$\alpha=64.4086(15)$ $\beta=85.4794(19)$ $\gamma=72.8073(17)$	97	3	[49]
Pyrophos-phates	Na$_2$MnP$_2$O$_7$	三斜晶体/IP-1	5.316(2)Å	6.580(2)Å	9.409(3)	$\alpha=109.65(3)$ $\beta=95.25(3)$ $\gamma=106.38(3)$	97	3.8	[46, 58]
	Na$_2$CoP$_2$O$_7$	三斜晶体/IP-1	9.735(2)	10.940(3)	12.289(4)	$\alpha=148.78(3)$ $\beta=121.76(1)$ $\gamma=68.38(2)$	97	4.3	[50, 59]
	Na$_2$CoP$_2$O$_7$	正交(晶)/$IP2_1$cn	15.378(6)	10.271(4)	7.713(2)	$\alpha=\beta=\gamma=90$	97	2.5	[51, 60]
	Na$_2$CoP$_2$O$_7$	四方相/$IP4_2/mmm$	7.7058(12)	7.7058(12)	10.301(2)	$\alpha=\beta=\gamma=90$	—	—	[52]

（续）

族	组成	系统/空间组合	电池单体参数				电化学性能		参考文献
			a(Å)	b(Å)	c(Å)	角度 (°)	理论比容量/ (mA·h·g^{-1})	实际电压/V	
Oxyphos-phates	α-NaVOPO$_4$	单晶体/$P2_1/c$	6.518(5)	8.446(4)	7.115(1)	β = 115.25(0)	115	3.6	[61]
	NaTiOPO$_4$	正交（晶）/$Pnma$	12.659(1)	6.2955(5)	10.6062(6)	$\alpha = \beta = \gamma$ = 90	145	1.45	[64]
Fluorophos-phates	Na$_2$FePO$_4$F	正交（晶）/$Pbcn$	5.2310(3)	13.8581(9)	11.7785(6)	$\alpha = \beta = \gamma$ = 90	120	3	[74-76]
	Na$_2$MnPO$_4$F	单晶体/$P2_1/n$	13.6902(11)	5.3030(5)	13.7077(14)	β = 119.712(5)	120	3.5	[75, 76]
	Na$_2$CoPO$_4$F	正交（晶）/$Pbcn$	5.2475(9)	13.795(2)	11.689(2)	$\alpha = \beta = \gamma$ = 90	N/A	N/A	[78], [114]
	NaFe$_{0.5}$Mn$_{0.5}$PO$_4$F	单晶体/$P2_1/n$	13.6335(15)	5.2874(6)	13.6462(18)	β = 119.666(5)	120	3.2	[75, 76]
Fluorinated oxy-phos-phates	Na$_3$V$_2$(PO$_4$)$_2$F$_3$	正交（晶）/$Amam$	9.0307(1)	9.0449(1)	10.7538(1)	$\alpha = \beta = \gamma$ = 90	129	3.9	[83]
	Na$_3$V$_2$(PO$_4$)$_2$FO$_2$	三斜晶体/$P4_2/mmm$	9.0287(9)	9.0287(9)	10.6056(1)	$\alpha = \beta = \gamma$ = 90	129	3.8	[83, 86]
Nitridophos-phates	Na$_3$Ti(PO$_3$)$_3$N	立方体/$P2,3$	9.5219(1)			$\alpha = \beta = \gamma$ = 90	70(1Na$^+$)	2.7	[89]
	Na$_3$V(PO$_3$)$_3$N	立方体/$P2,3$	9.4397(3)			$\alpha = \beta = \gamma$ = 90	73(1Na$^+$)	4.0	[91]
Phosphate-pyro-phos-phates	Na$_4$Fe$_3$(PO$_4$)$_2$P$_2$O$_7$	正交（晶）/$Pn2_1a$	18.1047(5)	6.5348(2)	10.6439(3)	$\alpha = \beta = \gamma$ = 90	129(3Na$^+$)	3.0	[95, 107]
	Na$_4$Mn$_3$(PO$_4$)$_2$P$_2$O$_7$	正交（晶）/$Pn2_1a$	18.02651(7)	6.65673(2)	10.76886(4)	$\alpha = \beta = \gamma$ = 90	129(3Na$^+$)	3.8	[96]
	Na$_4$Co$_3$(PO$_4$)$_2$P$_2$O$_7$	正交（晶）/$Pn2_1a$	18.0392(5)	6.5203(2)	10.5127(2)	$\alpha = \beta = \gamma$ = 90	129(3Na$^+$)	4.5	[99, 101]
	Na$_7$V$_4$(PO$_4$)(P$_2$O$_7$)$_4$	三斜晶体/P-42_1c	14.212(4)	14.212(4)	6.337(2)	$\alpha = \beta = \gamma$ = 90	92(4Na$^+$)	3.9	[102, 104]
	Na$_7$V$_3$Al(PO$_4$)(P$_2$O$_7$)$_4$	三斜晶体/P-42_1c	14.149(1)	14.149(1)	6.2933(5)	$\alpha = \beta = \gamma$ = 90	92(4Na$^+$)	3.8	[104]
Carboante-phos-phates	Na$_3$MnCO$_3$PO$_4$	单晶体/$P2_1/m$	8.99	6.74	5.16	β = 90.12	192(2Na$^+$)	3.7	[110, 112]
	Na$_3$FeCO$_3$PO$_4$	单晶体/$P2_1/m$	8.95	6.61	5.16	β = 89.60	192(2Na$^+$)	2.6	[110, 113]

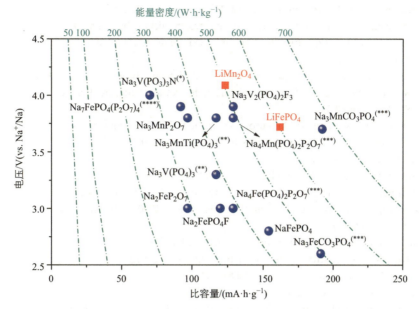

图 5.24　一些重要的聚阴离子型正极材料的 Ragone 图

注：*、**、***、**** 分别表示脱出 1 个 Na^+、2 个 Na^+、3 个 Na^+、4 个 Na^+ 的理论容量；钴基材料未包括在内。

参 考 文 献

1 Jin, T., Li, H., Zhu, K. et al. (2020). Polyanion-type cathode materials for sodium-ion batteries. *Chem. Soc. Rev.* 49 (8): 2342–2377. http://xlink.rsc.org/?DOI=C9CS00846B.

2 Barpanda, P., Lander, L., Nishimura, S., and Yamada, A. (2018). Polyanionic insertion materials for sodium-ion batteries. *Adv. Energy Mater.* 8 (17): 1703055. https://doi.org/10.1002/aenm.201703055.

3 Fang, Y., Zhang, J., Xiao, L. et al. (2017). Phosphate framework electrode materials for sodium ion batteries. *Adv. Sci. [Internet]* 4 (5): 1600392. https://doi.org/10.1002/advs.201600392.

4 Bridson, J.N., Quinlan, S.E., and Tremaine, P.R. (1998). Synthesis and crystal structure of maricite and sodium iron(III) hydroxyphosphate. *Chem. Mater.* 10 (3): 763–768.

5 Moreau, P., Guyomard, D., Gaubicher, J., and Boucher, F. (2010). Structure and stability of sodium intercalated phases in olivine $FePO_4$. *Chem. Mater.* 22 (14): 4126–4128.

6 Casas-Cabanas, M., Roddatis, V.V., Saurel, D. et al. (2012). Crystal chemistry of Na insertion/deinsertion in $FePO_4$–$NaFePO_4$. *J. Mater. Chem.* 22 (34): 17421–17423.

7 Sun, A., Beck, F.R., Haynes, D. et al. (2012). Synthesis, characterization, and electrochemical studies of chemically synthesized $NaFePO_4$. *Mater. Sci. Eng. B* 177 (20): 1729–1733. https://linkinghub.elsevier.com/retrieve/pii/S0921510712003741.

8 Zaghib, K., Trottier, J., Hovington, P. et al. (2011). Characterization of Na-based phosphate as electrode materials for electrochemical cells. *J. Power Sources* 196 (22): 9612–9617. https://linkinghub.elsevier.com/retrieve/pii/S0378775311012973.

9 Kim, J., Seo, D.H., Kim, H. et al. (2015). Unexpected discovery of low-cost maricite $NaFePO_4$ as a high-performance electrode for Na-ion batteries. *Energy Environ. Sci.* 8 (2): 540–545.

10 Liu, Y., Xu, Y., Han, X. et al. (2012). Porous amorphous $FePO_4$ nanoparticles connected by single-wall carbon nanotubes for sodium ion battery cathodes. *Nano Lett.* 12 (11): 5664–5668.

11 Senthilkumar, B., Sankar, K.V., Vasylechko, L. et al. (2014). Synthesis and electrochemical performances of maricite-$NaMPO_4$ (M = Ni, Co, Mn) electrodes for hybrid supercapacitors. *RSC Adv. [Internet]* 4 (95): 53192–53200. http://xlink.rsc.org/?DOI=C4RA06050D.

12 Minakshi, M., Meyrick, D., and Appadoo, D. (2013). Maricite ($NaMn_{1/3}Ni_{1/3}Co_{1/3}PO_4$)/activated carbon: hybrid capacitor. *Energy & Fuels* 27 (6): 3516–3522. https://doi.org/10.1021/ef400333s.

13 Galceran, M., Saurel, D., Acebedo, B. et al. (2014). The mechanism of $NaFePO_4$ (de)sodiation determined by in situ X-ray diffraction. *Phys. Chem. Chem. Phys.* 16 (19): 8837–8842.

14 Galceran, M., Roddatis, V., Zúñiga, F.J. et al. (2014). Na-vacancy and charge ordering in $Na_{2/3}FePO_4$. *Chem. Mater.* 26 (10): 3289–3294.

15 Saurel, D., Galceran, M., Reynaud, M. et al. (2018). Rate dependence of the reaction mechanism in olivine $NaFePO_4$ Na-ion cathode material. *Int. J. Energy Res.* 42 (10): 3258–3265. https://doi.org/10.1002/er.4078.

16 Boucher, F., Gaubicher, J., Cuisinier, M. et al. (2014). Elucidation of the $Na_{2/3}FePO_4$ and $Li_{2/3}FePO_4$ intermediate superstructure revealing a pseudouniform ordering in 2D. *J. Am. Chem. Soc.* 136 (25): 9144–9157.

17 Oh, S.M., Myung, S.T., Hassoun, J. et al. (2012). Reversible $NaFePO_4$ electrode for sodium secondary batteries. *Electrochem Commun.* 22 (1): 149–152. https://linkinghub.elsevier.com/retrieve/pii/S1388248112002597.

18 Zhu, Y., Xu, Y., Liu, Y. et al. (2013). Comparison of electrochemical performances of olivine $NaFePO_4$ in sodium-ion batteries and olivine $LiFePO_4$ in lithium-ion batteries. *Nanoscale* 5 (2): 780–787.

19 Wongittharom, N., Lee, T.-C., Wang, C.-H. et al. (2014). Electrochemical performance of Na/$NaFePO_4$ sodium-ion batteries with ionic liquid electrolytes. *J. Mater. Chem. A* 2 (16): 5655. http://xlink.rsc.org/?DOI=c3ta15273a.

20 Ali, G., Lee, J.H., Susanto, D. et al. (2016). Polythiophene-wrapped olivine $NaFePO_4$ as a cathode for Na-ion batteries. *ACS Appl. Mater. Interfaces* 8 (24): 15422–15429.

21 Heubner, C., Heiden, S., Schneider, M., and Michaelis, A. (2017). In-situ preparation and electrochemical characterization of submicron sized $NaFePO_4$ cathode material for sodium-ion batteries. *Electrochim. Acta* 233: 78–84.

22 Berlanga, C., Monterrubio, I., Armand, M. et al. (2020). Cost-effective synthesis of triphylite-$NaFePO_4$ cathode: a zero-waste process. *ACS Sustain. Chem. Eng.* 8 (2): 725–730.

23 Henriksen, C., Mathiesen, J.K., Chiang, Y.-M. et al. (2019). Reducing transformation strains during Na intercalation in olivine $FePO_4$ cathodes by Mn substitution. *ACS Appl. Energy Mater.* 2 (11): 8060–8067. https://doi.org/10.1021/acsaem.9b01560.

24 Goodenough, J.B., Hong, H.-P., and Kafalas, J.A. (1976). Fast Na^+-ion transport in skeleton structures. *Mater. Res. Bull. [Internet]* 11 (2): 203–220. https://linkinghub.elsevier.com/retrieve/pii/0025540876900775.

25 Singh, B., Wang, Z., Park, S. et al. (2021). A chemical map of NaSICON electrode materials for sodium-ion batteries. *J. Mater. Chem. A* 9 (1): 281–292. http://xlink.rsc.org/?DOI=D0TA10688G.

26 Deng, Z., Sai Gautam, G., Kolli, S.K. et al. (2020). Phase behavior in rhombohedral NaSiCON electrolytes and electrodes. *Chem. Mater.* 32 (18): 7908–7920. https://doi.org/10.1021/acs.chemmater.0c02695.

27 Uebou, Y., Kiyabu, T., Okada, S., and Yamaki, J. (2002). Electrochemical sodium insertion into the 3D-framework of $Na_3M_2(PO_4)_3$ (M = Fe, V). *Rep. Inst. Adv. Mater Study Kyushu Univ.* 16: 1–5. http://ci.nii.ac.jp/naid/110006177599/en/.

28 Saravanan, K., Mason, C.W., Rudola, A. et al. (2013). The first report on excellent cycling stability and superior rate capability of $Na_3V_2(PO_4)_3$ for sodium ion batteries. *Adv. Energy Mater.* 3 (4): 444–450.

29 Li, H., Xu, M., Gao, C. et al. (2020). Highly efficient, fast and reversible multi-electron reaction of $Na_3MnTi(PO_4)_3$ cathode for sodium-ion batteries. *Energy Storage Mater.* 26: 325–333.

30 Pivko, M., Arcon, I., Bele, M. et al. (2012). $A_3V_2(PO_4)_3$ (A = Na or Li) probed by in situ X-ray absorption spectroscopy. *J. Power Sources* 216: 145–151.

31 Jian, Z., Zhao, L., Pan, H. et al. (2012). Carbon coated $Na_3V_2(PO_4)_3$ as novel electrode material for sodium ion batteries. *Electrochem. Commun.* 14 (1): 86–89.

32 Chotard, J.-N., Rousse, G., David, R. et al. (2015). Discovery of a sodium-ordered form of $Na_3V_2(PO_4)_3$ below ambient temperature. *Chem. Mater.* 27 (17): 5982–5987. https://doi.org/10.1021/acs.chemmater.5b02092.

33 Jian, Z., Han, W., Lu, X. et al. (2013). Superior electrochemical performance and storage mechanism of $Na_3V_2(PO_4)_3$ cathode for room-temperature sodium-ion batteries. *Adv. Energy Mater.* 3 (2): 156–160.

34 Jian, Z., Yuan, C., Han, W. et al. (2014). Atomic structure and kinetics of NASICON $Na_xV_2(PO_4)_3$ cathode for sodium-ion batteries. *Adv. Funct. Mater.* 24 (27): 4265–4272. https://doi.org/10.1002/adfm.201400173.

35 Song, W., Ji, X., Wu, Z. et al. (2014). First exploration of Na-ion migration pathways in the NASICON structure $Na_3V_2(PO_4)_3$. *J. Mater. Chem. A* 2 (15): 5358–5362.

36 Song, W., Cao, X., Wu, Z. et al. (2014). A study into the extracted ion number for NASICON structured $Na_3V_2(PO_4)_3$ in sodium-ion batteries. *Phys. Chem. Chem. Phys.* 16 (33): 17681–17687.

37 Gao, H., Li, Y., Park, K., and Goodenough, J.B. (2016). Sodium extraction from NASICON-structured $Na_3MnTi(PO_4)_3$ through Mn(III)/Mn(II) and Mn(IV)/Mn(III) redox couples. *Chem. Mater.* 28 (18): 6553–6559. https://doi.org/10.1021/acs.chemmater.6b02096.

38 Hagman, L.O. and Kierkegaard, P. (1968). Acta_Vol_22_P1822-1832.Pdf. *Acta Chem. Scand.* 22: 1822–1832.

39 Delmas, C., Cherkaoui, F., Nadiri, A., and Hagenmuller, P. (1987). A nasicon-type phase as intercalation electrode: $NaTi_2(PO_4)_3$. *Mater. Res. Bull.* 22 (5): 631–639.

40 Irisarri, E., Ponrouch, A., and Palacin, M.R. (2015). Review – hard carbon negative electrode materials for sodium-ion batteries. *J. Electrochem. Soc.* 162 (14): A2476–A2482. https://doi.org/10.1149/2.0091514jes.

41 Il, P.S., Gocheva, I., Okada, S., and Yamaki, J. (2011). Electrochemical properties of $NaTi_2(PO_4)_3$ anode for rechargeable aqueous sodium-ion batteries. *J. Electrochem. Soc.* 158 (10): A1067.

42 Fernández-Ropero, A.J., Saurel, D., Acebedo, B. et al. (2015). Electrochemical characterization of $NaFePO_4$ as positive electrode in aqueous sodium-ion batteries. *J. Power Sources* 291: 40–45.

43 Chen, S., Wu, C., Shen, L. et al. (2017). Challenges and perspectives for NASICON-type electrode materials for advanced sodium-ion batteries. *Adv. Mater. [Internet]* 29 (48): 1700431. https://doi.org/10.1002/adma.201700431.

44 Leclaire, A., Benmoussa, A., Borel, M.M. et al. (1988). Two forms of sodium titanium(III) diphosphate: α-$NaTiP_2O_7$ closely related to β-cristobalite and β-$NaTiP_2O_7$ isotypic with $NaFeP_2O_7$. *J. Solid State Chem. [Internet]* 77 (2): 299–305. https://linkinghub.elsevier.com/retrieve/pii/0022459688902526.

45 Wang, Y.P., Lii, K.H., and Wang, S.L. (1989). Structure of $NaVP_2O_7$. *Acta Crystallogr. Sect. C Cryst. Struct. Commun. [Internet]* 45 (9): 1417–1418. https://doi.org/10.1107/S010827018900346X.

46 Huang, Q. and Hwu, S.-J. (1998). Synthesis and characterization of three new layered phosphates, $Na_2MnP_2O_7$, $NaCsMnP_2O_7$, and $NaCsMn_{0.35}Cu_{0.65}P_2O_7$. *Inorg. Chem. [Internet]* 37 (22): 5869–5874. https://doi.org/10.1021/ic980616d.

47 Gabelica-Robert, M., Goreaud, M., Labbe, P., and Raveau, B. (1982). The pyrophosphate $NaFeP_2O_7$: a cage structure. *J. Solid State Chem.* 45 (3): 389–395. https://linkinghub.elsevier.com/retrieve/pii/0022459682901840.

48 Moya-Pizarro, T., Salmon, R., Fournes, L. et al. (1984). Etudes cristallographique magnétique et par résonance Mössbauer de la variété de haute température du pyrophosphate $NaFeP_2O_7$. *J. Solid State Chem.* 53 (3): 387–397. https://linkinghub.elsevier.com/retrieve/pii/0022459684901178.

49 Barpanda, P., Ye, T., Nishimura, S. et al. (2012). Sodium iron pyrophosphate: a novel 3.0 V iron-based cathode for sodium-ion batteries. *Electrochem. Commun.* 24 (1): 116–119. https://linkinghub.elsevier.com/retrieve/pii/S1388248112003591.

50 Erragh, F., Boukhari, A., Elouadi, B., and Holt, E.M. (1991). Crystal structures of two allotropic forms of $Na_2CoP_2O_7$. *J. Crystallogr. Spectrosc. Res.* 21 (3): 321–326.

51 Beaury, L., Derouet, J., Binet, L. et al. (2004). The blue allotropic form of Co^{2+}:$Na_2CoP_2O_7$: optical and magnetic properties, correlation with crystallographic data. *J. Solid State Chem.* 177 (4–5): 1437–1443.

52 Sanz, F., Parada, C., Rojo, J.M. et al. (1999). Studies on tetragonal $Na_2CoP_2O_7$, a novel ionic conductor. *J. Solid State Chem.* 145 (2): 604–611. https://linkinghub.elsevier.com/retrieve/pii/S002245969998249X.

53 Erragh, F., Boukhari, A., Sadel, A., and Holt, E.M. (1998). Disodium zinc pyrophosphate and disodium (europium) zinc pyrophosphate. *Acta Crystallogr Sect. C Cryst. Struct. Commun.* 54 (10): 1373–1376. http://scripts.iucr.org/cgi-bin/paper?S0108270198006246.

54 Ng, H.N. and Calvo, C. (1973). The crystal structure of $KA_1P_2O_7$. *Can. J. Chem.* 51 (16): 2613–2620. https://doi.org/10.1139/v73-395.

55 Kee, Y., Dimov, N., Staikov, A. et al. (2015). Insight into the limited electrochemical activity of $NaVP_2O_7$. *RSC Adv.* 5 (80): 64991–64996. http://xlink.rsc.org/?DOI=C5RA12158B.

56 Barpanda, P., Nishimura, S.I., and Yamada, A. (2012). High-voltage pyrophosphate cathodes. *Adv. Energy Mater.* 2 (7): 841–859.

57 Kim, H., Shakoor, R.A., Park, C. et al. (2013). $Na_2FeP_2O_7$ as a promising iron-based pyrophosphate cathode for sodium rechargeable batteries: a combined experimental and theoretical study. *Adv. Funct. Mater.* 23 (9): 1147–1155.

58 Park, C.S., Kim, H., Shakoor, R.A. et al. (2013). Anomalous manganese activation of a pyrophosphate cathode in sodium ion batteries: a combined experimental and theoretical study. *J. Am. Chem. Soc.* 135 (7): 2787–2792. https://doi.org/10.1021/ja312044k.

59 Kim, H., Park, C.S., Choi, J.W., and Jung, Y. (2016). Defect-controlled formation of triclinic $Na_2CoP_2O_7$ for 4 V sodium-ion batteries. *Angew. Chemie Int. Ed.* 55 (23): 6662–6666. https://doi.org/10.1002/anie.201601022.

60 Barpanda, P., Lu, J., Ye, T. et al. (2013). A layer-structured $Na_2CoP_2O_7$ pyrophosphate cathode for sodium-ion batteries. *RSC Adv.* 3 (12): 3857–3860.

61 Song, J., Xu, M., Wang, L., and Goodenough, J.B. (2013). Exploration of $NaVOPO_4$ as a cathode for a Na-ion battery. *Chem. Commun.* 49 (46): 5280–5282.

62 Lii, K.H., Li, C.H., Chen, T.M., and Wang, S.L. (1991). Synthesis and structural characterization of sodium vanadyl(IV) orthophosphate $NaVOPO_4$. *Zeitschrift fur Krist – New Cryst Struct.* 197 (1–2): 67–73.

63 Fang, Y., Liu, Q., Xiao, L. et al. (2018). A fully sodiated $NaVOPO_4$ with layered structure for high-voltage and long-lifespan sodium-ion batteries. *Chem* 4 (5): 1167–1180.

64 Galceran, M., Rikarte, J., Zarrabeitia, M. et al. (2019). Investigation of $NaTiOPO_4$ as anode for sodium-ion batteries: a solid electrolyte interphase free material? *ACS Appl. Energy Mater.* 2 (3): 1923–1931.

65 Mu, L., Ben, L., Hu, Y.S. et al. (2016). Novel 1.5 V anode materials, $ATiOPO_4$ (A = NH_4, K, Na), for room-temperature sodium-ion batteries. *J. Mater. Chem. A* 4 (19): 7141–7147.

66 Tordjman, I., Masse, R., and Guitel, J.C. (1974). Structure cristalline du subéramide. *Zeitschrift für Krist* 139: 103–115.

67 Zhuo, H., Wang, X., Tang, A. et al. (2006). The preparation of $NaV_{1-x}Cr_xPO_4F$ cathode materials for sodium-ion battery. *J. Power Sources* 160 (1): 698–703. https://linkinghub.elsevier.com/retrieve/pii/S0378775306000358.

68 Zhao, J., He, J., Ding, X. et al. (2010). A novel sol–gel synthesis route to $NaVPO_4F$ as cathode material for hybrid lithium ion batteries. *J. Power Sources* 195 (19): 6854–6859. https://linkinghub.elsevier.com/retrieve/pii/S0378775310005847.

69 Law, M. and Balaya, P. (2018). $NaVPO_4F$ with high cycling stability as a promising cathode for sodium-ion battery. *Energy Storage Mater.* 10: 102–113. https://linkinghub.elsevier.com/retrieve/pii/S2405829717301423.

70 Barker, J., Saidi, M.Y., and Swoyer, J.L. (2003). A sodium-ion cell based on the fluorophosphate compound $\{NaVPO\}_4F$. *Electrochem. Solid-State Lett.* 6 (1): A1.

https://doi.org/10.1149/1.1523691.

71 Li, L., Xu, Y., Sun, X. et al. (2018). Fluorophosphates from solid-state synthesis and electrochemical ion exchange: NaVPO$_4$F or Na$_3$V$_2$(PO$_4$)$_2$F$_3$? *Adv. Energy Mater.* 8 (24): 1801064. https://doi.org/10.1002/aenm.201801064.

72 Boivin, E., Chotard, J.-N., Bamine, T. et al. (2017). Vanadyl-type defects in tavorite-like NaVPO$_4$F: from the average long range structure to local environments. *J. Mater. Chem. A* 5 (47): 25044–25055. http://xlink.rsc.org/?DOI=C7TA08733K.

73 Huang, H., Faulkner, T., Barker, J., and Saidi, M.Y. (2009). Lithium metal phosphates, power and automotive applications. *J. Power Sources* 189 (1): 748–751. https://linkinghub.elsevier.com/retrieve/pii/S0378775308015966.

74 Ellis, B.L., Makahnouk, W.R.M., Makimura, Y. et al. (2007). A multifunctional 3.5 V iron-based phosphate cathode for rechargeable batteries. *Nat. Mater.* 6 (10): 749–753. http://www.nature.com/articles/nmat2007.

75 Recham, N., Chotard, J.-N., Dupont, L. et al. (2009). Ionothermal synthesis of sodium-based fluorophosphate cathode materials. *J. Electrochem. Soc.* 156 (12): A993. https://doi.org/10.1149/1.3236480.

76 Kawabe, Y., Yabuuchi, N., Kajiyama, M. et al. (2012). A comparison of crystal structures and electrode performance between Na$_2$FePO$_4$F and Na$_2$Fe$_{0.5}$Mn$_{0.5}$PO$_4$F synthesized by solid-state method for rechargeable Na-ion batteries. *Electrochemistry* 80 (2): 80–84. http://www.jstage.jst.go.jp/article/electrochemistry/80/2/80_2_80/_article.

77 Tereshchenko, I.V., Aksyonov, D.A., Drozhzhin, O.A. et al. (2018). The role of semilabile oxygen atoms for intercalation chemistry of the metal-ion battery polyanion cathodes. *J. Am. Chem. Soc.* 140 (11): 3994–4003.

78 Ellis, B.L., Makahnouk, W.R.M., Rowan-Weetaluktuk, W.N. et al. (2010). Crystal structure and electrochemical properties of A$_2$MPO$_4$F fluorophosphates (A = Na, Li; M = Fe, Mn, Co, Ni). *Chem. Mater.* 22 (3): 1059–1070. https://doi.org/10.1021/cm902023h.

79 Bianchini, M., Brisset, N., Fauth, F. et al. (2014). Na$_3$V$_2$(PO$_4$)$_2$F$_3$ revisited: a high-resolution diffraction study. *Chem. Mater.* 26 (14): 4238–4247. https://doi.org/10.1021/cm501644g.

80 Bianchini, M., Fauth, F., Brisset, N. et al. (2015). Comprehensive investigation of the Na$_3$V$_2$(PO$_4$)$_2$F$_3$–NaV$_2$(PO$_4$)$_2$F$_3$ system by operando high resolution synchrotron X-ray diffraction. *Chem. Mater.* 27 (8): 3009–3020.

81 Castelvecchi, D. (2015). X-ray science gets an upgrade. *Nature* 525: 15–16.

82 Serras, P. (2014). *High Voltage Cathodes for Na-Ion Batteries: Na$_3$V$_2$O$_{2x}$(PO$_4$)$_2$F$_{3-2x}$*. Universidad del Pais Vasco.

83 Broux, T., Fauth, F., Hall, N. et al. (2019). High rate performance for carbon-coated Na$_3$V$_2$(PO$_4$)$_2$F$_3$ in Na-ion batteries. *Small Methods* 3 (4): 1800215. https://doi.org/10.1002/smtd.201800215.

84 Yan, G., Mariyappan, S., Rousse, G. et al. (2019). Higher energy and safer sodium ion batteries via an electrochemically made disordered Na$_3$V$_2$(PO$_4$)$_2$F$_3$ material. *Nat. Commun.* 10 (1): 1–12.

85 Park, Y.U., Seo, D.H., Kim, H. et al. (2014). A family of high-performance cathode materials for na-ion batteries, Na$_3$(VO$_{1-x}$PO$_4$)$_2$F$_{1+2x}$ ($0 \leq x \leq 1$): combined first-principles and experimental study. *Adv. Funct. Mater.* 24 (29): 4603–4614.

86 Nguyen, L.H.B., Broux, T., Camacho, P.S. et al. (2019). Stability in water and electrochemical properties of the $Na_3V_2(PO_4)_2F_3$ – $Na_3(VO)_2(PO_4)_2F$ solid solution. *Energy Storage Mater.* 20: 324–334.

87 Broux, T., Bamine, T., Fauth, F. et al. (2016). Strong impact of the oxygen content in $Na_3V_2(PO_4)_2F_{3-y}O_y$ ($0 \leq y \leq 2$) on its structural and electrochemical properties. *Chem. Mater.* 28 (21): 7683–7692.

88 Serras, P., Palomares, V., Alonso, J. et al. (2013). Electrochemical Na extraction/insertion of $Na_{3.2}O_{2x}(PO_4)_2F_{3-2x}$. *Chem. Mater.* 25 (24): 4917–4925.

89 Liu, J., Chang, D., Whitfield, P. et al. (2014). Ionic conduction in cubic $Na_3TiP_3O_9N$, a secondary Na-ion battery cathode with extremely low volume change. *Chem. Mater.* 26 (10): 3295–3305. https://doi.org/10.1021/cm5011218.

90 Liu, J., Yu, X., Hu, E. et al. (2013). Divalent iron nitridophosphates: a new class of cathode materials for Li-ion batteries. *Chem. Mater.* 25 (20): 3929–3931.

91 Reynaud, M., Wizner, A., Katcho, N.A. et al. (2017). Sodium vanadium nitridophosphate $Na_3V(PO_3)_3N$ as a high-voltage positive electrode material for Na-ion and Li-ion batteries. *Electrochem. Commun.* 84: 14–18.

92 Kim, J., Yoon, G., Lee, M.H. et al. (2017). New 4 V-class and zero-strain cathode material for Na-ion batteries. *Chem. Mater.* 29 (18): 7826–7832. https://doi.org/10.1021/acs.chemmater.7b02477.

93 Kim, J., Park, I., Kim, H. et al. (2016). Tailoring a new 4 V-class cathode material for Na-ion batteries. *Adv. Energy Mater.* 6 (6): 1502147. https://doi.org/10.1002/aenm.201502147.

94 Kim, H., Park, I., Seo, D.-H. et al. (2012). New iron-based mixed-polyanion cathodes for lithium and sodium rechargeable batteries: combined first principles calculations and experimental study. *J. Am. Chem. Soc.* 134 (25): 10369–10372.

95 Kim, H., Park, I., Lee, S. et al. (2013). Understanding the electrochemical mechanism of the new iron-based mixed-phosphate $Na_4Fe_3(PO_4)_2(P_2O_7)$. *Chem. Mater.* 25 (18): 3614–3622.

96 Kim, H., Yoon, G., Park, I. et al. (2015). Anomalous Jahn–Teller behavior in a manganese-based mixed-phosphate cathode for sodium ion batteries. *Energy Environ. Sci.* 8 (11): 3325–3335. http://xlink.rsc.org/?DOI=C5EE01876E.

97 Senthilkumar, B., Ananya, G., Ashok, P., and Ramaprabhu, S. (2015). Synthesis of carbon coated nano-$Na_4Ni_3(PO_4)_2P_2O_7$ as a novel cathode material for hybrid supercapacitors. *Electrochim. Acta* 169: 447–455. https://linkinghub.elsevier.com/retrieve/pii/S0013468615009810.

98 Zhang, H., Hasa, I., Buchholz, D. et al. (2017). Exploring the Ni redox activity in polyanionic compounds as conceivable high potential cathodes for Na rechargeable batteries. *NPG Asia Mater.* 9 (3): e370–e370. http://www.nature.com/articles/am201741.

99 Nose, M., Nakayama, H., Nobuhara, K. et al. (2013). $Na_4Co_3(PO_4)_2P_2O_7$: a novel storage material for sodium-ion batteries. *J. Power Sources* 234: 175–179.

100 Nose, M., Shiotani, S., Nakayama, H. et al. (2013). $Na_4Co_{2.4}Mn_{0.3}Ni_{0.3}(PO_4)_2P_2O_7$: high potential and high capacity electrode material for sodium-ion batteries. *Electrochem. Commun.* 34: 266–269.

101 Zarrabeitia, M., Jáuregui, M., Sharma, N. et al. (2019). $Na_4Co_3(PO_4)_2P_2O_7$ through correlative operando X-ray diffraction and electrochemical impedance

spectroscopy. *Chem. Mater.* 31 (14): 5152–5159.

102 Deng, C. and Zhang, S. (2014). 1D Nanostructured $Na_7V_4(P_2O_7)_4(PO_4)$ as high-potential and superior-performance cathode material for sodium-ion batteries. *ACS Appl. Mater. Interfaces* 6 (12): 9111–9117. https://doi.org/10.1021/am501072j.

103 Lim, S.Y., Kim, H., Chung, J. et al. (2014). Role of intermediate phase for stable cycling of $Na_7V_4(P_2O_7)_4PO_4$ in sodium ion battery. *Proc. Natl. Acad. Sci.* 111 (2): 599–604. https://doi.org/10.1073/pnas.1316557110.

104 Kovrugin, V.M., Chotard, J.N., Fauth, F. et al. (2017). Structural and electrochemical studies of novel $Na_7V_3Al(P_2O_7)_4(PO_4)$ and $Na_7V_2Al_2(P_2O_7)_4(PO_4)$ high-voltage cathode materials for Na-ion batteries. *J. Mater. Chem. A* 5 (27): 14365–14376.

105 Wood, S.M., Eames, C., Kendrick, E., and Islam, M.S. (2015). Sodium ion diffusion and voltage trends in phosphates $Na_4M_3(PO_4)_2P_2O_7$ (M = Fe, Mn, Co, Ni) for possible high-rate cathodes. *J. Phys. Chem. C* 119 (28): 15935–15941. https://doi.org/10.1021/acs.jpcc.5b04648.

106 Kosova, N.V. and Belotserkovsky, V.A. (2018). Sodium and mixed sodium/lithium iron ortho-pyrophosphates: synthesis, structure and electrochemical properties. *Electrochim. Acta* 278: 182–195. https://linkinghub.elsevier.com/retrieve/pii/S0013468618310570.

107 Fernández-Ropero, A.J., Zarrabeitia, M., Reynaud, M. et al. (2018). Toward safe and sustainable batteries: $Na_4Fe_3(PO_4)_2P_2O_7$ as a low-cost cathode for rechargeable aqueous Na-ion batteries. *J. Phys. Chem. C* 122 (1): 133–142. https://doi.org/10.1021/acs.jpcc.7b09803.

108 de la Rochère, M., Kahn, A., D'Yvoire, F., and Bretey, E. (1985). Crystal structure and cation transport properties of the ortho – diphosphates $Na_7(MP_2O_7)_4PO_4$ (M = Al, Cr, Fe). *Mater. Res. Bull.* 20 (1): 27–34. https://linkinghub.elsevier.com/retrieve/pii/0025540885900236.

109 Fang, W., An, Z., Xu, J. et al. (2018). Superior performance of $Na_7V_4(P_2O_7)_4PO_4$ in sodium ion batteries. *RSC Adv.* 8 (38): 21224–21228. http://xlink.rsc.org/?DOI=C8RA03682A.

110 Chen, H., Hautier, G., and Ceder, G. (2012). Synthesis, computed stability, and crystal structure of a new family of inorganic compounds: carbonophosphates. *J. Am. Chem. Soc.* 134 (48): 19619–19627. https://doi.org/10.1021/ja3040834.

111 Chen, H., Hautier, G., Jain, A. et al. (2012). Carbonophosphates: a new family of cathode materials for Li-ion batteries identified computationally. *Chem. Mater.* 24 (11): 2009–2016. https://doi.org/10.1021/cm203243x.

112 Chen, H., Hao, Q., Zivkovic, O. et al. (2013). Sidorenkite ($Na_3MnPO_4CO_3$): a new intercalation cathode material for Na-ion batteries. *Chem. Mater.* 25 (14): 2777–2786.

113 Huang, W., Zhou, J., Li, B. et al. (2014). Detailed investigation of $Na_{2.24}FePO_4CO_3$ as a cathode material for Na-ion batteries. *Sci. Rep.* 4: 1–8.

114 Yakubovich, O.V., Karimova, O.V., and Mel'nikov, O.K. (1997). The mixed anionic framework in the structure of $Na_2\{MnF[PO_4]\}$. *Acta Crystallogr. Sect. C Cryst. Struct. Commun.* 53 (4): 395–397. http://scripts.iucr.org/cgi-bin/paper?S0108270196014102.

115 D. Saurel, M. Giner, M. Galceran et al. (2022), Electrochimica Acta, 425, 140650–9. https://doi.org/10.1016/j.electacta.2022.140650.

第6章
钠离子电池的普鲁士蓝电极

作者：*Sai Gourang Patnaik and Philipp Adelhelm*
译者：杨良滔

▼ 6.1 概述

普鲁士蓝类（PBA）是包含金属六氰金属酸盐的配位聚合物，通式为 $A_xT[M(CN)_6]_y \cdot zH_2O$，其中 A 为可脱嵌的金属离子 Li^+、Na^+、K^+，M 为碳配位的过渡金属离子（Fe、Mn、Cr），T 为氮配位的过渡金属离子（可通过前驱体调控），$0 \leq x \leq 2$；$0 \leq y < 1$。Na^+ 的普鲁士蓝类化合物可以表示为 $Na_xT[M(CN)_6] \cdot zH_2O$。由于金属离子可以被替换成多种过渡金属甚至是两种不同金属的固溶体，因此可以根据不同的金属前驱体实现不同类型的 PBA。它们在 Na^+ 离子的有机电解液体系中能够释放较高的容量（>200mA·h·g^{-1}）、优异的倍率性能（最高达 50C）以及高放电电压（~3.5V）；在无极电解液体系中，也具有高克容量和稳定性，同时还具备易制备和开发多种化合物的特性。其原材料的成本优势使得 PBA 在峰电调控和潜在电动汽车领域的商业应用具有潜力，如宁德时代新能源科技股份有限公司（CATL）最近发布会所展示的一样。本章基于文献报道和 PBAs 在钠离子电池应用，从化学、合成方法、电化学行为以及挑战等方面展开讨论。

▼ 6.2 结构与化学键

PBA 是具有开放框架结构的配位聚合物，由碱金属离子（A^+）和金属氰化物配体（$[M(CN)_6]^-$）组成。

这些金属离子配体在水性介质中具有高度自发性，因此通过大部分自上而下的合成方法获得的 PBA 晶体存在缺陷、空位和水分子，是不可避免的（图 6.1）。根据嵌入的水分子和碱金属原子的数量，它们主要有三种不同的聚合结构：单斜体、立方体或斜方。PBA 中的水存在三种不同的形式：①沸石型水与 Na^+ 共同存在于内部空隙中；②作为配位水跟金属原子位于[Fe(CN)$_6$]的空位中(空位掺杂结构);③表面吸附物质。水的含量影响材料结构,例如水合Na$_{2-\sigma}$Mn[Fe(CN)$_6$]是单斜结构,但是它的脱水体是斜方结构[1]。与之类似,结构中的碱金属离子的数量也会影响PBA的晶体结构。例如,富钠结构会产生单斜相,但是缺钠结构形成立方相[2, 3]。在Na$^+$离子的脱嵌过程中还会产生四方形或其他的中间相。PBAs也具有很大的(110)方向离子通道和晶格空隙。这会实现超高倍率下不同尺寸的大碱金属离子的可逆脱嵌,而其他过渡金属磷酸盐和氧化物难以实现,例如Na$^+$、K$^+$,甚至是Rb$^+$离子等。例如,Na$_x$M[Fe(CN)$_6$]$_y$(Fe-PBA)类材料含有规则的~5Å边长的立方纳米孔和大空隙位[4],从而导致快速的Na$^+$离子的电导率,离子迁移系数的范围为10^{-9}~10^{-8}cm$^2\cdot$s^{-1}[5]。此外,在Na$^+$离子通过大的离子通道时,会导致可忽略不计的晶格应力,使得其结构更稳定,因此PBA更适用于理想的嵌入型的钠离子电池正极材料[6]。图6.1是含有配位水和空位开放框架结构的PBAs。

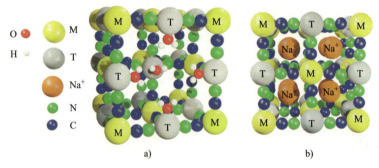

图6.1 (a)带有空位、配位水的PBA(立方结构)典型示意图;(b)钠离子位于空隙位

关于化学键(例如Fe-PBA),氰化物中的C原子是与低自旋态的M(Fe)形成共价键。但是N原子是跟高自旋态的T形成原子键。在理想状态下,低自旋态的(M-LS)和高自旋态的(T-HS)的数量是相同的,并且能够储存相同数量的Na$^+$离子,但是展现不同的氧化还原电位[7, 8]。但是在大部分的应用中,M-LS的容量贡献是低于T-HS的,这是由于C链接的金属氰化物的特性决定了迁移通道的尺寸和离子电导率。

与之类似,由于自旋态能够与其他因子(例如空隙、水含量等)共同决定Na$^+$离子电化学过程中的电压平台,所以它也是很重要的。跟M-LS(C)相比,T-HS(N)通常在低电位跟Na$^+$离子发生相互作用。这是可以通过分子轨道理论解释的。CN$^-$是一种双方为配体,受其阴离子特性的影响,它是强σ键供体和弱的π键受体。CN$^-$的负电荷是均匀分布在C(-0.501)和N(-0.499)上,但是最高填充轨道导致更偏向于"C"位的M-L共价键形成,从而形成了材料最基础的性能[9]。同时,CN$^-$是一种强场配体,由于大的晶体场分离,它位于T[M(CN)6]-八面体中,连接到"C"端的M由于晶体场分裂较大而通常处于低自旋构型。N的配体场相对是弱的,并且链接在N尾端的T具有较低分离(因此自旋高)。金属T配位的N极化σ键,同时引起σ键的降低和π反键的升高(图6.2)。根据Shriver[10]的报道,这会导致e_g跟t_{2g}相比会有少部分能量的改变,但八面体中d电子净能量的上升(这决定了化合物离子势)。这种低的能量是导致C配位M的+2氧化态的原因,并且会导致跟N相连的T达到一个更高的氧化电位。例如,富钠的Na$_{1+x}$Fe[Fe(CN)$_6$](带有更少的[Fe(CN)6]$^-$空位)展现了2个Na$^+$的氧化还原电位:一个是N配位的Fe^{2+}/Fe^{3+}氧化还原对在 2.98V/2.92V，另一个是 C 配位的低自选 Fe^{2+}/Fe^{3+} 氧化还原对在 3.74V/3.42V。

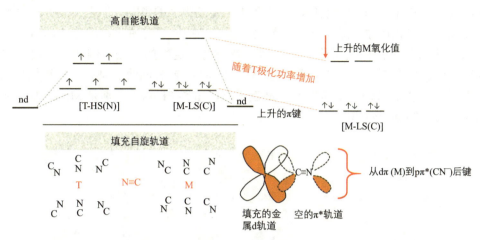

图 6.2　C 和 N 连接金属的自旋态，净能量下降，并返回到 Fe-PBA 的键能

6.3　影响电化学行为的因素

6.3.1　结构转变

电荷储存的通式可以表达为：

$$2Na^+ + 2e^- + T[M(CN)_6] \longleftrightarrow Na_2T[M(CN)_6] \text{ 或}$$

$$Na_xT[M(CN)_6] \longleftrightarrow xNa^+ + T[M(CN)_6]^x \text{（富钠的 PBA）}$$

在反应过程中，容量、稳定性、倍率性能和结构转变等受多个因素的影响，例如结构内部的水/空位、金属原子的种类、循环电压范围等。

通常情况下，在完全脱水和脱 Na^+ 的状态下，PBA 是单斜/立方相。由于 d-Ⅱ 的轨道有效重叠，∠T-N-C 和 ∠M-C-N 键角保持在 180°。引入正电荷的 Na^+ 会通过与负电荷的 N 原子通过 Coulomb 交互反应引起结构的扭曲。在低 Na 浓度下，Na-N 交互反应的强度是不足以扭曲结构，因此保持类立方相结构（Na 连接四个 N 原子），并且 Na 占据八面体位。但是，在高钠离子浓度状态下，由于 ∠T-N-C 的键角远低于 180°，导致 Na-N 的相互作用增强，材料结构从而转变成斜方结构（Na 链接 6 个 N 原子）。由于 Na^+ 离子尺寸小，Na^+ 位于八面体中心位置，从而最大化了 Na-N 的相互作用。因此，完全脱水状态下的 PBA 放电过程中，由大体积变化的 ∠T-N-C 直键角的开放单斜/立方结果转变成小体积变化的 ∠T-N-C 弯曲键角的斜方结构（图 6.3）。结构水的存在会导致斜方结构的扭曲趋势会受到阻碍，这是由于体相结构的 Pauli 互斥造成的[12]。但是，这仅仅是一个大致简化的结构转变机制，其他的案例可能会产生一些其他的情况。例如，Cu/Mn 基材料会产生由 Cu^{2+} 和 Mn^{3+} 引起的 Jahn-Teller 效应引起的额外效应。已经发现当 Na^+ 离子跟一些特定

PBA（例如拥有两个氧化还原中心的 $Na_2Fe[Fe(CN)_6]$、$Na_2Cu[Fe(CN)_6]$、$Na_2Mn[Fe(CN)_6]$）中 $[Fe(CN)_6]^-$ 的 Fe 相互作用，它们晶格常数不会受到很大的影响。但是，当 Na^+ 跟 N 连接的过渡金属发生氧化还原，晶体结构参数会发生结构扭曲引起氰化物的连接的坍塌[13]。电化学惰性元素替换第二位金属原子是一项有效提高稳定性的方法（例如 $Na_2Ni[Fe(CN)_6]$、$Na_2Cu[Fe(CN)_6]$），但是这会降低材料的整体容量。掺杂或者固溶法是另外一种保持结构完整和容量的方法。从另外一个角度看，最近报道的富钠 PBAs（特别是 Mn/Fe 基六氰基高铁酸盐）具有高容量和循环稳定性[15,16]。

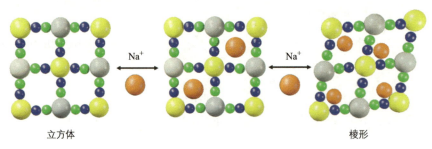

图 6.3　充放电过程中的结构转变

6.3.2　空位和水分子

如前文所述，PBA 中的金属离子与氰化物配体的自发反应会导致高浓度的空位。$[Fe(CN)6]^-$ 空位会产生正电位的缺陷、降低容量，引起结构扭曲会导致 Fe-C≡N-T 坍塌，从而降低循环寿命和库伦效率。这样会阻止 e^- 和 Na^+ 在 CN 桥上的输运，并增大材料在循环过程中的极化。此外，缺陷浓度高的材料会在循环过程中产生较大的体积变化和结构转变[17,18]。$[Fe(CN)_6]$ 空位可能会被金属连接的配体水替换。当充到高电位时（>3.0V vs.Na^+/Na），配体 H_2O 会被 Na^+ 离子脱出，与层间水结合引起副反应（~4.0V），导致高的电化学阻抗和反应过电位[17]。因此，制备无缺陷/无空位的 PBA 结构对于高性能电化学性能是至关重要的。但是在一些例子中也提到，空位会在 Na^+ 嵌入过程中提高 PBA 框架结构的稳定性（例如由 Jahn-Teller 效应引起的不稳定结构）并提供可替换的大离子导电通道，如 K^+ 和 Rb^+ 离子，小的正离子如 Na^+ 能自由通过 PB 晶体[19,20]。

水分子在电化学反应中与 Na^+ 离子的相互作用是很复杂的。间隙水和结构水以及表面吸附的水都对电化学行为和反应动力学有影响。在非离子电解液中和高工作电压情况下，沸石水与 Na^+ 离子竞争"A"的位置或者立方通道。表面吸附水在离子脱嵌过程中会由于副反应导致不可逆容量。间隙水占据纳米空隙并且影响 Na^+ 的迁移。大部分富钠的 PBA 中的配位水会由于 H_2O 分子结合能降低从而以 $Na(OH_2)^+$ 的形式脱出。大尺度的 $Na(OH_2)^+$ 在小的晶体尺寸内迁移会引起结构扭曲和降低离子迁移，从而导致容量损失、循环寿命缩短和低的倍率性能。好的一面是，配位水分子会阻止 $[Fe(CN)_6]^-$ 空位的正电荷迁移到电负位的阴离子。由于水溶解活性的 Na^+ 离子，这能导致活性离子电位下降，从而一定程度上缓解从立方到斜方的相转变。总之，水分子的作用仍需进一步研究，这对开发 PBA 电极材料是很重要的。

6.4 合成策略

由于空位和水对 PBA 电极材料有着重要的影响，大部分的材料合成方法聚焦于获得高质量的无水、无空位的材料。合成方法可以根据金属离子和氰化物的反应模式和难易，被分类成不同的类型。合成步骤一般包括特殊形貌控制、热处理除水或者造孔。

6.4.1 溶液共沉积法

或许制备 PBA 材料最简单的方式是让配体和金属离子相互反应形成 PBA 晶体。大部分 PBA 的溶解系数是非常小的（K_{sp} 在 10^{-15} 的指数级别[21]）从而导致结晶和相的生长，进而导致形貌的差异、大量的空位和大量的结晶水。控制反应速率是实现高质量 PBA 的关键，可以通过降低添加反应物、或者降低温度。例如，不规则 ~400nm 的 $Fe[Fe(CN)_6]$ 可以在 60℃通过缓慢的等摩尔量添加 $K_3Fe(CN)_6$（配体）和 $FeCl_3$（金属离子源）反应 6h[8]。获得含有 ~20wt% 水的晶体，但是仍在 2.0 ~ 4.0V（vs.Na/Na$^+$）具有高的可逆容量（超过 120mA·h·g^{-1}）和 500 次循环后 >85% 的容量保持率。

晶体化控制可以通过螯合剂获得更高质量的 PBA 晶体，例如柠檬酸盐、草酸盐或者聚合物。采用柠檬酸盐制备的 $Na_2CoFe(CN)_6$ 的水含量低 10% 并且晶体缺陷具有明显的下降。获得的晶体的容量 >150mA·h·g^{-1} 并且 >200 次循环的容量保持率 >90%[22]。与之相似，通过使用聚合物配体能够轻易控制 PBA 的纳米晶体的尺寸形成颗粒尺寸低于 12nm 的一致性颗粒，例如聚乙烯吡咯烷酮（PVP）[23]。但是另一个可以控制反应速率的方法是通过使用单离子前驱体。在这个方法中，$Na_4[Fe(CN)_6]$ 能够用于单一的 $Fe^{2+/3+}$ 源，通过利用 $[Fe(CN)_6]^-$ 在酸性介质中缓慢分解从而提供 $Fe^{2+/3+}$，随后通过与体系中剩余的 $[Fe(CN)_6]^-$ 发生反应形成超低水含量（<15%）和低空位缺陷（~6%）的 PBA 纳米晶体[24]。在合成过程中得到的水能够通过添加路易斯酸被有效地限制，例如 $AlCl_3$，这个路易斯酸能与配位水发生相互作用，从而防止在高电位作用下副反应的发生。共沉积法的主要优势是制备过程本身的通用性。大量不同离子的固溶体能够通过引入新金属前驱体轻易形成并且可以优化其比例。例如，$Na_2Fe[Fe(CN)_6]$ 能够掺杂其他金属元素，例如 Mn、Ni、和 Co（与比较出名的 NMC 的锂电池电极材料相似），只要通过引入相应盐的前驱体，并且获得掺杂后的正极材料展现很好的稳定性[25]（在 1C 下 110mA·h·g^{-1} 容量和大于 1500 次循环的容量保持率为大于 75%）。

6.4.2 水热法 / 溶剂热法

从商业化的角度来说，水热法合成 PBAs 是极其重要的，由于特定形貌一致和颗粒均一的 PBA 微米颗粒能够通过优化反应条件获得。在这个方法中，单一源的 $A_x[M(CN)6]_y$ 会在一定反应条件下发生部分分解从而提供 $M^{a+/b+}$，并且再进一步与溶解物质发生反应形成 PBA 晶体。例如，颗粒尺寸 0.5 ~ 3.0μm 的均一富钠 $Na_xFe[Fe(CN)_6]$ 能够通过水热法获得（80℃，加热 10h），溶剂为高浓度的 $Na_4[Fe(CN)_6]$ 在 NaCl 溶液中，PVP 为表面活性剂。该材料具有好的循环性能和高容量（大于 500 次，100mA·h·g^{-1}）[11]。采用相同的策略，其他单电子金属元素的 PBAs 也已经被制备了，例如有潜力成为钠电池正极材料的

$Co_3[Co(CN)_6]_2$[26]。但是,水热法最大的好处是可以控制 PBAs 材料的形貌和尺寸。通过系统控制反应条件,例如 pH 值、反应时间和温度,不同形貌的材料可以轻易被制备出。例如,通过水热法从 $Na_4[Fe(CN)_6]$ 制备 $Na_xFe[Fe(CN)_6]$ 的过程中引入一定含量的 HCl,就可以控制获得立方、凹面心立方、凹心类球型等不同形貌的 PBA 材料[27]。与之相似,氧化性的刻蚀酸能够降低还原剂(例如抗坏血酸),以及在蚀刻条件下的额外优化并通过一种反转的奥斯瓦尔德熟化过程,能够获得多层的纳米管和纳米管。这些纳米管具有优异的长循环性,能够在 10C 高倍率和 >10000 次循环下保持 65% 的容量[28]。

6.4.3 电镀

电镀是一种用于制备 PBA 薄膜的方法,这种方法难以用于制备其他正极材料,它需要一种惰性和无水的电解液池。一般策略是将还原电位(或电流)应用于含有 $[Fe(CN)_6]^-$ 配体和金属离子(通过金属盐前体)的电解液中的工作电极,电解液中含有浓 NaCl 溶液(用于富钠的 PBA)以及其他添加剂。在 –0.50V 的电压下(vs.Ag/AgCl)和包含 $1.0mmol·L^{-1}$ $K_3[Fe(CN)_6]$、$1.5mmol·L^{-1}$ $MnCl_2$、$1.0mol·L^{-1}$ NaCl 的水溶液,Moritomo 等人[29]将 $NaCl Na_{1.32}Mn[Fe(CN)_6]_{0.83}·3.5H_2O$ 薄膜包覆在氧化铟钛(ITO)电极表面上。同一个课题组也报道了在相同条件下和包含 $0.8mmol$ $K_3[Fe(CN)_6]$、$0.5mmol$ $Co(NO_3)_2$、$5.0mol$ $Na(NO_3)$ 的电解液中[30]制备出了 $Na_xCo[Fe(CN)_6]_{0.90}·2.9H_2O$ 材料,该材料的氧化还原电压为 3.4V 和 3.8V(vs.Na/Na$^+$)。Bandarenka 等人也报道了电镀制备 $Na_2VO_x[Fe(CN)_6]$ 薄膜材料作为钠电池正极材料。该材料是由 0.45~1.2V 之间循环 100 次制备的,电解液是 3.6mol 的 H_2SO_4、5mmol $NaVO_3$ 和 5mmol $K_3Fe(CN)_6$,扫描速率是 $50mV·s^{-1}$。

▼ 6.5 水性钠离子电池

水性钠离子电池(ASIB)是快速崛起的兼具经济和安全的大规模储能系统,这是由于其具有成本低、耐热性好、不燃等优点,并且与有机电解液相比,水性电解液的离子导电率更高。但是仍存在 Na$^+$ 离子电化学脱嵌的特异性,导致需要特定的水性电极材料。工作温度范围的不溶解、Na$^+$ 脱嵌的氧化还原电压在水电催化范围内(H_2 在负极释放、O_2 在正极释放)、与 O_2 或者 H_2O 本身无副反应等是电极材料需要满足的几个重要特性。很多 PBA 材料是属于这一类的,因此也是理想的高能量密度水性钠电池的潜在应用对象。但是 PBA 材料中由配位和晶体缺陷和沸石水造成的缺陷和空位通常是难以避免的,这导致 Na$^+$ 离子的活性位点不能被有效利用。如前所述,水的作用需要保持一种平衡。Guo 等人计算结果显示在循环过程中晶格水能提高工作电压并能够降低体积的变化,从而导致更高的能量密度和循环稳定性[31]。此外,由于 CN$^-$ 和 OH$^-$ 的复杂性,大部分 PBA 还会存在金属离子溶解的问题,可以通过添加少量的中性或者酸性的电解液来克服。

6.5.1 单氧化还原 PBA

单氧化还原的 PBA($Na_xM[T(CN)_6]·zH_2O$)仅有一个金属与 Na$^+$ 相互作用,同时其他过渡金属是在工作电压范围。例如，Cui 等人报道了一种通过共沉淀法制备 Ni[Fe(CN)$_6$]（NiHCF），Fe 负责与 Na$^+$ 离子发生反应，Ni 不保持不变。结果在充放电过程中，NiHCF 展现出不同寻常的低电压迟滞、优异的效率和长循环性能[32]。相同的研究小组同样报道了铜基的铁氰化物（CuHCF）和一个 Cu 和 Ni 的固溶体（Cu$_x$Ni$_y$HCF）[33]，这可能会通过改变 Cu 和 Ni 的比例调控 Na$^+$ 的相互作用电压。更高的 Cu 含量可以提高工作电压，这是由于 Cu 比 Ni 的极化能更小（更小的尺寸）。富钠的 NiHCF 和 CuHCF 也被报道并使用于钠离子全电池[34, 35]。

6.5.2 多电子氧化还原 PBA

拥有两个或者多个氧化还原中心的 PBA 由于在不同电压下发生多氧化还原反应，其具有更高的比容量。FeFe(CN)$_6$ 和其富钠的相似物由于其原材料具有低水溶性、低成本和低毒性的特点，Na$_2$Fe[Fe(CN)$_6$] 是具有商业化前景的。Yang 等人报道了一种低缺陷、高容量（125mA·h·g^{-1}）、高倍率（102mA·h·g^{-1}）、高循环（500 次保持率 >80%）的 FeFe(CN)$_6$ 正极材料[36]。它的富钠的相似物 Na$_{1.33}$Fe[Fe(CN)$_6$]$_{0.82}$ 可以通过 FeFe(CN)$_6$ 和水性 NaCl 溶液化学还原反应获得。Bandarenka 等人报道了一种在低电压下电化学沉积制备的 Na$_x$Mn[Mn(CN)$_6$]（-0.37V vs. 标准氢电极 [SHE]），该材料的比容量为 85mA·h·g^{-1}，3000 次循环后的容量保持率为 97%[37]。与之相似，Na$_{0.4}$(VO)$_3$[Fe(CN)$_6$]$_2$·12H$_2$O 材料可以可逆地在三个不同的电位储存 Na$^+$ 离子（0.75V，1.0V，1.29V vs.SHE），这是由于 V/Fe 有多个不同的价态[38]。富钠的 PBA 的优势是由于它们可以直接作为正极材料用于钠离子全电池中，但是没有像 FeFe(CN)$_6$ 一样需要预钠化的全电池正极材料。Xiang 等人[39] 报道了一款 Na$_2$Co[Fe(CN)]$_6$ 正极材料，使用 NaSO$_3$CF$_3$ 电解液和 NaTi$_2$(PO4)$_3$ 负极材料，释放了高可逆容量（50mA·g^{-1} 的电流密度下 116.4mA·h·g^{-1}）和好的循环性能（在电流密度为 100mA·g^{-1} 下 100 次循环后保持 88%）。表 6.1 总结了不同的 PBAs 在全液态钠离子电池中的电化学特性。

表 6.1 PBA 电极在全液态 SIBs 中的电化学性能

材料	电压 /V	可逆容量	倍率性能	循环保持率	文献
Ni[Fe(CN)$_6$]	0.59	59mA·h·g^{-1} at 10mA·g^{-1}	40mA·h·g^{-1} at 2502mA·g^{-1}	100% after 5000 cycles at 498mA·g^{-1}	[32]
Na$_2$Ni[Fe(CN)$_6$] (full cell)	Broad-0.59 −0.79	65mA·h·g^{-1} at 65mA·g^{-1}	61mA·h·g^{-1} at 650mA·g^{-1}	90% after 500 cycles at 325mA·g^{-1}	[35]
Cu[Fe(CN)$_6$]	~0.93	55~65mA·h·g^{-1} at 10mA·g^{-1}	—	75% after 2000 cycles at 250mA·g^{-1}	[33]

(续)

材料	电压 /V	可逆容量	倍率性能	循环保持率	文献
$Cu_{0.56}Ni_{0.44}[Fe(CN)_6]$	~0.82	55~65mA·h·g^{-1} at 10mA·g^{-1}	—	100% after 2000 cycles at 500mA·g^{-1}	[33]
$FeFe(CN)_6$	0.35(Ox)/ 0.24(Rx) and 1.34/0.99	125mA·h·g^{-1} at 250mA·g^{-1}	102mA·h·g^{-1} at 2500mA·g^{-1}	83% after 500 at 1250mA·g^{-1}	[36]
$NaFe_2(CN)_6$	0.3 and 1.04	65mA·h·g^{-1} at 92mA·g^{-1}	34mA·h·g^{-1} at 2300mA·g^{-1}	84% after 200 cycles at 460mA·g^{-1}	[40]
$Na_{0.4}(VO)_3[Fe(CN)_6]\cdot2.12H_2O$	0.75, 1.0, 1.29	91mA·h·g^{-1} at 110mA·g^{-1}	54mA·h·g^{-1} at 3520mA·g^{-1}	65% after 1000 cycles at 880mA·g^{-1}	[41]
$Na_2Co[Fe(CN)_6]$	0.79, 1.2	110mA·h·g^{-1} at 120mA·g^{-1}	61mA·h·g^{-1} at 2400mA·g^{-1}	70% after 1000 cycles at 1200mA·g^{-1}	[42]
$Na_xMn[Mn(CN)_6]$	−0.73 (broad)	85mA·h·g^{-1} at 5A·g^{-1}	—	99.6% after 3000 cycles	[37]
$Na_2Co_{0.8}Ni_{0.2}[Fe(CN)_6]$ (full cell)	0.55, 0.65 and 1.01	116.4mA·h·g^{-1} at 50mA·g^{-1}	47.1mA·h·g^{-1} at 1000mA·g^{-1}	88% after 100 cycles at 100mA·g^{-1}	[43]

6.5.3 全PBA水性钠离子全电池（ASIB）

得益于易合成不同过渡金属的PBA和电势可调的优势，具有优异稳定性和倍率性能的全PBA的ASIB已经被制备。但目前主要面临的挑战是不同电极与Na$^+$的氧化还原不能重叠，同时正、负极的反应需要与H$_2$和O$_2$的析出反应尽可能相近，从而最大化获得电势差。除了考虑环境友好以外，中性电解液更适合。饱和水溶液的结构更稳定，这是由于"钠化的水分子"（水分子被Na$^+$离子包围）与"离子化钠分子"（钠离子被水分子包围）相比会减弱水与电极的相互作用。Jiang等人报道了一个全PBA的ASIB，包含Na$_2$Fe[Fe(CN)$_6$]负极和Na$_2$Cu[Fe(CN)$_6$]正极，电解液为1.5V工作窗口的NaNO$_3$[34]。该电池的电化学性能优异（比容量在5C下为50mA·h·g^{-1}，250次循环的保持率为86%）。Cui等人报道了一个Na$_x$Mn[Mn(CN)$_6$]负极和Na$_x$Cu[Fe(CN)$_6$]正极的全电池，电解液为高浓度NaClO$_4$，平均放电电压为~0.95V[44]。该电池的循环稳定性优异（10C下1000次循环无容量衰减），但是其比容量约为25mA·h·g^{-1}。最近，Wessells等人也报道了一款单价态的Na$_x$Mn[Mn(CN)$_6$]阴极，1mol NaClO$_4$溶解在乙氰（90vol%）和水（10vol%）的溶液为电解液[45]。该电池的稳定性更好，平均工作电压为 1.55V。Okada 等人报道了一款工作电压超过 2V 的 ASIB，该电池的 $Na_2Mn[Fe(CN)_6]$ 作为正极，$KMn[Cr(CN)_6]$ 作为负极，电解液为高浓度 $NaClO_4$。表 6.2 对比了部分全 PBA 基 ASIB 的电化学特征。

表 6.2　PBA 水性钠离子全电池的电化学性能总结

材料	电压 /V (vs.SHE)	可逆容量	倍率性能	循环保持率	文献
$Na_xFe[Fe(CN)_6]$ |5M $NaNO_3$| $Na_xCu[Fe(CN)_6]$	0～1.5	45mA·h·g^{-1} at 120mA·g^{-1}	35mA·h·g^{-1} at 600mA·g^{-1}	86% after 250 cycles at 300mA·g^{-1}	[34]
$K_xMn[Cr(CN)_6]$ |17M $NaClO_4$| $Na_2Mn[Fe(CN)_6]$	0.5～2.6	45mA·g^{-1} at 120mA·g^{-1}	16mA·g^{-1} at 2400mA·g^{-1}	>95% after 100 cycles at 1200mA·g^{-1}	[46]
$Cu[Fe(CN)_6]$ |10M $NaClO_4$| $Mn[Fe(CN)_6]$	0.65～1.35	28mA·h·g^{-1} at 1C	20mA·h·g^{-1} at 5C	>99.8% after 1000 cycles at 10C	[44]
$K_xCU[Fe(CN)_6]$ |1M $NaClO_4$| (90%), CH_3CN |(10%)in H_2O| $Na_xMn[Mn(CN)_6]$	1.9～1.1	2.32mA·h at 1C	1.1mA·h at 12C	>95% after 1000 cycles at 1C	[45]

▼ 6.6　非水性 SIB

第一篇关于有机电解液储 Na 的 PBA 报道是来自于 Goodenough 团队[47]。该报道中，他们使用了 $K_xM[Fe(CN)_6]$ 作为高电压 Na 储存主体。由于材料中提前导入了 K^+ 离子，这个材料的可逆比容量是比较差（50～80mA·h·g^{-1}），但是它开辟了一个新研究方向。不同的富钠氰化物也有相关报道，例如 $Na_xM[Fe(CN)_6]$（M = Fe，Mn，Ni，Cu，Co，Zn，Ti，或者固溶体相）。目前的研究集中在将 $[Fe(CN)_6]$ 替换成其他的金属氰基。有机电解液能够提供更宽的电化学稳定窗口，因此即使在高电位下也可以拥有多个金属氧化还原中心，这会导致更大的比容量。但是更高的工作电压也有其自身的劣势，例如结构水分解和相关的副反应、晶体结构变化等。

6.6.1　$Na_xM[Fe(CN)_6]^-$ 单氧化还原位点

当 M 是一个电化学非活性金属（M = Zn，Cu，Ni，Ce），唯一的嵌入位由碳中心配位的 Fe 原子提供的。M 的本质是引起碳中心配位的 Fe 跟 Na^+ 离子相互作用的电压。随着 M 的激化能进一步增加，同时会引起氰化物和 Fe 之间的 σ 键能减小以及 π 键的升高，从而导致全充满 t_{2g}^6 的净能量的大幅度下降，和氧化电压向正向移动。表 6.3 列出了不同 $Na_xM[Fe(CN)_6]$（M = Ni，Cu，Zn，Ce）材料在有机电解液中的性能。众所周知，当 M = Ni

在 Na$^+$ 离子循环过程中由于零应力和忽略不计的晶格常数变化会缓解体积膨胀[54]。图 6.4d 展示了 Na$_{0.22}$Ni[Fe(CN)$_6$]$_{0.76}$·3.67H$_2$O 的循环伏安（CV）曲线和放电曲线。CV 结果显示仅有一个 Fe 中心氧化还原峰。Ni 稳定了 Fe-C≡N-Ni 键和提高了 e$^-$ 的迁移速率，从而导致了较好的倍率性能和稳定性[48, 56]。最近，包含稀土元素的 PBA，M = Ce [51]，作为零应力正极材料也被报道了。M = Zn，i.e. Na$_2$Zn$_3$[Fe(CN)$_6$]$_2$（ZnHCF），则展现了独特的结构和电化学特征。与其他大部分 PBAs 材料不同，它含有一个面心立方（FCC）结构，ZnHCF 是一个斜方六方体晶体排列[57]。即使 Zn 是通过电化学法嵌入的，ZnHCF 的 CV 曲线展现了两个氧化还原峰。这是由于 Na$^+$ 离子分布在大的开放空间，导致了结合能的上升[50]。M = Cu，例如 Cu$_3$[Fe(CN)$_6$]$_2$（CuHCF），由于是一种界面电荷转移行为，而不是固溶体型的脱嵌过程，其电化学性能相对较差[49]。

表 6.3 不同 PBA 在有机电解液种的电化学性能

材料	电压 /V vs.Na/Na$^+$	可逆容量	倍率性能	循环保持率	文献
Na$_{0.22}$Ni[Fe(CN)$_6$]$_{0.76}$ 3.67H$_2$O	3.31/3.11	75.6mA·h·g^{-1} at 85mA·g^{-1}	57.5mA·h·g^{-1} at 4250mA·g^{-1}	97.3% after 1200 cycles at 3000mA·g^{-1}	[48]
Cu$_3$[Fe(CN)$_6$]$_2$	3.3V	44mA·h·g^{-1} at 20mA·g^{-1}	25mA·h·g^{-1} at 100mA·g^{-1}	57.1% after 50 cycles at 20mA·g^{-1}	[49]
Na$_2$Zn$_3$[Fe(CN)$_6$]$_2$	3.62/3.55 and 3.21/3.16	59mA·h·g^{-1} at 60mA·g^{-1}	32mA·h·g^{-1} at 1200mA·g^{-1}	94% after 1000 cycles at 120mA·g^{-11}	[50]
Na$_{0.53}$Ce[Fe(CN)$_6$]$_{0.77}$·4.12H$_2$O	3.55/3.16	~60mA·h·g^{-1} at 0.25C	~30mA·h·g^{-1} at 500mA·g^{-1}	80% after 75 cycles at 150mA·g^{-1}	[51]
Na$_2$CoFe(CN)$_6$	3.4/3.3 and 3.8/3.7	~148mA·h·g^{-1} at 20mA·g^{-1}	~60mA·h·g^{-1} at 500mA·g^{-1}	90% after 200 cycles at 100mA·g^{-1}	[22]
Na$_{2-x}$FeFe(CN)$_6$	3.83/2.82 and ~3.8	~120mA·h·g^{-1} at 10mA·g^{-1}	~70mA·h·g^{-1} at 2000mA·g^{-1}	78% after 1000 cycles at 100mA·g^{-1}	[16]
Na$_x$MnFe(CN)$_6$	3.5/3.45, 3.7/3.6, and 3.9/3.8	~123mA·h·g^{-1} at 25mA·g^{-1}	~73mA·h·g^{-1} at 600mA·g^{-1}	70% after 500 cycles at 200mA·g^{-1}	[52]
Na$_x$TiFe(CN)$_6$	3.0/2.6 and 3.4V/3.2	~92.3mA·h·g^{-1} at 50mA·g^{-1}	~50mA·h·g^{-1} at 400mA·g^{-1}	70% after 50 cycles at 50mA·g^{-1}	[53]

(续)

材料	电压 /V vs.Na/Na$^+$	可逆容量	倍率性能	循环保持率	文献
Na$_{1.76}$Ni$_{0.12}$Mn$_{0.88}$[Fe(CN)$_6$]$_{0.98}$	3.3~3.0 broad	~118mA·h·g^{-1} at 10mA·g^{-1}	~50mA·h·g^{-1} at 600mA·g^{-1}	83% after 800 cycles at 100mA·g^{-1}	[13]

6.6.2 Na$_x$M[Fe(CN)$_6$]⁻多氧化还原位点

当 M 是一个氧化还原活性金属（M = Fe，Mn，Co 等），PBA 型的材料拥有两种不同的 Na$^+$ 离子活性反应位点，因此拥有高的比容量。表 6.2 列出了拥有多种活性位点的不同 Na$_x$M[Fe(CN)$_6$] 材料电化学性能（M = Fe，Mn，Co）。由于 M = Fe 和 Mn 的高比容量和低成本，是这一类材料的典型的潜力代表。作为案例化合物的单晶态 Fe[Fe(CN)$_6$][8] 在 Na$^+$ 离子脱嵌过程中展现了两种典型的电压平台，释放了 ~120mA·h·g^{-1} 的可逆容量。富 Na 材料（Na$_{1.56}$Fe[Fe(CN)$_6$]·3.1H$_2$O）拥有一个扩大的晶体常数，能够释放最高 103mA·h·g^{-1} 的可逆容量。图 6.4c 展示了双氧化还原峰的斜方 Na$_{2-x}$Fe[Fe(CN)]$_6$ 材料的 CV 曲线和充放电曲线。与之类似，Na$_x$Mn[Fe(CN)$_6$] 也展示了高的理论容量（~150mA·h·g^{-1}），但是受到 Mn^{3+} 离子 Jahn-Teller 歧化反应和 Mn 离子溶解的影响，拥有更多复杂相变。

一个单斜或者斜方结构的 Na$_x$Mn[Fe(CN)$_6$]，由于不可逆的相变引起了可逆容量的快速下降；但是一个立方相更稳定，不会产生结构转变[55]。图 6.4b 展现了双氧化还原峰的立方 Na$_x$Mn[Fe(CN)$_6$] 材料的 CV 和充放电曲线。Na$_x$Co[Fe(CN)$_6$] 材料展现了相关文献中 Na$^+$ 离子脱嵌的最高工作电压之一，这是因为 Co 和 [Fe(CN)$_6$] 耦合后的强电荷自旋对[22, 58]，它还拥有高的理论容量（~170mA·h·g^{-1}）（图 6.4a）。Na$_x$Ti[Fe(CN)$_6$] 也在相对较低的电压下展现了两个不同的 Na$^+$ 离子相互作用位点，这是由于 Ti 相较于其他上述讨论的过渡金属的激化能较低[53]。

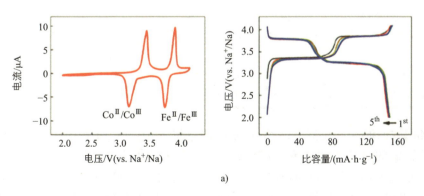

图 6.4 各种材料的 CV 和充放电曲线：(a) Na$_2$Co[Fe(CN)$_6$]（来源：文献 [22]，已获得美国化学学会授权）；(b) 立方 Na$_x$Mn[Fe(CN)$_6$]（来源：文献 [55]，已获得 Elsevier 授权）；(c) 斜方 Na$_{2-x}$Fe[Fe(CN)$_6$]（来源：文献 [16]）；(d) Na$_{0.22}$Ni[Fe(CN)$_6$]$_{0.76}$·3.67H$_2$O（来源：文献 [48]，已获得 John Wiley & Sons 授权）

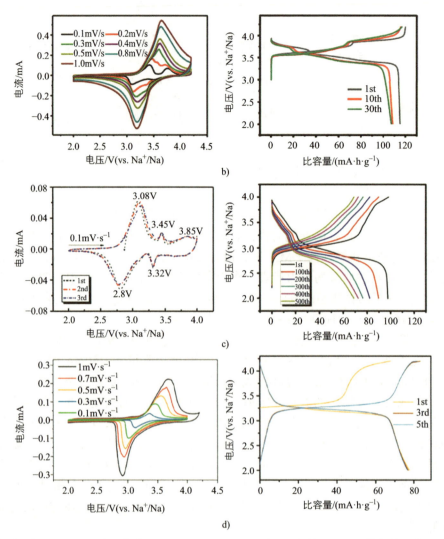

图 6.4　各种材料的 CV 和充放电曲线：（a）$Na_2Co[Fe(CN)_6]$（来源：文献 [22]，已获得美国化学学会授权）；（b）立方 $Na_xMn[Fe(CN)_6]$（来源：文献 [55]，已获得 Elsevier 授权）；（c）斜方 $Na_{2-x}Fe[Fe(CN)_6]$（来源：文献 [16]）；（d）$Na_{0.22}Ni[Fe(CN)_6]_{0.76} \cdot 3.67H_2O$（来源：文献 [48]，已获得 John Wiley & Sons 授权）（续）

6.6.3　$Na_xM[A(CN)_6]$ 改变 C- 配位金属

采用 Mn 替换掉 C- 配位的 Fe 会降低脱嵌的电位（~0V vs. SHE），并且 $Mn[Mn(CN)_6]$ 同样展示了更低的氧化还原电对 –0.7V vs. SHE[59]。Cui 等人[60] 报道了 $Na_2Mn[Mn(CN)_6]$ 在平均电压为 ~2.65 vs. Na/Na^+ 时释放了很高的可逆容量（209mA·h·g^{-1}）。与之类似，Pasta 等人[59] 报道了采用 Cr 替换了 Fe 形成的 $Mn[Cr(CN)_6]$ 材料，它也展现出最低的氧化还原电压之一的 PBAs（–0.86V vs. SHE）。开发低氧化还原电压的 PBA 型材料，对于实现匹配报道的 Fe-PBA 基高倍率正极是极其重要的。

6.7 商业化实用性

美国能源部已经提供了大量的资金给 Natron Energy 和 Sharp 用于 PBA 电极材料的开发[61]，从而突破其大规模商业化。但是目前存在的主要问题是 PBA 电极材料的震实密度（例如铁氰化物的震实密度是 $1.3g \cdot cm^{-3}$），这限制了它目前的应用场景仅限于大规模的储能。最近，CATL 报道了超快速充电的高能量密度的钠离子电池（$160W \cdot h \cdot kg^{-1}$，15min 达到 >80% SOC），该电池还拥有优秀的低温性能（在 $-20℃$ 下能达到放电容量的 90%），该电池是使用 PBA 正极和硬碳负极[62]。Pasta 等人[63]报道了一种 PBA 电池的技术–经济模型，并且预估全 PBA 钠电池的成本在 400 美元 /$kW \cdot h$，但是这仍然低于 LFP/LTO（磷酸铁锂 / 钛酸锂）的成本，这是因为 PBA 的 Na^+ 离子优秀的化学稳定性。高价位是因为低的震实密度导致的低能量密度。在所有的 PBAs 中，因为 $Na_xFe[Fe(CN)_6]$ 和 $Na_xMn[Fe(CN)_6]$ 拥有相对高的能量密度（$400 \sim 520W \cdot h \cdot kg^{-1}$）和原材料的低成本，它们是最具有商业化潜力的材料[64]。最近报道了一种商业化量产的富钠的 $Na_{2-x}Fe[Fe(CN)_6]$ 材料（1001L 反应釜），该材料的能够实现在软包电池中 1000 次循环[16]。其价格 / 性能之间的比率也是目前 Fe-PBA 材料中最低的，并且还会随着引入其他的 Mn、Co、Ni 和 Zn 元素逐步优化[52]。这是不需要考虑引入其他的界面修饰和碳包覆的，但是仍需要考虑产气和用于防止 Fe^{2+} 氧化的还原试剂的成本。即使对 Fe-PBA 正极做了以上所述的改进，它的整体成本也会比层状金属氧化物正极低很多，这是由它的原材料成本低和易使用共沉积和水热法大规模量产的特性决定的。

6.8 挑战和未来方向

PBA 是一类最早被发现和广泛研究的配位化合物，要想成为当今出色的电池正极仍有很长的路需要走。即使研究者已经做了很多关于电解液合成、结构、电化学的研究工作，但是仍然有很多探索的机会。除了目前高需求的低水溶性、高质量的无空位缺陷的 PBA 晶体材料外，其他合适的领域还没有被精心探索，例如表面修饰、固体电解质界面（SEI）、不同全电池的配比等。对于电解液与 PBA 材料相互作用的研究工作仍然比较少，这将会是未来重要的方向之一。例如，Adelhelm 等人[65,66]报道的石墨中的溶剂分子的共脱嵌将会是重要的方向，由于开放的框架结构拥有足够的空间允许电解液（Na^+ 被溶剂分子包围）通过并且与活性中心相互作用，与前期报道的其他类活性材料一样，存在于活性球面附近的螯合剂（例如醚类电解液）也可能会导致电化学行为的改变[67,68]。

大部分 PBA 的研究工作是聚焦在铁氰化物，这是由于它们易合成和高的反应电压（~1V vs.SHE）的优点。但是，为了拥有可匹配的高倍率特性的负极，开发低反应电压的 PBA 也很重要。已经有一些零星的报道是关于其他金属氰化物（M = Cr, Co, and Mn）作为负极材料，但是它们在低电压下的稳定性仍然不确定。过去假设过，拥有 6 个或更少 d 电子单金属氰化物将会被用于普鲁士蓝结构，同时大量的金属掺杂选择使得我们仍有很多探索机会。计算研究将会是一个很好的开始。最近 Lescouezec 等人[69]也报道了一种低维的 $[M(L)(CN)_n]^{m-}$ 电荷储存材料 $[Fe^{III}(Tp)(CN)_3]^-$ "蝎型"配合物。这些现象打开了 PBA 和其他氰配位聚合物作为离子储存的巨大机会。

参 考 文 献

1 Song, J., Wang, L., Lu, Y. et al. (2015). Removal of interstitial H_2O in hexa-cyanometallates for a superior cathode of a sodium-ion battery. *J. Am. Chem. Soc.* 137 (7): 2658–2664. https://doi.org/10.1021/ja512383b.

2 Wang, L., Lu, Y., Liu, J. et al. (2013). A superior low-cost cathode for a Na-ion battery. *Angew. Chemie Int. Ed.* 52 (7): 1964–1967. https://doi.org/10.1002/anie.201206854.

3 Mao, Y., Chen, Y., Qin, J. et al. (December 2018). Capacitance controlled, hierarchical porous 3D ultra-thin carbon networks reinforced Prussian blue for high performance Na-ion battery cathode. *Nano Energy* 2019 (58): 192–201. https://doi.org/10.1016/j.nanoen.2019.01.048.

4 Shibata, T. and Moritomo, Y. (2014). Ultrafast cation intercalation in nanoporous nickel hexacyanoferrate. *Chem. Commun.* 50 (85): 12941–12943. https://doi.org/10.1039/C4CC04564E.

5 Takachi, M., Fukuzumi, Y., and Moritomo, Y. (2016). Na+ diffusion kinetics in nanoporous metal-hexacyanoferrates. *Dalt. Trans.* 45 (2): 458–461. https://doi.org/10.1039/c5dt03276h.

6 Qian, J., Wu, C., Cao, Y. et al. (2018). Prussian blue cathode materials for sodium-ion batteries and other ion batteries. *Adv. Energy Mater.* 8 (17): 1702619. https://doi.org/10.1002/aenm.201702619.

7 Yang, D., Xu, J., Liao, X.-Z. et al. (2015). Prussian blue without coordinated water as a superior cathode for sodium-ion batteries. *Chem. Commun.* 51 (38): 8181–8184. https://doi.org/10.1039/C5CC01180A.

8 Wu, X., Deng, W., Qian, J. et al. (2013). Single-crystal FeFe(CN)6 nanoparticles: a high capacity and high rate cathode for na-ion batteries. *J. Mater. Chem. A* 1 (35): 10130–10134. https://doi.org/10.1039/c3ta12036h.

9 Dunbar, K.R. and Heintz, R.A. (2007). Chemistry of transition metal cyanide compounds: modern perspectives. *Prog. Inorganic Chem.* 45: 283–391. https://doi.org/10.1002/9780470166468.ch4.

10 Shriver, D.F. (2008). The ambident nature of cyanide. In: *Structure And Bonding*, 32–58. Berlin, Heidelberg: Springer Berlin Heidelberg https://doi.org/10.1007/BFb0119548.

11 Li, W.J., Chou, S.L., Wang, J.Z. et al. (2015). Facile method to synthesize Na-enriched Na1+xFeFe(CN)6 frameworks as cathode with superior electrochemical performance for sodium-ion batteries. *Chem. Mater.* 27 (6): 1997–2003. https://doi.org/10.1021/cm504091z.

12 Xiao, P., Song, J., Wang, L. et al. (2015). Theoretical study of the structural evolution of a Na2FeMn(CN)6 cathode upon Na intercalation. *Chem. Mater.* 27 (10): 3763–3768. https://doi.org/10.1021/acs.chemmater.5b01132.

13 Yang, D., Xu, J., Liao, X.Z. et al. (2014). Structure optimization of Prussian blue analogue cathode materials for advanced sodium ion batteries. *Chem. Commun.* 50 (87): 13377–13380. https://doi.org/10.1039/c4cc05830e.

14 Moritomo, Y., Urase, S., and Shibata, T. (2016). Enhanced battery performance in manganese hexacyanoferrate by partial substitution. *Electrochim. Acta* 210: 963–969. https://doi.org/10.1016/j.electacta.2016.05.205.

15 Wang, L., Song, J., Qiao, R. et al. (2015). Rhombohedral Prussian white as cathode for rechargeable sodium-ion batteries. *J. Am. Chem. Soc.* 137 (7): 2548–2554. https://doi.org/10.1021/ja510347s.

16 Wang, W., Gang, Y., Hu, Z. et al. (2020). Reversible structural evolution of sodium-rich rhombohedral Prussian blue for sodium-ion batteries. *Nat. Commun.* 11 (1): 1–9. https://doi.org/10.1038/s41467-020-14444-4.

17 Yang, Y., Liu, E., Yan, X. et al. (2016). Influence of structural imperfection on electrochemical behavior of Prussian blue cathode materials for sodium ion batteries. *J. Electrochem. Soc.* 163 (9): A2117–A2123. https://doi.org/10.1149/2.0031610jes.

18 Asakura, D., Okubo, M., Mizuno, Y. et al. (2012). Fabrication of a cyanide-bridged coordination polymer electrode for enhanced electrochemical ion storage ability. *J. Phys. Chem. C* 116 (15): 8364–8369. https://doi.org/10.1021/jp2118949.

19 Moritomo, Y., Igarashi, K., Matsuda, T., and Kim, J. (2009). Doping-induced structural phase transition in $Na_{1.6-X}Co[Fe(CN)_6]_{0.90}\cdot 2.9H_2O$. *J. Phys. Soc. Japan* 78 (7): 9–12. https://doi.org/10.1143/JPSJ.78.074602.

20 Moritomo, Y. and Tanaka, H. (2013). Alkali cation potential and functionality in the nanoporous prussian blue analogues. *Adv. Condens. Matter Phys.* 2013: 1–9. https://doi.org/10.1155/2013/539620.

21 Speight, D.J.G. (2017). *Lange's Handbook of Chemistry*, 17e. New York: McGraw-Hill Education.

22 Wu, X., Wu, C., Wei, C. et al. (2016). Highly crystallized $Na_2CoFe(CN)_6$ with suppressed lattice defects as superior cathode material for sodium-ion batteries. *ACS Appl. Mater. Interfaces* 8 (8): 5393–5399. https://doi.org/10.1021/acsami.5b12620.

23 Asakura, D., Li, C.H., Mizuno, Y. et al. (2013). Bimetallic cyanide-bridged coordination polymers as lithium ion cathode materials: core@shell nanoparticles with enhanced cyclability. *J. Am. Chem. Soc.* 135 (7): 2793–2799. https://doi.org/10.1021/ja312160v.

24 You, Y., Wu, X.L., Yin, Y.X., and Guo, Y.G. (2014). High-quality Prussian blue crystals as superior cathode materials for room-temperature sodium-ion batteries. *Energy Environ. Sci.* 7 (5): 1643–1647. https://doi.org/10.1039/c3ee44004d.

25 Xie, B., Zuo, P., Wang, L. et al. (2019). Achieving long-life Prussian blue analogue cathode for Na-ion batteries via triple-cation lattice substitution and coordinated water capture. *Nano Energy* 61 (March): 201–210. https://doi.org/10.1016/j.nanoen.2019.04.059.

26 Cao, M., Wu, X., He, X., and Hu, C. (2005). Shape-controlled synthesis of Prussian blue analogue $Co_3[Co(CN)_6]_2$ nanocrystals. *Chem. Commun.* 2 (17): 2241–2243. https://doi.org/10.1039/b500153f.

27 Liu, Y., Wei, G., Ma, M., and Qiao, Y. (2017). Role of acid in tailoring Prussian blue as cathode for high-performance sodium-ion battery. *Chem. A Eur. J.* 23 (63): 15991–15996. https://doi.org/10.1002/chem.201703081.

28 Ren, W., Zhu, Z., Qin, M. et al. (2019). Prussian white hierarchical nanotubes with surface-controlled charge storage for sodium-ion batteries. *Adv. Funct. Mater.* 29 (15): 1–10. https://doi.org/10.1002/adfm.201806405.

29 Matsuda, T. and Moritomo, Y. (2011). Thin film electrode of Prussian blue analogue for Li-ion battery. *Appl. Phys. Express* 4 (4): 4–7. https://doi.org/10.1143/APEX.4.047101.

30 Takachi, M., Matsuda, T., and Moritomo, Y. (2013). Cobalt hexacyanoferrate as cathode material for Na $^+$ secondary battery. *Appl. Phys. Express* 6 (2): 025802. https://doi.org/10.7567/APEX.6.025802.

31 Guo, X., Wang, Z., Deng, Z. et al. (2019). Water contributes to higher energy density and cycling stability of prussian blue analogue cathodes for aqueous sodium-ion batteries. *Chem. Mater.* 31 (15): 5933–5942. https://doi.org/10.1021/acs.chemmater.9b02269.

32 Wessells, C.D., Peddada, S.V., Huggins, R.A., and Cui, Y. (2011). Nickel hexacyanoferrate nanoparticle electrodes for aqueous sodium and potassium ion batteries. *Nano Lett.* 11 (12): 5421–5425. https://doi.org/10.1021/nl203193q.

33 Wessells, C.D., McDowell, M.T., Peddada, S.V. et al. (2012). Tunable reaction potentials in open framework nanoparticle battery electrodes for grid-scale energy storage. *ACS Nano* 6 (2): 1688–1694. https://doi.org/10.1021/nn204666v.

34 Wang, B., Wang, X., Liang, C. et al. (2019). An all-Prussian-blue-based aqueous sodium-ion battery. *ChemElectroChem* 6 (18): 4848–4853. https://doi.org/10.1002/celc.201901223.

35 Wu, X., Cao, Y., Ai, X. et al. (2013). A low-cost and environmentally benign aqueous rechargeable sodium-ion battery based on NaTi2(PO4)3-Na 2NiFe(CN)6 intercalation chemistry. *Electrochem. Commun.* 31: 145–148. https://doi.org/10.1016/j.elecom.2013.03.013.

36 Wu, X., Luo, Y., Sun, M. et al. (2015). Low-defect prussian blue nanocubes as high capacity and long life cathodes for aqueous na-ion batteries. *Nano Energy* 13: 117–123. https://doi.org/10.1016/j.nanoen.2015.02.006.

37 Yun, J., Schiegg, F.A., Liang, Y. et al. (2018). Electrochemically formed Na x Mn[Mn(CN) 6] thin film anodes demonstrate sodium intercalation and deintercalation at extremely negative electrode potentials in aqueous media. *ACS Appl. Energy Mater.* 1 (1): 123–128. https://doi.org/10.1021/acsaem.7b00022.

38 Lee, J.-H., Ali, G., Kim, D.H., and Chung, K.Y. (2017). Metal-organic framework cathodes based on a vanadium hexacyanoferrate prussian blue analogue for high-performance aqueous rechargeable batteries. *Adv. Energy Mater.* 7 (2): 1601491. https://doi.org/10.1002/aenm.201601491.

39 Luo, D., Lei, P., Tian, G. et al. (2020). Insight into electrochemical properties and reaction mechanism of a cobalt-rich Prussian blue analogue cathode in a NaSO 3 CF 3 electrolyte for aqueous sodium-ion batteries. *J. Phys. Chem. C* 124 (11): 5958–5965. https://doi.org/10.1021/acs.jpcc.9b11758.

40 Fernández-Ropero, A.J., Piernas-Muñoz, M.J., Castillo-Martínez, E. et al. (2016). Electrochemical characterization of NaFe2(CN)6 Prussian blue as positive electrode for aqueous sodium-ion batteries. *Electrochim. Acta* 210: 352–357. https://doi.org/10.1016/j.electacta.2016.05.176.

41 Lee, J.-H., Ali, G., Kim, D.H., and Chung, K.Y. (2017). Metal-organic framework cathodes based on a vanadium hexacyanoferrate Prussian blue analogue for high-performance aqueous rechargeable batteries. *Adv. Energy Mater.* 7 (2): 1601491. https://doi.org/10.1002/aenm.201601491.

42 Shao, T., Li, C., Liu, C. et al. (2019). Electrolyte regulation enhances the stability of prussian blue analogues in aqueous Na-ion storage. *J. Mater. Chem. A* 7 (4): 1749–1755. https://doi.org/10.1039/C8TA10860A.

43 Luo, D., Lei, P., Tian, G. et al. (2020). Insight into electrochemical properties and reaction mechanism of a cobalt-rich Prussian blue analogue cathode in a NaSO3CF3 electrolyte for aqueous sodium-ion batteries. *J. Phys. Chem. C* 124 (11): 5958–5965. https://doi.org/10.1021/acs.jpcc.9b11758.

44 Pasta, M., Wessells, C.D., Liu, N. et al. (2014). Full open-framework batteries for stationary energy storage. *Nat. Commun.* 5: 1–9. https://doi.org/10.1038/ncomms4007.

45 Firouzi, A., Qiao, R., Motallebi, S. et al. (2018). Monovalent manganese based anodes and Co-solvent electrolyte for stable low-cost high-rate sodium-ion batteries. *Nat. Commun.* 9 (1): 861. https://doi.org/10.1038/s41467-018-03257-1.

46 Nakamoto, K., Sakamoto, R., Sawada, Y. et al. (2019). Over 2 V Aqueous Sodium-Ion Battery with Prussian Blue-Type Electrodes. *Small Methods* 3 (4): 1800220. https://doi.org/10.1002/smtd.201800220.

47 Lu, Y., Wang, L., Cheng, J., and Goodenough, J.B. (2012). Prussian blue: a new framework of electrode materials for sodium batteries. *Chem. Commun.* 48 (52): 6544–6546. https://doi.org/10.1039/c2cc31777j.

48 Xu, Y., Ou, M., Liu, Y. et al. (2019). Crystallization-induced ultrafast Na-ion diffusion in nickel hexacyanoferrate for high-performance sodium-ion batteries. *Nano Energy* 2020 (67): 104250. https://doi.org/10.1016/j.nanoen.2019.104250.

49 Jiao, S., Tuo, J., Xie, H. et al. (2017). The electrochemical performance of Cu3[Fe(CN)6]2 as a cathode material for sodium-ion batteries. *Mater. Res. Bull.* 86: 194–200. https://doi.org/10.1016/j.materresbull.2016.10.019.

50 Xu, L., Li, H., Wu, X. et al. (2019). Well-defined Na2Zn3[Fe(CN)6]2 nanocrystals as a low-cost and cycle-stable cathode material for Na-ion batteries. *Electrochem. Commun.* 98: 78–81. https://doi.org/10.1016/j.elecom.2018.11.019.

51 Peng, J., Li, C., Yin, J. et al. (2019). Novel cerium hexacyanoferrate(II) as cathode material for sodium-ion batteries. *ACS Appl. Energy Mater.* 2 (1): 187–191. https://doi.org/10.1021/acsaem.8b01686.

52 Liu, Q., Hu, Z., Chen, M. et al. (2020). The cathode choice for commercialization of sodium-ion batteries: layered transition metal oxides versus Prussian blue analogs. *Adv. Funct. Mater.* 1909530: 1–15. https://doi.org/10.1002/adfm.201909530.

53 Xie, M., Huang, Y., Xu, M. et al. (2016). Sodium titanium hexacyanoferrate as an environmentally friendly and low-cost cathode material for sodium-ion batteries. *J. Power Sources* 302: 7–12. https://doi.org/10.1016/j.jpowsour.2015.10.042.

54 You, Y., Wu, X.L., Yin, Y.X., and Guo, Y.G. (2013). A zero-strain insertion cathode material of nickel ferricyanide for sodium-ion batteries. *J. Mater. Chem. A* 1 (45): 14061–14065. https://doi.org/10.1039/c3ta13223d.

55 Tang, Y., Li, W., Feng, P. et al. (2020). High-performance manganese hexacyanoferrate with cubic structure as superior cathode material for sodium-ion batteries. *Adv. Funct. Mater.* 30 (10): 1–9. https://doi.org/10.1002/adfm.201908754.

56 Xu, Y., Wan, J., Huang, L. et al. (2019). Structure distortion induced monoclinic nickel hexacyanoferrate as high-performance cathode for Na-ion batteries. *Adv. Energy Mater.* 9 (4): 1–10. https://doi.org/10.1002/aenm.201803158.

57 Lee, H., Kim, Y.I., Park, J.K., and Choi, J.W. (2012). Sodium zinc hexacyanoferrate with a well-defined open framework as a positive electrode for sodium ion batteries. *Chem. Commun.* 48 (67): 8416–8418. https://doi.org/10.1039/c2cc33771a.

58 Takachi, M., Matsuda, T., and Moritomo, Y. (2013). Cobalt hexacyanoferrate as cathode material for Na+ secondary battery. *Appl. Phys. Express* 6 (2): 4–7. https://doi.org/10.7567/APEX.6.025802.

59 Wheeler, S., Capone, I., Day, S. et al. (2019). Low-potential Prussian blue analogues for sodium-ion batteries: manganese hexacyanochromate. *Chem. Mater.* 31 (7): 2619–2626. https://doi.org/10.1021/acs.chemmater.9b00471.

60 Lee, H.W., Wang, R.Y., Pasta, M. et al. (2014). Manganese hexacyanomanganate open framework as a high-capacity positive electrode material for sodium-ion batteries. *Nat. Commun.* 5: 1–6. https://doi.org/10.1038/ncomms6280.

61 DOE Announces $24 Million for Commercial Scaling of Battery and Methane Detection Technologies (2020). Department of Energy. https://www.energy.gov/articles/doe-announces-24-million-commercial-scaling-battery-and-methane-detection-technologies (accessed 17 August 2021).

62 CATL Unveils Its Latest Breakthrough Technology by Releasing Its First Generation of Sodium-ion Batteries (2021). https://www.catl.com/en/news/665.html (accessed 17 August 2021).

63 Hurlbutt, K., Wheeler, S., Capone, I., and Pasta, M. (2018). Prussian blue analogs as battery materials. *Joule* 2 (10): 1950–1960. https://doi.org/10.1016/j.joule.2018.07.017.

64 Li, W.J., Han, C., Wang, W. et al. (2017). Commercial prospects of existing cathode materials for sodium ion storage. *Adv. Energy Mater.* 7 (24): 1–10. https://doi.org/10.1002/aenm.201700274.

65 Jache, B. and Adelhelm, P. (2014). Use of graphite as a highly reversible electrode with superior cycle life for sodium-ion batteries by making use of co-intercalation phenomena. *Angew. Chemie - Int. Ed.* 53 (38): 10169–10173. https://doi.org/10.1002/anie.201403734.

66 Gourang Patnaik, S., Escher, I., Ferrero, G.A., Adelhelm, P. (2022). Electrochemical Study of Prussian White Cathodes with Glymes – Pathway to Graphite-Based Sodium-Ion Battery Full Cells. *Batter. Supercaps* 202200043, 1–9. https://doi.org/10.1002/batt.202200043.

67 Westman, K., Dugas, R., Jankowski, P. et al. (2018). Diglyme based electrolytes for sodium-ion batteries. *ACS Appl. Energy Mater.* 1 (6): 2671–2680. https://doi.org/10.1021/acsaem.8b00360.

68 Li, K., Zhang, J., Lin, D. et al. (2019). Evolution of the electrochemical interface in sodium ion batteries with ether electrolytes. *Nat. Commun.* 10 (1): 725. https://doi.org/10.1038/s41467-019-08506-5.

69 Jiménez, J.R., Sugahara, A., Okubo, M. et al. (2018). A [FeIII(Tp)(CN)3]-scorpionate-based complex as a building block for designing ion storage hosts (Tp: hydrotrispyrazolylborate). *Chem. Commun.* 54 (41): 5189–5192. https://doi.org/10.1039/c8cc01374h.

第 7 章
利用原位 X 射线和中子散射技术从原子尺度研究钠离子电池

作者：*Christian Kolle Christensen, Dorthe Bomholdt Ravnsbaek*
译者：郭浩　郭思彤

▼ 7.1　原位研究的重要性和优点

当可充电离子电池充电或放电时，电子和离子从一个电极的结构中脱出，并嵌入到另一个电极的结构中。这个过程导致电极中发生原子尺度的结构变化。在一些情况下，这种结构变化是很小的，主要是结构的膨胀或收缩。在其他情况下，充放电过程会引起显著的结构变化，结构的对称性也会发生改变。例如，电极是晶体材料时，充放电过程会产生新的晶相，这种相变过程可能伴随着或不伴随着键的断裂。

电极结构的性质和结构转变背后的机制决定了电池的热力学（例如电势）、动力学（例如离子迁移）、容量、可逆性、稳定性等性能[1]。因此，掌握电极在充电或放电过程中的结构演变，对于我们了解电池性能至关重要。在众多研究晶体材料原子尺度结构的技术中，X 射线衍射是最常用的一种技术。它既可以应用于单晶样品，也可以应用于粉末样品（多晶）。后者被称为 X 射线粉末衍射（Powder X-ray Diffraction，PXRD），由于电池中电极或固态电解质通常是多晶材料，所以在测量这些材料的结构时，X 射线粉末衍射是首选技术。中子和电子等其他探针也可以被应用到衍射实验中，但由于有限的中子源以及电子衍射中的二次散射等缺点，X 射线是目前最广泛使用的探针。随着对分布函数（Pair Distribution Function，PDF）等全散射（Total Scattering，TS）技术的发展，散射技术也成功应用在纳米晶体或非晶材料的结构分析中，这点会在后面进一步介绍。表 7.1 列出了用于研究材料原子尺度结构的散射技术。

研究电池材料的原子尺度结构也可以在非原位（ex situ）条件下进行[2, 3]。非原位意味着"离开工作地点"或"非工况"。因此，研究电池材料的结构随荷电状态的变化规律时，需要将多个电池充电或放电至特定的状态，拆解这些电池并提取所需的电池组件，然后完成非原位散射数据的收集。由于非原位条件下的数据收集不受限制，非原位实验可以提供高质量的散射数据。但是，由于非原位实验对电池荷电状态的依赖性，导致其存在某些缺点，例如污染风险增加、与空气发生反应，或样品之间的差异性导致可靠性降低。

表7.1 研究钠离子电池材料的原子尺度结构时使用的原位散射技术

原位散射技术	能力	局限性
X射线粉末衍射（Powder X-ray Diffraction，PXRD）	• 提供晶体材料的体相结构信息 • 容易获取 • 适合小样品 • 数据收集快速→适合进行原位研究 • 轻质材料对X射线吸收弱，这有利于设计原位电池	• 不能提供非晶相的结构信息 • 难以分析纳米材料 • 原子对X射线的散射能力与原子序数成正比，因此，X射线难以探测轻元素和区分原子序数相近的元素 • 高通量的X射线可能会产生辐照损伤
中子粉末衍射（Powder Neutron Diffraction，PND）	• 提供晶体材料的体相结构信息 • 对轻元素（如Li、Na、H、O）的灵敏度比X射线高 • 在大多情况下，能够区分原子序数相近的元素 • 在Al、V金属中的穿透深度高，需要优化电池设计	• 不能提供非晶相的结构信息 • 难以分析纳米材料 • 有限的中子源 • 相比于PXRD，PND需要较长的数据收集时间 • 相比于PXRD，PND需要较大数量的样品 • 氢的存在会引起漫散射，应该避免这种不利影响
对分布函数（Pair Distribution Function，PDF）分析	• 利用全散射数据，能同时提供局域和长程范围内的原子结构信息 • 可用于非晶和纳米材料的结构分析 • X射线PDF的数据收集速度快，可以开展原位研究 • 定性分析可以提供非常有用的信息	• 与衍射相比，PDF数据收集时间更长，所以目前难以利用中子散射开展原位PDF分析 • 原子对X射线的散射能力正比于原子序数，因此，X射线PDF难以探测轻元素和区分原子序数相近的元素 • 高通量的X射线可能会产生辐照损伤 • 开展定量分析需要专业经验

构建特殊设计的电池，允许我们选择合适的探针去探测电池中要研究的部件，并收集其产生的散射信号，从而避免非原位实验的一些缺点。如果数据收集时，电池处于停止工作状态，那么将这种测试称为现场原位（in situ）实验。现场原位（in situ）在拉丁语中是"现场"或"原地"的意思，例如在化学反应中，它是指"在反应发生的地方"。在电池研究中，现场原位实验通常是将电池恒流充电或放电至选定状态，让电池静置以达到伪平衡，然后收集散射数据。此外，如果在电池充电或放电时收集散射数据，这种测试被称为工况原位（Operando）实验，如图7.1所示。Operando（也经常写成in Operando）源于拉丁语"operatio"一词，意思是操作或在工况下。因此，在工况原位实验中，结构表征是在动态和实际应用条件下进行的。由于电池工作时的内部条件本质上处于远离平衡态，工况原位（Operando）实验比现场原位（in situ）实验具有更显著的优势：只有在工况原位条件下探测结构变化，我们才能观察到在非平衡充放电过程中形成的亚稳相或中间相。Operando方法的另一个重要优点是实验的多模态特性，即通过散射信号和电化学信息共同表征结构变化。最常见的情况是，在工况原位实验过程中测量电池电压的变化，而电流是恒定的，即恒流充放电。这种方法可以确保电池的容量变化是线性的，即嵌入或脱出活性离子的数量也是线性变化的（假设不存在非嵌入机制引起的副反应）。此外也存在采用恒压条件开展

Operando 实验的情况[4]。在 in situ 实验中，测量每个数据点之前需要等待电池达到伪平衡，所以 Operando 实验的另一个优点是能够探测到更多的反应态。但是，也应该注意，如果仪器不能够满足 Operando 条件，比如需要长时间收集数据，这时 insitu 实验更适合研究结构随荷电状态的演变规律。

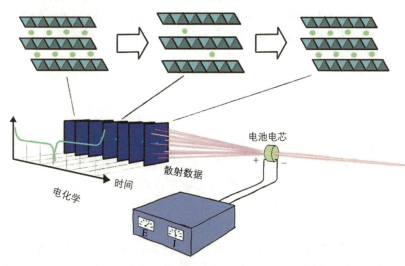

图 7.1 利用散射技术开展原位电池实验的原理示意图。X 射线或中子照射到原位电池，以特定的时间间隔连续收集电池的散射信号，同时，利用电池测试仪控制和监测电池的电化学状态。通常，在实验测量时，电池处于充电和/或放电状态

Operando 实验本质上也存在一些问题和缺点。一个主要缺点是原位电池的设计复杂，从而增加了出错的风险。另一个缺点可能更严重，就是在大多数的 Operando 实验中，电池在一定程度上被调整，以便让探针射线到达电池内部的功能部件，并且使散射的射线能够从电池中出来，然后被探测到。这种对电池的调整可能会导致极化、堆叠压力不均和出现电流梯度等现象，这些现象都会降低电池的电化学性能，也可能导致电极中的荷电状态分布不均匀[5]。这些问题将会在接下来的内容中进行详细讨论。当然，通过原位实验收集的散射数据的质量也可能低于从非原位实验获得的数据质量。但是，我们必须记住，只有通过 Operando 实验才能探测到充放电时发生的真实的、动态的结构演化。因此，只要实验和电池的设计足够精细，能够最小化 Operando 方法中的问题，并且获得新的认识，那么电池的电化学性能降低是完全可以接受的。

工况原位散射实验最先应用在锂离子电池的材料研究中，现在这些实验也被应用到其他电池的材料研究上，比如接下来提到的钠离子电池。由于锂离子电池和钠离子电池的工作原理类似，同样的设备和程序在两种电池中基本上是通用的。但是，两者也存在一些差异。在接下来的内容中，我们将阐述目前电池研究中最常用的、能提供原子尺度结构信息的原位技术：X 射线粉末衍射（PXRD）、中子粉末衍射（PND）和可开展对分布函数（PDF）分析的全散射（TS）。由于 X 射线粉末衍射是电池研究领域中最常用的原位表征技术，接下来我们会重点讨论它。本章的主旨不是详细或全面地讨论表征技术及其理论，而是为新入行的研究人员提供初步的认识。

7.2 原位 X 射线粉末衍射

X 射线是一种电磁波，其波长通常在 Å 量级。固体材料中原子间的距离也在这个尺度范围。因此，X 射线是"观察"原子尺度结构的理想探针。这里不会讲解 X 射线粉末衍射的理论知识，因为这超出了本章的范畴。在 Pecharshy 和 Zavalij，以及 Hammond、Dinnebier 和 Billinge[6-8] 撰写的文献中，详细讲解了 X 射线衍射的理论知识。如果读者不熟悉 X 射线粉末衍射，下面信息框中简单介绍了 X 射线粉末衍射的基本概念，可以帮助理解本文后续的讨论和示例。

信息框：X 射线粉末衍射简介

简单来说，在常见的 X 射线粉末衍射实验中，采用单能 X 射线照射粉末样品。其中一部分 X 射线与样品中原子的电子发生弹性散射（即无能量转移）。如果样品中的原子呈周期性排序，即晶态，散射的 X 射线之间会在特定角度发生相长干涉，而在其他角度，散射的 X 射线之间会发生相消干涉。X 射线探测器会在不同散射角度测量样品散射的 X 射线数量。这就产生了一组以 X 射线强度（计数）和散射角度（表示为 2θ）为坐标的数据点。如布拉格（Bragg）公式 $n\lambda = 2d\sin\theta$ 所示，发生相长干涉的角度（2θ）与晶体材料中的晶面间距有关，其中 n 是整数，λ 是 X 射线的波长，d 是平行晶面之间的垂直距离，θ 是散射角的一半。晶面间距 d，与晶体材料的晶胞参数相关。因此，衍射峰或 Bragg 峰的角度取决于晶胞的尺寸。由于 X 射线是与材料中的电子发生散射，所以 Bragg 峰的积分强度取决于相关晶面族上有多少个电子，也就是说强度主要取决于材料中原子的占位和种类。

7.2.1 X 射线源和探测器的选择

在实验室的衍射仪和同步辐射光源上都可以进行原位 X 射线粉末衍射实验。相比于实验室衍射仪，同步辐射光源产生的 X 射线具有更高的通量和更高的能量。由于高的 X 射线通量和材料对高能 X 射线的吸收小，同步辐射光源可以保证更高的散射强度和更短的测量时间，从而实现更好的时间分辨率或开展高倍率充放电实验。相反，实验室的 X 衍射仪采集一个衍射图谱所需的时间通常很长，更适合采用现场原位方法。使用二维面探测器可以缩短数据的收集时间，这是因为二维面探测器能够在选定的角度范围内完整地收集所有的德拜-谢乐锥（Debye-Scherrer cones）。这种二维面探测器广泛应用在同步辐射光源 X 射线粉末衍射仪上，也越来越多地应用在实验室衍射仪上。

材料对同步加速光源中高能量 X 射线的吸收较弱，这能够降低高通量束流带来的辐照损伤。Borkiewicz 等人的研究[5] 证实了这点，他们发现能量为 17keV 的高通量 X 射线引发了严重的辐照损伤，进而导致充电时电极的荷电状态出现明显的差异，而能量为 58keV 的高通量 X 射线束并不会引发任何辐照损伤（见图 7.2a~c）。

第 7 章 利用原位 X 射线和中子散射技术从原子尺度研究钠离子电池

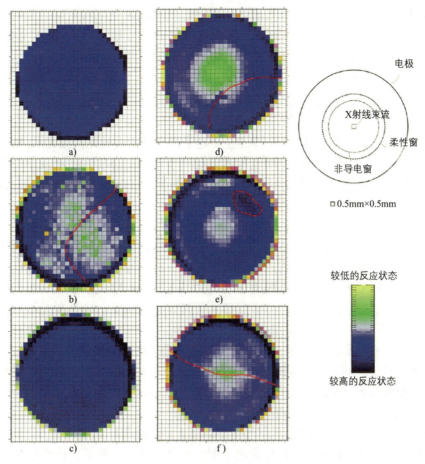

图 7.2 在不同条件/电池设计时，用 0.1C 或 1C 倍率充电得到的 6 个 LiFePO$_4$ 正极，利用 X 射线粉末衍射进行光栅扫描获得电极的二维相图。这里"较低的反应状态"指的是 LiFePO$_4$ 的含量高，而"较高的反应状态"则是指 FePO$_4$ 的含量高。6 个 LiFePO$_4$ 正极分别在以下条件充电：（a）在含有刚性窗和导电窗且没有暴露于 X 射线的电池中；（b）在含有刚性窗和导电窗且暴露于能量为 17keV 的 X 射线的电池中；（c）在含有刚性窗和导电窗且暴露于能量为 58keV 的 X 射线的电池中；（d）在含有柔性窗和非导电窗且没有暴露于 X 射线的电池中；（e）在含有柔性窗和金属箔且没有暴露于 X 射线的电池中；（f）在含有刚性窗和非导电窗且没有暴露于 X 射线的电池中（来源：文献 [5]，经美国化学学会授权）

　　原位电池的设计需要根据衍射仪的配置做出相应的调整，以适应衍射仪的反射（Bragg-Brentano）几何或透射几何。同步辐射光源衍射仪的光路通常使用透射几何，而实验室衍射仪的光路一般使用反射几何。然而，随着高通量的旋转 X 射线阳极管以及弧形位敏探测器或二维面探测器的发展和应用，实验室衍射仪也能开展透射模式的实验。在反射模式下，利用原位 X 射线粉末衍射研究电池电极的优势是只需要探测感兴趣的电极，这种模式下获得的衍射数据易于分析。相比而言，在透射模式下利用原位 X 射线粉末衍射研究电池时，整个电池被探测，导致 X 射线粉末衍射数据中包含了电池中集流体、隔膜和电解质等所有组件的信号。此外，在反射模式下开展原位 X 射线粉末衍射实验，可能存在一个风险，即不能探测到全部深度的电极信息。这对于电池研究来说是非常不利的，因为充放电反应是从电极表面开始，然后延伸到靠近集流体一端的电极，而 X 射线粉末衍射实验则是从靠近集流体一端的电极开始收集数据，所以，如果电极发生的电化学反应在深度上是不均匀的，那么在反射模式下收集的衍射信号可能无法呈现电极真正的荷电状态。

7.2.2 设计基于 X 射线粉末衍射的原位电池

在过去的 10~15 年中，研究人员已经开发了许多专用电池来开展原位 X 射线粉末衍射研究。在这里，我们不会讨论专用电池的设计细节，而是会阐述电池设计中的常规注意事项，并提供一些参考例子。关于专用电池的设计细节，可以参考 Brant 等、Llewellyn 等，以及 Sharma 等最近撰写的综述[2,9,10]。

在设计原位电池时，最重要的考虑因素是原位电池能满足以下几点要求：①收集的散射数据质量高，可以获得想要的结构信息；②在原位电池中电极材料呈现的电化学性能要与在标准电池（即纽扣电池）中的电化学性能一致。需要注意的是，除了保证电极能可逆地提供容量外，在两种电池中，电极电化学性能与电压的对应关系也要一致。确保电池不会由于电阻产生大的极化，这一点非常重要。与其他电池一样，基于 X 射线粉末衍射的原位电池需要遵循以下要求才能提供正确的电化学性能：

1）电极材料应与集流体接触，集流体与电路连接（电池测试仪）。
2）正极和负极之间是电子绝缘的，但是两者通过电解质接触来实现离子迁移。
3）电池组应与大气中的氧气、氮气和水隔离。这意味着电池应在手套箱中进行组装。
4）要对电池施加均匀且恒定的压力。
5）电池的组件在电池中的化学和电化学条件下是惰性的。

在设计基于 X 射线粉末衍射的原位电池时，既要满足上述要求，也要保证 X 射线照射电池（或电池中的部分）后，散射的 X 射线能够从电池中逸出。原则上来说，采用能量色散衍射方法或利用高通量的高能 X 射线（它不会被钢壳完全吸收），可以在未改造的纽扣电池上进行原位 X 射线粉末衍射实验。然而，即使采用高通量的高能 X 射线，X 射线粉末衍射数据的质量也会有一定程度的下降，一方面，钢壳的吸收会导致散射信号的下降，另一方面，钢产生衍射峰的强度远远超过电池材料产生衍射峰的强度，这不利于数据分析。另一个选项是采用所谓的"咖啡袋"电池，它是由电极-隔膜-电极和涂覆聚合物的铝箔组成的软包电池（即咖啡袋）[11]。大多数基于 X 射线粉末衍射的原位电池都是纽扣、套管（Swagelok）或软包形式的，如图 7.3 所示，在这几种电池中，采用对 X 射线吸收和散射作用弱的材料替换部分外壳，形成了"X 射线窗"。

如图 7.3 所示，在基于 X 射线粉末衍射的原位电池中，X 射线窗口的常用材质是聚酰亚胺、铍、玻璃碳或单晶蓝宝石。表 7.2 中列举了不同类型 X 射线窗口的优点和缺点。需要特别注意的是，非刚性且非导电的窗口可以导致电极的压力不均匀和出现电流梯度，这可能导致电极中发生不均匀的电化学反应。Borkiewicz 等人[5]通过实验证实了这种情况，他们发现使用非刚性且非导电窗口的电极区域内，电化学反应出现明显的差异（见图 7.2a、d~f）。

调整的纽扣电池、套管电池或软包电池是最常用的原位电池类型，其他类型的电池也可以用于原位实验。其中一个是毛细管或者管状电池。这时候，电池是在由玻璃、聚酰亚胺，或石英制成的毛细管或套管[17-19]里组装的。从管的顶端和低端，分别插入一个电触头连接电极。这种电池组装过程烦琐，而且难以获得恰当的电化学性能。然而，它们有一个巨大的优点，就是无论在反射模式还是透射模式实验中，只会探测到感兴趣的电池组分。

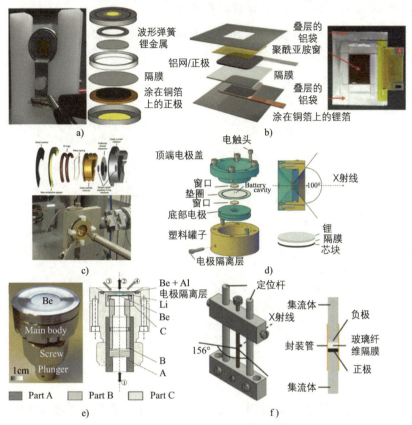

图 7.3　常用的基于 X 射线粉末衍射的原位电池类型：(a) 含有聚酰亚胺 X 射线窗口的纽扣电池（来源：文献 [12]，经 Elsevier 授权）；(b) 含有聚酰亚胺窗口的软包电池（来源：文献 [13]，经 John Wiley & Sons 授权）；(c) 含有单晶蓝宝石 X 射线窗口的特制电池（来源：文献 [14]，经 International Union of Crystallography 授权）；(d) 含有玻璃碳 X 射线窗口的特质电池（称为 AMPIX 电池）（来源：文献 [15]，经 International Union of Crystallography 授权）；(e) 含用铍 X 射线窗口的套管型电池，这种电池在透射和反射模式实验中均适用（来源：文献 [16]，经 IOP Publishing 授权）；(f) 直径为 1/8in，材质为聚酰亚胺的管状电池（称为 RATIX 电池）（来源：文献 [17]，经 John Wiley & Sons 授权）

7.2.3　构建适用于原位 X 射线衍射实验的钠离子电池

用于原位实验的电池组应该包含工作电极、隔膜、电解质和对电极等功能性组件。此外，电极需要通过集流体与电路实现连接，集流体可以是电池组的一部分，也可以是电池电芯的一部分。电池电芯的设计首先取决于原位实验是在透射模式下还是反射模式下进行。在反射模式时，可以只探测特定的电池组件，这意味着只需要优化这个组件，就能够收集高质量的衍射数据。在优化电池电芯的其余部分时，只要保证恰当的电化学性能即可。相反，在透射模式实验中，需要优化电池组中的所有组件，才能收集到高质量的衍射数据。这意味着除了感兴趣的组件，其他所有组件的散射信号都要尽量减少，同时保证不影响电化学性能。

接下来会围绕电池中不同组件的设计因素展开讨论。

表 7.2 在基于 X 射线粉末衍射的原位电池中常用的 X 射线窗口材料的优缺点

X 射线窗口材料	优　　点	缺　　点
聚酰亚胺（Kapton）	• 容易获取 • 容易切割成所需的形状 • 非晶态 • 连续的漫散射信号	• 容易弯曲 • 不导电 • 耐化学性差 • 随时间的累积，水会渗透过去 • 背低信号较强
铍	• 刚性 • 导电 • 非常弱的散射能力，对 X 射线粉末衍射谱的贡献很低	• 有毒，难以处理 • 在高电位时不稳定（对锂的电位大于 4V 时）
玻璃碳	• 刚性 • 导电 • 弱的散射能力，对 X 射线粉末衍射谱的贡献低	• 强的背低信号 • 在对锂电位小于 0.5V 和大于 4.8V 时不稳定
单晶蓝宝石（Al_2O_3）	• 刚性 • 惰性的，电化学稳定 • 产生集中的衍射斑点，能够从 X 射线粉末衍射数据中消除	• 不导电

1. 关注的电极

1）导电碳和黏结剂等电极添加剂，最好是非晶态的，在整个实验过程中，它们对 X 射线的吸收和漫散射应尽可能低且保持恒定。

2）为了增加衍射信号，可以通过提升电极的厚度来增加被束流照射的电极数量，这种情况下电极的使用量超出了通常电池电芯中的使用量。

3）如果 X 射线束流的光路会穿过集流体，那么电极最好制备成单独的芯块，而不是涂布到金属集流体表面，这样可以避免集流体对 X 射线的吸收和产生额外的衍射信号。需要注意一点，单独的芯块电极需要与电池中的集流体实现良好接触，集流体最好是导电的、X 射线吸收能力弱的材质。

2. 对电极

1）大多数原位 X 射线粉末衍射实验都是在半电池上进行的，例如在钠离子电池中，对电极是钠金属，这样可以保证在充放电过程中对电极产生的衍射信号不发生显著的改变。

2）对于半电池，如果 X 射线束流的光路会通过对电极，那么钠金属片应尽可能薄，以最大程度减小其对 X 射线的吸收和产生的衍射信号。由于钠对 X 射线的散射能力比锂对钠的散射能力强，所以降低对电极厚度对于钠离子电池研究更加重要。

3）如果在原位 X 射线粉末衍射实验中使用全电池，那么对电极应避免使用会导致衍射峰严重重叠的材料。

3. 隔膜

隔膜最好是非晶态，且在整个实验过程中，隔膜对 X 射线的吸收和产生的漫散射信号应尽可能低且保持不变。

4. 电解质

1）液态电解质通常会产生大的漫散射信号，是 X 射线粉末衍射背低中的主要来源。因此，应该限制液态电解质的使用量。

2）如果原位实验的研究目标是固态电解质，那么应当优化固态电解质的含量，以提供充分的衍射信号。

7.2.4　X 射线粉末衍射数据的分析

在各种文献[8, 20]中详细介绍了 X 射线粉末衍射数据的分析步骤，这里就不再赘述。接下来，将围绕钠离子电池，阐述其原位 X 射线粉末衍射数据分析过程中的注意事项。

数据分析的第一步是通过 X 射线粉末衍射数据和电化学数据上的时间戳，将各个 X 射线粉末衍射谱与对应的荷电状态（或钠离子含量）进行匹配。这个过程需要特别小心，以确保正确的对应关系。数据分析的第二步是确定所有 X 射线粉末衍射数据中出现的晶相。在大多数情况下，所有或大部分的晶相都可以通过检索 X 射线粉末衍射数据库来确定，常用的数据库有晶体学开放数据库（COD）、剑桥结构数据库（CSD）、国际晶体结构数据库（ICSD）和国际衍射数据中心（ICDD）[21-24]。在寻峰时，如果出现与活性材料或其他组件无法匹配的衍射峰，那么需要核实这些衍射峰是否来源于电解质、沉淀的电解质盐或与空气反应产生的化合物。如果通过检索数据库和文献，无法索引分辨率好且强度高的衍射峰，那么可以通过逆向蒙特卡罗方法，尝试进行晶面指标化和结构解析[25]。

只要完成了晶相识别，然后将 X 射线粉末衍射数据作为时间或荷电状态的函数进行绘制（如图 7.4 所示），就可以获取相稳定性与荷电状态的关系、相转变机制（两相转变还是固溶体反应）、晶胞参数变化等定性信息。然而，我们通常希望更精确地获得这些定性信息，并且能够获得更多的定量信息。Rietveld 精修是一个非常有用的方法。它是利用最小二乘法使观察的衍射谱和用晶体模型计算的衍射谱相符。在 Rietveld 精修过程中，通过调整晶体模型中的结构参数与峰型参数，最小化实验谱和计算谱两者之间的差异。其中可调整的结构参数包括晶胞参数、原子位置、原子振动因子、原子占位等。关于 Rietveld 精修的详细介绍，可参考 Dinnebier 等和 Young 撰写的相关文献[27, 28]，也可以查阅 FullProf、TOPAS、HighScore Plus 和 GSAS 等软件[29-32]的使用说明。

相比于锂，钠对 X 射线的散射能力（原子的形状因子 f）更强，这允许对钠离子电池材料结构中的钠占位进行精修。这意味着电极中的钠离子含量不仅可以通过充放电容量来估计，还可以通过精修 X 射线粉末衍射数据来获取，从而给出电极中整体的钠离子含量和每个晶相中的钠离子含量。

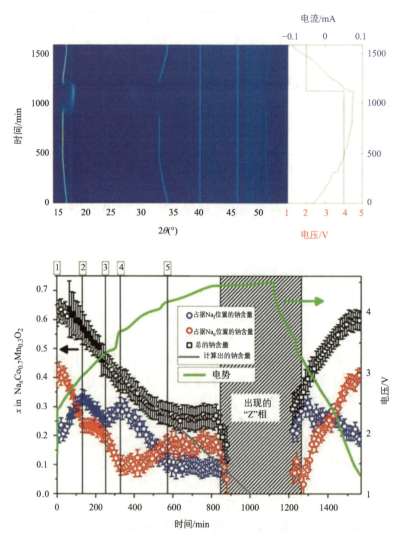

图 7.4 （上）P2 型 $Na_xCo_{0.7}Mn_{0.3}O_2$ 电极在首周充放电时的原位 X 射线粉末衍射数据。右侧是原位实验时电池电流和电压的变化；（下）在原位 X 射线粉末衍射实验中，$Na_xCo_{0.7}Mn_{0.3}O_2$ 中的 Na 含量 x 以及每个晶体学位置的 Na 含量以时间为变量的函数，编号线（1～5）表示出现亚稳相（来源：文献 [26]，经英国皇家化学学会授权）

▼ 7.3 基于原位 X 射线粉末衍射技术研究钠离子电池的实例

钠基层状过渡金属氧化物（Na_xTmO_2）被广泛应用于钠离子电池的正极材料[33, 34]。在这类材料中，过渡金属的成分以及晶体结构类型对充放电过程中的相变具有显著影响。原位 X 射线粉末衍射技术是研究结构演变的强大工具，不仅可以探测晶体结构随荷电状态变化的演变机制，也能获得晶体结构中的原子占位等信息。例如，Maletti 等人[35]使用纽扣电池装置[36]和原位 X 射线粉末衍射技术（在 DESY 的 PETRA Ⅲ 设施），研究了 $NaTi_{0.5}Ni_{0.5}O_2$ 材料在充放电过程中的相变行为。他们通过 Rietveld 精修证明 $NaTi_{0.5}Ni_{0.5}O_2$ 在充放电时发生可逆的 O3-P3 相变，没有中间相的产生。相比之下，$NaNiO_2$ 和 $NaMnO_2$ 这些没有 Ti 起稳定作用的化合物，在充放电过程中都表现出复杂的相变。Birgisson 等人[26] 利用特制的原位电池[37]，研究了 P2 型 $Na_xCo_{0.7}Mn_{0.3}O_2$ 层状氧化物在充放电过程中的结构演变。该研究发现，P2 型 $Na_xCo_{0.7}Mn_{0.3}O_2$ 材料在充放电过程中主要表现出固溶相变。Rietveld 精修表明，不同晶格位点的钠离子没有以相同的速率脱出或嵌入。实际上，在部分充电态，占据一个晶格位点的钠含量甚至增加，这表明电池工作时的钠离子扩散行为比预期复杂，表现出协同扩散机制。这个原位实验观察到电池在非平衡条件下生成一些结构，这些结构通过非原位实验可能无法观察到。

Xiang 等人[38] 利用原位 X 射线粉末衍射技术（advancedphotonsource，AMPIXcell[15]），研究了橄榄石型结构的 Na_xFePO_4 正极在充放电过程中的相转变行为（图 7.5）。他们发现在首次放电和第二次放电过程中的结构演变存在明显的差异，证明了存在扩展的钠固溶体区域。此外，通过分析 X 射线粉末衍射信号的消失和出现，他们发现了一种非晶态的中间相，对分布函数分析表明，该中间相是处于充电终端和放电终端之间的一种缓解应变的相。

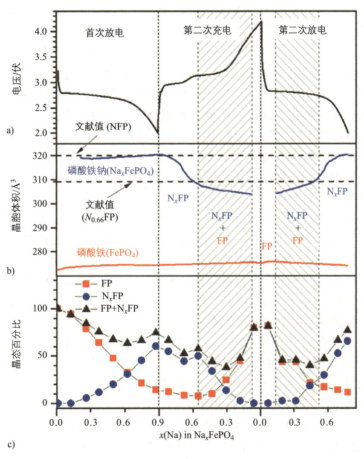

图 7.5 （a）在原位 X 射线粉末衍射实验中收集的 Na_xFePO_4 的电压与成分的关系图；（b）通过 Rietveld 方法精修 X 射线粉末衍射数据，获得晶相 $FePO_4$ 和 Na_xFePO_4 的晶胞体积；（c）晶态 $FePO_4$、晶态 Na_xFePO_4 以及所有晶相总和的摩尔百分比（以初始 $FePO_4$ 含量进行归一，初始 $FePO_4$ 假设 100% 是晶态）（来源：文献 [38]，经美国化学学会授权）

本质上，原位X射线粉末衍射技术也可以用来研究钠离子电池的负极。例如Kim等人[39]研究了醚溶剂化的钠离子在石墨中的嵌入机制。他们用钠|溶剂为二乙二醇二甲醚、浓度为1mol/L的六氟磷酸钠电解液|石墨构建的电池，利用原位X射线粉末衍射技术，发现醚溶剂化的钠在嵌入石墨时，存在固溶和相变区域，并且可以获得晶胞参数c的变化。我们注意到，与锂相比，钠对X射线散射能力更强，所以利用X射线衍射技术可以清晰地观察到碳材料结构中的钠离子。

7.4 能提供结构信息的其他原位技术

7.4.1 中子粉末衍射

波长为Å级别的中子也可以应用于散射和衍射研究，从而获得材料原子尺度的结构信息[40,41]。中子衍射的原理本质上与X射线衍射相同，都遵循布拉格（Bragg）定律。然而，X射线主要与核外电子发生散射，中子则是与原子核发生散射。这导致中子散射长度与原子序数之间的关系是非线性的，甚至同位素之间的中子散射长度也存在差异[42]。这使得中子可以区分一些X射线无法区分的元素，例如原子序数接近的过渡金属。此外，中子可以探测Li、O和C等轻元素，例如通过中子衍射技术可以探测过渡金属氧化物或过渡金属磷酸盐等电极材料中锂的位置，这些信息难以通过X射线衍射技术获得。相比之下，利用中子衍射技术探测氧化物中的钠离子会更困难，这是因为钠对中子的散射能力比氧弱。图7.6比较了一些元素的X射线和中子散射长度。因此，与电池相关的中子粉末衍射研究一直聚焦在锂离子电池。但是，利用中子作为探针仍然具有一些优点，使得中子粉末衍射能够获得钠离子电池材料的重要结构信息。首先，与X射线不同，氧对中子的散射能力与过渡金属对中子的散射能力相差较小，这表明利用中子粉末衍射可以更精确地研究氧晶格。其次，过渡金属具有不同的中子散射长度，使得中子粉末衍射能够探测过渡金属的结构有序或无序。但需要注意的是，并非所有的过渡金属之间都存在大的散射反差，例如铁和镍的中子散射长度接近。此外，中子与许多材料的相互作用较弱，例如铝、钒和钢对中子的吸收弱，这表明不需要实装中子窗口，就可以利用中子粉末衍射研究大尺寸的商用电池或定制电池，这非常有利于开展实际工况下的原位研究。

遗憾的是，中子散射研究也存在一系列的问题，这在一定程度上阻碍了原位中子粉末衍射技术的应用和发展。主要的难题是，高通量的中子只能通过反应堆或者散裂源产生，这限制了可用的束流时间。此外，即使反应堆或散裂源产生的中子通量也较低，这导致需要相对大体积的样品（通常为$1cm^3$，相比之下，X射线粉末衍射实验所需的样品体积为$1mm^3$）和慢的测量速度（中子粉末衍射实验需要几分钟到几个小时，而X射线衍射实验通常只需几秒到几分钟）。中子粉末衍射需要较多的样品量，这不利于开展新型电池材料的研究，因为新型材料的合成量通常在1g的规模。长的数据收集时间也会影响原位实验的时间分辨率。尽管存在这些问题，原位中子粉末衍射实验已经开展了多年，细节可参考Peterson[2,43]撰写的综述。随着欧洲散裂中子源（European Spallation Source，ESS）等先进中子设施的出现，数据收集时间会缩短，推动原位中子粉末衍射技术在电池领域的发展和应用。

第 7 章 利用原位 X 射线和中子散射技术从原子尺度研究钠离子电池

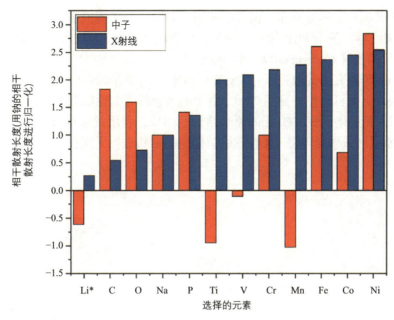

图 7.6 一些元素对 X 射线和中子的散射能力比较（用 Na 相干散射长度归一化）。注意，除了锂元素，其他都是天然丰度元素的中子散射长度，这里给出的是同位素 ^{7}Li 对应的中子散射长度（因为 ^{6}Li 对中子的吸收强，要避免在中子粉末衍射实验中使用）（中子散射长度来源于文献 [42]，图根据文献 [42] 进行了改编）

到目前为止，关于原位中子粉末衍射研究钠离子电池的报道还相对较少，但还是有一些重要的研究。例如，Chen 等人 [44] 研究了 18650 型全电池在充放电时，P2 型 $Na_{2/3}[Fe_{1/3}Mn_{2/3}]O_2$ 正极的结构演变。综合利用原位中子粉末衍射、非原位 X 射线粉末衍射和 X 射线吸收谱的数据，获取了钠离子的储存机制和不同荷电状态时钠离子的迁移和占位信息。

7.4.2 利用全散射和对分布函数分析局域原子结构

在粉末衍射中，漫散射通常被视为背底而忽略。然而，漫散射包含材料中呈无规则、无序的原子结构信息。可以通过分析全散射数据来获取材料中呈无序分布的局部原子结构信息 [45-48]。在一个中子或 X 射线全散射实验中，会同时收集到高动量转移（High Q），或者高散射角的衍射信号和漫散射信号。将背底校正后，对散射强度进行傅立叶变换，得到 PDF 数据。对分布函数（PDF）是径向分布函数的一种，它呈现了实空间中原子间距的分布，因此，与倒易空间（散射角 2θ）的衍射数据相比，实空间的 PDF 数据更直观、更易解释。PDF 中关联信息包含了原子对的信息，从中可以知道原子的局域排布信息，例如离中心原子不同距离时的原子数。PDF 在距离 $r = 0$Å 时数值为 0（因为两个原子不可能位于同一位置），通常在 $r = 2$Å 左右，可以找到样品中最短间距的原子对关联。在更高的 r 值时，PDF 中原子对关联的数量取决于样品的结晶性。PDF 可以显示表面和晶粒边界的局域结构。PDF 可以像 Rietveld 精修一样，使用最小二乘方法对初始结构模型进行修正，以最小化实验谱和计算谱两者之间的差异。也可以使用逆向蒙特卡洛模拟来拟合数据。这里不会介绍 PDF 的详细内容,关于 PDF 的更多细节,推荐阅读文献 [49,50],或者是 T. Egami 和 S. Billinge 编写的教材 *Underneath the Bragg peaks*。

  Christensen 等研究人员通过研究 Mg 离子电池 VO_x 纳米管电极材料,证明了利用 PDF 直接提取结构信息的可行性(见图 7.7)。由于纳米管的弯曲性降低了长程有序,无法通过 X 射线粉末衍射精确地研究 VO_x 层的原子结构。相反,利用对分布函数,能够将低 r 范围(1~7Å)的原子对关联与理想 V_6O_{17} 双层结构中的键长进行了比较,从而确认了其局域原子结构。

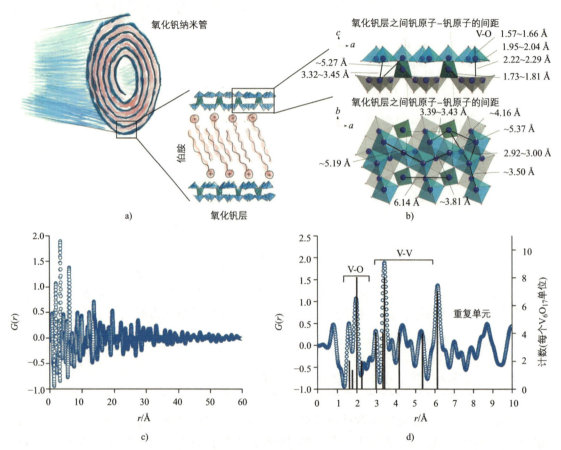

图 7.7 (a) 多层 VO_x 纳米管(管状和层状结构)的示意图,Christensen 等[51]研究了该材料在 Mg 离子电池中的应用;(b) 沿着与层平行方向(顶部)和与层垂直方向(底部)投影的 V_6O_{17} 双层结构,在图中标注了原子之间的键长(来源:摘自文献 [51],经美国化学学会授权);(c) 在先进光子源 11-ID-B 线站上收集的 VO_x 纳米管材料的 PDF 数据;(d) VO_x 纳米管在低 r 范围内的 PDF 数据,黑色垂直线标记了 V_6O_{17} 局部结构中的 V-O 和 V-V 的原子间距(来源:根据文献 [51] 改编)

  因为 PDF 数据是将样品的散射信号进行傅里叶变换后得到的,所以需要收集到高动量转移(高散射角)的数据,并且需要较长的采集时间以获得足够的计数统计。在同步辐射光源可以实现对分布函数的快速采集(RA-PDF),例如,利用高能 X 射线(大约 50~100keV),使用面探测器覆盖约 45° 的立体散射角时,大约 5~30min 即可收集一个 PDF 谱。

这可以实现在 0.1C 或者更低倍率充放电时的原位 PDF 测量。然而，据我们所知，目前原位中子 PDF 实验的测试时间较长，难以满足真实电池的测试需求。

对于 PDF 实验，电池散射产生的背底信号应该是均匀的、一致的，这才能保证背底扣除和 PDFs 构建的正确性。当进行原位 PDF 实验时，收集的背底信号要包含 PDF 分析中所有不关注组分的散射信号，用它们对全散射数据进行背低扣除，然后通过傅里叶变换获得 PDF 谱。为了确保电池组分产生一致的漫散射，不同电池使用的电极添加剂和电解质的含量应该接近，应避免使用金属 X 射线窗或铝箔集流体等金属部件。对于锂离子电池，锂对 X 射线的低散射能力使得负极能够采用锂箔；但是，钠对 X 射线的散射能力更强，负极采用钠箔时会产生问题。目前为止，基于原位 PDF 技术开展钠离子电池研究的数量还相对有限，仍然需要优化设计以提供最好的数据质量。

Allan 等利用 AMPIX 电池和原位 PDF 技术研究了锑负极在充放电过程中的结构演变[53]。锑是一个转化型电极材料。这项研究证明了原位 PDF 可以表征材料在充放电时形成的非晶相和局域结构的变化，为利用原位 PDF 技术开展钠离子半电池实验提供一些经验。在收集锑电极的原位 X 射线全散射数据时，每次收集时间为 3min，每 45min 收集一次。获得的 PDF 谱如图 7.8 所示，可以看出锑负极在钠嵌入/脱出过程中发生了晶相和非晶相的结构转变。通过分析 PDF 谱图，发现了两个新的非晶中间相，即 a-Na$_{3-x}$Sb 和 a-Na$_{1.7}$Sb。

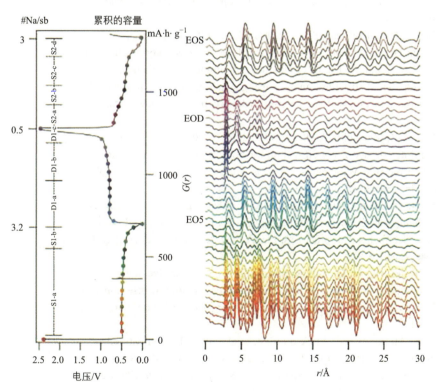

图 7.8 （左图）在原位 PDF 实验时，锑电极在恒流模式下的充放电曲线；（右图）在恒流充放电循环时收集的特定 PDF 谱，对纵坐标时间进行了补偿调整，不同颜色的 PDF 谱分别对应左图中电化学曲线上相同颜色的数据点[53]

参 考 文 献

1. Liu, C., Neale, Z.G., and Cao, G. (2016). Understanding electrochemical potentials of cathode materials in rechargeable batteries. *Mater. Today* 19 (2): 109–123. https://doi.org/10.1016/j.mattod.2015.10.009.
2. Sharma, N., Pang, W.K., Guo, Z., and Peterson, V.K. (2015). In situ powder diffraction studies of electrode materials in rechargeable batteries. *ChemSusChem* 8 (17): 2826–2853. https://doi.org/10.1002/cssc.201500152.
3. Talaie, E., Bonnick, P., Sun, X. et al. (2017). Methods and protocols for electrochemical energy storage materials research. *Chem. Mater.* 29 (1): 90–105. https://doi.org/10.1021/acs.chemmater.6b02726.
4. Kao, Y.H., Tang, M., Meethong, N. et al. (2010). Overpotential-dependent phase transformation pathways in lithium iron phosphate battery electrodes. *Chem. Mater.* 22 (21): 5845–5855. https://doi.org/10.1021/cm101698b.
5. Borkiewicz, O.J., Wiaderek, K.M., Chupas, P.J., and Chapman, K.W. (2015). Best practices for operando battery experiments: influences of X-ray experiment design on observed electrochemical reactivity. *J. Phys. Chem. Lett.* 6 (11): 2081–2085. https://doi.org/10.1021/acs.jpclett.5b00891.
6. Pecharsky, V.K. and Zavalij, P.Y. (2009). *Fundamentals of Powder Diffraction and Structural Characterization of Materials*, vol. 777. Boston, MA: Springer.
7. Hammond, C. (2015). *The Basics of Crystallography and Diffraction*. Oxford University Press.
8. Dinnebier, R.E. and Billinge, S.J.L. (2008). Powder diffraction: theory and practice. In: *Powder Diffraction*, 1–19. Cambridge: Royal Society of Chemistry.
9. Brant, W.R., Schmid, S., Du, G. et al. (2013). A simple electrochemical cell for in-situ fundamental structural analysis using synchrotron X-ray powder diffraction. *J. Power Sources* 244: 109–114. https://doi.org/10.1016/j.jpowsour.2013.03.086.
10. Llewellyn, A.V., Matruglio, A., Brett, D.J.L. et al. (2020). Using in-situ laboratory and synchrotron-based X-ray diffraction for lithium-ion batteries characterization: a review on recent developments. *Condens. Matter* 5 (4): 1–28. https://doi.org/10.3390/condmat5040075.
11. Gustafsson, T., Thomas, J.O., Koksbang, R., and Farrington, G.C. (1992). The polymer battery as an environment for in situ X-ray diffraction studies of solid-state electrochemical processes. *Electrochim. Acta* https://doi.org/10.1016/0013-4686(92)80128-9.
12. Brant, W.R., Li, D., Gu, Q., and Schmid, S. (2016). Comparative analysis of ex-situ and operando X-ray diffraction experiments for lithium insertion materials. *J. Power Sources* 302: 126–134. https://doi.org/10.1016/j.jpowsour.2015.10.015.
13. Ghanty, C., Markovsky, B., Erickson, E.M. et al. (2015). Li$^+$-ion extraction/insertion of Ni-rich Li$_{1+i}$(Ni$_y$Co$_z$Mn$_z$)$_w$O$_2$ (0.005 < x < 0.03; y: Z = 8:1, $w \approx$ 1) electrodes: in situ XRD and Raman Spectroscopy Study. *ChemElectroChem* 2 (10): 1479–1486. https://doi.org/10.1002/celc.201500160.
14. Drozhzhin, O.A., Tereshchenko, I.V., Emerich, H. et al. (2018). An electrochemical cell with sapphire windows for operando synchrotron X-ray powder diffraction and spectroscopy studies of high-power and high-voltage electrodes for metal-ion batteries. *J. Synchrotron Radiat.* 25 (2): 468–472. https://doi.org/10

.1107/S1600577517017489.

15 Borkiewicz, O.J., Shyam, B., Wiaderek, K.M. et al. (2012). The AMPIX electrochemical cell: a versatile apparatus for in situ X-ray scattering and spectroscopic measurements. *J. Appl. Crystallogr.* 45 (6): 1261–1269. https://doi.org/10.1107/S0021889812042720.

16 Leriche, J.B., Hamelet, S., Shu, J. et al. (2010). An electrochemical cell for operando study of lithium batteries using synchrotron radiation. *J. Electrochem. Soc.* 157 (5): A606. https://doi.org/10.1149/1.3355977.

17 Liu, H., Allan, P.K., Borkiewicz, O.J. et al. (2016). A radially accessible tubular in situ X-ray cell for spatially resolved operando scattering and spectroscopic studies of electrochemical energy storage devices. *J. Appl. Crystallogr.* 49 (5): 1665–1673. https://doi.org/10.1107/S1600576716012632.

18 Diaz-Lopez, M., Cutts, G.L., Allan, P.K. et al. (2020). Fast operando X-ray pair distribution function using the DRIX electrochemical cell. *J. Synchrotron Radiat.* https://doi.org/10.1107/S160057752000747X.

19 Johnsen, R.E. and Norby, P. (2013). Capillary-based micro-battery cell for in situ X-ray powder diffraction studies of working batteries: a study of the initial intercalation and deintercalation of lithium into graphite. *J. Appl. Crystallogr.* https://doi.org/10.1107/S0021889813022796.

20 Pecharsky, V.K. and Zavalij, P.Y. (2005). *Fundamentals of Powder Diffraction and Structural Characterization of Materials*. Boston, MA: Springer.

21 Crystallography Open Database. http://www.crystallography.net/ (accessed 23 March 2022).

22 Cambridge Crystallographic Data Centre. Cambridge Structural Database (CSD). https://www.ccdc.cam.ac.uk (accessed 23 March 2022).

23 FIZ-Karlsruhe. Inorganic Crystal Structure Database. https://icsd.fiz-karlsruhe.de (accessed 23 March 2022).

24 International Centre for Diffraction Data. Powder Diffraction File [Online]. http://www.icdd.com/ (accessed 23 March 2022).

25 Favre-Nicolin, V. and Černý, R. (2002). FOX, 'free objects for crystallography': a modular approach to ab initio structure determination from powder diffraction. *J. Appl. Crystallogr.* https://doi.org/10.1107/S0021889802015236.

26 Birgisson, S., Shen, Y., and Iversen, B.B. (2017). In operando observation of sodium ion diffusion in a layered sodium transition metal oxide cathode material, P2 $Na_xCo_{0.7}Mn_{0.3}O_2$. *Chem. Commun.* 53 (6): 1160–1163. https://doi.org/10.1039/c6cc09415e.

27 Dinnebier, R.E., Leineweber, A., and Evans, J.S.O. (2019). *Rietveld Refinement*. De Gruyter.

28 Young, R.A. (1995). *The Rietveld Method*, IUCr Monographs on Crystallography, vol. 5. IUCr/Wiley.

29 Rodríguez-Carvajal, J. (1993). Recent advances in magnetic structure determination by neutron powder diffraction. *Phys. B Condens. Matter* 192: 55–69. https://doi.org/10.1016/0921-4526(93)90108-I.

30 Coelho, A.A. (2018). TOPAS and TOPAS-Academic: an optimization program integrating computer algebra and crystallographic objects written in C++: An. *J. Appl. Crystallogr.* https://doi.org/10.1107/S1600576718000183.

31 Degen, T., Sadki, M., Bron, E. et al. (2014). The high score suite. In: *Powder Diffraction*. Cambridge University Press https://doi.org/10.1017/

S0885715614000840.

32 Toby, B.H. and Von Dreele, R.B. (2013). GSAS-II: the genesis of a modern open-source all purpose crystallography software package. *J. Appl. Crystallogr.* https://doi.org/10.1107/S0021889813003531.

33 Han, M.H., Gonzalo, E., Singh, G., and Rojo, T. (2015). A comprehensive review of sodium layered oxides: powerful cathodes for Na-ion batteries. *Energy Environ. Sci.* https://doi.org/10.1039/c4ee03192j.

34 Wang, P.-F., You, Y., Yin, Y.-X., and Guo, Y.-G. (2018). Layered oxide cathodes for sodium-ion batteries: phase transition, air stability, and performance. *Adv. Energy Mater.* 8 (8): 1701912. https://doi.org/10.1002/aenm.201701912.

35 Maletti, S., Sarapulova, A., Schökel, A., and Mikhailova, D. (2019). Operando studies on the $NaNi_{0.5}Ti_{0.5}O_2$ cathode for Na-ion batteries: elucidating titanium as a structure stabilizer. *ACS Appl. Mater. Interfaces* 11 (37): 33923–33930. https://doi.org/10.1021/acsami.9b10352.

36 Herklotz, M., Weiß, J., Ahrens, E. et al. (2016). A novel high-throughput setup for in situ powder diffraction on coin cell batteries. *J. Appl. Crystallogr.* https://doi.org/10.1107/S1600576715022165.

37 Shen, Y., Pedersen, E.E., Christensen, M., and Iversen, B.B. (2014). An electrochemical cell for in operando studies of lithium/sodium batteries using a conventional X-ray powder diffractometer. *Rev. Sci. Instrum.* 85 (10): 104103. https://doi.org/10.1063/1.4896198.

38 Xiang, K., Xing, W., Ravnsbæk, D.B. et al. (2017). Accommodating high transformation strains in battery electrodes via the formation of nanoscale intermediate phases: Operando Investigation of Olivine $NaFePO_4$. *Nano Lett.* 17 (3): 1696–1702. https://doi.org/10.1021/acs.nanolett.6b04971.

39 Kim, H., Hong, J., Yoon, G. et al. (2015). Sodium intercalation chemistry in graphite. *Energy Environ. Sci.* 8 (10): 2963–2969. https://doi.org/10.1039/c5ee02051d.

40 Lovesey, S.W. (1984). *Theory of Neutron Scattering from Condensed Matter*. Oxford University Press.

41 Willis, B.T.M. and Carlile, C.J. (2013). *Experimental Neutron Scattering*. Oxford University Press.

42 Sears, V.F. (1992). Neutron scattering lengths and cross sections. *Neutron News* https://doi.org/10.1080/10448639208218770.

43 Liang, G., Didier, C., Guo, Z. et al. (2020). Understanding rechargeable battery function using in Operando neutron powder diffraction. *Adv. Mater.* 32 (18): 1–12. https://doi.org/10.1002/adma.201904528.

44 Chen, T.Y., Han, B., Hu, C.W. et al. (2018). X-ray absorption spectroscopy and in-Operando neutron diffraction studies on local structure fading induced irreversibility in a 18 650 cell with P2-$Na_{2/3}Fe_{1/3}Mn_{2/3}O_2$ cathode in a long cycle test. *J. Phys. Chem. C* https://doi.org/10.1021/acs.jpcc.8b02908.

45 Egami, T. and Billinge, S.J. (2003). Underneath the Bragg peaks. *Mater. Today* 6 (6): 57. https://doi.org/10.1016/S1369-7021(03)00635-7.

46 Proffen, T., Billinge, S.J.L., Egami, T., and Louca, D. (2003). Structural analysis of complex materials using the atomic pair distribution function – a practical guide. *Zeitschrift für Krist. – Cryst. Mater.* 218 (2): 132–143. https://doi.org/10.1524/zkri.218.2.132.20664.

47 Proffen, T. (2000). Analysis of occupational and displacive disorder using the

atomic pair distribution function: a systematic investigation. *Zeitschrift für Krist. – Cryst. Mater.* 215 (11): 661. https://doi.org/10.1524/zkri.2000.215.11.661.

48 Proffen, T. and Kim, H. (2009). Advances in total scattering analysis. *J. Mater. Chem.* 19 (29): 5078. https://doi.org/10.1039/b821178g.

49 Christiansen, T.L., Cooper, S.R., and Jensen, K.M.Ø. (2020). There's no place like real-space: elucidating size-dependent atomic structure of nanomaterials using pair distribution function analysis. *Nanoscale Adv.* 2 (6): 2234–2254. https://doi.org/10.1039/D0NA00120A.

50 Masadeh, A.S. (2016). Total scattering atomic pair distribution function: new methodology for nanostructure determination. *J. Exp. Nanosci.* 11 (12): 951–974. https://doi.org/10.1080/17458080.2016.1184769.

51 Christensen, C.K., Bøjesen, E.D., Sørensen, D.R. et al. (2018). Structural evolution during lithium- and magnesium-ion intercalation in vanadium oxide nanotube electrodes for battery applications. *ACS Appl. Nano Mater. 2018*, 1, 5071–5082. https://doi.org/10.1021/acsanm.8b01183.

52 Chupas, P.J., Qiu, X., Hanson, J.C. et al. (2003). Rapid-acquisition pair distribution function (RA-PDF) analysis. *J. Appl. Crystallogr.* 36 (6): 1342–1347. https://doi.org/10.1107/S0021889803017564.

53 Allan, P.K., Griffin, J.M., Darwiche, A. et al. (2016). Tracking sodium-antimonide phase transformations in sodium-ion anodes: insights from Operando pair distribution function analysis and solid-state NMR spectroscopy. *J. Am. Chem. Soc.* 138 (7): 2352–2365. https://doi.org/10.1021/jacs.5b13273.

第 8 章
钠离子电池的核磁共振研究

作者：*Christopher A. O'Keefe, Clare P. Grey*
译者：钟贵明

▼ 8.1 概述

核磁共振（NMR）谱是化学领域研究中不可或缺的研究手段。液体 NMR 技术的迅速发展，提供了丰富、详细的分子层次结构信息，帮助化学家轻松地确定反应产物和杂质、监测反应动力学并阐明复杂物的组成。近年，固体 NMR（SSNMR）领域硬件和脉冲序列设计方面都取得了显著的进展。相较于液体 NMR，获取固体 NMR 谱从本质上更具挑战性。尽管如此，SSNMR 已成为材料科学家们研究各种化学体系的常规表征手段。SSNMR 不仅适用于晶体和无序固体材料表征，提供局部结构与多时间尺度动力学信息，还可用于高精度原子间距离的测定。

钠离子电池（NIB）的多个组件都含有 NMR 活性核的材料和化合物（表 8.1 中列出了常见的 NMR 活性核及其性质），将 NMR 用于 NIB 研究非常具有吸引力。表 8.1 显示，获取某些核的 NMR 谱有一定的挑战性：比如低天然丰度核（N.A.）通常需要使用昂贵的同位素标记，低可接受度（R_C，相比天然丰度 ^{13}C 的可接受度计算而得）需要长实验时间，强四极矩引起谱线增宽和/或非常快速的弛豫。同时，依据不同的目标材料和研究目标，我们需要设计相应的实验方案。在非原位测试中，需要拆解电池去除某个组分进行单独检测。非原位 SSNMR 在阐明电极材料随荷电态的结构演变中发挥了重要作用；液体 NMR 可提供的高分辨率和化学特异性信息，使电解液分解产物的鉴定以及分解途径的确定成为可能。最近，在原位电池设计和 NMR 硬件方面的发展为利用工况原位或现场原位 NMR 同时表征电池的各个组成提供了可行性，即电池或装置可在电化学循环过程中进行 NMR 表征。

本章重点介绍 NMR 在钠离子电池中的应用研究。其中，8.2 节简要回顾了电池材料研究相关的 NMR 相互作用，包括四极矩相互作用（QI）、奈特位移和顺磁相互作用。这些相互作用通常与抗磁性、非导电材料的 NMR 实验不相关。8.3 节概括了采集 NMR 谱的一些常见技术，特别关注了工况原位或现场原位技术以及开展这些实验所需的硬件条件。8.4 节则介绍了一些文献中利用 NMR 研究钠离子电池材料的案例，由于对文献的全盘回顾超出了本章的范畴，我们着重关注三个方面：①碳基负极的钠存储；②顺磁性正极材料；③电解液分解。最后，8.5 节给出了总结性的意见和未来方向。希望本章能够为读者提供对 NMR 实验的基本认识，理解采集电池材料 NMR 谱的挑战，以及这些谱所反映的详细信息。

表 8.1　电池 NMR 研究常涉及的原子核的性质

同位素	自旋（I）	N.A.(%)①	R_c②	$\gamma(\times 10^7 \text{rad}\cdot\text{T}^{-1}\cdot\text{s}^{-1})$③	Q (fm²)④
^{1}H	1/2	99.9885	5870	26.7522	—
^{2}H	1	0.0115	0.00653	4.1066	0.286
^{6}Li	1	7.59	3.79	3.9371	−0.0808
^{7}Li	3/2	92.41	1594	10.3976	−4.0100
^{13}C	1/2	1.07	1	6.7283	—
^{17}O	5/2	0.038	0.0653	−3.6281	−2.5580
^{19}F	1/2	100	4900	25.1815	—
^{23}Na	3/2	100	545	7.0809	10.4
^{27}Al	5/2	100	1218	6.9763	14.66
^{29}Si	1/2	4.6832	2.16	−5.3190	—
^{31}P	1/2	100	391	10.8394	—

① 天然丰度
② 相比天然丰度 ^{13}C 的可接受度
③ 旋磁比
④ 核四极矩

8.2　电池材料的 NMR 相互作用

本节为读者提供在电池材料研究中涉及的相关 NMR 相互作用的简要概述。读者要对 NMR 现象（即核自旋、塞曼相互作用）、实验（即核自旋与射频脉冲相互作用）以及基本相互作用（即化学屏蔽/偏移、J- 耦合和偶极耦合）有一定的基本认识。如需更深入地了解 NMR 相互作用，建议读者阅读文献 [1-5] 中的相关资料。

8.2.1　四极相互作用

^{23}Na 是研究钠离子电池时最显而易见的目标核，其 100% 的天然丰度和较高的旋磁比尤为吸引人。然而，^{23}Na 是自旋 3/2 的四极核，四极相互作用的影响给 ^{23}Na 的 NMR 谱采集与解析带来了额外的挑战。

$I > 1/2$ 的原子核可观测到 QI。相比核内正电荷球对称分布的自旋 1/2 核，四极核具有非对称的核内电荷分布。核四极矩（Q）是一个描述了电荷分布的非对称性的标量，是原子核的固有属性。QI 源于核四极矩与核周围的电子和核电荷引起的电场梯度（EFG）的耦合。原子核的 EFG 可表示为主轴系统中的一个二阶张量：

$$\ddot{V}_{\text{PAS}} = \begin{pmatrix} V_{11} & 0 & 0 \\ 0 & V_{22} & 0 \\ 0 & 0 & V_{33} \end{pmatrix}$$

主分量的定义为 $|V_{11}| \leq |V_{22}| \leq |V_{33}|$。不同于化学位移作用，EFG 张量是无迹的（即 $V_{11} + V_{22} + V_{33} = 0$），且不存在各向同性化学位移的类似量。相反，EFG 张量可用两个参数表示，即核四极耦合常数（C_Q）和不对称参数（η_Q），定义如下：

$$C_Q = \frac{eQV_{33}}{h}; \eta_Q = \frac{V_{11} - V_{22}}{V_{33}}$$

C_Q 与核周围电荷密度的球对称性紧密相关。若处于高度对称环境，如立方体、四面体及八面体的中心，EFG 于核处消弭，C_Q 为零。任何形态上几何对称的偏移均会引起 C_Q 值的增加，表现为谱图的增宽。η_Q 的数值反映了 EFG 的圆柱对称性，$\eta_Q = 0$ 表示完美的轴对称性。

相较于自旋 1/2 核，四极核的能级图更加复杂。$2I + 1$ 的塞曼能级受到四极相互作用的扰动，其涉及对自旋态有不同作用的一阶和二阶项。图 8.1 是自旋 3/2 核（例如 ^{23}Na）和自旋 1 核（例如 ^{2}H）的能级图，以及典型的固体核磁共振谱。在抗磁性材料的 SSNMR 中，四极相互作用通常是最显著的相互作用，主导了粉末谱图的线型。QI 的取向依赖性复杂，产生独特的谱宽非常宽（kHz 或 MHz）的粉末线型。此外，四极核的弛豫通常极快，引起信号的迅速衰减。因此，采集四极核的 SSNMR 谱非常具有挑战性，需要较长的实验时间才能获得尚可的信噪比（SNR）。而在溶液中，QI 平均为零，因此不引起任何频率偏移。总而言之，QI 引起的波动局部场导致原子核的快速弛豫，产生非常宽的谱图，限制了谱图的分辨率和 SNR。

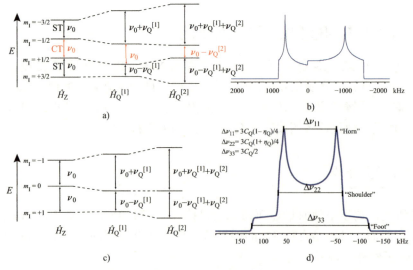

图 8.1 （a）自旋 3/2 核在塞曼（$\hat{H}_Z$）下的能级图，$\hat{H}_Q^{[1]}$ 和 $\hat{H}_Q^{[2]}$ 分别为一阶与二阶四极矩作用，中心跃迁（CT，即 $m_I = 1/2$ 和 $m_I = -1/2$ 的跃迁，不受 $\hat{H}_Q^{[1]}$ 影响，但会被 $\hat{H}_Q^{[2]}$ 宽化），卫星跃迁（ST）受到 $\hat{H}_Q^{[1]}$ 和 $\hat{H}_Q^{[2]}$ 的作用，常宽化到在谱图中无法观测的程度；（b）自旋 3/2 核以 $C_Q = 25$MHz 和 $\eta_Q = 0.2$ 的 CT 模拟谱图；（c）自旋 1 核的能级图，注意 CT 的缺失；（d）自旋 1 核的模拟谱图，这些不同的粉末线型称为 Pake 线型，包含角、肩与脚三个典型特征（来源：Christopher A. O'Keefe）

8.2.2 顺磁作用

大部分的电池正极材料在其初始态或某个充放电态具有顺磁性。其中，未成对电子与原子核自旋产生复杂的相互作用。这里我们仅做简要的概述，更详细的讨论和研究，建议读者阅读文献 [6-9] 中的相关资料。

电子和原子核，都是自旋粒子。未成对的电子产生磁矩，可表示为

$$\boldsymbol{\mu}_S = -\mu_B g_e \boldsymbol{S}$$

式中，μ_B 是玻尔磁子；g_e 是自由电子 g 因子；$\boldsymbol{S}$ 是电子自旋角动量。

塞曼相互作用将简并的自旋状态分裂为 $2S+1$ 个状态（其中 S 是总电子自旋，即对于每个未成对电子为 1/2），而这些状态之间的能量差通常比原子核的塞曼分裂能级大 3~4 个数量级。核自旋和局部未成对电子自旋的耦合称为超精细相互作用，包括费米接触位移和电子-核偶极相互作用。

费米接触位移源于电子自旋密度转移至原子核处。由于 s 轨道是唯一在核处不具有节点的轨道，费米接触位移取决于具有 s 轨道特征的轨道上的未成对电子自旋密度。电子自旋的弛豫通常比核自旋的弛豫快几个数量级，核自旋不与 $2S+1$ 个电子自旋态产生耦合，而是与电子自旋的时间平均值 $\langle S_z \rangle$ 耦合。此外，由于电子旋磁比（塞曼能量分裂）远大于原子核，费米接触相互作用通常非常强，因此，NMR 信号产生显著的偏移。费米接触相互作用是各向同性的，超精细耦合常数可表示为

$$A_{iso} = \frac{\mu_0 \mu_B g_e \hbar \gamma_I}{3S} \rho^{\alpha-\beta}(R_N)$$

式中，μ_0 是自由空间磁导率；$\rho^{\alpha-\beta}(R_N)$ 表示原子核处的未成对电子自旋密度的度量。由此产生的 NMR 位移表示为

$$\delta_{iso}^{FC} = \frac{A_{iso} \langle S_z \rangle}{\hbar \omega_0}$$

费米接触位移取决于原子核处的未成对电子自旋密度量，因此连接顺磁中心与目标核的轨道决定了该位移值。研究者们通过 NMR 和密度泛函理论（DFT）计算广泛研究了过渡金属氧化物正极中的键的自旋转移路径[10-13]。过渡金属离子中的未成对电子自旋密度向 Na 3s（或 Li 2s）轨道的转移通过中间氧键发生，含有两种机制：离域或极化机制（图 8.2）。以钠过渡金属氧化物正极材料为例，其未成对电子自旋密度处于过渡金属离子的 t_{2g} 轨道。在离域化机制中，当 t_{2g} 轨道与 O 2p 及 Na 3s 轨道有一定程度的空间重叠时，将形成一个未成对电子自旋在其中离域的扩展轨道。这种机制导致了 Na 核处的正自旋密度，^{23}Na NMR 谱产生正向位移。而在极化机制，t_{2g} 轨道缺乏与成键轨道匹配的对称性，但在空间重叠的区域，成键轨道将与未成对电子自旋平行，产生自旋极化。这将使轨道的其余部分中存在一个与未成对电子自旋反平行的净自旋密度，产生负位移。对于特定的 ^{23}Na 核，费米接触位移是所有各个化学键贡献的总和 [14]。

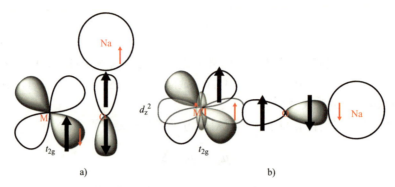

图 8.2 费米能级的（a）离域与（b）极化路径示意图，电子磁矩以黑色大箭头表示，红色箭头表示自旋密度转移到 Na 3s 与过渡金属 d 轨道的方向（来源：Christopher A. O'Keefe）

电子-核偶极相互作用是电子和核自旋的空间耦合，原子核自旋间存在类似的偶极相互作用，但作用更小；不同的是，其涉及与所有自旋状态的耦合，而非自旋的时间平均 $\langle S_z \rangle$。电子-核偶极相互作用的大小由以下电子-核偶极耦合常数给出：

$$d_{e-n} = \frac{\mu_0 \mu_B g_e \hbar \gamma_I}{4\pi r^3}$$

式中，r 是顺磁中心与核之间的距离。可以看出，离顺磁中心更近且具有更高旋磁比的核的电子-核偶极相互作用更强。除非存在各向异性磁矩，电子-核偶极相互作用不会产生信号偏移，但其将引起类似于化学位移各向异性的各向异性展宽，不过，电子-核偶极相互作用引起的展宽更为显著。对于各向异性磁矩，对所有方向平均偶极耦合将产生一个小的净偏移（相对于 d_{e-n}），称为伪接触位移，以及一个额外的展宽，该展宽通过魔角旋转（MAS）可得到部分消除。

8.2.3 奈特位移

金属和导电样品存在奈特位移，源于核与导带电子产生的相互作用。奈特位移的机制与顺磁相互作用非常相似；不同的是，奈特位移源于与离域电子的相互作用，而顺磁位移源于与局域电子的相互作用[15]。

未施加外磁场时，电子分为自旋向上和自旋向下两个能级，这两个能级中的布居数相当。在施加外磁场时，电子受到塞曼相互作用的影响产生能级分裂，自旋向上能级的能量增加了 $\mu_B g_e B_0 / 2$，而自旋向下能级的能量减少了相同的量。尽管能量发生了变化，为了维持费米能级（E_F）不变，电子由自旋向上能级向自旋向下能级移动。自旋向下能级中的额外自旋产生一个净电子自旋极化，因此，磁矩与外部磁场平行，如图 8.3 所示（注意电子的旋磁比为负，因此自旋角动量和磁矩方向相反）。净电子自旋极化的这种变化被称为波利磁化率（χ_P）。费米能级上 s 能带的贡献将导致该能带的自旋极化，因此，与顺磁材料的费米接触位移类似，共振频率会发生偏移。奈特位移的大小由以下公式给出：

$$K = \frac{2}{3} \chi_P \langle \psi_s(0) \rangle E_F$$

式中，$\langle\psi_s(0)\rangle E_F$ 是费米能级处的 s 能带电子密度。与费米接触位移类似，奈特位移也可通过极化机制发生。如果导带由其他类型（即非 s）的轨道组成，则无法直接与核接触，而由波利磁化率引起的导带的极化可以引起核心 s 电子的极化，然后转移到原子核。

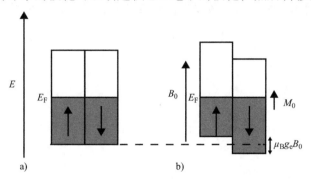

图 8.3 （a）没有施加外磁场时，自旋向上与自旋向下能级的布居数相当；（b）施加外磁场时，自旋向上能级能量正向偏移，而自旋向下能级降低，自旋向下能级的布居数增加以维持费米能级不变，产生一个静磁矩

金属物质的奈特位移使得其核磁共振信号很好地与抗磁性物质相区辨（例如，Na 金属的位移为 1135ppm，而抗磁性 Na 化合物的信号通常出现在 ±20ppm）。这对于开展半电池的原位 NMR 尤为有益，金属电极的信号很少与电池中其他组分的信号重叠（参见第 8.4.3 节）。

▼ 8.3 电池材料 NMR 谱的采集

了解 NMR 信号的来源以及各种相互作用对谱图的影响之后，接下来我们将重点介绍如何获取电池材料的 NMR 谱。

8.3.1 魔角旋转

魔角旋转（MAS）是获取 SSNMR 谱的最广泛使用的技术之一。MAS 的目的是获取与液体核磁共振谱相近的高分辨率 NMR 谱。所有一阶的 NMR 相互作用都具有取向相关项（$3\cos^2\theta - 1$），其中 θ 为外磁场 B_0 与作用张量最大项之间的角度。在溶液中，分子的快速翻滚重新定向了分子，即相互作用张量（每秒大约 10^{12} 次）相当于对所有可能的 θ 值进行了采样，因此其各向异性相互作用（即四极和偶极相互作用）平均为零或它们的各向同性值（即化学位移和费米接触位移）。相反，固体材料结构的刚性不会发生快速各向异性重新定向，每个张量相对于 B_0 的方向都会产生不同的频率，最终产生一个较大频率范围分布的宽谱。

将样品绕着一个相对于 B_0 为魔角的轴旋转，相互作用张量的方向将随时间变化，平均化取向由以下公式给出：

$$\langle 3\cos^2\theta - 1\rangle = \frac{1}{2}(3\cos^2\theta_R - 1)(3\cos^2\beta - 1)$$

式中，θ_R 是实验中控制的样品旋转轴与 B_0 之间的角度；β 是相互作用张量最大主分量与 θ_R 之间的角度（图 8.4a）。当 θ_R 等于魔角（$\theta_R = 54.74°$）时，因子 $3\cos^2\theta_R - 1 = 0$。此时，$\langle 3\cos^2\theta - 1 \rangle$ 的平均期望值为 0，即产生 SSNMR 谱的一阶各向异性展宽项的平均。只要旋转频率足够大到超过 SSNMR 谱的各向异性频率分布，就可以完全平均一阶相互作用，产生单个尖锐峰。

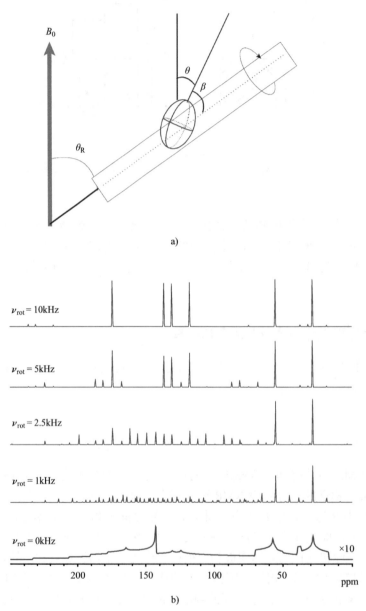

图 8.4 （a）NMR 转子相对于 B_0 取向的示意图，θ_R 是可调整的转子轴向与 B_0 之间的角度，相互作用张量由一个椭球体表示，其最大分量为相对于转子轴向和 B_0 分别为角度 β 和 θ 的取向；（b）不同旋转频率（ν_{rot}）下的模拟 ^{13}C SSNMR 谱，在静态情况下（即 $\nu_{rot} = 0$），谱由宽的重叠峰组成，随着 ν_{rot} 提升，出现了一系列旋转边带，直到在快速旋转频率下，可清晰分辨五个各向同性峰（来源：Christopher A. O'Keefe）

在 MAS 实验期间，磁化在转子周期结束时重新聚焦，因此时域信号中将采集到一系列旋转回波，对 FID 进行傅里叶变换会产生一系列频域的旋转边带，旋转边带与各向同性化学位移间隔为整数倍的旋转频率（图 8.4b）。相比不旋转样品，MAS 下信号集中在旋转边带中，因此提升了谱图的 SNR。旋转边带的数量和强度取决于 NMR 各向异性相互作用的大小和取向相关性。

对于四极核，MAS 可以平均化影响卫星跃迁（ST）的四极耦合相互作用的一阶项，产生一系列旋转边带。然而，受到二阶项影响的中央跃迁（CT）与 ST 由于复杂的取向相关性，通过 MAS 无法完全平均。因此，对于大多数半整数四极核在 MAS 下获得的 CT 共振显示出与之相关的特征线型，而非窄信号。当谱图由具有磁环境差异的两个或一个粉末线型组成时，通常可以线型模拟很容易地提取 NMR 参数值（即 δ_{iso}、C_Q 和 η_Q）。而对于由几个重叠的粉末线型组成的谱图，拟合非常具有挑战性。幸运的是，利用 Frydman 等人开发的二维多量子 MAS 谱学技术（MQMAS），根据它们的各向同性化学位移将这些线型分离成为可能[16-19]。

8.3.2 电池材料的非原位 NMR 表征

大部分电池研究的第一步是合成（或获取）目标研究材料。在电化学测试之前，我们需要首先表征电池材料，以确定相的纯度。此外，原材料中的不同化学环境的鉴别与归属对于理解材料在充电/放电过程中的变化至关重要。NMR 非常适用于这种表征，NMR 相互作用对局部环境非常敏感，可区辨化学环境或磁环境的差异。NMR 还适用于无序或非晶态材料，可观测到 XRD 等其他表征技术难以获取的相与结构信息。

我们通常在 MAS 条件下开展非原位 NMR 研究（或在适用的情况下，开展液体 NMR 表征），以取得更高的分辨率。首先材料被装入 NMR 转子中，采用的转子尺寸取决于目标研究材料的类型和总量，以及受到的 NMR 相互作用。目前转子商用尺寸从 0.7mm 到 >7mm 不等，较小的转子尺寸可以实现更快的旋转速率（超快旋转速率对于研究强电子-核偶极相互作用的顺磁性材料非常重要，顺磁性相互作用可以通过 MAS 部分平均）。另外，必须格外小心金属或导电材料的 MAS 实验，在磁场中这类样品的旋转会在样品中产生涡流，导致局部加热和转速的不稳定。需要提及的是，NMR 灵敏度较低，是一种耗时的表征技术。因此，通常我们在原材料上开展实验参数优化（例如扫描次数、T_1 弛豫延迟）以便原位实验的设置。这些初步的实验还提供了原位实验的可行性指标：如果谱图在中等 MAS 下具有较宽且重叠的谱峰，这种情况通常在静态条件下的原位实验中会进一步加剧，影响原位 NMR 信号的采集与分辨。

之后，我们将目标研究电极材料制成薄膜电极。这个过程通常涉及添加黏结剂，如聚四氟乙烯（PTFE）、聚偏氟乙烯（PVDF）、羧甲基纤维素（CMC），以及导电碳和适当的溶剂。然后，以浆料的形式涂覆在集流体上，制成电极薄膜。此时，很有必要开展薄膜样品的 NMR 表征，这有助于我们确定电极制备过程中是否发生了任何不必要的分解、副反应或相变等。同时，这些添加的成分中含有 NMR 活性核（例如 ^{1}H、^{13}C、^{19}F），识别这些信号，有助于避免信号归属差错。

最后，我们组装电池进行测试。采用的电池类型（例如纽扣电池、Swagelok 或袋式电池）取决于可用材料的数量和电化学实验的类型。通常，首先在半电池中进行活性材料（以碱金属钠为对电极）的循环测试。半电池简化了电化学实验，金属处于过量状态，无需考虑电极的质量平衡，它还可以作为参考电极，减少系统中的变量。然后，电池在各种条件下循环（例如达到一定的荷电态或经过几个循环），在惰性气氛中拆解。如果电极材料是我们的目标研究对象，我们需要将电极薄膜从电池中取出，用溶剂冲洗去除多余的电解液，并小心地从集流体上刮下活性材料，装入转子中。如果材料是导电材料或金属时，或者没有足够的材料填充转子时，可以将非反应性的稀释剂（如 KBr）与电极粉末混合，以减轻涡流引起的不稳定旋转或部分填充的转子。另一方面，如果电解液为目标研究对象，则需要将隔膜浸泡在溶剂中提取溶液。我们必须特别注意溶剂的选择。NMR 实验通常采用氘代试剂，以便在 ^{1}H NMR 实验中避免电解液信号被强溶剂信号所掩盖。溶剂的 ^{2}H 信号还用于锁场，防止实验过程中的场漂移，而溶剂的残余 ^{1}H 信号可以用作化学位移标定。除此之外，溶剂还必须是纯净且惰性的，确保其（或任何杂质）不会与电解液发生反应。电解液的组分还必须在所选的溶剂中溶解。有时，可能需要多种溶剂来分别溶解电解液中的有机和无机组分。

8.3.3 电化学池的工况原位 / 现场原位 NMR 检测

尽管在一些文献中常常将工况原位和现场原位 NMR 实验互换使用，但它们之间存在微妙的区别。在现场原位实验中，采用一个完整的电池作为某个变量的函数（如温度或压力）进行研究，或者在电化学循环，或循环到某一状态后停止，然后进行 NMR 实验。这种情况下，NMR 实验过程中一些热力学和动力学路径会受到施加电压、弛豫效应或自放电等的影响，有可能产生误导性的数据。另一方面，工况原位 NMR 检测是在电池循环时进行的，这消除了自放电的影响，并缩短了实验时间，防止发生不必要的副反应。现场 NMR 实验需要特定的硬件支持，以避免电化学测试和 NMR 数据采集之间的干扰。

原位 NMR 实验中，电极制备所使用的金属箔可能产生干扰。用于激发核自旋的射频场在穿过导电材料时会发生相移和衰减，且只能穿过一定深度的导体，该深度称为趋肤深度（通常为几十微米）。而集流体厚度常为几十微米，垂直入射的射频场可能无法穿透。最简单的解决方案是维持电池与 NMR 线圈所产生的磁场呈平行取向，或者使用自支撑的电极膜和金属网集流体，以提升射频的穿透能力。根据电极材料的不同，还需要选择合适的黏结剂制备浆料，将其卷制或浇注到玻璃板或塑料上。然后将电极切割成合适的尺寸，从支撑物上剥离、压制到金属网上，使射频场能够穿透集流体，激发电极材料或电解液中的核自旋。

原位电池的设计通常根据采用线圈的几何形状（即螺线管或亥姆霍兹线圈）和所使用探头决定。设计原位电池的首要考虑因素是要避免在组件中使用磁性材料，选择对射频场无干扰的材料。较灵活的设计是塑料袋或袋式电池，电池各部件以堆叠方式压制在密封的聚酯或聚丙烯袋内。袋式电池设计有助于制备与 NMR 探头尺寸精准适应的原位电池。然而，该设计难以实现完美的密封、保持必要的堆叠压力，塑料对空气和湿气有轻微的渗透，也限制了它们在长循环实验中的应用。胶囊电池较好地克服了以上问题，胶囊电池由两个半部分的高分子（通常是聚醚醚酮PEEK）圆筒构成，带有空腔。电池组件被组装在腔体内，电流收集导线穿过孔并用O形圈和环氧树脂密封，整个组件包含在PEEK套管中。这种设计实现了良好的密封，通过垫片还可调整电池内的堆叠压力。

确定采用的电池设计后，我们需进一步考虑原位NMR实验的硬件。理论上，任何标准的静态NMR探头都可以开展原位或现场NMR实验，只需将充放电仪连接到放置在线圈内的电池。然而，电化学实验在探头中引入了额外电路，可能对NMR谐振电路产生干扰。建议使用屏蔽良好的电线连接电池与充放电仪。除此之外，研究人员提供了一些全新设计的探头，该探头将屏蔽的电化学连线整合到探头中，以实现无干扰的原位NMR测试。此外，建议使用低通滤波器，以进一步阻尼噪声。

开展原位NMR实验尤其要小心在电池安装到NMR线圈时发生的任何短路。然后，将探头调谐到发射频率，首先收集原位电池的NMR谱（即在进行电化学循环）。这些信息与非原位NMR测试相结合，帮助确定原位实验所需频率范围。此外，我们需要考虑在获得合理的信噪比NMR谱所需的时间与电池循环时间的匹配——实验时间较长将限制原位NMR测试的时间分辨率，可能无法确定在哪些电压下发生的变化。完成以上准备后，即可开始原位NMR实验，通常在开始NMR实验的同时启动电化学循环。一般采用伪二维NMR实验，即一系列顺序的一维实验，与传统的二维实验不同，不需要增加延迟来产生间接维。需要注意的是，电化学循环时某些电池材料的性质变化可能引起NMR探头的失谐，因此在充放电过程中可能需要重新校准谐振电路。探头可以在每次采集1D谱之后手动重新调谐，然而，这对于长时间的实验带来很多困扰。Pecher等人开发了一种外部自动调谐和匹配（eATM）机器人，可以适应大多数标准NMR探头，实现在数据采集之前自动调谐和匹配[21]。Pecher等人还开发了一套集成系统，即原位探头的自动调谐和匹配循环器（ATMC）（图8.5），它将自动调谐和匹配功能与集成的、屏蔽的电化学连接结合在一起，实现多个体系的原位NMR研究[22]。

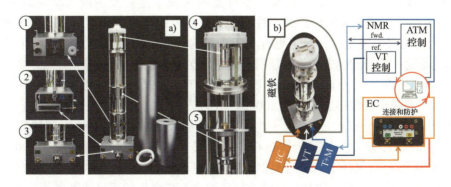

图8.5 （a）原位NMR探头的自动调谐和匹配循环器（ATMC）：①变温单元，②与外部自动调谐和匹配（eATM）控制器连接单元，③电化学循环和射频连接，④调谐和匹配电容器，⑤用于调整谐振电路的压电电机；（b）NMR实验和电化学循环同步实验示意图

8.4 案例

利用NMR开展锂离子电池（LIB）研究已有数篇优秀的综述文章可供参考[9, 23-26]，相关文献中有众多的例子。虽然关于NIB的NMR文献较少，但仍有数百篇的相关文献利用其作为一种辅助技术，用于结构阐明、动力学研究，或理解在循环的NIB中材料在电化学诱导下发生的变化。以下着重介绍利用NMR在解决特定问题和推动该领域知识进展中发挥主要作用的案例，同时也给出了关于使用原位/现场NMR的例子。希望这些例子能为读者提供从NMR谱图中获取信息以及NMR在NIB应用研究的适用性的概述。以下的例子分为三个主要部分，分别侧重于NIB的不同部分：碳基负极（第8.4.1节）、顺磁性正极材料（第8.4.2节）和电解质（第8.4.3节）。

8.4.1 碳基负极的嵌钠反应

碳基材料在LIB和NIB中被普遍用作负极，它们易于获取或在低成本下容易合成。然而，Na和Li与碳负极的反应有显著不同，导致了不同的电化学性能（例如容量、倍率性能和循环寿命）。本节重点介绍两种碳基材料，石墨和硬碳，以及NMR如何被用来理解钠嵌入的机制。

1. 三元Na-二甘醇二乙醚–石墨嵌层材料的生成与动力学

石墨是LIB中最广泛使用的负极材料之一，因为它易于获取、加工成本低，并且具有相对较高的理论容量（372mA·h·g^{-1}）[27]。早期尝试将石墨用作NIB的负极材料时，使用碳酸盐电解液溶剂时表现出了非常低的比容量（<35mA·h·g^{-1}），表明没有大量的Na嵌入石墨中。Li在完全锂化时形成LiC$_6$的二元石墨插层化合物（GIC），而Ge等人确定Na的GIC具有NaC$_{64}$的化学计量比[28]。考虑到Na也可嵌入导电碳黑中，Stevens和Dahn确定了可逆插入石墨中的Na量更小，相当于形成~NaC$_{186}$的GIC[29]。鉴于已知存在K$^+$、Rb$^+$和Cs$^+$的GIC，Na$^+$离子的较大尺寸不可能成为决定是否发生嵌入反应的唯一因素。Moriwake等人通过碱金属GIC的第一性原理计算的系统研究，确定了GIC随着碱金属离子尺寸增大而变得更加稳定，因为更有利于碳层与离子之间的形成离子相互作用[30]。Li-GIC实际上是这一趋势的例外，该插层材料通过部分共价的Li-C键稳定。

尽管Na无法形成二元GIC，Jache等人研究发现，使用NaOTf电解质盐和二甘醇二甲醚溶剂的Na-石墨半电池中表现出约100mA·h·g^{-1}的容量[31]。他们推测形成了三元GIC，其中二甘醇二甲醚分子与Na$^+$离子一起共嵌入，形成化学式约为Na（二甘醇二甲醚）$_2$C$_{20}$的化合物。令人惊叹的是，三元Na-GIC的形成表现出优异的循环性能：1000个循环中实现高达99%的容量保持率。这与类似的锂嵌入反应以及文献中的普遍共识形成显著对比，三元Li-GIC的形成会导致共嵌入的溶剂还原和石墨电极的不可逆剥离[32-34]。

系统研究各种甘油醚衍生物和其他基于醚的电解质溶剂，有助于改进采用石墨负极的钠离子电池[35, 36]。一些研究还试图阐明三元Na-GIC的结构，以明晰性能提升的根源。DFT计算结果揭示了共插层的二甘醇二甲醚分子有效地屏蔽了Na$^+$离子与石墨烯层之间的不利相互作用，因此Na可以插入石墨中[37]。Na$^+$与石墨烯片层间的阶梯反应（类似于Li

插层到石墨）的 XRD 与光学成像研究表明，在完全钠化的材料中，石墨沿 c 轴的可逆体积变化高达 300%[38]。Kim 等人的拉曼光谱研究表明，在插层后，有序的石墨烯层无序化[39]。尽管这些研究提供了一些认识，但并没有直接观察到共插层，而是通过监测石墨材料的整体结构变化来推断的。

  Gotoh 等人率先使用固体核磁共振作为局部结构探针，确定了 Na- 二甘醇二甲醚 GIC 的动力学温度依赖性[40]。他们通过使用二甘醇二甲醚 -d_{14} 作为溶剂进行化学还原制备了 GIC 样品，元素分析测试表明最终组成为 Na（二甘醇二甲醚）$_{1.8-2.2}$C$_{22-26}$，与 Jache 等人提出的结构相似[31]。他们还使用 ^{2}H（I = 1）SSNMR 技术研究了 GIC 中甘油醚分子的动力学，这是一种用于研究固体动力学的重要手段[41, 42]。图 8.6a 所示为在 123 ~ 293K 范围内的变温 ^{2}H SSNMR 谱图。低温谱图由两个重叠的 Pake 双峰粉末线型组成，这是 I = 1 核的典型线型。通过谱图拟合，确定了电场梯度（EFG）张量参数：对于较宽信号，C_Q = 165kHz，η_Q = 0.00；对于较窄的信号，C_Q = 50kHz，η_Q = 0.05。结合文献，较宽的信号归属为静态的亚甲基基团，较窄的信号归属为沿 C_3 轴快速旋转的甲基基团[43]。以上可以得出如下结论：在该温度下，二甘醇二甲醚分子与 Na$^+$ 离子紧密配位，唯一存在的运动是甲基基团的旋转（图 8.6b）。

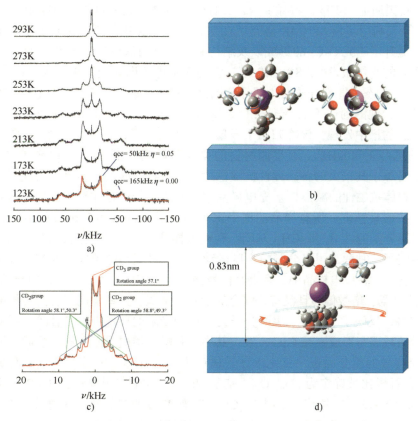

图 8.6 （a）Na- 二甘醇二甲醚复合物的变温 ^{2}H SSNMR 谱；（b）低温下刚性 Na- 二甘醇二甲醚复合物的示意图，仅甲基是旋动的；（c）293K 下的 ^{2}H SSNMR 谱和相应的考虑二甘醇二甲醚分子的旋转的拟合曲线（红色曲线）；（d）室温下 Na- 二甘醇二甲醚复合物的运动示意图，其中二甘醇二甲醚分子沿与 Na$^+$ 离子和二甘醇二甲醚中央氧原子之间键的方向自由旋转（来源：摘自文献 [40]，得到了美国化学学会的许可）

^{2}H 谱的线型随温度升高几乎没有变化，直到 233K，谱中心开始出现一个尖锐的信号。当室温时获得的谱图显示出明显的窄化，可以很容易地分辨出三个 Pake 线型（图 8.6c），表明二甘醇二甲醚分子表现出旋转运动。不过，由于没有观测到各向同性峰，这表明了运动受到限制和 / 或 Na$^+$ 与二甘醇二甲醚之间存在弱相互作用。考虑到一个线性的二甘醇二甲醚分子通过中心的氧原子与 Na$^+$ 配位，室温下的 ^{2}H NMR 谱可由两个不同亚甲基基团和一个旋转的甲基基团拟合。二甘醇二甲醚分子围绕与 Na-O 键共线的轴快速且大幅度地旋转（图 8.6d）。因此，每个氘的运动可以视为沿着以 Na$^+$ 离子为顶点的圆锥的轴的旋转，旋转角度定义为 C-D 键（亚甲基基团）或 C_3 旋转轴（甲基基团）与和分子的整体旋转轴之间的角度。

低温 ^{2}H SSNMR 谱表明此时二甘醇二甲醚分子是静态的，证实了 Na$^+$ 离子和二甘醇二甲醚分子之间存在强相互作用。在中间温度下，谱图由动态和静态两部分组成，意味着可能存在二甘醇二甲醚的旋转速率的环境分布。最后，在室温下，^{2}H SSNMR 谱显示出分子的快速旋转，这可能是由于石墨层的热诱导膨胀，为旋转提供了更多的自由体积。作者认为，在室温度下（通常使用 NIBs 的地方），Na$^+$ 和二甘醇二甲醚分子之间的弱相互作用有助于 Na$^+$ 在石墨通道中扩散，解释了 Na- 二甘醇二甲醚 GIC 的卓越速率性能。

Leifer 等人利用多核 SSNMR 研究了在二甘醇二甲醚基电解质中电化学钠化或锂化的石墨负极，提升了三元 GICs 的形成以及结构和动力学的认识[44]。图 8.7a 是三种不同荷电态的石墨样品的直接激发 ^{13}C SSNMR 谱：①完全放电（即完全钠化）状态；② 完全充电（即完全脱钠）状态；③部分放电（即部分钠化）状态（放电至 0.3V）。完全放电和部分放电样品的谱中，观测到位于 123ppm 和 121ppm 相对较窄（~140Hz）的峰，这些信号未在完全充电样品的谱中发现，该峰归属于石墨碳；相比之下，石墨原材料的 ^{13}C 信号为位于约 89ppm 的宽峰（~40kHz）。石墨原材料的宽峰明显低于相对典型 sp^2 碳（~120ppm）化学位移，主要源于其较大的各向异性抗磁性[45-48]。当离子插入石墨会导致碳层沿 c 轴方向膨胀，伴随着体抗磁性的减小[49]。充电样品谱中石墨信号的存在意味着物种嵌入石墨导致碳层膨胀，抗磁性减弱。所有样品的谱中都观测到了 59ppm 和 70ppm 的谱峰，分别对应二甘醇二甲醚分子的 -CH$_3$ 和 -CH$_2$- 基团。在充电样品中，该峰线型较窄并有明显的 J 耦合多重峰，表明了二甘醇二甲醚分子的高度运动性，这可能是源于残留的溶剂分子吸附在石墨颗粒的外表面。在放电样品中，多重峰信号强度大幅减弱（占二甘醇二甲醚信号的 8%～16%），并被更宽、略微偏移且没有 J 耦合的信号所掩盖。这些宽的二甘醇二甲醚信号占比为 84%～92%，反映了二甘醇二甲醚分子处于运动受限的环境中。二甘醇二甲醚分子在放电样品中运动减弱与形成三元 GIC 一致，其中二甘醇二甲醚受限于石墨层间。通过比较芳香和脂肪烃信号的积分面积，其化学计量估计为（二甘醇二甲醚）$_{3.0}$C$_{20}$；而基于电化学测量，Na 和石墨比被确定为 Na$_{0.85}$C$_{20}$，基于 Na 和二甘醇二甲醚比为 1∶2 的假设，整体的化学计量为 Na$_{0.85}$（二甘醇二甲醚）$_{1.7}$C$_{20}$。考虑 43% 的二甘醇二甲醚分子在没有 Na 的情况下插层，或者假设某些石墨信号在谱中不可观察，这种差异是有可能的。

^{1}H-^{13}C 交叉极化（CP）实验进一步验证了三元 GIC 的形成，CP 实验中 ^{1}H 核的磁化通过空间传递到附近的 ^{13}C 核。空间传递通过偶极相互作用发生，因此只有在分子是静态或者分子运动没有完全平均偶极相互作用的情况下才可能发生（即不存在快速、各向同性的分子翻滚的情况下）。图 8.7b 为完全放电样品以及 Li 和二甘醇二甲醚的电化学共嵌入石墨

样品的 ^{1}H-^{13}C CP NMR 谱，都观测到了 -CH$_3$ 和 -CH$_2$- 相对应的谱峰，证实了二甘醇二甲醚的受限运动。由于二甘醇二甲醚是样品中唯一的质子来源，CP NMR 谱中观测到石墨对应的信号进一步证明了三元 GIC 的形成，石墨碳峰是二甘醇二甲醚分子和石墨碳空间接近的直接证据。在具有 Li 或 Na 的共嵌入样品的谱中，二甘醇二甲醚的信号强度相近；然而，在含有 Na 的样品中，石墨碳信号的强度低至 1/4 以下。参与极化转移的质子数量与 CP 实验中静态系统（即无动力学的系统）中的信号强度相关，表明在 Na 样品中的极化质子较少。然而，直接激发的 ^{13}C NMR 谱表明，Na-GIC 和 Li-GIC 中二甘醇二甲醚的含量相近。因此，石墨碳峰强度的差异源于 Na- 二甘醇二甲醚复合物的更强的运动性。图 8.7c 是完全钠化 GIC 样品的 ^{1}H-^{13}C CP 恢复曲线，通过测量信号强度对 CP 接触时间的曲线，拟合恢复曲线可获取动力学参数，即 CP 时间常数（T_{CP}）[50]。二甘醇二甲醚信号的 T_{CP} 值（-CH$_2$- 和 -CH$_3$ 基团分别为 2.0ms 和 2.6ms），远远高于刚性二甘醇二甲醚分子的预期值（-CH$_2$- 基团的 T_{CP} 约为 100μs），鉴于偶极相互作用的运动平均将使得 CP 所需的时间增长，这个数据证实了 GIC 中分子的运动性提升了。值得注意的是，相比 Li-GIC，Na-GIC 中的二甘醇二甲醚信号的 T_{CP} 值较高，表明 Na-GIC 具有更高的运动性。Na-GIC 和 Li-GIC 谱中石墨峰的 T_{CP} 值相近，表明相似的有效偶极耦合作用，即相近的有效距离。据此表明，石墨碳峰强度的差异是由于平均动力学的差异引起的，分子动力学研究关于 Na-GIC 的扩散系数显著高于 Li-GIC 研究的结果进一步支持了该实验结果 [51]。

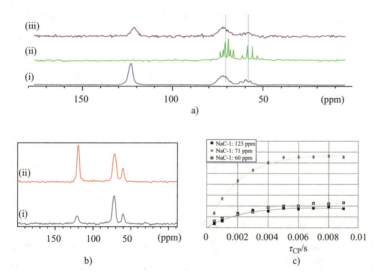

图 8.7 （a）使用二甘醇二甲醚作为电解质溶剂时，石墨电极在（i）完全钠化、（ii）完全脱钠和（iii）部分钠化状态下的直接激发 ^{13}C NMR 谱；（b）石墨电极在（i）完全钠化和（ii）完全锂化下的 ^{1}H-^{13}C CP MAS NMR 谱；（c）完全钠化的 Na-GIC 中不同环境碳的 ^{1}H-^{13}C CP 恢复曲线

Gotoh 等人 [40] 和 Leifer 等人 [44] 的研究都阐明了使用二甘醇二甲醚溶剂形成了三元 Na-GIC。NMR 研究清晰地证实了石墨插层 Na- 二甘醇二甲醚复合物经历了快速的动力学变化。尽管基于 ^{2}H NMR 数据提出的旋转模型与 ^{1}H-^{13}C CP 结果不一致（因为快速旋转运动会部分平均化 ^{1}H-^{13}C 偶极相互作用，所以石墨碳峰不会被检测到）。这种差异可能是由于样品制备

方法引起的（即化学 vs 电化学钠化）。^{1}H-^{13}C CP 实验证实的 Na-GIC 的快速的平移动力学为这一体系的优越倍率性能提供了合理的解释。

2. 阐明硬碳的钠化机制

石墨－二甘醇二甲醚体系表现出出色的性能，而采用硬碳负极和传统的碳酸酯溶剂可以实现更高的比容量（超过 300mA·h·g^{-1}）。硬碳被视为 NIBs 中最广泛使用的负极材料[52, 53]。硬碳（或非石墨化碳）是一种无序材料，通过高温炭化无法石墨化的有机前体制备获得，即使 3000℃ 的热处理都无法发生完全石墨化[54, 55]。Franklin 首次提出了硬碳的结构模型，包括强烈交联的石墨烯层，这些交联阻止了石墨烯层的有序排列并抑制了石墨化进程[56]。现代硬碳的结构模型包括包裹微孔的弯曲石墨层区域。弯曲是由富勒烯样团簇（即五和七元环）随机分布在六元环网络中引起的[57-59]。使用 ^{13}C NMR 对硬碳进行结构表征极具挑战性，硬碳作为一种无序材料，导致碳局域环境的分布，^{13}C NMR 谱呈现出几乎无特征的宽峰和化学位移分布。一些研究表明，提升炭化温度，^{13}C NMR 谱中对应于脂肪碳的信号消失，形成约 120ppm 的 sp^2 碳峰。此外，提高炭化温度将导致谱峰宽化和频率降低，这是由于材料电导率增加引起的体磁化率增加[47, 60-62]。

不同的源材料和合成条件对制备的硬碳负极的性能有极大的影响。半电池中硬碳钠化的典型电压曲线包括 1V 到 0.1V 之间的斜波段，以及 0.1V 以下的平台段，在文献中对这两个区域中确切的反应机制存在较大争议。Stevens 和 Dahn 利用 X 射线散射技术提出了所谓的"纸牌屋"机制，认为在斜波段发生 Na 插层到石墨烯层间，在平台段微孔中形成准金属态钠[29, 63]。Bommier 等人提出了另一种机制，斜波段对应于在缺陷位点处储存 Na，平台段发生嵌入反应，最终在 0V 附近形成 Na 聚集[64]。此后，多种技术被用来阐明硬碳的钠化机制，提出的模型大致可分为两类：插层－吸附和吸附－插层，分别指的是在斜波和平台电位区域发生的过程[65-72]。

Gotoh 等人利用非原位 ^{23}Na MAS NMR 技术，深入探究了钠在硬碳中的插入机制[73]。他们使用商业硬质碳 Carbotron P（J）作为负极材料，以丙烯基碳酸酯为基础的电解液，添加氟乙烯碳酸酯（FEC）。电池经过 5 次循环后，充放电到不同的荷电态（完全钠化和完全脱钠之间的 7 种状态），拆卸后负极材料装入 NMR 转子中。图 8.8a 所示为不同样品的 ^{23}Na MAS NMR 谱，以及参考样品 Na 金属的谱图（1130ppm 处观测到一个信号）。所有样品在 60～1130ppm 范围内均未观察到信号，这表明并未生成准金属 Na 团簇，因为这类物质会表现出很大的正奈特位移。完全去钠化材料（样品 A）的谱图在 ±230ppm 处观测到一宽峰，归因于固体电解质界面层（SEI）中的 Na 化合物。随着 Na 的插入，谱中出现了三个明显的峰：9.9ppm 和 5.2ppm 以及 –9ppm 处的宽峰。在斜波段，9.9ppm 和 5.2ppm 处的峰的相对强度随电势降低而增加，但在平台区域保持相对稳定，而 –9ppm 信号在平台段增强。作者将 9.9ppm 和 5.2ppm 处的峰归因于插入到石墨烯层间的不同位置 Na$^+$ 离子，可能是阶梯机制的结果。–9ppm 信号被归因于吸附在硬碳微孔中的 Na。然而，吸附的 Na 是离子性质的，因为准金属环境会在更高频率处出现奈特位移谱峰。在 100～300K 的温度范围内，完全钠化材料的谱图在 MAS 和静态条件下保持不变，表明在 NMR 时间尺度上，插入和吸附物质之间的交换是缓慢的。

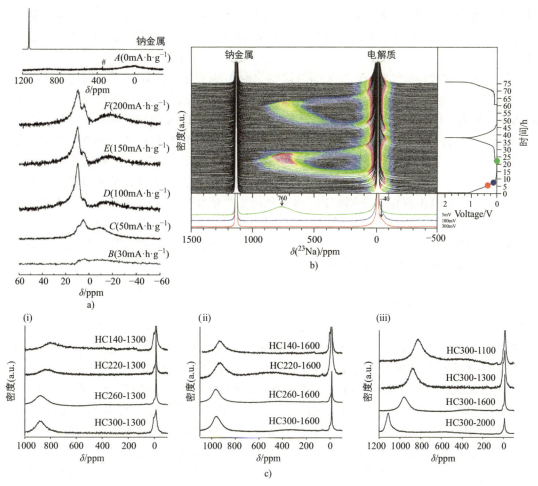

图 8.8 （a）Na 金属（顶部）以及 Carbotron P（J）负极的非原位 ^{23}Na MAS NMR 谱，括号中为样品荷电态；（b）以 Carbotron P（J）为负极的半电池的原位 ^{23}Na NMR 谱，其中电解液和 Na 金属对电极的信号为截取，以获得更清晰的展示，右侧为相应的充放电曲线，下方的插图为某些状态下的谱图；（c）随脱水和炭化温度变化的硬碳样品的非原位 ^{23}Na MAS NMR 谱：（i）脱水温度变化，随后在 1300℃炭化，（ii）脱水温度变化，随后在 1600℃炭化，和（iii）在 300℃脱水后在不同温度下炭化

Stratford 等人利用工况原位 ^{23}Na NMR 研究了硬碳的钠化机制[74]。他们同样采用 Carbotron P（J）制备了一个原位胶囊电池，在电池充放电时进行了 ^{23}Na NMR 谱的采集（图 8.8b）。初始态电池（即在任何循环之前）观察到 -10ppm 和 1135ppm 两个信号，分别对应于 $NaPF_6$ 电解液和 Na 金属对电极。在斜波段的初始部分（下降到约 0.8V），谱中唯一的变化是 0ppm 左右信号强度的增加，这归因于硬碳中形成一种抗磁性含钠物种，或电解液的分解形成 SEI。在低于 0.8V 时，-40ppm 处出现了一个新的谱峰，并且该信号随着电压的降低而逐渐增强。在低电压平台段期间，信号逐渐增强并向更正的位移移动，在完全嵌入态时位移达到 760ppm。硬碳的脱钠过程与以上过程逆向进行，并在后续循环中重复发生。非原位 ^{23}Na MAS NMR 结果还显示，除了在完全钠化的材料中观察到高位移峰外，电化学循环停止和 NMR 实验开始的时间间隔决定了能否观测到该谱峰，表明这里存在一个弛

豫过程。该信号对应于一种高活性物种，可能与电解液或残留水分发生反应而被消耗，这也解释了为什么 Gotoh 等人在不同荷电态 Carbotron P（J）的非原位测试中没有观测到该谱峰[73]。

研究人员对放电到 180mV 处（斜波段结束时）的钠化样品开展了不同磁场下的非原位 ^{23}Na MAS 实验，发现在 -70ppm 处的最强峰主要由二阶四极耦合相互作用主导，其各向同性位移为 -4ppm。需要提及的是，MAS 和工况原位 NMR 谱中峰的位移差异（分别为 -70ppm 和 -40ppm）是由于体磁化率效应引起的[76]。较小的负位移各向同性峰与前人报道的靠近石墨烯层表面的离子受到环流效应引起的偏移相似[77-79]。因此，作者提出在较高电位下，嵌入的钠是离子性质的，吸附在孔壁和石墨烯层间，可能靠近缺陷位点。在较低电位时，谱峰向更高位移偏移表明结构/电子环境发生了变化。位移的增加归因于钠变得更具金属性质，产生奈特位移的贡献。因此，低电压平台被认为是钠嵌入石墨层间，且随着碳的减少，Na^+-C 间的离子性相互作用减弱。此外，当孔体积足够大时，在孔中形成的钠团簇具有金属性质，导致更大的奈特位移。

Morita 等人利用非原位 ^{23}Na MAS NMR 研究了合成条件与孔径大小之间的关系，揭示了完全钠化的硬碳中形成的金属钠团簇的大小[75]。通过将蔗糖在不同温度下（140～300℃之间）在空气中脱水（dehydrating），随后在 1100～2000℃之间炭化而制备出不同结构的硬碳。以 1mol NaPF$_6$EC：DEC 电解液（无添加剂）、Na 金属为对电极组装成电池。图 8.8c 是所有 10 个完全钠化的硬碳样品（表示为 HC$_{x-y}$，其中 x 是脱水温度，y 是炭化温度）的 ^{23}Na MAS NMR 谱；所有谱都包含 -60～30ppm 之间的窄峰，对应插层钠和 SEI 的信号，以及准金属钠团簇 800～1120ppm 之间的宽峰。研究发现脱水温度影响准金属 Na 峰的偏移，较高温度的样品中准金属 Na 信号向高位移偏移。作者指出，通过 SAXS 测量的孔径大小与脱水温度之间没有相关性，位移的差异可能源于孔形状或结构的差异。然而，孔径大小与炭化温度之间存在明显的相关性，较高温度形成较大的孔。准金属峰的偏移也随着炭化温度的增加而增加，表明较大的孔允许形成更大、更具金属性的钠团簇。通过在 300℃脱水并在 2000℃炭化的样品信号非常接近钠金属的谱峰。对于多数样品，准金属峰是一个宽峰，似乎包含几个重叠的峰，表明这些材料中可能存在孔径和形状的分布。作者还对之前由其研究团队中 Gotohet 等人进行的一项研究中没有观察到准金属钠峰的现象提供了解释[73]；认为在先前的研究中使用了 FEC 作为电解液添加剂，导致形成具有较高阻抗的 SEI，需要更低的截止电位实现完全钠化[80]。

Au 等人利用 ^{23}Na NMR 联合多种表征技术对硬碳结构和钠插入的关系，提出了一个全面的机制[81]。通过葡萄糖的水热炭化，随后在 N_2 气氛下在 1000～1900℃之间进一步的炭化（样品标记为 G1000～G1900），作者获得了研究的目标硬碳材料。图 8.9a 是完全钠化的硬碳的非原位 ^{23}Na MAS NMR 谱。所有样品都观测到 0ppm 附近的峰，归因于 SEI 组分和插入在碳层间、吸附在孔壁上或陷在缺陷位点的钠。G1300 的谱中观测到一个位于 750ppm 左右的宽峰，与准金属 Na 团簇的信号一致。该峰的强度随着炭化温度的升高而增强，并发生偏移，表明形成了更大的钠团簇，并且位移与孔径大小相关（图 8.9b）。有趣的是，在 G1000 的谱中没有观察到准金属信号。图 8.9c 显示了各个样品的充放电曲线。G1000 样品只在斜波段显示出容量，没有低电压平台。斜波段的容量随着炭化温度的升高而减小，而在 G1500 之前，平台区域的容量增加。总容量呈类似的趋势，随温度的升高而增加，达到

G1500 的最大值，然后减小。石墨化区的层间间距以及氧缺陷浓度也随温度的升高而减小（图 8.9d）。图 8.9e 显示了钠插入机制的示意图。对于 G1000，存在高浓度的缺陷、大的层间间距、小的孔体积和斜波段的大容量。小的孔体积阻止了准金属钠团簇的形成，这解释了 ^{23}Na NMR 谱中没有观测到奈特位移峰。对于中等炭化温度，较小的层间间距导致坡度容量减小；然而，较大的孔体积允许钠的储存，引起平台容量的增加和 ^{23}Na NMR 谱中准金属峰的出现。最后，对于高温样品，小的层间间距极大地降低了斜波段容量。虽然孔体积很大，允许形成大的金属团簇（如 NMR 谱中的峰所示，接近钠金属的位移），但小的层间间距极大地限制了碳层中的扩散，使一些孔变得无法访问，导致平台容量的减小。

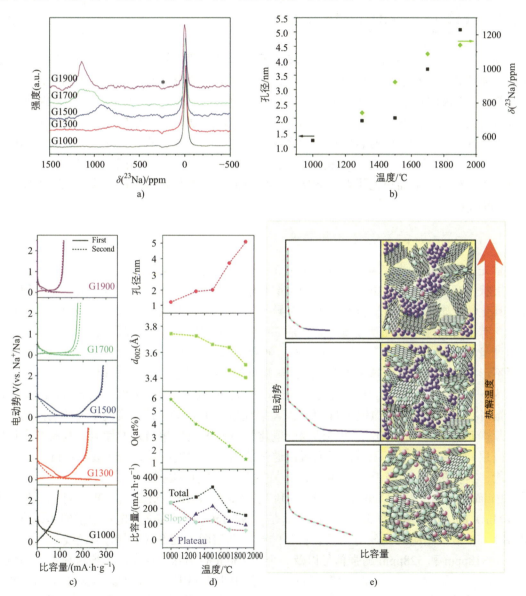

图 8.9 （a）完全钠化硬碳样品的非原位 ^{23}Na MAS NMR 谱；（b）孔径尺寸、准金属 Na 峰位移和炭化温度的关系；（c）样品的首周（实线）和第二周（虚线）循环充放电曲线；（d）结构参数随炭化温度的变化；（e）作者提出的硬碳钠插入机制的示意图

Morita 等人和 Au 等人研究的硬碳具有相对较宽的孔径范围（分别为 0.84～3.90nm 和~1～5nm），作者指出准金属钠位移与孔径大小相关。Stratford 等人最近对孔径范围较窄的碳材料（1.2～1.8nm）进行的研究发现[82]，尽管金属簇的大小相近，但 ^{23}Na NMR 谱中位移变化了 200ppm。研究还表明，碳片的有序程度影响 ^{23}Na 奈特位移，组成硬碳的石墨烯层越大且越有序，奈特位移越大。在这里，较大的位移被认为是 Na 向碳层的电子转移减少以及 Na^+ 离子上产生的部分电荷的减少。作者得出结论认为没有唯一的度量标准，孔径大小、^{23}Na 奈特位移或碳有序程度的一致长度足以解释该无序材料的电化学行为。

8.4.2 正极材料的固体 NMR 研究

固体核磁共振（SSNMR）在正极材料的研究应用更具有挑战性，这些材料通常是顺磁性的。强烈的顺磁相互作用导致信号宽化，需要非常快的魔角旋转以区辨不同的化学环境和/或相。正极的宽信号通常与电池的其他组分重叠，工况原位或现场原位 NMR 实验在正极材料上也受到限制，此外，快速的弛豫时间和迅速衰减的信号排除了二维脉冲序列的使用可能性，因此对正极材料的研究通常仅限于简单的一维实验。^{23}Na 核的较大的四极矩也加剧了上述所有问题（与 $^{6/7}$Li 相比）。尽管如此，SSNMR 已被用于辅助其他表征技术，以研究正极材料。下面讨论了两个案例：层状过渡金属氧化物 $NaMnO_2$ 和 NASICON 材料 $Na_3V_2(PO_4)_2F_{3-2y}O_{2y}$。

1. β-$NaMnO_2$ 的交错结构与演变

首先介绍层状过渡金属氧化物（$NaMO_2$）作为钠离子电池正极材料的吸引力和研究背景。层状过渡金属氧化物由于其丰富的插层化学性质而成为钠离子电池正极材料的理想选择，其化学性质通常与锂材料有很大的差异[83]。为了生产低成本的钠离子电池，人们特别关注含有丰富地球元素过渡金属（尤其是 Fe 和 Mn）的材料，并已制备和测试了多种不同化学计量和掺杂的材料[84-90]。$NaMnO_2$ 是一种特别吸引人的正极材料，它可以经受多次循环而不形成尖晶石相，而这是 $LiMnO_2$ 材料常见的衰减机制。$NaMnO_2$ 存在两种多晶形式，分别为 α 和 β。α-$NaMnO_2$ 中的层是平坦的，形成与 a 轴平行的平面，而 β-$NaMnO_2$ 中的层为锯齿状。透射电子显微镜（TEM）和 X 射线衍射（XRD）都已发现了两相之间的交错现象[91]。最开始，$NaMnO_2$ 的两种结构的电化学研究表现出相当差的性能，具有非常低的可逆嵌层/脱层反应[92]。随后，研究者们通过使用不同的电解质改进了 α-$NaMnO_2$ 的电化学性能，实现 0.8Na 相当于 $197mA \cdot h \cdot g^{-1}$ 的容量的可逆嵌脱[93]。

Billaud 等人[94] 和 Clément 等人[95] 利用 ^{23}Na SSNMR、XRD 和 DFT 计算研究了 β-$NaMnO_2$ 的结构和电化学演变。图 8.10a 是 β-$NaMnO_2$ 正极在充放电过程中的非原位 ^{23}Na MAS NMR 谱及相应的充放电曲线。材料的初始态谱图（图 8.10a 中的黑色线）显示有分别位于 318ppm 和 528ppm 的强信号以及一个 751ppm 的小峰，这表示了该材料不是理想的 β-$NaMnO_2$ 结构（仅有一个晶体结构 Na 位）。其中小峰归因于与 α-$NaMnO_2$ 结构相似的化学环境，最强峰 318ppm 归因于 β-$NaMnO_2$ 相。位于两相信号中间的 528ppm 谱峰归因于层错或相间的交错结构（图 8.10b）。谱图积分结构表明，65.5% 的 Na 原子位于类似 β 的环境中，32% 位于交错结构中，而 2.5% 位于类似 α 的环境。这与 XRD 分析结果一致，该数据显示初始态材料的 XRD 需要通过引入 25% 的层错才能建模。DFT 计算显示多种晶相生成能量仅相差 5meV，进一步解释了材料无序性的存在。该值远低于室温下的热能，表明任何 $NaMnO_2$ 样品很可能是多相混合物。

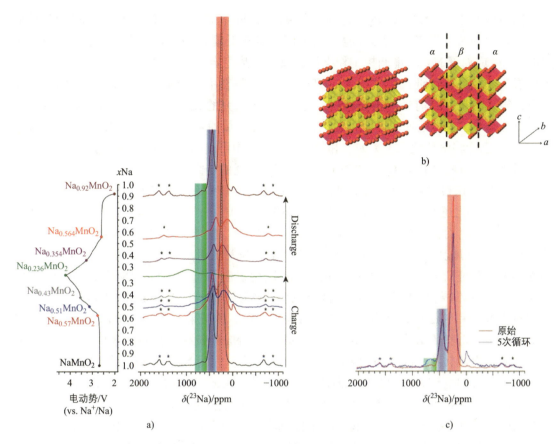

图 8.10 （a）β-$NaMnO_2$ 在不同充放电状态下的非原位 ^{23}Na MAS NMR 谱，红色、蓝色和绿色分别突出显示了与类 β 相、层错和类 α 相对应的峰，左侧是相应的充放电曲线；(b) β-$NaMnO_2$ 理想结构（左侧）和层错模型（右侧）的示意图，其中 MnO_6 和 NaO_6 八面体分别以粉红色和黄色显示；(c) 原始和 5 次循环后的 β-$NaMnO_2$ 材料的 ^{23}Na MAS NMR 谱

随着钠的脱出，类 β 相和层错结构的信号强度持续减小。类 β 相的谱峰下降更为明显，表明该相更容易发生脱钠和/或由于在低钠浓度下可能形成更多的层错，XRD 数据显示该过程中的长程有序性缺失证明了该可能性。上述结果也得到了 DFT 计算验证，结果显示 α 相脱钠最为容易，其次是 β 相，最后是层错。在钠含量达到最低时（对应 $Na_{0.236}MnO_2$ 组成），^{23}Na NMR 峰明显变宽，证实了在这种状态下材料的无序性。所有谱峰也都在脱钠过程中向更高位移偏移，这是由于 Mn^{3+} 氧化为 Mn^{4+}，引起超精细位移增强的结果。NMR 数据还表明，钠的嵌入-脱出过程是可逆的，在第一次放电周期结束时谱图与原材料基本相当。而经 5 次循环后材料的谱图（图 8.10c）显示类 α 相和层错的相对比例增加。然而出乎意料的是，这种组成的改变似乎对电化学性能影响不大，通常认为结构稳定性是在循环

中产生可重复的充放电曲线的先决条件。我们还注意到，通过电化学研磨以生成离子更容易脱出的颗粒尺寸是一种相对常见的现象。

2. $Na_3V_2(PO_4)_2F_3$ 的嵌 – 脱钠机制

钠超离子导体（NASICON）材料具有快速的 Na^+ 扩散，最初作为 NIBs 固体电解质而引起了极大的关注[96-100]。近来，这些材料因其具有低能量的 Na^+ 迁移、通过改变氧化还原电对和/或局部 Na^+ 环境调控工作电压以及其高热稳定性和氧化稳定性等优势，而作为钠插层正极材料得到研究[101-106]。$Na_3V(PO_4)_3$(NVP) 材料中每个单元分子式可提取两个 Na^+ 离子，被认为是尤有前景的正极材料，受到 NMR 研究的关注[107, 108]。然而，NVP 的低电子导电性阻碍了在合适速率下获得理论容量，研究人员通常采用纳米结构或改性来提高性能[109, 110]。已知将电负性原子（如 F 和 O）引入结构中可提高这些正极材料的工作电压和容量，因此 $Na_3V_2(PO_4)_2F_{3-2y}O_{2y}$(NVPOF) 系列得到了广泛的研究[111-116]。

作为 NIB 正极材料，NVPOF 可以使用工况原位/现场原位 NMR 进行研究是极为罕见的。尽管氧化还原对涉及顺磁性物质（即 $V^{4+}d^1$，$V^{3+}d^2$，$V^{2+}d^3$），但相对于层装氧化物材料中过渡金属而言，其中的未成对电子数相对较少。此外，典型的 NASICON 材料的快速 Na^+ 动力学可能部分平均了顺磁相互作用。Liu 等人使用非原位和原位 ^{23}Na 以及非原位 ^{31}P SSNMR 系统研究了 $Na_{3-x}V_2(PO_4)_2F_3$ 的 Na 嵌脱机制[117]。非原位 ^{23}Na MAS NMR 谱如图 8.11a 所示，原材料（即 $x = 0$）观测到强度比为 2∶1 的 146ppm 和 92ppm 两个信号，分别对应 Na1 和 Na2 位，其占比与晶体结构相一致。该结果基于 Le Meins 等人提出的具有 $P4_2/mnm$ 空间群的结构[118]。^{23}Na 的信号偏离了 ^{23}Na 的抗磁性区域，表明了 V^{3+} 离子对 Na s 轨道的自旋转移。随着 Na 脱出，信号强度减小，表明 Na1 或 Na2 对脱钠过程没有偏向。在 $x = 0.3$ 时，谱峰开始宽化并向彼此移动，最终在 $x = 0.9$ 时融合。作者认为在这两个信号之间存在 Na^+ 离子的交换。原位 NMR 实验中也观察到类似的现象（图 8.11b）：原始材料的谱中，两个信号重叠在一起，但在脱钠时，谱峰变宽并在 $x = 0.9$ 附近消失。

同一研究团队的后续研究中，Pecher 等人使用了原位 ^{31}P SSNMR 研究相同的体系（图 8.11c）[22]。尽管 ^{31}P 的较大化学位移范围有助于防止顺磁性材料的谱峰重叠，但宽频率范围影响在单个实验中获得完整谱。图 8.11c 中每个状态的谱图作为两个子谱图叠加，其载波频率分别为 4000ppm 和 5900ppm，并使用 ATMC 探头对共振电路进行自动校准。原始材料的谱中观测到分别位于 6900ppm 和 5400ppm 的两个峰，分别对应晶体结构的两个 P 环境（分别为 P1 和 P2，再次假设为 $P4_2/mnm$ 结构）。在脱钠过程中，P1 和 P2 相对应的信号消失，作者认为这可能是由于 Na^+ 动力学引起的信号合并。有趣的是，在 $x = 1$ 材料的谱中，观察到一个位于 4500ppm（标记为 P-ii）的信号；而在相同充电状态下的非原位 ^{31}P MAS NMR 实验中未观察到任何信号。作者将 P-ii 信号归因于 Na^+ 运动引起的 P1 和 P2 信号的平均，位移的减小反映了钒的平均氧化态从 V^{3+} 到 $V^{3.5+}$ 的转化。该信号在 $x = 2$ 材料（P-iii）中向约 3000ppm 移动，符合钒的最终氧化态 V^{4+}。在将 Na^+ 重新嵌入结构时，这些信号的演变逆转。在非原位 ^{31}P MAS NMR 实验中未观察到 P-ii 和 P-iii 信号，这很可能是因为 MAS 引起的样品摩擦加热导致的动力学和弛豫速率的变化，突显了原位 NMR 的重要性，可以观测到非原位实验中难以获取的信息。

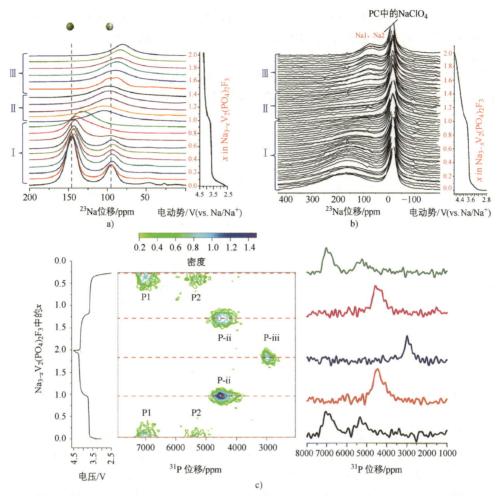

图 8.11 NASICON 材料 $Na_3V_2(PO_4)_2F_3$ 的不同 NMR 研究：(a) 非原位 ^{23}Na MAS NMR 和 (b) 原位 ^{23}Na NMR 谱，左侧为充放电曲线；(c) 原位 ^{31}P NMR 谱，左侧为相应的充放电曲线，右侧为关键状态的 NMR 谱的堆叠图

Broux 等人系统研究了 $Na_3V_2(PO_4)_2F_3$ 及其略微氧化形式（即 $Na_3V_2(PO_4)_2F_{3-y}O_y$，$0 \leq y \leq 0.5$）[119]。通过详细的结构分析，他们确定了这些材料的结构与 Bianchini 等人[120]提出的结构一致，具有 Amam 空间群，有三个 Na 位点和一个 P 位点。这与 Liu 等人和 Pecher 等人早期提到的研究不同。该研究中，他们在 ^{23}Na 和 ^{31}P NMR 谱中观测到 $Na_3V_2(PO_4)_2F_3$ 具有两个 Na 位点和两个 P 位点。$Na_3V_2(PO_4)_2F_{3-y}O_y$（$0 \leq y \leq 0.5$）的 ^{23}Na 和 ^{31}P NMR 实验发现，NMR 谱对样品中的氧含量非常敏感（图 8.12）。$y = 0$ 相的 ^{23}Na NMR 谱在 138ppm 处有一个大峰和一个强度较弱的 91ppm 谱峰。随着氧含量的增加，138ppm 处的峰强度减小，而 91ppm 处的峰强度增加，并观察到一个新的 50ppm 峰。增加的氧含量导致 V^{3+}（两个未成对电子）氧化为 V^{4+}（一个未成对电子），引起费米接触位移减小。因此，138ppm、91ppm 和 50ppm 的信号分别被归因于与两个 V^{3+}、一个 V^{3+}、一个 V^{4+} 和两个 V^{4+} 相互作用的 Na 环境。作者指出，$y = 0$ 相中 91ppm 处的峰来自材料中少量的氧缺陷，并且由于它们非常相似的环境而费米接触位移几乎相同，因此无法区分三个晶体学上不同的 Na

位。与之类似，在 ^{31}P NMR 谱中，增加氧的量导致信号数量的增加，在 $y = 0.5$ 相中观察到五个不同的信号，对应于四个共享角的 VO_4F_2 八面体中的不同数量的 V^{3+} 和 V^{4+} 离子。这些信号的偏移与 Pecher 等人在原位 ^{31}P NMR 实验中观察到的 P1、P2、P-ii、P-iii 和 Pox 相对应[20, 22]。Pecher 将信号的消失和明显融合归因于不同荷电态下 Na^+ 动力学的差异；不过，谱峰的偏移是由于原材料与氧缺陷中钠从晶格中脱出，V^{3+} 氧化为 V^{4+} 的结果。

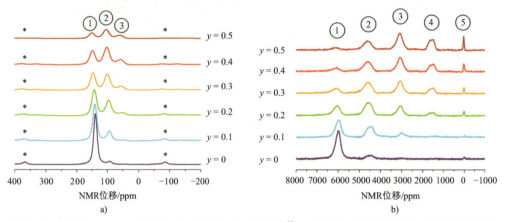

图 8.12 （a）$0 \leq y \leq 0.5$ 的 $Na_3V_2(PO_4)_2F_{3-y}O_y$ 材料的 ^{23}Na 和（b）P NMR 光谱，* 为旋转边带

8.4.3　$NaPF_6^-$ 基电解液的分解

文献中大部分 NIB 的 NMR 研究集中在电极材料上，这可能是因为大量的研究和开发工作致力于提升电极材料的电化学性能。另一个因素是，与 LIBs 使用 1mol $LiPF_6$ 在碳酸盐溶剂中作为标准电解液溶液不同，NIB 并没有相应的标准。到目前为止，普遍的做法是直接将为 LIBs 开发的电解液技术转化为 NIB，而较少考虑 Na^+ 和 Li^+ 之间的溶剂化差异以及 SEI 组分的降解途径和溶解度[80, 121]。然而，电解液在电池性能中起着关键作用，通过溶液的离子传输是速率性能的决定因素之一。此外，电解液降解途径、产物以及 SEI 组成的基本认识对于提高循环寿命至关重要。虽然 NMR 已经广泛用于在 LIB 中提供电化学循环期间电解液降解的全面图像[122]，但对于 NIBs 尚未进行类似的研究。

Barnes 等人首先使用液体 NMR 研究了在碳酸酯溶剂中 $NaPF_6$ 降解生成 HF 的过程，并研究了电解液添加剂的缓解作用[123]。他们首先使用 $NaPF_6$ 和电池级电解液溶剂（水含量 < 20ppm）制备了一系列电解液溶液。已知含有 PF_6^- 阴离子的电解液在水的存在下会水解生成 HF 和氟磷酸盐；HF 的生成尤为令人关注，因为它可以促动自催化的过程，导致进一步的降解[124-126]。图 8.13a 显示了 1.2mol $NaPF_6$ 在乙烯碳酸酯（EC）：甲基乙基碳酸酯（EMC）电解液溶液添加 0.2%（体积分数）H_2O，在 52℃下老化 31 天的 ^{19}F 和 ^{31}P NMR 谱。^{19}F 谱清晰显示了 HF 的存在（−183.9ppm 的单峰）。^{19}F 和 ^{31}P 谱图中还可观测到其他 PF_6^- 的降解产物，即 PO_3F^{2-}、POF_3 和 $PO_2F_2^-$。其他的弱峰可能是溶解的 PF_5。尽管没有添加 H_2O 的样品谱图中也可观测到这些降解产物，但它们的浓度要低得多。当然并不令人意外的是，降解产物的浓度随着水含量的增加而增加。值得注意的是，含有 0.2% H_2O 的样品在室温下保存数月之久才在 NMR 谱图中检测到降解产物。这与使用 $LiPF_6$ 盐制备的类似电解液形成鲜明对比，后者即使在室温下也显示出更快的降解[124]。

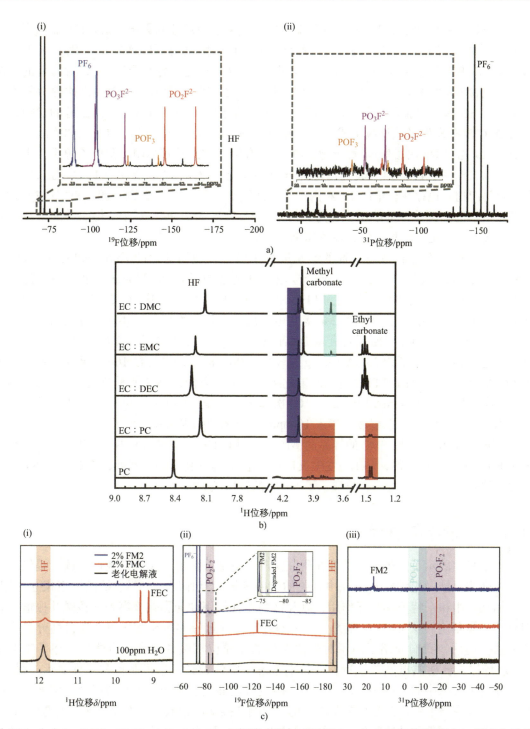

图8.13 （a）3∶7 EC∶EMC、1.2mol NaPF$_6$ 电解液中添加 0.2%H$_2$O，在 52℃条件下经过 31 天老化后的（i）^{19}F 和（ii）^{31}P NMR 谱图；（b）添加 H$_2$O 和 HF 的多种电解液溶剂在老化 28 天后的 ^{1}H NMR 谱，突出显示的区域对应于以下降解产物：1,2-乙二醇（蓝色）、1,2-丙二醇（红色）和甲醇（青色）；（c）添加 100ppm H$_2$O 的 1∶1 EC∶PC、1mol NaPF$_6$ 电解液在 52℃条件下老化 31 天后的（i）^{1}H、（ii）^{19}F 和（iii）^{31}P NMR 谱图，没有添加剂（黑色）、2%体积分数 FEC（红色）或 2% FM2（蓝色）

研究者们还监测了HF对基于碳酸酯的电解质溶剂稳定性的影响。图8.13b显示了加入了1∶1（体积比）HF∶H_2O混合物（最终HF和H_2O浓度为0.125%）的老化（28天）样品的^1H NMR谱图。对于所有测试的电解液，EC被发现是最容易受到HF诱导降解的，这表现为包含EC的所有样品谱图中都观测到1,2-乙二醇的信号，他们提出这种醇是通过酸催化的EC水解和脱羧而形成的。EC∶DEC电解液只观测到了1,2-乙二醇的谱峰，这表明DEC没有发生脱羧反应生成乙醇。有趣的是，EC∶DMC和EC∶EMC的样品，只观察到1,2-乙二醇和甲醇的降解产物。EMC具有甲基和乙基官能团，预期乙醇是其中一个降解产物，缺乏乙醇的信号表明乙基部分更加稳定。EC∶PC混合物中1,2-乙二醇作为主要降解产物，也存在少量的1,2-丙二醇，而纯PC只产生1,2-丙二醇。根据这些结果，可以得出结论：环状碳酸酯不太稳定，EC的降解程度大于PC。对于线性碳酸酯，较长的脂肪链长度导致更好的稳定性，降解速率为DMC > EMC > DEC。

研究者们还对电解液添加剂的影响进行了研究，使用老化的1mol $NaPF_6$ EC∶PC电解液制备了$NaNi_{0.4}Fe_{0.2}Mn_{0.4}O_2$/硬碳全电池，分别添加了0或100ppm的水。并制备了含有两种添加剂之一的电池，分别为FEC和2,2,2-三氟乙氧基-2,2,2-乙氧基磷氮烷（FM2）。无论是否添加了5% FM2的老化电解质，电池的性能几乎相同，首次循环容量约为90mA·h·g^{-1}，100次循环后衰减为60mA·h·g^{-1}。相比之下，含有老化电解质和5% FEC的电池容量下降了约20mA·h·g^{-1}。含有100ppm水的电池在100次循环后容量仅为约14mA·h·g^{-1}，而添加FEC也未改善此结果。另一方面，FM2似乎减轻了HF的不利影响，首次循环容量为44mA·h·g^{-1}，100次循环后降至30mA·h·g^{-1}。图8.13c显示了在1mol $NaPF_6$在EC∶PC电解液中掺入100ppm无添加剂的水以及添加了FEC或FM2的^1H、^{19}F和^{31}P NMR谱。添加FM2的样品的谱图显示没有HF的迹象，PF_6^-降解产物的含量较少，表明FM2充当了清除剂，与HF发生反应并减轻了其不利影响。然而，FEC作为NIBs中最常用的电解质添加剂之一，只显示了HF峰的轻微减少。

8.5 总结与展望

本章我们展示了固体核磁共振在研究钠离子电池方面的实用性。我们为读者提供了一个基本介绍，涉及电池材料研究中有关的核磁共振相互作用，主要包括四极矩相互作用、顺磁相互作用和奈特位移相互作用，以及这些相互作用如何影响观察到的核磁共振谱。我们介绍了魔角旋转（MAS），作为一种平均各向异性核磁共振相互作用并获得高分辨率谱的方法。随后，我们介绍了用于对电池材料的非原位核磁共振表征方法，描述了工况原位/现场原位核磁共振实验设置，并特别考虑了电池设计、电极制备和硬件要求。最后，我们介绍了文献中的一些例子，重点关注碳负极钠插层、顺磁正极材料以及电解液降解的研究。在这些例子中，核磁共振在解决化学问题和推动该领域认识方面发挥了关键作用。

核磁共振硬件和脉冲序列的持续发展为电池材料研究提供了更多的机会。较高的MAS转速对于非原位研究顺磁材料特别有用，目前商业探头的旋转频率可达111kHz，研究人员正在构建旋转频率可达200kHz的探头[127]。高旋转速度与pj-MATPASS等[128]脉冲序列的结合使得我们能分辨具有大各向异性相互作用的材料中的环境，为研究各种顺磁正极材料打开了大门。高磁场设备也越来越普遍（商业谱仪配备28T磁铁），提高了灵敏度，使得可以表征低旋磁比的多种核。此外，二阶电四极展宽随着场强的增加而成反比例关系，提升了四极核谱的分辨率。动态核极化（DNP）增强核磁共振技术，其中来自未成对电子的极化被转移给目标核，大大提高了核磁共振信号灵敏度。DNP 核磁共振已应用于锂离子电池的研究，该技术的表面敏感性和化学特异性显示出在 NIBs 中解析硬碳负极 SEI 组分的潜力。早期的工况原位/现场原位核磁共振实验依赖于自制的探头、原位电池以及设计和性能各异的设置。如今，适用于各种核和磁场强度的可靠的原位电池和原位探头技术极大简化了工况原位/现场原位核磁共振实验的设置和实施。直到最近，原位核磁共振实验仅限于静态条件。然而，Freytag 等人开发了一种原位电池，它适合核磁共振转子内，显著提高了分辨率。这些核磁共振硬件的进步将继续扩大核磁共振在 NIBs 研究中的适用性。

本章提供的 NIB 的 NMR 研究案例绝不是一份详尽无遗的清单，文献中存在着数百个使用核磁共振研究 NIB 的例子，通常是对其他表征技术提供信息的补充。发现新材料或优化现有材料，以提高能量密度的目标需要使用各种表征技术，核磁共振提供的详细信息肯定会在这方面提供帮助。核磁共振用于研究 NIB 中电解液降解途径和 SEI 组成，将有助于开发性能更好且寿命更长的电池。随着电池化学超越锂离子电池和钠离子电池（如 K 离子和 Mg 离子、Li 离子和 Na 空气电池）的发展，预计核磁共振将在这些发现中发挥重要作用。

参 考 文 献

1 Mehring, M. (1983). *Principles of High Resolution NMR in Solids*. Berlin: Springer-Verlag.

2 Duer, J.M. (2002). *Solid-State NMR Spectroscopy: Principles and Applications*, 567. Oxford: Blackwell.

3 Duer, M.J. (2004). *Introduction to Solid-State NMR Spectroscopy*. Oxford: Blackwell.

4 Levitt, M.H. (2006). *Spin Dynamics: Basics of Nuclear Magnetic Resonance*. Chichester: Wiley.

5 Keeler, J. (2010). *Understanding NMR Spectroscopy*. Chichester: Wiley.

6 Drago, R.S., Zink, J.I., Richmon, R.M., and Perryz, W.D. (1974). Theory of isotropic Shifts in the NMR of Paramagnetic Materials. *J. Chem. Educ.* 51 (6): 371–376.

7 Pell, A.J., Pintacuda, G., and Grey, C.P. (2019). Progress in nuclear magnetic resonance spectroscopy paramagnetic NMR in solution and the solid state. *Prog. Nucl. Magn. Reson. Spectrosc.* 111: 1–271.

8 Bertini, I., Luchinat, C., Parigi, G., and Ravera, E. (2017). *NMR of Paramagnetic Molecules Applications to Metallobiomolecules and Models*, 2e. Amsterdam: Elsevier B.V.

9 Grey, C.P. and Dupre, N. (2004). NMR studies of cathode materials for lithium-ion rechargeable batteries. *Chem. Rev.* 104: 4493–4512.

10 Delmas, C., Carlier, D., Ceder, G. et al. (2003). Understanding the NMR shifts in paramagnetic transition metal oxides using density functional theory calculations. *Phys. Rev. B – Condens. Matter. Mater. Phys.* 67 (17): 1–14.

11 Clement, R.J., Pell, A.J., Middlemiss, D.S. et al. (2012). Spin-transfer pathways in paramagnetic lithium transition-metal phosphates from combined

12 Middlemiss, D.S., Ilott, A.J., Clément, R.J. et al. (2013). DFT-based bond pathway decompositions of hyperfine shifts: equipping solid-state NMR to characterize atomic environments in paramagnetic materials DFT-based bond pathway decompositions of hyperfine shifts. *Chem. Mater.* 25 (9): 1723–1734.

13 Kim, J., Middlemiss, D.S., Chernova, N.A. et al. (2010). Linking local environments and hyperfine shifts: a combined experimental and theoretical ^{31}P and ^{7}Li solid-state NMR study of paramagnetic Fe(III) phosphates. *J. Am. Chem. Soc.* 132 (47): 16825–16840.

14 Middlemiss, D.S., Ilott, A.J., Clément, R.J. et al. (2013). Density functional theory-based bond pathway decompositions of hyperfine shifts: equipping solid-state NMR to characterize atomic environments in paramagnetic materials. *Chem. Mater.* 25 (9): 1723–1734.

15 Townes, C.H., Herring, C., and Knight, W.D. (1950). The effect of electronic paramagnetism on nuclear magnetic resonance frequencies in metals. *Phys. Rev.* 77 (6): 852–853.

16 Frydman, L. and Harwood, J.S. (1995). Isotropic spectra of half-integer quadrupolar spins from bidimensional magic-angle spinning NMR. *J. Am. Chem. Soc.* 117 (19): 5367–5368.

17 Medek, A., Harwood, J.S., and Frydman, L. (1995). Multiple-quantum magic-angle spinning NMR: a new method for the study of quadrupolar nuclei in solids. *J. Am. Chem. Soc.* 117 (51): 12779–12787.

18 Rocha, J., Morais, C.M., and Fernandez, C. (2005). Progress in multiple-quantum magic-angle spinning NMR spectroscopy. *Top Curr. Chem.* 141–194.

19 Ashbrook, S. (2004). High-resolution NMR of quadrupolar nuclei in solids: the satellite-transition magic angle spinning (STMAS) experiment. *Prog. Nucl. Magn. Reson. Spectrosc.* 45 (1–2): 53–108.

20 Pecher, O., Carretero-González, J., Griffith, K.J., and Grey, C.P. (2017). Materials' methods: NMR in battery research. *Chem. Mater.* 29: 213–242.

21 Pecher, O., Halat, D.M., Lee, J. et al. (2017). Enhanced efficiency of solid-state NMR investigations of energy materials using an external automatic tuning/matching (eATM) robot. *J. Magn. Reson.* 275: 127–136.

22 Pecher, O., Bayley, P.M., Liu, H. et al. (2016). Automatic tuning matching cycler (ATMC) in situ NMR spectroscopy as a novel approach for real-time investigations of Li- and Na-ion batteries. *J. Magn. Reson.* 265: 200–209.

23 Blanc, F., Leskes, M., and Grey, C.P. (2013). In situ solid-state NMR spectroscopy of electrochemical cells: batteries, supercapacitors, and fuel cells. *Acc. Chem. Res.* 46 (9): 1952–1963.

24 Hu, J.Z., Jaegers, N.R., Hu, M.Y., and Mueller, K.T. (2018). In situ and ex situ NMR for battery research. *J. Phys. Condens. Matter* 30 (46).

25 Krachkovskiy, S., Trudeau, M.L., and Zaghib, K. (2020). Application of magnetic resonance techniques to the in situ characterization of Li-ion batteries: a review. *Materials (Basel).* 13 (7).

26 Magusin, P.C.M.M., Seymour, I.D., Pecher, O., and Grey, C.P. (2018). NMR studies of electrochemical storage materials. In: *Modern Methods in Solid-state NMR: A Practitioner's Guide* (ed. P. Hodgkinson), 322–355. Royal Society of Chemistry.

27 Winter, M., Besendard, J.O., Spahr, M.E., and Novák, P. (1998). Electrode materials for rechargeable lithium batteries. *Adv. Mater.* 10: 725–763.

28 Ge, P. and Fouletier, M. (1988). Electrochemical intercalation of sodium in graphite. *Solid State Ion.* 28–30: 1172–1175.

29 Stevens, D.A. and Dahn, J.R. (2001). The mechanisms of lithium and sodium insertion in carbon materials. *J. Electrochem. Soc.* 148 (8): A803.

30 Moriwake, H., Kuwabara, A., Fisher, C.A.J., and Ikuhara, Y. (2017). Why is sodium-intercalated graphite unstable? *RSC Adv.* 7 (58): 36550–36554.

31 Jache, B. and Adelhelm, P. (2014). Use of graphite as a highly reversible electrode with superior cycle life for sodium-ion batteries by making use of co-intercalation phenomena. *Angew. Chem. Int. Ed.* 53 (38): 10169–10173.

32 Aurbach, D. and Granot, E. (1997). The study of electrolyte solutions based on solvents from the "glyme" family (linear polyethers) for secondary Li battery systems. *Electrochim. Acta* 42 (4): 697–718.

33 Tobishima, S., Morimoto, H., Aoki, M. et al. (2004). Glyme-based nonaqueous electrolytes for rechargeable lithium cells. *Electrochim. Acta* 49 (6): 979–987.

34 Xu, K. (2004). Nonaqueous liquid electrolytes for lithium-based rechargeable batteries. *Chem. Rev.* 104 (10): 4303–4417.

35 Jache, B., Binder, J.O., Abe, T., and Adelhelm, P. (2016). A comparative study on the impact of different glymes and their derivatives as electrolyte solvents for graphite co-intercalation electrodes in lithium-ion and sodium-ion batteries. *Phys. Chem. Chem. Phys.* 18 (21): 14299–14316.

36 Xu, Z.L., Yoon, G., Park, K.Y. et al. (2019). Tailoring sodium intercalation in graphite for high energy and power sodium ion batteries. *Nat. Commun.* 10 (1): 1–10.

37 Yoon, G., Kim, II., Park, I., and Kang, K. (2017). Conditions for reversible Na intercalation in graphite: theoretical studies on the interplay among guest ions, solvent, and graphite host. *Adv. Energy Mater.* 7 (2): 1601519.

38 Kim, H., Hong, J., Yoon, G. et al. (2015). Sodium intercalation chemistry in graphite. *Energy Environ. Sci.* 8 (10): 2963–2969.

39 Kim, H., Hong, J., Park, Y.U. et al. (2015). Sodium storage behavior in natural graphite using ether-based electrolyte systems. *Adv. Funct. Mater.* 25 (4): 534–541.

40 Gotoh, K., Maruyama, H., Miyatou, T. et al. (2016). Structure and dynamic behavior of sodium–diglyme complex in the graphite anode of sodium ion battery by ^{2}H nuclear magnetic resonance. *J. Phys. Chem. C* 120 (49): 28152–28156.

41 Chandrakumar, N. (1996). *Spin-1 NMR*. Berlin: Springer.

42 Schmidt-Rohr, K. and Spiess, H.W. (1994). *Multidimensional Solid-State NMR and Polymers*. London: Academic Press.

43 Hoatson, G.L. and Vold, R.L. (1994). ^{2}H-NMR spectroscopy of solids and liquid crystals. In: *Solid-State NMR III Organic Matter NMR (Basic Principles and Progress)*, 1–67. Berlin: Springer-Verlag.

44 Leifer, N., Greenstein, M.F., Mor, A. et al. (2018). NMR-detected dynamics of sodium co-intercalation with diglyme solvent molecules in graphite anodes linked to prolonged cycling. *J. Phys. Chem. C* 122 (37): 21172–21184.

45 Conrad, J., Estrade, H., Lauginie, P. et al. (1980). Graphite lamellar compounds ^{13}C NMR studies. *Phys. B+C.* 521–524.

46 Maniwa, Y., Sato, M., Kume, K. et al. (1996). Comparative NMR study of new

carbon forms. *Carbon N Y.* 34 (10): 1287–1291.

47 Freitas, J.C.C., Emmerich, F.G., Cernicchiaro, G.R.C. et al. (2001). Magnetic susceptibility effects on ^{13}C MAS NMR spectra of carbon materials and graphite. *Solid State Nucl. Magn. Reson.* 73: 61–73.

48 Goze-Bac, C., Latil, S., Lauginie, P. et al. (2002). Magnetic interactions in carbon nanostructures. *Carbon N Y.* 40 (10): 1825–1842.

49 Dresselhaus, M.S. and Dresselhaus, G. (1981). Intercalation compounds of graphite. *Adv. Phys.* 30 (2): 139–326.

50 Kolodziejski, W. and Klinowski, J. (2002). Kinetics of cross-polarization in solid-state NMR: a guide for chemists. *Chem. Rev.* 102 (3): 613–628.

51 Jung, S.C., Kang, Y.J., and Han, Y.K. (2017). Origin of excellent rate and cycle performance of Na$^+$-solvent cointercalated graphite vs. poor performance of Li$^+$-solvent case. *Nano Energy* 34: 456–462.

52 Irisarri, E., Ponrouch, A., and Palacin, M.R. (2015). Review – hard carbon negative electrode materials for sodium-ion batteries. *J. Electrochem. Soc.* 162 (14): A2476–A2482.

53 Dou, X., Hasa, I., Saurel, D. et al. (2019). Hard carbons for sodium-ion batteries: structure, analysis, sustainability, and electrochemistry. *Mater. Today* 23: 87–104.

54 Harris, P.J.F. (1997). Structure of non-graphitising carbons. *Int. Mater. Rev.* 42 (5): 206–218.

55 Harris, P.J.F. (2005). New perspectives on the structure of graphitic carbons. *Crit. Rev. Solid State Mater. Sci.* 30 (4): 235–253.

56 Franklin, R. (1951). Crystallite growth in graphitizing and non-graphitizing carbons. *Proc. R. Soc. Lond. Ser. A Math. Phys. Sci.* 209 (1097): 196–218.

57 Harris, P.J.F. (2006). Fullerene-related structure of commercial glassy carbons. *Philos. Mag.* 84: 6435.

58 Harris, P.J.F. (2013). Fullerene-like models for microporous carbon. *J. Mater. Sci.* 48: 565–577.

59 Deringer, V.L., Merlet, C., Hu, Y. et al. (2018). Towards an atomistic understanding of disordered carbon electrode materials. *Chem. Commun.* 54 (47): 5988–5991.

60 Freitas, J.C.C., Bonagamba, T.J., and Emmerich, F.G. (1999). ^{13}C high-resolution solid-state NMR study of peat carbonization. *Energy Fuel* 13 (1): 53–59.

61 De Souza, F.A.L., Ambrozio, A.R., Souza, E.S. et al. (2016). NMR spectral parameters in graphene, graphite, and related materials: Ab initio calculations and experimental results. *J. Phys. Chem. C* 120 (48): 27707–27716.

62 Pan, H., Pruski, M., Gerstein, B.C. et al. (1991). Local coordination of carbon atoms in amorphous carbon. *Phys. Rev. B* 44 (13): 6741–6745.

63 Stevens, D.A. and Dahn, J.R. (2000). High capacity anode materials for rechargeable sodium-ion batteries. *J. Electrochem. Soc.* 147 (4): 1271–1273.

64 Bommier, C., Surta, T.W., Dolgos, M., and Ji, X. (2015). New mechanistic insights on Na-ion storage in nongraphitizable carbon. *Nano Lett.* 15 (9): 5888–5892.

65 Zhang, B., Ghimbeu, C.M., Laberty, C. et al. (2016). Correlation between microstructure and Na storage behavior in hard carbon. *Adv. Energy Mater.* 6 (1): 1501588.

66 Qiu, S., Xiao, L., Sushko, M.L. et al. (2017). Manipulating adsorption–insertion mechanisms in nanostructured carbon materials for high-efficiency sodium ion storage. *Adv. Energy Mater.* 7 (17): 1700403.

67 Bai, P., He, Y., Zou, X. et al. (2018). Elucidation of the sodium-storage mechanism in hard carbons. *Adv. Energy Mater.* 8: 1–9.

68 Matei Ghimbeu, C., Górka, J., Simone, V. et al. (2017). Insights on the Na^+ ion storage mechanism in hard carbon: discrimination between the porosity, surface functional groups and defects. *Nano Energy* 2018 (44): 327–335.

69 Alvin, S., Yoon, D., Chandra, C. et al. (2019). Revealing sodium ion storage mechanism in hard carbon. *Carbon N Y.* 145: 67–81.

70 Sun, N., Guan, Z., Liu, Y. et al. (2019). Extended "adsorption–insertion" model: a new insight into the sodium storage mechanism of hard carbons. *Adv. Energy Mater.* 9 (32): 1901351.

71 Morikawa, Y., Nishimura, S., Hashimoto, R. et al. (2020). Mechanism of sodium storage in hard carbon: an X-ray scattering analysis. *Adv. Energy Mater.* 10 (3): 1903176.

72 Euchner, H., Vinayan, B.P., Reddy, M.A. et al. (2020). Alkali metal insertion into hard carbon-the full picture. *J. Mater. Chem. A* 8 (28): 14205–14213.

73 Gotoh, K., Ishikawa, T., Shimadzu, S. et al. (2013). NMR study for electrochemically inserted Na in hard carbon electrode of sodium ion battery. *J. Power Sources* 225: 137–140.

74 Stratford, J.M., Allan, P.K., Pecher, O. et al. (2016). Mechanistic insights into sodium storage in hard carbon anodes using local structure probes. *Chem. Commun.* 52 (84): 12430–12433.

75 Morita, R., Gotoh, K., Kubota, K. et al. (2019). Correlation of carbonization condition with metallic property of sodium clusters formed in hard carbon studied using ^{23}Na nuclear magnetic resonance. *Carbon N Y.* 145: 712–715.

76 Trease, N.M., Zhou, L., Chang, H.J. et al. (2012). In situ NMR of lithium ion batteries: bulk susceptibility effects and practical considerations. *Solid State Nucl. Magn. Reson.* 42: 62–70.

77 Lazzeretti, P. (2000). Ring currents. *Prog. Nucl. Magn. Reson. Spectrosc.* 36 (1): 1–88.

78 Forse, A.C., Griffin, J.M., Presser, V. et al. (2014). Ring current effects: factors affecting the NMR chemical shift of molecules adsorbed on porous carbons. *J. Phys. Chem. C* 118 (14): 7508–7514.

79 Forse, A.C., Merlet, C., Allan, P.K. et al. (2015). New insights into the structure of nanoporous carbons from NMR, Raman, and pair distribution function analysis. *Chem. Mater.* 27 (19): 6848–6857.

80 Dugas, R., Ponrouch, A., Gachot, G. et al. (2016). Na reactivity toward carbonate-based electrolytes: the effect of FEC as additive. *J. Electrochem. Soc.* 163 (10): A2333–A2339.

81 Au, H., Alptekin, H., Jensen, A.C.S. et al. (2020). A revised mechanistic model for sodium insertion in hard carbons. *Energy Environ. Sci.* 10: 3469–3479.

82 Stratford, J.M., Kleppe, A.K., Keeble, D.S. et al. (2021). Correlating local structure and sodium storage in hard carbon anodes: insights from pair distribution function analysis and solid-state NMR. *J. Am. Chem. Soc.* 143: 14274–14286.

83 Clément, R.J., Bruce, P.G., and Grey, C.P. (2015). Review – manganese-based P2-type transition metal oxides as sodium-ion battery cathode materials. *J. Electrochem. Soc.* 162 (14): A2589–A2604.

84 Mortemard de Boisse, B., Carlier, D., Guignard, M., and Delmas, C. (2013). Structural and electrochemical characterizations of P2 and new O3-$Na_xMn_{1-y}Fe_yO_2$ phases prepared by auto-combustion synthesis for Na-ion batteries. *J. Electrochem. Soc.* 160 (4): A569–A574.

85 Doeff, M.M., Peng, M.Y., Ma, Y., and De Jonghe, L.C. (2019). Orthorhombic Na_xMnO_2 as a cathode material for secondary sodium and lithium polymer batteries. *J. Electrochem. Soc.* 141 (11): L145–L147.

86 Paulsen, J.M., Dahn, J.R., and Mn, L. (1999). Studies of the layered manganese bronzes, $Na_{2/3}[Mn_{1-x}Mx]O_2$ with M = Co, Ni, Li, and $Li_{2/3}[Mn_{1-x}M_x]O_2$ prepared by ion-exchange. *Solid State Ionics* 126: 3–24.

87 Xu, J., Lee, D.H., Clément, R.J. et al. (2014). Identifying the critical role of li substitution in P2-$Na_x[Li_yNi_zMn_{1-y-z}]O_2$ ($0 < x, y, z < 1$) intercalation cathode materials for high-energy Na-ion batteries. *Chem. Mater.* 26 (2): 1260–1269.

88 Yabuuchi, N., Kajiyama, M., Iwatate, J. et al. (2012). P2-type $Na_x[Fe_{1/2}Mn_{1/2}]O_2$ made from earth-abundant elements for rechargeable Na batteries. *Nat. Mater.* 11 (6): 512–517.

89 Yabuuchi, N., Hara, R., Kajiyama, M. et al. (2014). New O2/P2-type Li-excess layered manganese oxides as promising multi-functional electrode materials for rechargeable Li/Na batteries. *Adv. Energy Mater.* 4 (13): 1301453.

90 Yoshida, H., Yabuuchi, N., and Komaba, S. (2013). $NaFe_{0.5}Co_{0.5}O_2$ as high energy and power positive electrode for Na-ion batteries. *Electrochem. Commun.* 34: 60–63.

91 Abakumov, A.M., Tsirlin, A.A., Bakaimi, I. et al. (2014). Multiple twinning as a structure directing mechanism in layered rock-salt-type oxides: $NaMnO_2$ polymorphism, redox potentials, and magnetism. *Chem. Mater.* 26 (10): 3306–3315.

92 Mendiboure, A., Delmas, C., and Hagenmuller, P. (1985). Electrochemical intercalation and deintercalation of Na_xMnO_2 bronzes. *J. Solid State Chem.* 57 (3): 323–331.

93 Ma, X., Chen, H., and Ceder, G. (2011). Electrochemical properties of monoclinic $NaMnO_2$. *J. Electrochem. Soc.* 158 (12): A1307.

94 Billaud, J., Clément, R.J., Armstrong, A.R. et al. (2014). β-$NaMnO_2$: a high-performance cathode for sodium-ion batteries. *J. Am. Chem. Soc.* 136 (49): 17243–17248.

95 Clément, R.J., Middlemiss, D.S., Seymour, I.D. et al. (2016). Insights into the nature and evolution upon electrochemical cycling of planar defects in the β-$NaMnO_2$ Na-ion battery cathode: an NMR and first-principles density functional theory approach. *Chem. Mater.* 28 (22): 8228–8239.

96 Hong, H.Y.P. (1976). Crystal structures and crystal chemistry in the system $Na_{1+x}Zr_2Si_xP_{3-x}O_{12}$. *Mater. Res. Bull.* 11 (2): 173–182.

97 Goodenough, J.B., Hong, H.Y., and Kafalas, J.A. (1976). Fast Na^+-ion transport in skeleton structures. *Mater. Res. Bull.* 11: 203–220.

98 Wang, Y., Song, S., Xu, C. et al. (2019). Development of solid-state electrolytes for sodium-ion battery – a short review. *Nano Mater. Sci.* 1 (2): 91–100.

99 Hou, W., Guo, X., Shen, X. et al. (2018). Solid electrolytes and interfaces in all-solid-state sodium batteries: progress and perspective. *Nano Energy* 52: 279–291.

100 Kim, J.-J., Yoon, K., Park, I., and Kang, K. (2017). Progress in the development of sodium-ion solid electrolytes. *Small Methods* 1 (10): 1700219.

101 Chen, S., Wu, C., Shen, L. et al. (2017). Challenges and perspectives for NASICON-type electrode materials for advanced sodium-ion batteries. *Adv. Mater.* 29 (48): 1700431.

102 Ni, Q., Bai, Y., Wu, F., and Wu, C. (2017). Polyanion-type electrode materials for sodium-ion batteries. *Adv. Sci.* 4: 1600275.

103 Zheng, Q., Yi, H., Li, X., and Zhang, H. (2018). Progress and prospect for NASICON-type $Na_3V_2(PO_4)_3$ for electrochemical energy storage. *J. Energy Chem.* 27 (6): 1597–1617.

104 Barpanda, P., Lander, L., Nishimura, S.I., and Yamada, A. (2018). Polyanionic insertion materials for sodium-ion batteries. *Adv. Energy Mater.* 8 (17): 1703055.

105 Mukherjee, S., Bin, M.S., Soares, D., and Singh, G. (2019). Electrode materials for high-performance sodium-ion batteries. *Materials (Basel).* 12: 1952.

106 Zhang, X., Rui, X., Chen, D. et al. (2019). $Na_3V_2(PO_4)_3$: an advanced cathode for sodium-ion batteries. *Nanoscale* 11 (6): 2556–2576.

107 Jian, Z., Yuan, C., Han, W. et al. (2014). Atomic structure and kinetics of NASICON $Na_xV_2(PO_4)_3$ cathode for sodium-ion batteries. *Adv. Funct. Mater.* 24 (27): 4265–4272.

108 Zheng, Q., Ni, X., Lin, L. et al. (2018). Towards enhanced sodium storage by investigation of the Li ion doping and rearrangement mechanism in $Na_3V_2(PO_4)_3$ for sodium ion batteries. *J. Mater. Chem. A* 6 (9): 4209–4218.

109 Liu, J., Tang, K., Song, K. et al. (2014). Electrospun $Na_3V_2(PO_4)_3$/C nanofibers as stable cathode materials for sodium-ion batteries. *Nanoscale* 6 (10): 5081–5086.

110 Zhu, C., Song, K., Van Aken, P.A. et al. (2014). Carbon-coated $Na_3V_2(PO_4)_3$ embedded in porous carbon matrix: an ultrafast Na-storage cathode with the potential of outperforming Li cathodes. *Nano Lett.* 14 (4): 2175–2180.

111 Serras, P., Palomares, V., Goñi, A. et al. (2013). Electrochemical performance of mixed valence $Na_3V_2O_{2x}(PO_4)_2F_{3-2x}$/C as cathode for sodium-ion batteries. *J. Power Sources* 241: 56–60.

112 Jin, H., Dong, J., Uchaker, E. et al. (2015). Three dimensional architecture of carbon wrapped multilayer $Na_3V_2O_2(PO_4)_2F$ nanocubes embedded in graphene for improved sodium ion batteries. *J. Mater. Chem. A* 3 (34): 17563–17568.

113 Deng, G., Chao, D., Guo, Y. et al. (2016). Graphene quantum dots-shielded $Na_3(VO)_2(PO_4)_2F$@C nanocuboids as robust cathode for Na-ion battery. *Energy Storage Mater.* 5: 198–204.

114 Guo, J.Z., Wang, P.F., Wu, X.L. et al. (2017). High-energy/power and low-temperature cathode for sodium-ion batteries: in situ XRD study and superior full-cell performance. *Adv. Mater.* 29 (33): 1701968.

115 Cai, Y., Cao, X., Luo, Z. et al. (2018). Caging $Na_3V_2(PO_4)_2F_3$ microcubes in cross-linked graphene enabling ultrafast sodium storage and long-term cycling. *Adv. Sci.* 5: 1800680.

116 Chao, D., Lai, C.H.M., Liang, P. et al. (2018). Sodium vanadium fluorophosphates (NVOPF) array cathode designed for high-rate full sodium ion storage device. *Adv. Energy Mater.* 8: 1800058.

117 Liu, Z., Hu, Y.-Y., Dunstan, M.T. et al. (2014). Local structure and dynamics in the Na ion battery positive electrode material $Na_3V_2(PO_4)_2F_3$. *Chem. Mater.* 26

(8): 2513–2521.

118 Le Meins, J.M., Crosnier-Lopez, M.P., Hemon-Ribaud, A., and Courbion, G. (1999). Phase transitions in the $Na_3M_2(PO_4)_2F_3$ family (M = Al^{3+}, V^{3+}, Cr^{3+}, Fe^{3+}, Ga^{3+}): synthesis, thermal, structural, and magnetic studies. *J. Solid State Chem.* 148 (2): 260–277.

119 Broux, T., Bamine, T., Fauth, F. et al. (2016). Strong impact of the oxygen content in $Na_3V_2(PO_4)_2F_{3-y}O_y$ ($0 \leq y \leq 2$) on its structural and electrochemical properties. *Chem. Mater.* 28 (21): 7683–7692.

120 Bianchini, M., Brisset, N., Fauth, F. et al. (2014). $Na_3V_2(PO_4)_2F_3$ revisited: a high-resolution diffraction study. *Chem. Mater.* 26: 4238–4247.

121 Ponrouch, A., Monti, D., Boschin, A. et al. (2015). Non-aqueous electrolytes for sodium-ion batteries. *J. Mater. Chem. A* 3 (1): 22–42.

122 Rinkel, B.L.D., Hall, D.S., Temprano, I., and Grey, C.P. (2020). Electrolyte oxidation pathways in lithium-ion batteries. *J. Am. Chem. Soc.* 142: 15058–15074.

123 Barnes, P., Smith, K., Parrish, R. et al. (2020). A non-aqueous sodium hexafluorophosphate-based electrolyte degradation study: formation and mitigation of hydrofluoric acid. *J. Power Sources* 447: 227363.

124 Plakhotnyk, A.V., Ernst, L., and Schmutzler, R. (2005). Hydrolysis in the system $LiPF_6$ –propylene carbonate – dimethyl carbonate – H_2O. *J. Fluor. Chem.* 126 (1): 27–31.

125 Terborg, L., Weber, S., Blaske, F. et al. (2013). Investigation of thermal aging and hydrolysis mechanisms in commercial lithium ion battery electrolyte. *J. Power Sources* 242: 832–837.

126 Wiemers-Meyer, S., Winter, M., and Nowak, S. (2016). Mechanistic insights into lithium ion battery electrolyte degradation – a quantitative NMR study. *Phys. Chem. Chem. Phys.* 18 (38): 26595–26601.

127 Samoson, A. (2021).0.2 MHz MAS. *62nd Experimental Nuclear Magnetic Resonance Conference*, Virtual Conference (29–31 March 2021), P-1020.

128 Hung, I., Zhou, L., Pourpoint, F. et al. (2012). Isotropic high field NMR spectra of Li-ion battery materials with anisotropy >1 MHz. *J. Am. Chem. Soc.* 134 (4): 1898–1901.

129 Abragam, A. and Goldman, M. (1978). Principles of dynamic nuclear polarisation. *Rep. Prog. Phys.* 41 (3): 395–467.

130 Maly, T., Debelouchina, G.T., Bajaj, V.S. et al. (2008). Dynamic nuclear polarization at high magnetic fields. *J. Chem. Phys.* 128 (5): 052211.

131 Slichter, C.P. (2014). The discovery and renaissance of dynamic nuclear polarization. *Rep.Prog Phys.* 77 (7).

132 Rossini, A.J., Zagdoun, A., Lelli, M. et al. (2013). Dynamic nuclear polarization surface enhanced NMR spectroscopy. *Acc. Chem. Res.* 46 (9): 1942–1951.

133 Hope, M.A., Rinkel, B.L.D., Gunnarsdóttir, A.B. et al. (2020). Selective NMR observation of the SEI–metal interface by dynamic nuclear polarisation from lithium metal. *Nat. Commun.* 11 (1): 2224.

134 Harchol, A., Reuveni, G., Ri, V. et al. (2020). Endogenous dynamic nuclear polarization for sensitivity enhancement in solid-state NMR of electrode materials. *J. Phys. Chem. C* 124 (13): 7082–7090.

135 Freytag, A.I., Pauric, A.D., Krachkovskiy, S.A., and Goward, G.R. (2019). In situ magic-angle spinning ^7Li NMR analysis of a full electrochemical lithium-ion battery using a jelly roll cell design. *J. Am. Chem. Soc.* 141 (35): 13758–13761.

第 9 章
钠离子电池电极材料模拟

作者：*Emilia Olsson, Qiong Cai*
译者：孙亚楠

▼ 9.1 概述

计算模拟已被广泛应用于钠离子电池（NIB）电极材料的研究[1-3]。在原子尺度上，密度泛函理论（DFT）和分子动力学（MD）已被广泛应用于研究钠离子电池的电极特性，如相稳定性、缺陷和掺杂结构、离子电导率、电子结构、电压、理论能量密度和理论容量、吸附能以及插层机制。DFT 和 MD 研究不仅能与实验研究协同工作，还被广泛用于钠离子电池电极材料的预测。计算模拟的主要优势之一是可以直接探究影响钠离子电池电极性能的局域原子尺度结构。DFT 已被广泛用于探究正极和负极材料的电化学嵌钠和脱钠机制，并可以对难以通过实验直接探究的基本原理提供一定的见解。计算模拟的应用加快了研究的速度，从而使这些研究对钠离子电池的优化提供了重要价值。

▼ 9.2 密度泛函理论和分子动力学模拟

在本节中，我们将简要介绍通过 MD 和 DFT 模拟通常可以计算哪些性质，以及每种方法固有的近似值。这些方法在其他文献中已有详细介绍，因此我们在此仅介绍其具体的应用[4-8]。DFT 是一种电子结构方法，其利用电子密度来计算基态能量。DFT 模拟通常在温度为 0K 时有效，并为系统提供快照。而 MD 则使用牛顿运动方程来模拟有限温度和压力下的大型体系，以模拟离子随时间变化的位置和速度。与 DFT 不同，MD 依赖于半经验原子间势能，而原子间势能通常是根据经验推导出来的，因此该方法无法计算电子结构。相反，电子结构是通过 DFT 模拟的，方法是数值求解薛定谔方程，通过 Kohn-Sham 公式中的电子密度来近似计算多体系统的基态总能量。近来，第一性原理分子动力学（ab initio MD，AIMD）模拟在计算上变得更加可行，尽管其计算成本仍然高于 MD 模拟。其使用 DFT 计算步骤替代原子间势能来模拟原子间相互作用，并使用 MD 计算步骤来模拟在有限的温度和压力下系统随时间的变化。AIMD 模拟在钠离子电池的电极研究中越来越常见。与 MD 模拟一样，AIMD 模拟也用于计算扩散、热膨胀以及相稳定性[3, 9]。

9.2.1 DFT 模拟中的近似值

在探究从 DFT 模拟中获得的不同性质之前，了解这些模拟中可能存在的固有误差非常重要。这些误差通常与电子自相互作用误差有关。自相互作用误差会导致电子与自身之间的非物理相互作用，这导致在使用局域密度近似（LDA）和广义梯度近似（GGA）（LDA 和 GGA 为 DFT 模拟中常用的半局域函数）对半导体和过渡态金属化合物进行建模时出现重大误差。对于含有过渡金属的钠离子电池正极材料，可以使用 U 参数来修正自相互作用误差。在使用这种方法（被称为 DFT + U 方法）时，结果在很大程度上依赖于 U 参数的选择。U 参数可以与带隙、结构特性或形成能等实验特性进行拟合，也可以从线性响应理论中获得。DFT+U 方法很好地再现了过渡金属负极和正极的电压以及电子结构[2, 10-13]。另一个潜在的误差来源于在 LDA 和 GGA 中对色散和范德华（vdW）相互作用的忽略。为了考虑到这些因素（这些因素在钠离子电池电极材料中对于描述有机分子和层状材料的性质尤为重要），在计算时需要加入色散或 vdW 校正[14-16]。至于 U 参数，校正的选择将直接影响计算结果，因此必须注意计算中使用了哪种校正方案。vdW 校正根据电子密度确定了长程色散校正，并在半局域相关函数中加入了非局域长程 vdW 相互作用[16, 17]，例如 vdW-DFT、vdW-optPBE 和 vdW-DF2。对于色散校正，长程色散相互作用对于每个原子相互作用对都有预定系数，例如 DFT-D、DFT-D2、DFT-D3 和 DFT-D3-BJ。很多研究者对 vdW 和色散校正的 DFT 模拟都进行了广泛的研究[16-25]。加入这些校正会大大提高与实验中石墨层间结合能、表面吸附能或钠、电压以及结构参数的一致性[16, 17, 25]。

9.2.2 吸附能和插层能

钠离子电池电极材料的 DFT 模拟用于计算钠吸附（或结合）能（E_{ads}）、插层能（E_{int}）、相稳定性、电压（V）以及迁移能（E_m）。E_{ads} 是根据 DFT 模拟的优化总能量计算出来的，将不含钠的电极材料（$E_{Surface}$）和孤立吸附剂（μ_{Na}）的总能量与含吸附剂的电极材料（$E_{Na@Surface}$）的总能量进行比较。

$$E_{ads} = E_{Na@Surface} - x\mu_{Na} - E_{Surface} \tag{9.1}$$

利用式（9.1），负的 E_{ads} 与真空参比状态下钠的化学势（μ_{Na}）（钠在真空箱中的总能量）表明，只要不在电极表面形成团簇，Na^+ 就可以插入电极材料中。对 μ_{Na} 采用块体参考态（其中化学势的值取为金属块体的总能量除以金属钠模拟单元中钠的数量）同样表明，钠可以形成团簇，从而使插层在热力学上变得不稳定[26]。通过比较插层体系和块体体系的总能量，可以根据以下公式计算出与 E_{ads} 类似的 E_{int}[27]：

$$E_{int} = E_{Intercalated\ Bulk} - x\mu_{Na} - E_{Bulk} \tag{9.2}$$

式中，$E_{\text{Intercalated Bulk}}$ 是钠插层的电极材料的总能量；E_{Bulk} 是钠未插层的电极材料的总能量；x 是插层的钠的数量；μ_{Na} 是钠的化学势。如果使用式（9.2）计算出的 E_{int} 为负值，则表明钠的插层在能量上是有利的；如果为正值，则表明钠的插层在能量上是不利的[15, 28]。为此，已对多种电材料的钠吸附和插层进行了计算，以研究能量上有利的钠存储位点，并评估电池材料中的缺陷和/或掺杂工程[29-36]。

9.2.3 相稳定性

钠离子电池电极材料还需要在嵌钠和脱钠状态下都保持稳定。相稳定性可以通过 DFT、MD 和 AIMD 来模拟。这些模拟对于确定和预测不同钠含量下的中间稳定相至关重要。为了评估不同的结构和相，人们使用了从结构数据库或结构预测代码中获得的模型[37-42]。利用以下公式可以研究不同的钠占位、含量以及构型的相对稳定性：

$$E_s = E_{\text{Na}_x\text{Bulk}} - xE_{\text{Sodiated Bulk}} - (1-x)E_{\text{Non-sodiated Bulk}} \quad (9.3)$$

式中，E_s 是所研究的组分为 Na_xBulk 的形成能；$E_{\text{Na}_x\text{Bulk}}$ 是含有数量为 x 的钠的电极材料的总能量；$E_{\text{Non-sodiated Bulk}}$ 是未嵌钠的材料的总能量；$E_{\text{Sodiated Bulk}}$ 是已嵌钠材料的总能量。根据这些相对能量，可以绘制出 E_s 与 x 的函数关系凸包，以评估各相的热力学稳定性[39, 41, 42]。

9.2.4 电压曲线

钠电极材料的嵌钠和脱钠曲线可能与不同电压或电位下的不同机制有关，通常是由不同的微结构或缺陷引起的[30, 43, 44]。模拟的电压曲线与实验测得的恒流充放电曲线显示出良好的一致性。要构建模拟电压曲线，可根据原子质量[30, 45]或钠离子含量[46]得出理论容量，并根据以下公式计算出平衡电压（V）[2, 45]：

$$V = -\frac{E(\text{Na}_{x_j}\text{Bulk}) - E(\text{Na}_{x_i}\text{Bulk}) - (x_j - x_i)E(\text{Na})}{(x_j - x_i)F} \quad (9.4)$$

式中，E 是嵌入 x_j 个钠离子 $[E(\text{Na}_{x_j}\text{Bulk})]$ 和 x_i 个金属离子 $[E(\text{Na}_{x_i}\text{Bulk})]$ 的块体材料的总能量，以及钠的总能量 $[E(\text{Na})]$；$x_j - x_i$ 是嵌入块体电极材料中的钠的数量；F 是法拉第常数。利用式（9.4），通过计算所有相邻中间稳定相的平衡电压，可以绘制出平衡电压与金属含量或理论容量的函数关系图[25, 43, 47, 48]。

9.2.5 钠迁移和扩散

我们要讨论的最后一个特性是钠的迁移性，它与钠的迁移、扩散和电导率有关。钠的扩散可以通过均方位移（MSD）计算出来[2, 49-51]。

$$\text{MSD} = 6D_{\text{Na}}t + B_{\text{Na}} \quad (9.5)$$

式中，t 是时间；D_{Na} 是钠的自扩散系数；B_{Na} 是与原子振动相关的热因子。D_{Na} 可通过绘制 MSD 与 t 的关系图获得（可从 MD 或 AIMD 轨迹中获得）。绘制不同温度下的 D_{Na} 图，就可以计算出钠扩散活化能 E_a（也称为钠迁移能垒或迁移势垒 E_m，将在下一节讨论）和钠电导率（σ_{Na}）[52]。

$$D_{Na} = D_0 \exp\left(\frac{-E_a}{kT}\right) \Leftrightarrow \ln D_{Na} = \ln D_0 - \frac{E_a}{kT} \quad (9.6)$$

$$\sigma_{Na} = \frac{Nq^2 D_{Na}}{kT} \quad (9.7)$$

DFT 模拟得出的钠迁移势垒可通过微动弹性带（NEB）计算获得[53]。NEB 模拟取决于对起点和终点状态的了解（这两个状态都需要是已优化的结构），以及对迁移路径上中间状态的初步猜测。起点和终点之间的结构数量 [文献中通常将其称为反应坐标、NEB 图像、迁移路径、反应扩散坐标或距离（指远离起始位置的距离）] 取决于收敛标准和系统。通过绘制沿迁移路径的相对能量图，可以得到迁移能垒（E_m），从而确定能量最低的迁移路径[54-56]。由 DFT NEB 模拟得出的 E_m 与实验具有极好的一致性，但其计算成本比 MD 模拟得出的 E_a 要高。这对于具有多条相互竞争的迁移路径和多种复杂结构的材料来说尤其如此，因为在这种情况下，需要大量 NEB 图像才能收敛，而且需要研究的路径数量也很多。对于这些系统，AIMD 模拟可能更合适，尽管其计算成本也很高。

▼ 9.3 正极材料

人们已对钠离子电池正极材料进行了大量的研究。潜在的钠离子电池正极材料主要以锂离子电池（LIB）正极材料为模型，但尚未发现与锂离子电池正极材料性能相当或更高的高能量密度正极[2, 3, 57]。在这一探索过程中，计算模拟对于理解电化学过程非常重要。合适的钠离子电池正极材料应能在电压高于 2V 但低于 3.5V 的条件下可逆地容纳钠离子，从而在常见的钠离子电池液态电解质中保持稳定[57, 58]。在正极材料进行嵌钠和脱钠时，体积膨胀和收缩应小到可以忽略，或尽可能低，以防止电池失效和降解。

9.3.1 层状正极材料

层状材料在锂离子电池和钠离子电池中都是目前来说最重要的正极材料体系。由于钠的离子尺寸比锂大，因此钠不能占据层状正极材料中的四面体位点。钠的位点更倾向于六配位（图 9.1）的八面体（O）或棱柱形（P）位点，同时在无机材料中稳定的四面体钠配位本身就很罕见，这就限制了正极材料的可选范围[2, 3, 57]。

Na_xMO_2 层状正极材料是在相应的锂正极材料取得成功的基础上发展起来的。与锂层状正极不同的是，可用在钠离子电池中的过渡金属（即 Na_xMO_2 正极中的 M）选择范围更广。迄今为止，M 为 Mn、Ti、V、Cr、Fe、Co 和 Ni 的层状钠离子电池正极已显示出良好的嵌钠 / 脱钠性能。Na_xMO_2 的常见结构如图 9.1 所示。从图 9.1 中可以看出，这些层状正极材料根据钠位点的配位和过渡金属氧化物层的排序呈现出不同的结构。每一层都包含了 MO_6 单元或钠。不同相之间的相变，包括 O3 到 P3 的相变（图 9.1 中上面的可逆箭头）和 O2 到 P2 的相变（图 9.1 中下面的可逆箭头），就是通过这些 MO_6 层的滑移发生的。这些相变加上不同钠含量的影响，导致了复杂的电压曲线和钠离子扩散行为。层状正极材料的计算研究对于解耦这些不同的结构效应和优化钠离子电池性能至关重要。为此，人们对离子导电性、相稳定性和钠扩散进行了计算研究。

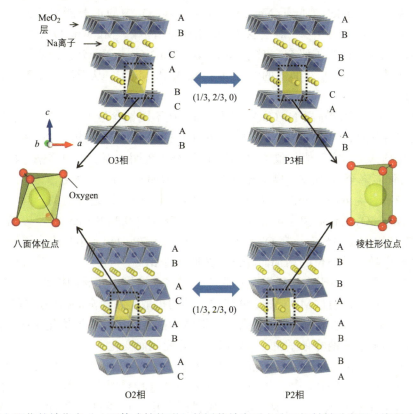

图 9.1 具有六配位的钠位点（八面体或棱柱形）的层状钠离子电池正极材料示意图（资料来源：摘自文献 [59]，经美国化学学会许可）

DFT+U 模拟预测单斜 $NaMnO_2$ 的带隙为 0.97eV，具有半导体特性[60]。为了模拟 $NaMnO_2$ 正极的嵌钠和脱钠行为，对 Na_xMnO_2 的电压曲线（$0 \leq x \leq 1$）进行了计算。电压模拟预测其电压窗口为 2.52～3.54V，理论容量为 13mA·h·g^{-1}。钠迁移的 NEB 模拟发现，$Na_{0.5}MnO_2$ 中最低迁移路径的迁移能垒 $E_m = 0.18eV$。$Na_{0.75}MnO_2$ 中的钠迁移能垒 E_m 更高，为 1.0eV，这表明钠空位是这种正极材料中钠扩散更高的基础[60]。自旋极化 DFT+U 模拟显示 $NaMnO_2$（空间群 P_{63}/mmc）具有反铁磁结构[61]。当钠空位形成时（缺陷形成能为 −1.32eV），磁性和电子结构发生了变化。对于 Na_xMnO_2（$0.5 < x < 1$），磁有序从 $x = 1$ 时的反铁磁性变为 $x = 0.5$ 时的顺铁磁性，电子结构从金属性变为半导体性[61]。当 $x < 0.5$ 时，半导体电子结构保持不变，但磁性结构又变回了反铁磁性。这项研究的计算结果也在实验中得到了证实[61]。研究发现 Jahn-Teller 畸变限制了可逆容量，因此进一步的研究是对这种材料进行优化，特别是通过混合过渡金属位点对材料进行优化[60]。

为了提高 $Na_{0.67}Ni_{0.33}Mn_{0.67}O_2$ 的循环稳定性和性能，研究人员通过实验和计算相结合的方法，对 P2 结构正极材料中 Ni 位点的镁掺杂进行了研究[62]。实验结果表明，通过镁迁移促进的掺杂偏析有望提高循环稳定性。通过对 $Na_{0.67}Ni_{0.23}Mn_{0.67}Mg_{0.1}O_2$ 中镁在金属氧化物层或钠层的形成能计算发现，镁更倾向位于过渡金属层[62]。钠层中镁的形成能为 0.303eV，而金属氧化物层中镁的形成能为 0.074eV。NEB 模拟研究了镁在 $Na_{0.67}Ni_{0.23}Mn_{0.67}Mg_{0.1}O_2$ 中的两种迁移路径：面内迁移和层间迁移[62]。研究发现，$Na_{0.08}Ni_{0.23}Mn_{0.67}Mg_{0.1}O_2$ 中镁的层间扩散能垒 E_m 为 0.8eV，低于 $Na_{0.46}Ni_{0.23}Mn_{0.67}Mg_{0.1}O_2$ 中的扩散能垒 $E_m(E_m = 1.8eV)$[62]。Tapia-Ruiz 等人也于 2018 年[63]对层状 P2 型正极 $Na_{2/3}Ni_{1/3-x}Mg_xMn_{2/3}O_2$（$0 \leq x \leq 0.2$）中镁掺杂对性能的提高进行了研究。对于 $Na_{0.67}Ni_{0.33}Mn_{0.67}O_2$，该研究也证实了掺入镁会导致更快的钠传输特性。$MgO_6$ 八面体的刚性低于 NiO_6 和 MgO_6，从而改变了静电动势，有利于钠离子的扩散[63]。

具有 P2 结构的层状正极 Na_xCoO_2（图 9.2a）在不同钠含量下具有很高的离子电导率，钠-钠相互作用对钠的扩散有很大影响[65]。NEB 模拟得出的 P2 结构中单个钠空位的钠空位迁移能垒为 0.48eV（与实验值一致）。AIMD 模拟结果表明，当引入更多钠空位（$x = 0.56 \sim 0.75$）时，活化能降至 0.20eV，离子导电率也随之增加[65]。P2 型 $Na_{0.56}CoO_2$ 在 300K 时的离子电导率最高，为 6mS·cm^{-1}，这对于钠离子电池正极来说是合适的。同一研究中还测得了 O3 型 Na_xCoO_2 的最高离子电导率是在 $x = 0.78$ 时（0.3mS·cm^{-1}）[65]。在 O3 结构中观察到与 P2 结构相反的行为，在 O3 结构中，当 $x < 0.78$ 时离子电导率会下降。当 $x = 0.5$ 时，离子电导率随着钠空位的增加而降低，这归因于钠离子的有序化，并且预计当 x 接近 1 时，离子电导率也会由于空位耗竭而降低[65]。在 O3 结构中介导钠扩散的二空位在 P2 结构中并不稳定。相反，通过 MD 模拟，P2 结构中钠的扩散是在蜂窝晶格中进行的（图 9.2b）。在 P2 结构中，钠位点的有序性限制了高含量下钠的扩散。因此，要优化这些正极材料并调整其性能，就必须了解钠的有序性及其如何随成分变化而变化。

图 9.2 中 M 位点上的钴和锰的混排对提高正极材料性能的影响已在层状 P2 氧化物 $Na_xCo_{1-y}Mn_yO_2$ 中进行了研究[64]。相稳定性图表明，这种材料在很宽的 x 范围内都具有单相行为，这有利于顺利嵌钠/脱钠。嵌钠/脱钠过程中不同钠排序之间能量差异的减小表明，钴和锰元素的混排对这种正极材料的电化学循环是有利的。该研究进一步探索了在 Mn 位点上掺杂 Fe 和 Ni 的情况，以进一步改善钠的扩散动力学，并了解过渡金属对钠排序和迁移的影响[64]。如上文对 Na_xCoO_2 所述，钠在 P2 氧化物中的扩散发生在二维蜂窝晶格中。NEB 模拟发现，锰的占位越多，钠的迁移能垒就越高，因此扩散就越缓慢。在图 9.2b 中，当两个相邻的 MO_6 多面体都具有 M = Mn(E_m =0.1eV) 时，钠通过 Na（1）位点在 Na（2）位点之间的迁移具有最高的迁移能垒。当 Na（1）位点的两个相邻位点都是 Co 时，钠的扩散能垒为 0.076eV，而当一个邻近位点是 Co 而另一个邻近位点是 Mn 时，扩散能垒为 0.09eV。因此，锰离子对钠的迁移有不利影响[64]。通过在 $Na_xCo_{1-y}Mn_yO_2$ 中引入铁和镍掺杂，距离 Na（1）位点最近的钴和镍的迁移势垒可进一步降低到 0.046eV。迁移势垒降低的原因是掺杂后 Na（1）位点的能量比 Na（2）位点低[64]。利用 Buckingham 原子间势对全镍化 $NaNiO_2$ 进行的静态晶格模拟显示，其迁移势垒 E_m 高得多，为 0.67eV，这表明不仅过渡金属会导致 Na（1）位点能量降低，两层之间的静电能以及金属 M 的混排也很重要[66]。本文回顾的 DFT 模拟在稀释极限和完全无序的 M 混排情况下均有效。

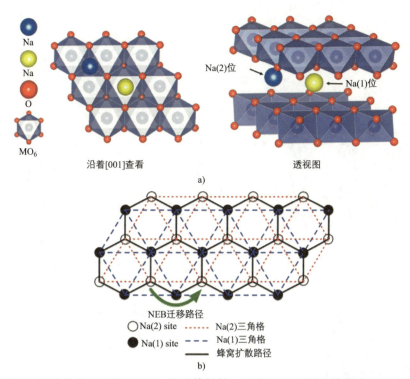

图 9.2 （a）ABBA 层堆叠的 P2 型 Na_xMO_2 的晶体结构，具有两个不同的钠位点：Na（1）和 Na（2）；（b）钠在 AB 平面蜂窝晶格上的扩散路径，Na（2）位点的能量低于 Na（1）位点，钠通过 Na（1）位点在两个 Na（2）位点之间迁移（资料来源：摘自文献 [64]，经美国物理学会许可）

在今后的研究中系统地考虑不同的 M 构型及其对钠储存的影响，以及在不同钠含量下的迁移，将是很有启发性的。评估掺杂偏析及其对电极失效的影响也很有意义。因此，在未来的研究中考虑这些掺杂效应在材料整体以及表面的影响将很有帮助，特别是掺杂物构型可能会直接影响与电解质之间界面的形成以及界面间钠的扩散。

9.3.2 聚阴离子正极材料

由于聚阴离子单元框架的紧密结合，聚阴离子正极材料通常比层状阴极具有更好的容量保持率和循环稳定性[67, 68]。在循环过程中，这些正极的电压曲线通常表现出两相行为，与层状正极相比，聚阴离子正极的嵌钠/脱钠机制相对简单一些[68]。聚阴离子正极材料包含阴离子 $(SO_4)^{2-}$、$(PO_4)^{3-}$ 和 $(SiO_4)^{4-}$ 单元，是钠超离子导体（NASICON）。这些阴离子单元可用来提升正极氧化还原电位以及提高正极材料的安全性。

磷酸钒 [如 $Na_3V_2(PO_4)_3$、$Na_3V_2(PO_4)_2F_3$ 和 $NaVPO_4F$] 具有良好的正极性能、较高的结构稳定性、嵌钠和脱钠过程中较低的体积膨胀率以及长期循环稳定性[57, 58, 69, 70]。通过改变正极材料 $Na_y(VO_{1-x}PO_4)_2F_{1+2x}$（$x$ 在 0~1 之间）中 F 的含量，可以调整钒离子的氧化态（V^{3+}/V^{4+} 或 V^{4+}/V^{5+}）。这导致不同组分和结构的电压曲线截然不同，而且还发现其具有较高的电化学性能以及较小的体积变化[69]。磷酸钒中的钠电导率与多晶型有关，据报道 $α_1$ 的离子电导率最高。$NaVOPO_4$ 有三种不同的多晶型（图 9.3）：$α$、$α_1$ 和 $β$。$α$-$NaVOPO_4$ 具有单斜结构，而 $α_1$ 是四方结构，而 $β$ 则是斜方结构。

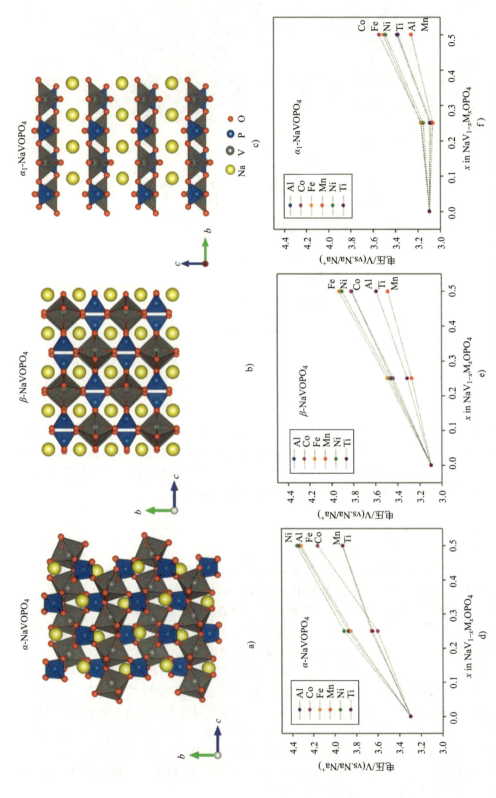

图9.3 （a）单斜α-NaVOPO$_4$、（b）斜方β-NaVOPO$_4$和（c）四方α$_1$-NaVOPO$_4$正极材料的晶体结构；（d）、（e）和（f）分别显示了α-NaV$_{1-x}$M$_x$OPO$_4$、β-NaV$_{1-x}$M$_x$OPO$_4$和α$_1$-NaV$_{1-x}$M$_x$OPO$_4$在不同掺杂（M）下不同结构电池电压的变化趋势，模拟电压由DFT+U计算得出（资料来源：摘自文献[58]，经美国化学学会许可）

最近的一项 DFT+U（结合了 D3-BJ 修正）和 MD（使用 Pedone 等人开发的原子间位势集[71]）组合研究探索了三种 NaVOPO$_4$ 多晶体的钠传输特性和电压曲线[58]。DFT 模拟再现了所有三种多晶体的晶格参数和电子结构，并与实验电压曲线显示出良好的一致性[58]。钠在三种多晶体中扩散的 MD 模拟显示，钠的扩散与结构有关。在 α 相中，钠沿着 a 和 c 晶格方向扩散（温度为 300K 时 $D_{Na} = 1.3 \times 10^{-11} cm^2 \cdot s^{-1}$），而在 β 相中，钠则沿着 b 方向扩散（温度为 300K 时 $D_{Na} = 6.7 \times 10^{-12} cm^2 \cdot s^{-1}$）[58]。钠在 α_1 多晶体中的扩散（温度为 300K 时 $D_{Na} = 5.7 \times 10^{-11} cm^2 \cdot s^{-1}$）发生在所有三个晶格矢量方向上。根据式（9.6）计算出的 300～1400K 之间的 E_m 值，发现斜方晶相（0.51eV）高于四方晶相（0.32eV）和单斜晶相（0.35eV）[58]。考虑到钠在 α_1 相中的额外扩散途径及其低 E_m 值和高 D_{Na} 值，该相可以被认为是 NaVOPO$_4$ 多晶体中最有潜力的正极材料。然而，在将其用作实际正极材料之前，需要克服相关的相稳定性问题。稳定这种正极材料的一种方法是在 V 占位上掺杂过渡金属[72]。在 α_1 相中掺入含量分别为 25%（图 9.4a）和 50%（图 9.4b）的 Co、Fe、Ni、Ti、Al 或 Mn 时，均可将电压（图 9.4c）恢复到电化学窗口范围内，表明其在液态电解质中的稳定性。然而 α 相和 β 相只有在掺入 Mn 和 Ti 时，电压才可以保持在电化学窗口范围内[72]。

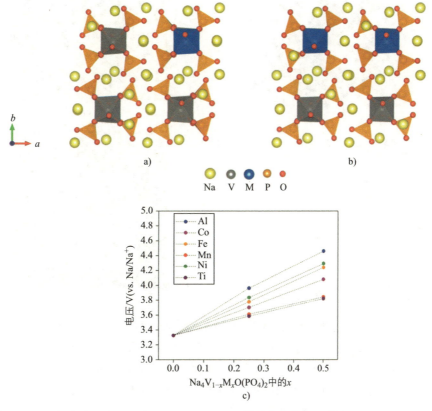

图 9.4 （a）$x = 0.25$ 和（b）$x = 0.50$ 时 Na$_4$V$_{1-x}$M$_x$O(PO$_4$)$_2$ 的掺杂结构，M 指 Al、Co、Fe、Mn、Ni 或 Ti，相应的模拟（DFT+U）电压曲线随 x 的增大而变化的结果绘制在（c）中（资料来源：摘自文献 [72]，经英国皇家化学学会许可）

硅酸盐（如单斜 Na$_2$CoSiO$_4$，见图 9.5a）已显示出相对于 Na/Na$^+$ 的 3.3V 的良好电

压[73]。缺陷形成能表明，肖特基（Schottky）缺陷和弗伦克尔（Frenkel）缺陷的含量预计都不会太高。Na/Co 反位缺陷（缺陷形成能为 2.04eV）是计算出的形成能最低的缺陷，这与 $NaFePO_4$ 中观察到的固有缺陷无序性相似[73]。其他聚阴离子正极材料的反位缺陷形成能要低得多（通常小于 1eV），这表明与其他聚阴离子正极材料一样，Na_2CoSiO_4 的固有缺陷含量并不高，并不会阻碍钠的扩散[73-75]。对钠在单斜 Na_2CoSiO_4 中的扩散进行的 MD 模拟预测，根据不同温度下的 MSD 轨迹，300K 时的 $D_{Na} = 8.0 \times 10^{-12} cm^2 \cdot s^{-1}$，钠的迁移活化能为 0.21eV[73]。图 9.5b 显示了钠扩散系数随温度变化的阿伦尼乌斯（Arrhenius）图。为了直观地显示钠的迁移轨迹，还绘制了钠累积密度图（图 9.5c、d），表明钠离子具有高度流动性，所有钠位点都是正极体扩散的一部分[73]。这些模拟结果表明，Na_2CoSiO_4 是一种快速离子导体，具有良好的正极动力学特性和在所有晶格方向上的扩散特性。这表明硅酸盐阴极材料很有希望应用于钠离子电池，并值得进一步研究。

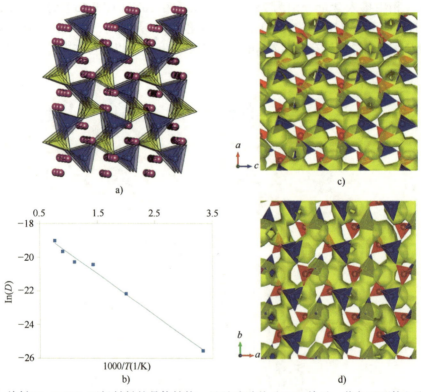

图 9.5 （a）单斜 Na_2CoSiO_4 正极材料的晶体结构，显示硅酸盐（SiO_4 单元，黄色四面体）和钴（CoO_4，蓝色四面体）四面体单元交替排列，钠（紫色球体）占据四面体空位；(b) Na_2CoSiO_4 的 MD 模拟得到的钠扩散系数（D）与温度（T）的函数关系；(c) 和（d）是 MD 模拟得到的钠离子扩散路径密度图，其中（c）中的钠在 ac 平面上扩散，(d) 中的钠在 ab 平面上扩散，在（c）和（d）中，红色四面体为 SiO_4 单元，CoO_4 为 CoO_4 单元，黄色为钠离子密度（资料来源：摘自文献 [73]，经英国皇家化学学会许可）

研究人员利用 DFT+U 模拟了 $Na_{6-x}Fe_3(SO_4)_3(C_2O_4)_3$ 等铁基聚阴离子正极材料（x 介于 0~6 之间），以破解 Na 的扩散机制[76]。NEB 模拟显示，该材料中钠的迁移势垒为 0.5eV。在 $Na_{6-x}Fe_3(SO_4)_3(C_2O_4)_3$ 的脱钠过程中，铁的电荷状态从 +2 价转变为 +3 价，参与了电化学过程中的氧化还原反应。XANES 测试进一步证实了这一点[76]。这些结果表明，

$Na_{6-x}Fe_3(SO_4)_3(C_2O_4)_3$ 本身的性能不足以成为一种合适的正极材料,需要对 Fe 位点进行掺杂来进行优化[76]。另一种铁基聚阴离子正极材料是 $Na_4M_3(PO_4)_2P_2O_7$(M 为 Fe、Mn、Co 或 Ni)。这种材料(图 9.6a)已通过 MD、静态晶格能量最小化和 DFT 模拟进行了计算研究[68]。基于原子间位势的原子静态能量最小化模拟显示,与 Na_2CoSiO_4 一样,Na/M 反位缺陷从能量角度看是这种材料中最有可能出现的缺陷。该缺陷的形成能在 M 为 Fe 时为 1.19eV,在 M 为 Mn 时为 1.37eV,在 M 为 Ni 时为 1.72eV,在 M 为 Co 时为 1.44eV[68]。利用 MD 模拟研究了钠离子的扩散动力学,结果表明晶格中的所有钠离子都可用于离子传输机制,离子传导既有直线路径,也有曲线路径。与 $Na_{6-x}Fe_3(SO_4)_3(C_2O_4)_3$ 相比,$Na_{3.8}Fe_3(PO_4)_2P_2O_7$ 的模拟迁移能更低,为 0.24eV(图 9.6b)。当 M 为 Fe 和 Ni 时,$Na_4Fe_2Ni(PO_4)_2P_2O_7$ 的电池电压为 3.7V,$Na_4Ni_3(PO_4)_2P_2O_7$ 的电池电压高达 5V,而在相同结构中掺入 Mn 而不是 Ni 时,只使电池电压略有增加(图 9.6c)。

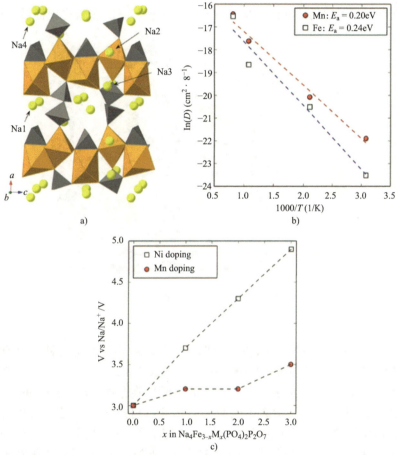

图 9.6 (a)$Pna2_1$ 空间群中 $Na_4Fe_3(PO_4)_2P_2O_7$ 的结构,其中黄色显示四个不等价的钠位点,八面体(橙色)中的过渡金属与 $(PO_4)^{3-}$ 基团相连,在 bc 平面上形成一层(灰色),与 a 方向平行的 $(P_2O_7)^{4-}$ 基团也显示为灰色,Mn、Ni 和 Co 通过取代 FeO_6 八面体内部的 Fe 位点进行掺杂;(b)不同温度(T)下钠扩散(D)的模拟阿伦尼乌斯图,通过斜率可以得到钠扩散活化能(E_a),扩散系数是利用式(9.5)和式(9.6)通过 MD 模拟钠在不同温度下的轨迹 MSD 图获得的;(c)$Na_4Fe_3(PO_4)_2P_2O_7$ 中 Ni 和 Mn 对 Fe 位点的掺杂对电池电压的影响与掺杂浓度的函数关系,电池电压是根据式(9.4)通过 DFT+U 模拟计算得出的(资料来源:摘自文献 [68],经美国化学学会许可)

9.3.3 普鲁士蓝类似物

普鲁士蓝类似物（有时也称为富钠普鲁士蓝类似物）的通式为 $Na_xM'M''(CN)_6$，其中 M' 和 M'' 为 Mn、Fe、Co 或 Ni[1,77,78]。铁基普鲁士蓝类似物 $Na_xM'Fe(CN)_6$ 因其无毒性和低成本而成为最受欢迎的普鲁士蓝类似物正极材料[1,77]。这些正极材料的性能不仅取决于缺陷、相纯度、晶体结构和无序度，还取决于含水量[1,79]。为了考虑含水量，普鲁士蓝类似物的通式有时被写成 $Na_xM'[M''(CN)_6]·yH_2O$[77]。研究表明，空位和水的结合会导致晶格紊乱，进而导致循环性能变差[1,77]。钠离子会嵌入开放的氰基桥连钙钛矿骨架（图9.7）的间隙位点。该骨架由 $M'C_6$、$M'N_{6+}$、$M''C_6$ 或 $M''N_6$ 八面体组成，导致钠离子被 –M''–CN–M'– 单元包围[77,80]。钠离子占据的间隙位点也可能被水分子占据[77]。至于钙钛矿结构的过渡态氧化物，M' 和 M'' 的氧化态会导致不同的电子特性，并可能受到无序状态的影响[81,82]。为此，计算研究有助于了解局部缺陷结构，并对这些正极材料的实验优化提供依据。

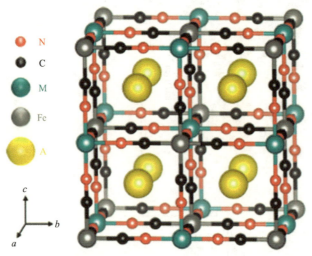

图9.7 普鲁士蓝类似物简化的晶体结构，通式为 $Na_xM'M''(CN)_6$，其中 A 为 Na，M 和 Fe 为 M' 和 M''（资料来源：摘自文献 [80]，经美国化学学会许可）

普鲁士蓝类似物六氰铁酸钠 $Na_xFeFe(CN)_6$（其中 M' 和 M'' 均为铁）具有高库仑效率和高可逆容量（电流密度为 200mA·h·g^{-1} 时为 120.7mA·h·g^{-1}），并可合成纳米立方体[77,81]。用不同 U 值（分别为 7eV 和 3eV）的高低自旋态铁 d 电子进行的 DFT + U 模拟表明，在这种正极材料中加入钠离子引起的结构变形可以忽略不计，这将会提高材料的循环性能。模拟中铁离子的磁矩证实了它们的自旋状态[81]。通过对立方 $Na_2Fe^{II}Fe^{II}(CN)_6$ 进行 DFT + U 模拟（与结构变形研究中的 U 值相同[81]），探究了钠离子在不同插层位点（图9.7）的结合能[77]。模拟结果表明，对于富钠相中最稳定的钠插层位点，钠可以插层到 24d 和 8c 位点，其中 24d 位点在 $Na_2Fe^{II}Fe^{II}(CN)_6$ 中最为稳定[77,81]。相反，$MnFe(CN)_6$ 中 Na^+ 的 DFT 模拟表明，最稳定的钠间隙位点是 48g，NEB 模拟的扩散能垒为 0.15eV，这表明钠具有快速离子电导性[83]。$MnFe(CN)_6$ 正极材料的模拟电压（2.79V vs. Na/Na^+）低于 $Na_2Fe^{II}Fe^{II}(CN)_6$ 富钠和少钠材料的模拟电压[83]。通过比较 $Na_2Fe^{II}Fe^{II}(CN)_6$ 两个位点的钠脱除模拟电压，结果表明 8c 位点电压（第一个和第二个脱除的钠分别为 3.72V 和

3.05V）与实验测量的少钠材料的 CV 曲线（3.6V 和 3.1V）一致，而 24d 位点的钠模拟电压（4.15V）与富钠材料的实验值 4.0V 相似[77]。根据计算，将钠插入 FeFe(CN)$_6$ 的电压，第一个钠为 3.23V，第二个钠为 2.36V[81]。根据这些结果，进一步预测图 9.7 所示的所有位点的结合能在能量上都有利于钠间隙的形成，并参与嵌钠/脱钠机制，因此这种材料是一种很有前景的高电压正极材料[77]。未涉及 U 参数的 DFT 模拟进一步预测，六氰基铁酸铁的嵌钠相相比脱钠相在热力学上更稳定[84]。随着嵌入模拟晶胞（Fe$_8$C$_{24}$N$_{24}$）的钠离子数量的增加，单位晶胞体积增加了 5.65%（嵌入一个钠离子时体积为 972.42Å^3，嵌入 12 个钠离子时体积为 1027.38Å^3）。据报道，钠离子含量越高，该模拟晶胞越不稳定[84]。晶格畸变、电子结构（尤其是类似这种材料具有 d 电子和不同自旋态的金属）和键长对 DFT 模拟参数非常敏感，在类似这种 Na$_x$FeFe(CN)$_6$ 的材料中，自相互作用误差预计会很大[84, 85]。因此，有必要使用 DFT + U 方法进一步研究不同钠含量下的晶格膨胀，以评估模拟方法的选择以及过渡态金属的电子和磁性结构对模拟结果的影响。

最近，通过实验观察到了 Na$_{2-x}$FeFe(CN)$_6$ 在钠离子电池循环过程中由于嵌钠和脱钠引起的相变[86]。该研究表明，斜方 Na$_{2-x}$FeFe(CN)$_6$ 样品在循环过程中会发生三相演化（斜方体 ⇌ 立方体 ⇌ 四方体），这种演化具有高度可逆性[86]。根据 NEB 和 AIMD 模拟计算，钠在斜方晶胞中的扩散路径沿 a、b 和 c 晶格方向具有 0.94eV 和 0.96eV 的高势垒[87]。对于 Na$_x$MnFe(CN)$_6$（单斜 ⇌ 立方 ⇌ 四方）[88] 和 Na$_x$NiFe(CN)$_6$，也有类似的相变报道，其中铁的氧化态在脱钠时的变化（Fe^{II} 变为 Fe^{III}，镍离子仍为 Ni^{II}）与斜方体到立方体的转变相吻合[89]。因此，下一步将对斜方体和四方体普鲁士蓝类似物正极材料的缺陷形成和钠的行为进行计算研究，以了解嵌钠/脱钠机制和失效行为。

9.4 负极材料

钠离子电池研究领域的主要挑战之一是缺乏高性能负极材料。在钠离子电池研究的初期，曾考虑过使用金属钠负极。遗憾的是，这些负极被认为是不安全的，因为金属钠的熔点相对较低（98℃），当钠金属与有机电解质溶剂分子接触时会形成枝晶[90]。由于钠不能与石墨形成高钠含量的插层化合物，因此常用在锂离子电池中的石墨负极材料在钠离子电池中并不适用[91]。因此，人们开始研究其他负极材料，主要包括碳基、二维、层状和合金负极材料。

9.4.1 碳基负极材料

石墨对钠的储存能力较差，这激发了人们对各种碳基负极材料的研究，人们为了解石墨为何不适用于钠离子电池负极材料付出了大量努力[91]。将石墨用作钠离子电池负极的主要缺点之一是，与锂离子电池（370mA·h·g^{-1}，相当于 LiC$_6$）相比，石墨的理论容量较低（35mA·h·g^{-1}，相当于 NaC$_{64}$）[47, 91, 92]。嵌钠不良会进一步导致钠镀层，与金属钠负极一样，还会形成枝晶[93]。为了研究不同钠含量下的石墨插层化合物，人们广泛使用了少层周期性的石墨进行了 DFT 模拟[12, 56, 94-111]。这些模拟得出的结论是，由于 NaC$_x$ 的正形成能（$x < 64$），高含量钠的石墨化合物在热力学上是不稳定的，因此需要使用其他负极材料[14, 104, 112]。

硬碳和软碳等纳米多孔碳质负极材料已显示出良好的钠离子电池性能，石墨烯和碳纳米管（CNT）等碳同素异形体既可作为这些材料的一部分进行研究，又被单独列为一类负极进行研究[113-117]。软碳和硬碳都包含石墨堆层以及石墨烯层。软碳是一种无序的可石墨化的材料，在高温退火后会重组为石墨，其石墨片比硬碳中的石墨片更有序[47, 115, 118]。另一方面，硬碳是一种无序的非石墨化材料，其石墨片层的曲率比软碳更大[115, 119]。钠可以插层到软碳和硬碳的膨胀石墨层中。除石墨层外，分层孔隙率、表面缺陷和纳米空隙也在嵌钠和脱钠机制中发挥着重要作用[43, 120-124]。这些负极材料的无定形性质及其对合成方法的依赖性使对其建模成为挑战。不过，硬碳以及软碳在其石墨段和弯曲的石墨烯片中存在着局部有序性，因此我们可以通过将这些材料拆分成不同的结构模体来进行计算研究。石墨烯片（图 9.8a）已被用于模拟表面性质和缺陷结构，具有不同层间距离的石墨模型已被用于模拟钠在膨胀石墨堆层中的插层（图 9.8b），碳纳米管（图 9.8c）已被用于模拟曲率效应，从实验 PDF 测试或 MD 熔体淬火模拟中获得的模型（图 9.8d）最近也被报道[102, 122, 125-133]。要建立完整的硬碳负极结构模型需要模拟单元，而 DFT 的计算成本太高，同时 MD 模拟则需要拟合和开发复杂的原子间势能，以解释大量的局部结构环境和键合，而这些在实验上还没有被完全理解[126]。此外，如前所述，这些模型并不是通用的，而是针对特定前体和合成技术制备的某种硬碳材料。因此，要了解这些材料的

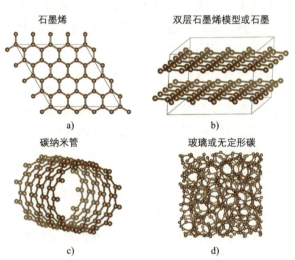

图 9.8 碳负极计算模型示例：（a）石墨烯；（b）双层石墨烯模型或石墨，其通过改变石墨烯的层间距离来模拟钠在膨胀石墨层堆中的嵌入；（c）碳纳米管；（d）玻璃或无定形碳

嵌钠和脱钠机制，目前更可行的方法是建立常见结构的模型，以及模拟不同的掺杂剂、缺陷和结构如何影响电化学性能。因此，在下面的章节中，我们将讨论这些不同结构的计算研究，首先讨论石墨烯片，其通常被用作软碳和硬碳的基底面以及石墨片的模型。

石墨烯是一种由 sp^2 杂化碳原子构成六方晶格的二维材料，在大量负极材料中被认为是结构模体，因此成为钠离子电池中一个重要体系[29, 47, 134-137]。对石墨烯单层上钠的储存、吸附和迁移进行的 DFT 研究为碳质负极材料的嵌钠和脱钠机制提供了原子尺度的见解[30, 138-145]。对于钠在非缺陷石墨烯上的吸附，存在三个不等同的吸附位点：桥位（金属吸附在碳−碳键上）、空心位（金属吸附在 C_6 环上）和顶位（金属吸附在碳原子位点上）[34, 142]。对钠在石墨烯上的吸附进行的 DFT 研究发现，钠更倾向于吸附在空心位点上（通过 DFT 与 D3-BJ 修正得出的 E_{ads} 值为 −0.62eV），E_m 值为 ~0.1eV[34, 142, 143]。穿过石墨烯层的钠迁移在能量上是不利的，E_m 值超过了 30eV[146-149]。

通过实验测量的硬碳负极的充放电曲线可以分为两个不同的区域：斜坡区和平台区。然而，这些区域原子尺度的嵌钠/脱钠机制仍存在争议[43, 120, 150]。一般来说，电压曲线可归

因于以下机制：表面缺陷位点的钠吸附、膨胀石墨层中的钠插层、孔隙填充以及金属钠簇的产生[102, 118, 151]。在硬碳中引入杂原子缺陷也被证明可以提高钠离子电池的性能[32, 152, 153]。通过对钠在缺陷石墨烯上的吸附和迁移进行的 DFT 研究表明，杂原子缺陷和掺杂的引入增加了钠的吸附能，表明这些缺陷有利于初始嵌钠[34, 154]。通过在 DFT+U 计算中省略 vdW 或色散校正研究 P-O、P = O 和 P-C 功能化的石墨烯模型，模拟了碳体系的磷掺杂[155]。石墨烯中的磷取代缺陷将钠的吸附能增强了 0.854eV。研究发现，引入一个硼取代缺陷后，钠的吸附能会增强更多，为 1.4eV[29]。然而，钠从其中一些缺陷迁移离开的高 E_m 进一步证实，尽管对初始嵌钠有利，但一些钠离子会不可逆地与这些缺陷位点结合在一起，将无法参与后续的电化学循环[34, 154]。此外，双层石墨烯模型（用于研究硬碳、软碳和石墨负极的石墨层堆叠）中存在的碳空位缺陷，包括单空位（MV）、双空位（DV）和 Stone-Wales（SW）缺陷，会增加钠的插层能量[98]。Jian 等人模拟了这些缺陷对软碳负极的影响，以及它们如何改变电压曲线[47]。模拟结果表明，MV 和 DV 对钠储存的影响比 SW 缺陷更大，这些空位缺陷提升了双层石墨烯中钠储存能力[47]。对含有 MV 和 DV 的膨胀双层石墨烯模型进行的类似研究都得出结论：这些缺陷改善了钠的插层特性，并对硬碳和软碳负极中钠的电压曲线产生了影响[25, 47, 97, 98, 102, 156]。

模拟计算证实，嵌钠和脱钠直接受到碳孔结构的影响[46, 121, 154, 157-162]。实验证明，纳米多孔碳质钠离子电池负极材料中既存在平面纳米孔，也存在曲面纳米孔[121, 160, 163, 164]。Olsson 等人使用 DFT 模拟平面孔隙（模拟为具有不同层间距离的周期性双层石墨烯体系），结果表明当层间距离扩展到约 3.5Å 时，钠可以在平面石墨孔隙中进行插层（图 9.9a）[120, 121, 154]。这些具有 MV 和 SV 缺陷的平面孔隙的电压曲线进一步表明，在有缺陷的平面孔隙中，钠插层得到了改善[25, 47]。以实验结果为证据，使用 DFT 对不同直径的弯曲孔隙进行了建模，使用碳纳米管来模拟不同的曲率（图 9.9b）。比较钠在弯曲孔隙和平面孔隙中的结合能，发现钠在平面双层石墨孔隙中的结合力强于在碳纳米管中的结合力[121]。进一步对钠在这两种形状的孔隙中的迁移进行 NEB 模拟后发现，弧形孔隙和宽的平面孔隙（层间距离大于 6.5Å）的 E_m 值低于层间距较小的平面石墨孔隙。这证实了实验中关于钠在弯曲孔隙中快速扩散以及钠在石墨层堆叠中储存的描述[121]。对相同孔隙结构（平面碳纳米孔隙和碳纳米管）的 MD 模拟研究了电解质的存在和不同的表面电荷会如何影响钠的储存[157-160, 165]。通过在不同尺寸的孔中（0.72～10nm）使用 EC 分子、Na^+ 和 PF_6^- 改变碳纳米孔中的碳表面电荷表明，在石墨烯表面电荷较低的情况下，所研究的离子会保留在 EC 中[159]。随着表面电荷密度的增加，Na^+ 离开 EC 进入孔隙；在高表面电荷下，Na^+ 开始吸附在石墨烯表面[159]。除表面电荷外，孔隙尺寸（与 DFT 模拟一致）也会影响碳孔隙中 Na^+ 的含量，以及在表面电荷较高的孔隙中石墨烯近表面 Na^+ 层的形成（此处石墨烯带负电荷，吸引正离子）[159]。相反，在孔径小于 1.7nm 的碳纳米孔中，由于静电排斥作用，带负电的盐离子无法进入碳纳米孔[159]。对含有有机溶剂分子 EC、PC 和 EMC 的圆柱孔（直径为 1～3nm 的碳纳米管）进行的 MD 模拟显示，圆柱孔中的 Na^+ 含量低于狭缝碳孔模型。圆柱形孔隙中较低的 Na^+ 插层数量与孔隙的维度（1D）有关[160]。

玻璃碳是一种具有 sp、sp^2 和 sp^3 杂化的混排密堆积碳颗粒的碳材料[57, 166-172]。与上述讨论的碳基负极不同，在这种负极材料中没有观察到层状结构或石墨烯层的堆叠。拉曼光谱显示，玻璃碳和硬碳确实具有共同特征，但它们原子尺度的结构却截然不同[57]。玻璃碳

中 sp^3 碳的含量（图 9.8d 中展示了随机淬火法得到的计算模型的示例）可以改变，以调整其性质[167, 169]。对具有不同 sp^2 和 sp^3 特性的玻璃碳进行的 DFT 模拟计算表明，钠在玻璃碳中的储存比钠在石墨中的储存在能量上更加稳定。至于硬碳，这些负极材料的无定形性质似乎提高了钠的储存能力[166]。然而，值得注意的是，玻璃碳模型中并非所有位点都是稳定的钠储存位点，因此，在未来开发和优化这些负极材料时，还必须考虑原子尺度的结构[166]。

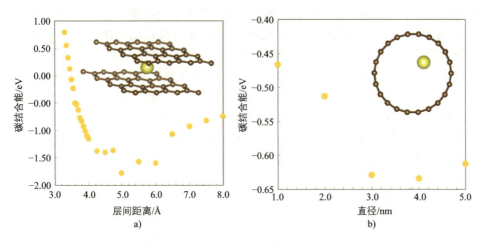

图 9.9 基于 Olsson 等人的研究（2020），两种不同碳模型中的钠结合能：(a) 不同层间距离的双层石墨烯和 (b) 不同直径的碳纳米管[121]

碳负极材料是最有前景，也是研究最广泛的钠离子电池负极材料。本文介绍的使用 DFT 和 MD 进行的计算研究为了解复杂无序的碳负极的嵌钠/脱钠机制提供了重要的见解。这些研究能够证实不同碳模体对离子储存和扩散的影响，并解释了实验所观察到的现象，以及预测和设计新型碳负极材料。

9.4.2 二维负极材料

计算研究已成功应用于二维负极材料的建模和预测。这些材料通常与石墨中的石墨烯层相关或受其启发，可以是它们自身也可以与其他二维负极材料结合。石墨炔（Graphdiyne）是一种与石墨烯相关的二维材料，但同时含有 sp- 和 sp^2- 杂化的碳原子[173]。通过 DFT 模型，确定了其最高的钠含量为 $NaC_{2.57}$（相当于 497mA·h·g^{-1} 的比容量）。通过对石墨炔片进行分层，含量进一步降低，得到的含量为 $NaC_{5.14}$（316mA·h·g^{-1}）[174]。与石墨的最大钠负载量（NaC_{64}）相比，$NaC_{5.14}$ 有了明显的提升，这表明如果能确保合适的合成方法和电池稳定性，这可能是一种很有前景的负极材料[174]。最近合成的另一种二维纳米多孔石墨烯[175]，通过 DFT 模拟和 D3 修正显示，其钠 E_{ads}（0.70eV）与原始石墨烯表面的钠 E_{ads} 相似[36, 176]。通过在这种纳米多孔石墨烯片材中掺杂 B、N、P 和 S，或引入 O-、OH- 或 COOH- 官能团，E_{ads} 得到了增加，OH- 的最小值为 0.27eV，而 S 掺杂材料的最大值为 2.58eV[36]。

采用二维合金负极材料，如硅烯（二维硅）、锗烯（二维锗）和锡烯（二维锡），可减轻体积膨胀对电池衰减的影响[177-181]。这些材料在环境条件下存在稳定性问题，因此对其稳定性的研究至关重要[182]。与上文讨论的平面碳二维材料相反，硅烯、锗烯和锡烯是屈曲的单层材料（图 9.10）[180, 183]。这种屈曲结构直接影响钠离子的迁移路径，通过 DFT 模拟，确定了 Z 字形迁移路径为能量上最有利的路径[180, 183, 184]。使用 NEB 方法计算得出的最低钠迁移能垒与钠在原始石墨烯上的迁移能垒（0.10 ~ 0.14eV）相似[34]。在硅烯上，钠在硅烯平面上的迁移能垒在 0.12 ~ 0.23eV 之间，而钠穿过平面的迁移仍然受到能量限制（E_m 为 3.56eV）[181, 183]。计算得出的钠沿锗烯和锡烯单层迁移的相应迁移势垒分别为 0.12eV 和 0.14eV，而穿过平面的迁移势垒明显更高（尽管低于穿过硅烯的迁移势垒），分别为 2.19eV 和 0.8eV[183]。这些二维材料具有良好的负极特性，进一步促使人们对这些体系的组合（如硅锗或硅锗烯）进行计算研究。硅锗烯显示出与锗烯相似的钠迁移行为，具有屈曲结构，从相稳定性的 DFT 模拟来看其在热力学上是稳定的。研究还发现，硅烯上的钠吸附能（−0.84eV）与硅锗烯上的钠吸附能相同，这两项研究中的吸附模拟都包含了 DFT-D2 修正[181, 185]。

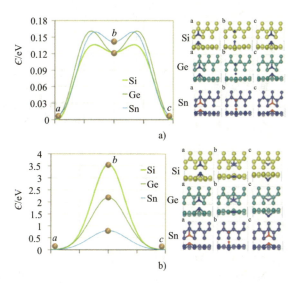

图 9.10 通过 NEB 模拟（a）钠在硅（Si）烯、锗（Ge）烯和锡（Sn）烯表面的扩散和（b）钠在单层中的扩散，得出的钠迁移势垒（此处标为 ε）（资料来源：摘自文献 [183]，经 Elsevier 许可）

二维硒化物具有高表面积、优异的电子特性、抗氧化性（与磷烯相反）以及在环境条件下的热力学稳定性[186, 187]。单层 GeSe（图 9.11）可通过液相生长或机械剥离法得到，根据 DFT 模拟，它具有很强的钠吸附能（−1.25eV）和快速的钠迁移。钠在 GeSe 表面的迁移可以遵循 Z 字形路径（图 9.11a，b，d）或扶手椅路径（图 9.11a，c，e）。NEB 计算模拟了这两种不同的路径，结果表明 Z 字形路径的 E_m 为 0.12eV，而扶手椅路径的 E_m 则增加了一倍多，为 0.43eV[187]。扶手椅方向的 E_m 值较高是因为锗离子的斥力较强。层叠 GeSe 会形成斜方晶结构，由于层间相互作用的空间阻碍，使得钠的迁移能增加为 0.28eV[186]。DFT 电压模拟显示每个单位晶胞中钠的最大数量为 8（图 9.11f，g），即 Na_4GeSe，其理论容量为 707.12mA·h·g^{-1}[186]。这比层状材料的理论容量（88.5mA·h·g^{-1}）要高，因此二维 GeSe 是比层状 GeSe 更有前景的负极材料[186]。

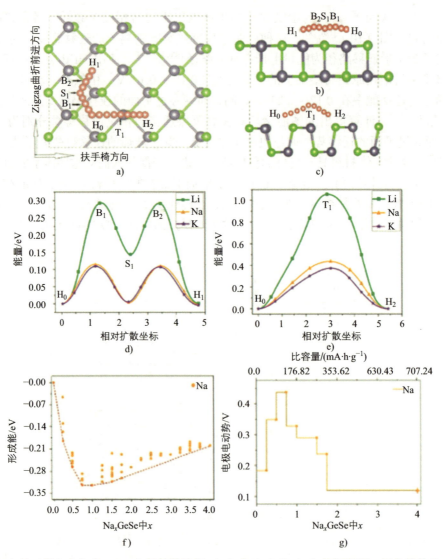

图9.11 （a）钠（粉红色）在 GeSe 上的扩散路径；(b) 和 (c) 为 (a) 的侧视图，绿色球体为 Se，灰色的为 Ge；沿（d）Z 字形方向，[如 (b) 中所示] 和 (e) 扶手椅方向 [如 (c) 中所示] 迁移的 NEB 迁移能谱；(f) 通过 DFT 相形成能模拟得到的 Na_xGeSe 凸包以及 (g) 相应的电压曲线（资料来源：摘自文献 [186]，经 Elsevier 许可）

9.4.3 层状负极材料

  层状负极材料是在石墨成功用作锂离子电池负极材料和膨胀石墨用于钠离子电池负极材料的基础上开发出来的。DFT 研究用于直接探究不同层间距离对钠储存和迁移的影响。本节中的层状负极材料包括嵌入型和转化型负极材料。嵌入型（或插层型）负极与上文讨论的石墨和膨胀平面石墨层的机理相同，都是钠离子插入层间[188,189]。转化型负极材料在电化学循环过程中会发生 $A_xB_y + (yn\text{Na}) \leftrightarrows y\text{Na}_n\text{B} + x\text{A}$ 反应，其中 A = Co、Zr、Mo、Sn、

Sb，B = O、N、S 或 Se[190-192]。这种转换反应机制可以提供很高的理论容量，因此这些负极材料非常具有吸引力[190, 191]。

MoS_2 是一种层状（图 9.12）转化型负极，其各向异性的结构为钠的表面吸附、插层（以及可逆的脱层）和快速电子转移提供了大量机会[193, 194]。该负极嵌钠反应的第一步是插层反应，第二步是形成 Mo 和 Na_2S 的转化反应[195-197]。对单层和块状 MoS_2 上钠的 DFT 研究（图 9.12）表明，其表面可容纳大量钠离子（图 9.12e），MoS_2 表面的钠迁移势垒（0.11eV）低于体相（0.70eV）[193]。对钠在不同插层位点的结合能进行的 DFT 模拟显示，钠可以储存在 MoS_2 层之间的两个不同位点：八面体和四面体（图 9.12a，b）。从吸附能来看，八面体位点（-1.70eV）比四面体位点（-1.03eV）能量更稳定[193, 198]。钠在单层上的吸附较弱（-1.27eV），但仍显示出对钠的有利吸附（例如，钠在石墨烯上的吸附能为 -0.62eV）[193]。因此，块状 MoS_2 可能无法提供足够快的钠扩散，而且在实验研究中，MoS_2 本身的循环行为较差，可逆容量较低。因此，人们使用 DFT、MD 和 AIMD 对掺杂 MoS_2 进行了计算研究[100, 198-201]。这些模拟的重点是掺杂 MoS_2 负极材料的结构稳定性、电子结构和插层结构。在层状 MoS_2 中钠插层的过程中，六方结构（图 9.12 所示的体相模拟中使用的结构）会发生相变，转变为四方结构[198, 202]。随着钠含量的增加，还可能出现其他多晶体（菱方晶系和 1T 四方晶系）[198]。随着钠含量的增加，层间微弱的色散相互作用变得比钠和 MoS_2 之间的化学作用更弱，这有助于稳定不同的多晶体[198]。同样，与六方晶格（0.68eV）相比，NEB 模拟得出的钠迁移势垒在 1T 四方多晶体中也有所降低（0.28eV）。因此，DFT 模拟预测，四方相是最适合用于钠离子电池的 MoS_2 多晶体。四方 MoS_2 负极的电压曲线和金属电子结构进一步证实了这一结论[198]。层状转化型负极可与石墨烯层相结合，以提高钠的迁移率。两层 MoS_2 之间的钠迁移势垒为 0.34eV，当其中一层被石墨烯层取代后，钠迁移势垒降至 0.21eV[203-205]。

SnS_2 是一种转换型负极材料，具有可逆的金属储存功能，但在循环过程中体积变化较大。将石墨烯单层与 SnS_2 单层相结合（图 9.13a）可减少 SnS_2 阳极在嵌钠时的体积膨胀。晶格膨胀是负极在电化学循环过程中面临的主要问题之一，因为它会导致分解反应和裂痕的形成。此外，SnS_2 本身是一种半导体（带隙为 1.54eV），而与石墨烯层结合后，其电子结构会转变为金属结构。SnS_2 表面的钠吸附能（-1.36eV）强于石墨烯，钠迁移势垒为 0.13eV。在石墨烯与 SnS_2 结合材料中，钠迁移势垒增加到 0.25eV，但钠在室温下仍可以快速扩散（图 9.13a）。除了晶格膨胀降低和带隙减小之外，这种异质结构还具有机械稳定性增强（由 DFT 得出的弹性常数）的优势，使其成为一种很有前景的负极材料[192]。

将硅烯单层与石墨烯单层结合形成层状结构（图 9.13b~d），层间距离为 3.53Å（根据双层石墨烯模拟[121]，该距离在钠插层的能量可能的窗口范围内），可获得高钠负载（高达 $Na_{22}Si_{16}C_{36}$）[181]。$Na_{22}Si_{16}C_{36}$ 中钠的结合能（-0.55eV）表明，其预计不会出现金属钠簇，这将提高其负极性能。然而，电压模拟显示 $Na_{22}Si_{16}C_{36}$ 的计算电压为负值，这使得在实际情况中，最高的钠含量为 $Na_{16}Si_{16}C_{36}$。这相当于 487mA·h·g^{-1} 的理论容量和 0.84V 的平均开路电压，表明这些负极具有提供高能量密度和在液态电解质中抑制钠枝晶的潜力[181]。

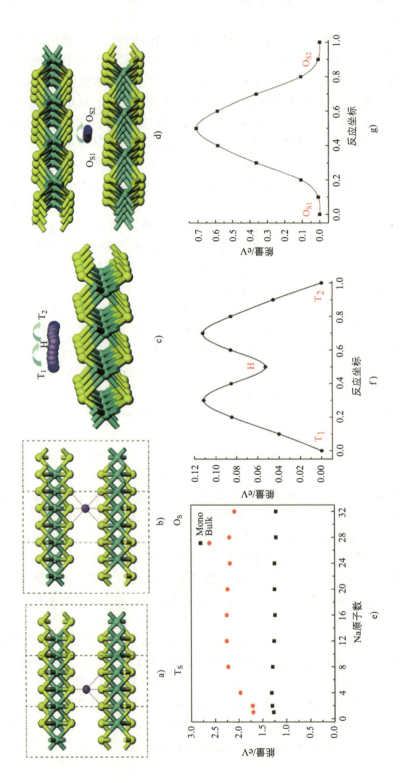

图 9.12 钠在 MoS₂ 层状负极中的 DFT 模拟。上面一行显示了钠在块状 MoS₂ 中（a）四面体（Ts）和（b）八面体（Os）位点上的吸附示意图，以及在（c）MoS₂ 层表面和（d）MoS₂ 层状中的迁移路径，紫色球体为钠，黄色球为硫，绿松石色为钼；下面一行显示的是模拟（e）钠结合能与单层［如（c）所示单层］和块体［如（a）和（b）所示］中钠原子数的函数关系，以及钠在（f）表面［对应于（c）所示的路径］和块体［对应于（d）所示的路径］中的迁移路径（资料来源：摘自文献 [193]，经英国皇家化学学会许可）

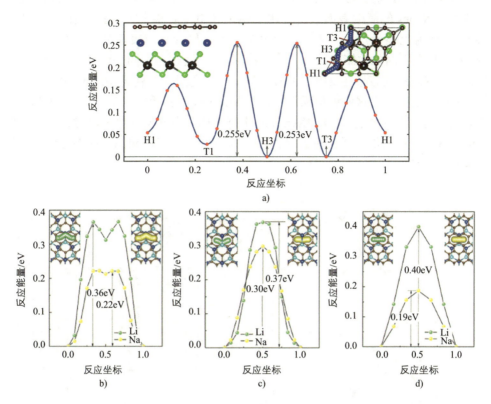

图9.13 在层状石墨烯和SnS₂与硅烯异质结构中NEB模拟的钠扩散：(a)钠（蓝色球体）在石墨烯（棕色球体）、SnS₂（黑色球体为Sn，绿色为S）异质结构中的迁移路径（资料来源：摘自文献[192]，经英国皇家化学学会许可)；(b~d)钠沿着石墨烯和硅烯层之间的不同路径迁移（蓝色为硅，黄色为钠），(b~d)中还包括沿相同路径的锂扩散势垒，绿色球体代表锂（资料来源：摘自文献[181]，经英国皇家化学学会许可)

MXenes（$M_{n+1}AX_n$，其中 n = 1、2 或 3，M 为过渡金属，A 为 XIII ~ XVI 族元素，X 为 C 或 N）是一类相对较新的材料，具有良好的机械稳定性、高充电倍率、高钠传导性，以及可变的成分和层间距，从而可以对钠离子电池负极特性进行微调[110, 190, 206]。最常报道的用于钠离子电池的 MXenes 是炭化钛，含 Nb 和 V 的 MXenes 也有报道（图9.14）[110, 208]。此外，氧层和羟基封端层都被用来调控负极特性[177, 188, 207, 209, 210]。用 optB86b 对材料裸表面（Ti_2C、Nb_2C 和 V_2C）的范德华相互作用进行 DFT 模拟得出的钠吸附量，与氧封端表面（Ti_2CO_2、Nb_2CO_2 和 V_2CO_2）的钠吸附量以及羟基封端表面（$Ti_2C(OH)_2$、$Nb_2C(OH)_2$ 和 $V_2C(OH)_2$）上的钠吸附进行对比表明，层（或纳米片）的封端直接影响钠的吸附和迁移（图9.14）[207]。有趣的是，这些 DFT 模拟显示，钠在所有羟基端体系中的吸附在能量上都是不利的。据报道，钠在 $Ti_2C(OH)_2$ 上的吸附能 E_{ads} 为正，为 0.304eV，在 $Nb_2C(OH)_2$ 上为 0.282eV，在 $V_2C(OH)_2$ 上为 0.194eV。因此，在 MXenes 钠离子电池负极中引入这些羟基端不合适。氧端表面的情况正好相反，根据 DFT 模拟确定的 E_{ads} 为负值，Ti_2CO_2 为 -0.76eV，Nb_2CO_2 为 -0.665eV，$V_2C(OH)_2$ 为 -0.876eV。对于裸表面，钠在 Ti_2C、Nb_2C

和 V_2C 上的钠 E_{ads} 分别为 −0.315、−0.363 和 −0.223eV（图 9.14）。因此，从钠吸附的角度来看，这些 MXenes 的氧端表面最适合用于钠离子电池负极 [207]。另一项研究发现，氟化 Ti_3C_2 对钠的吸附也很稳定，其 E_{ads} = −0.598eV [211]。尽管氧端表面的 E_{ads} 更强，但发现裸 MXenes 表面具有更高的钠储存能力和钠迁移率 [207]。通过在不同表面吸附单层钠来估算理论容量，裸 MXenes 的容量在 219 ~ 348mA·h·g^{-1} 之间，而氧端 MXenes 的容量在 194 ~ 288mA·h·g^{-1} 之间。在这两种情况下，钛基 MXenes 的容量最高 [207, 212]。根据这些模拟结果，正如以前在锂离子电池中对 MXenes 的研究一样，在开发这些材料时，充分了解和控制 MXenes 材料中的官能团是很有意义的，因为它们会在容量和钠迁移率方面直接影响钠离子电池的循环性能 [110]。

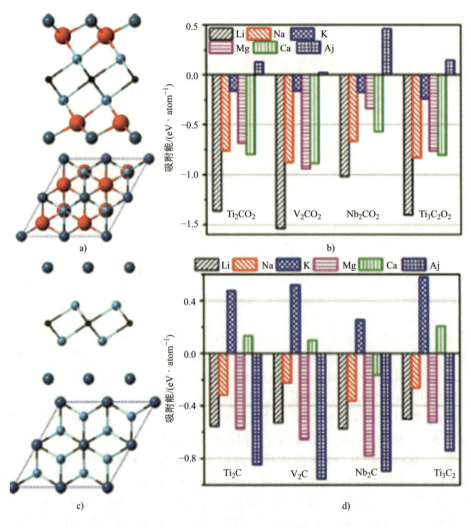

图 9.14 （a）氧端 MXenes 的侧视图和俯视图，以及（b）相应的吸附能（红色柱状为钠）；（c）裸 MXenes 上钠吸附的侧视图和俯视图，以及（d）相应的钠吸附能（红色柱状）（资料来源：摘自文献 [207]，经美国化学学会许可）

9.4.4 合金钠离子电池负极材料

这里要讨论的最后一类钠离子电池负极材料是合金负极，它们在电化学循环过程中会发生 $x\text{Na}^+ + y\text{M} + xe^- \rightleftharpoons \text{Na}_x\text{M}_y$ 的可逆反应，其中 M 是合金负极材料[213]。这些负极因能量密度较高和低电压充放电而大有可为，但其受限于嵌钠和脱钠过程中的巨大体积变化。负极体积的膨胀和收缩会导致其分解、失效和降解，并影响 SEI 的形成[214-218]。在电池运行过程中，可能存在大量的 Na_xM_y 相。事实证明，计算建模对于发现结构和了解相变非常有用。这些模拟可进一步用于预测中间相、电池电压和体积膨胀/收缩。合金负极通常是XIV和XV族金属硅（Si）、锗（Ge）、锡（Sn）、磷（P）、锑（Sb）或铋（Bi）。

为了评估 Na_xM_y 在电池运行期间的中间相，DFT 和 AIMD 模拟都被用来预测和筛选稳定的结构。这些模拟的起始结构可以从实验数据、无机数据库、类似结构的结构构建中获得，也可以通使用晶体预测器代码获得，如 Universal Structure Predictor: Evolutionary Xtallography（USPEX）或 ab initio randomstructure searching（AIRSS）[37, 39, 40]。通过这些模拟，结晶和无定形状态都可以被确定，并将其与实验数据联系起来，或用于预测高性能合金负极。图 9.15 举例说明了这些模拟及其与实验数据的关系。

将实验研究与 DFT 模拟相结合，确定了不同钠含量下的结晶和无定形的钠锡（Na_xSn）相（图 9.15a）[42, 219, 220]。对于每种相，模拟的电压与实验得到的电压与容量曲线（图 9.15b）非常吻合，这表明 DFT 模拟在理解和预测这些负极的嵌钠和脱钠机制方面具有优势。对硅和锗也进行了类似的模拟[93]。这些模拟结果表明，非晶态硅和锗是热力学上稳定的钠嵌入所必需的。钠嵌入晶体硅负极会产生正的插层能量（1.90eV），这表明插层是不利的[26, 93, 221]。不过，仍有一种观点认为，第二个钠离子可以改善晶体硅负极的嵌钠/脱钠特性[222]。晶体锗也以类似的方式被认为在钠离子电池中不稳定（钠插层能量为 0.88eV）。晶体锡可以容纳钠，其负形成能为 –0.09eV[93]。当材料在嵌钠之前为非晶态时，钠嵌入硅和锗阳极在热力学上是有利的[26, 93]。对于非晶态硅负极来说，负极体积膨胀进一步减小，而且正如热力学上更有利的形成能所预期的那样，电压也随之升高[26]。对于无定形硅负极在钠离子电池中的实际应用，钠团簇的形成限制了嵌钠过程，因此要将无定形硅用作实际的钠离子电池负极，了解其充放电过程和无定形结构的作用至关重要[26, 223]。为此，计算研究是筛选不同非晶结构和钠插层及团聚机制的重要工具。为了获得非晶结构，通过 AIMD 模拟生成了非晶硅以及锗和锡的模型（图 9.16）[93]。模拟结果表明，与晶体模型相比，所有非晶模型中的钠迁移能垒都有所降低。非晶模型在 298K 时的 AIMD 模拟得到的迁移势垒对硅、锗和锡而言分别为 0.31eV、0.27eV 和 0.26eV，比晶体负极中的钠迁移势垒（对硅、锗和锡而言分别为 1.08eV、0.78eV 和 0.53eV）大大降低[93]。结晶负极中钠的迁移是通过 DFT 模拟和 NEB 方法模拟的，其中没有考虑热效应（非晶模型的 AIMD 模拟中包括了热效应）[93]。对于晶体模型，通常可以假设在 298K 下，NEB 迁移势垒不会发生显著变化，但为了进行直接比较，两个系统应该采用相同的计算理论（即都是相同温度下的 DFT 或 AIMD）。这些 AIMD 模拟还揭示了有关体积膨胀和弹性软化的问题。硅（最大 $x = 1$）、锗（最大 $x = 1$）和锡（最大 $x = 3.75$，$x = 1$ 时的体积膨胀率为 183%）在嵌钠时的体积膨胀率（Na_xM）分别为 230%、200% 和 480%，与实验结果非常吻合[93]。从这些模拟中可以得出结论：在这些非晶负极中，锡的钠扩散和储存能力最高（以混合焓计），而在相同的嵌钠（NaM）条件下，锡的体积膨胀最小（图9.16）。

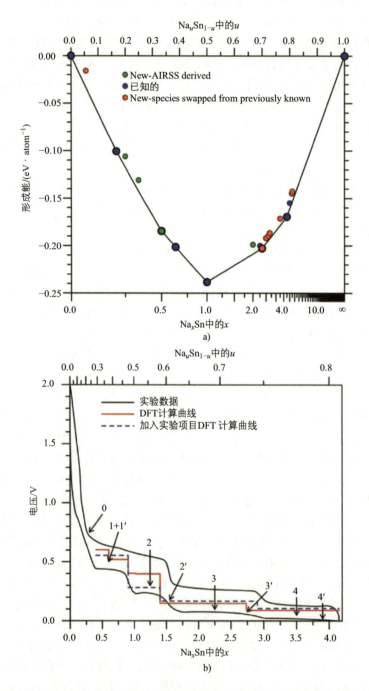

图9.15 （a）DFT模拟中Na_xSn相的形成能与钠含量的函数关系；（b）相应的模拟的电压与钠含量的函数关系，以及与实验结果的对比（资料来源：摘自文献[219]，经美国化学学会许可）

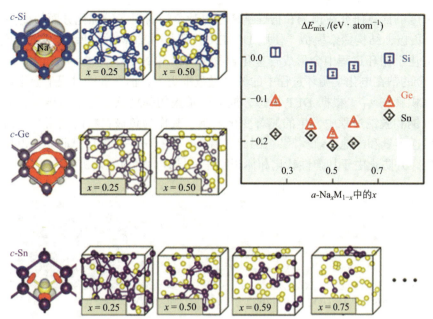

图 9.16 无定形和晶体硅、锗和锡钠结构概览，蓝图中包括不同钠含量（x）对应的混合焓（资料来源：摘自文献 [93]，经美国化学学会许可）

以 XV 族元素为基础的合金负极通常比以 XIV 族元素为基础的合金负极显示出更高的比容量。黑磷是一种 VX 族负极，具有层状结构，与第 9.4.3 节中的材料类似，在钠含量较低时发生插层型嵌钠机制，但在钠含量较高时则发生合金化反应。从插层型到合金化的转变是通过 DFT 和 AIMD 模拟以及 DFT-D2 色散修正计算得出的，其发生原因是钠含量较高时 P-P 键的断裂（图 9.17a）[224]。还对黑磷负极的嵌钠和脱钠结构进行了研究，并利用这些结构构建了热力学稳定的 Na_xP 结构凸包（图 9.17b）。增加 Na_xP_{1-x} 中的钠含量，观察到在 $Na_{0.52}P$ 时发生 P-P 键断裂（导致笼状结构和无定形相的形成）[225]。初步插层后发生的合金化机理与其他 XV 族合金化负极明显不同（将在下文中讨论）。对于无定形的 Na_xP 相，Z 字形和螺旋形结构都可以被观察到，其与 Sb 合金负极中出现的哑铃形结构不同 [225, 226]。凸包中每个最低能量相所对应的模拟电压曲线（图 9.17b）显示，DFT 模拟得到的电压（图 9.17c）和相与低电压中的实验电化学电压曲线非常吻合，但含 P_7 和 P_{11} 的相与实验观察到的相不吻合 [225]。其原因是这些相中的键断裂需要高的能量，而凸包预测的 Na_xP 相在 $x > 0.5$ 之前与实验数据不一致 [225]。这表明，对于计算研究而言，将结果与实验联系起来非常重要，因为在这种情况下，嵌钠后形成不同相/结构的壁垒可能会阻碍理论上形成能最低的相的形成。这些模拟进一步表明，在去脱钠结束时，原有的层状黑磷结构并没有保留下来，这将会导致容量损失，并可能导致负极材料失效 [225]。

Sb 和 Bi 合金负极不具有层状黑磷结构，在嵌钠和脱钠过程中会发生与 XIV 族负极类似的合金化反应。锑负极经嵌钠后会形成 Na_3Sb [227]。根据相稳定性计算，Na_3Sb 的六方结构比立方结构在热力学上更稳定 [227, 228]。DFT 模拟以及钠离子电池锑负极的实验表征进一步表明，嵌钠的锑负极会随着钠含量的增加而变成非晶态 [228]。这些研究进一步表明，在嵌钠过程中，嵌钠机制有两种竞争性反应途径：通过中间相进行嵌钠，即 Sb → NaSb → Na_3Sb；由 Sb 直接嵌钠成为 Na_3Sb，即 Sb → Na_3Sb。这两种机制以前从未在实验中被解构过，显示了原子尺度的计算研究在预测和指导钠离子电池负极材料实验优化方面的优势[226, 227, 229]。对于Na_xBi负极，结构探索模拟（使用 USPEX 代码[40]和结构数据库[226]生成的输入结构）显示，在电化学循环过程中会形成合金化合物 Na_3Bi 和 NaBi，这与 Na_xSn 相似[226, 230]。与 P 或 As 合金的钠在电化学循环过程中的钠含量范围更大，但在嵌钠过程中会出现明显的弹性软化和体积膨胀[226]。根据 DFT 模拟，铋合金负极的弹性软化并不明显。负极材料的机械性能在嵌钠和脱钠过程中发生的显著变化限制了其作为负极材料的应用，因为这会导致较大的不可逆容量和电池失效[226, 231]。因此，有必要进行进一步的计算研究，以探讨如何稳定这些结构，并防止由于其弹性软化和体积膨胀而导致的电池失效机制。

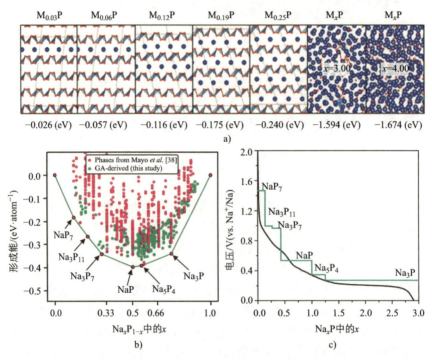

图 9.17 （a）DFT 和 AIMD 模拟黑磷在钠含量增加时的结构变化，此处的 M 代表 Na，在结构示意图中显示为蓝色球体，红色球体代表磷，在 $M_{0.03}P$ 至 $M_{0.25}P$ 之间，可以观察到黑磷的层状结构，而在钠含量较高（Na_3P 和 Na_4P）时，层间的 P-P 键断裂，形成合金（资料来源：摘自文献[224]，经英国皇家化学学会许可）；(b) 使用先前已知相的结构以及 AIRSS 和遗传算法生成的 Na_xP_{1-x} DFT 形成能的模拟凸壳；(c) 中的青色阶梯线显示了（b）中最低能量相的模拟电压，黑色弧线则是黑磷钠化的实验电化学曲线（资料来源：摘自文献[225]，经美国化学学会许可）

9.5 总结

在本章中，我们通过计算研究回顾了目前在钠离子电池正极和负极材料方面取得的进展。正极研究主要集中在层状氧化物，以及最近的普鲁士蓝类似物和目前最有前景的正极材料聚阴离子化合物。由于硬碳是最有效的钠离子电池负极材料之一，基于石墨烯和其他 sp^2 杂化碳的碳材料负极已得到了广泛的研究。在此基础上，我们还展示了二维材料的吸引力正在增加，并可组合成层状和转化型负极材料。此外，我们还发现合金负极材料具有优异的嵌钠和脱钠性能，但体积膨胀仍然是导致器件失效的一个问题。利用 DFT、MD 和 AIMD 模拟进行的计算研究使科学家们能够筛选、预测和理解钠离子电池电极材料中限制和有益的原子尺度机制，并发现新型材料。通常，在这些模拟研究中，钠吸附能和插层能以及相稳定性被用作电极性能的衡量标准。计算研究预测电压曲线、体积膨胀和扩散行为的能力尤为突出。例如，DFT 模拟有助于揭示石墨负极在钠离子电池中进行钠插层时热力学不稳定性的根本原因，并阐明了作为高性能钠离子电池负极的无序碳中不同的嵌钠/脱钠机制。事实证明，计算研究在预测新型钠离子电池负极性能（如层状材料和二维材料）方面也非常出色。同样，正如第 9.3 节所强调的，正极材料也可以通过掺杂杂原子来调节，例如在聚阴离子磷酸盐中，DFT、AIMD 和 MD 模拟为筛选各种掺杂剂和含量提供了充分的机会。通过对目前可用的钠离子电池电极材料的计算研究进行回顾，我们可以清楚地看到，实验中观察到的这些电极材料的许多限制因素，如不可逆容量损失、相稳定性、钠扩散迟缓等，都可以通过计算研究得到解释。基于这些研究，高性能的钠离子电池电极材料已被研发出来。然而，挑战依然存在。

本章介绍的计算研究是孤立地研究单个电极材料（即模拟中不包括电解液或黏结剂）。然而，在实际应用中，考虑电解液和黏结剂也是至关重要的，因为它们会与电极材料发生反应，影响性能和耐用性。为了进一步完善这一领域，并使钠离子电池更贴近实际的应用，考虑到界面（包括液体电解质和固体电解质的界面）的计算研究至关重要。将计算技术扩展到同时考虑体效应和表面效应，以及它们在电池循环过程中的演变，将有助于设计高稳定性和高性能的全电池。

此外，计算材料化学在预测、筛选和优化材料成分、缺陷结构、掺杂结构和相方面的主要优势，将在当前环境下使材料建模处于领先的位置，以实现环保、无毒和负责任的钠离子电池电极材料的开发。目前，镍和钴等具有高毒性和破坏性生产技术的金属是锂离子电池和钠离子电池不可或缺的组成部分。通过筛选基于地球富集元素的潜在钠离子电池电极的候选材料（这些材料可以使用可持续和环保的方法生产），计算研究不仅可以为更高性能的电池铺平道路，还可以为更多的绿色电池铺平道路。利用本文介绍的计算方法开发发现新电极材料的方法，并将其与机器学习等新技术相结合，在未来几年对加快绿色技术的发展和满足对储能技术的需求将无比重要。

致谢

感谢英国工程和物理科学研究理事会（EPSRC）在编号 EP/R021554/2 项目下的资金支持。

参考文献

1 Huang, Y., Zheng, Y., Li, X. et al. (2018). *ACS Energy Lett.* 3: 1604–1612.
2 Bai, Q., Chen, H., Yang, L., and Mo, Y. (2018). *Adv. Energy Mater.* 8 1702998: 1–29.
3 Islam, M.S. and Fisher, C.A.J. (2014). *Chem. Soc. Rev.* 43: 185–204.

4 Trindle, C. and Shillady, D.D. (2008). *Electronic Structure Modelling: Connections Between Theory and Software*. Boca Raton: CRC Press.
5 Chan, K.T., Neaton, J.B., and Cohen, M.L. (2008). *Phys. Rev. B – Condens. Matter Mater. Phys.* 77: 1–12.
6 Butler, K.T., Frost, J.M., Skelton, J.M. et al. (2016). *Chem. Soc. Rev.* 45: 6138–6146.
7 Gale, J.D. (1997). *J. Chem. Soc. Faraday Trans.* 93: 629–637.
8 Bartolotti, L.J. and Flurchick, K. (2007). *Rev. Comput. Chem.* 7: 187–216.
9 Sharma, V., Ghatak, K., and Datta, D. (2018). *J. Mater. Sci.* 53: 14423–14434.
10 Ramogayana, B., Santos-Carballal, D., Aparicio, P.A. et al. (2020). *Phys. Chem. Chem. Phys.* 22: 6763–6771.
11 Ullah, S., Denis, P.A., and Sato, F. (2019). *Appl. Surf. Sci.* 471: 134–141.
12 Urban, A., Seo, D.H., and Ceder, G. (2016). *NPJ Comput. Mater.* https://doi.org/10.1038/npjcompumats.2016.2.
13 Wang, D., Liu, H., Elliott, J.D. et al. (2016). *J. Mater. Chem. A* 4: 12516–12525.
14 Lenchuk, O., Adelhelm, P., and Mollenhauer, D. (2019). *Phys. Chem. Chem. Phys.* 21: 19378–19390.
15 Ziambaras, E., Kleis, J., Schröder, E. et al. (2007). *Phys. Rev. B – Condens. Matter Mater. Phys.* 76: 1–10.
16 Chen, X., Tian, F., Persson, C. et al. (2013). *Sci. Rep.* 3: 1–5.
17 Lee, E. and Persson, K.A. (2012). *Nano Lett.* 12: 4624–4628.
18 Grimme, S., Antony, J., Ehrlich, S., and Krieg, H. (2010). *J. Chem. Phys.* 132: 154104.
19 Grimme, S., Antony, J., Schwabe, T., and Mück-Lichtenfeld, C. (2007). *Org. Biomol. Chem.* 5: 741–758.
20 Grimme, S., Ehrlich, S., and Goerigk, L. (2011). *J. Comput. Chem.* 32: 1456.
21 Thinius, S., Islam, M.M., and Bredow, T. (2016). *Surf. Sci.* 649: 60–65.
22 Becke, A.D. and Johnson, E.R. (2005). *J. Chem. Phys.* 123: 154108.
23 Johnson, E.R. and Becke, A.D. (2006). *J. Chem. Phys.* 124: 174104.
24 Dal Corso, A., Pasquarello, A., Baldereschi, A., and Car, R. (1996). *Phys. Rev. B* 53: 1180–1185.
25 Tsai, P.C., Chung, S.C., Lin, S.K., and Yamada, A. (2015). *J. Mater. Chem. A* 3: 9763–9768.
26 Legrain, F., Malyi, O.I., and Manzhos, S. (2014). *Comput. Mater. Sci.* 94: 214–217.
27 Hasa, I., Dou, X., Buchholz, D. et al. (2016). A sodium-ion battery exploiting layered oxide cathode, graphite anode and glyme-based electrolyte. *J. Power Sources* https://doi.org/10.1016/j.jpowsour.2016.01.082.
28 Lenchuk, O., Adelhelm, P., and Mollenhauer, D. (2019). *J. Comput. Chem.* 40: 2400–2412. https://doi.org/10.1002/jcc.26017.
29 Li, Z., Bommier, C., Sen Chong, Z. et al. (2017). *Adv. Energy Mater.* 7: 1602894.
30 Datta, D., Li, J., and Shenoy, V.B. (2014). *ACS Appl. Mater. Interfaces* 6: 1788–1795.
31 Hussain, T., Hankel, M., and Searles, D.J. (2016). *J. Phys. Chem. C* 120: 25180–25188.
32 Zhang, R., Li, H., Li, R. et al. (2019). *Chem. Commun.* 55: 14147–14150.
33 Yi, Z., Su, F., Huo, L. et al. (2020). *Appl. Surf. Sci.* 503: 144446.
34 Olsson, E., Chai, G., Dove, M., and Cai, Q. (2019). *Nanoscale* 11: 5274–5284.

35 Olsson, E., Hussain, T., Karton, A., and Cai, Q. (2020). *Carbon N. Y.* 163: 276–287.

36 Hussain, T., Olsson, E., Alhameedi, K. et al. (2020). *J. Phys. Chem. C* 124: 9734–9745.

37 Morris, A.J., Grey, C.P., and Pickard, C.J. (2014). *Phys. Rev. B – Condens. Matter Mater. Phys.* 90: 54111.

38 Morris, A.J., Needs, R.J., Salager, E. et al. (2013). *Phys. Rev. B – Condens. Matter Mater. Phys.* 87: 6–9.

39 Mayo, M., Griffith, K.J., Pickard, C.J., and Morris, A.J. (2016). *Chem. Mater.* 28: 2011–2021.

40 Bilić, A., Gale, J.D., Gibson, M.A. et al. (2015). *Sci. Rep.* https://doi.org/10.1038/srep09909.

41 Balachandran, P.V., Emery, A.A., Gubernatis, J.E. et al. (2018). *Phys. Rev. Mater.* 2: 43802.

42 Baggetto, L., Ganesh, P., Meisner, R.P. et al. (2013). *J. Power Sources* 234: 48–59.

43 Matei Ghimbeu, C., Górka, J., Simone, V. et al. (2018). *Nano Energy* 44: 327–335.

44 Bai, J., Chen, X., Olsson, E. et al. (2020). *J. Mater. Sci. Technol.* 50: 92–102.

45 Farokh Niaei, A.H., Hussain, T., Hankel, M., and Searles, D.J. (2018). *Carbon N. Y.* 136: 73–84.

46 Sun, N., Guan, Z., Liu, Y. et al. (2019). *Adv. Energy Mater.* 9: 1970125.

47 Jian, Z., Bommier, C., Luo, L. et al. (2017). *Chem. Mater.* 29: 2314–2320.

48 Heath, J., Chen, H., and Islam, M.S. (2017). *J. Mater. Chem. A* 5: 13161–13167.

49 Muralidharan, A., Chaudhari, M.I., Pratt, L.R., and Rempe, S.B. (2018). *Sci. Rep.* 8: 1–8.

50 Gutierrez-Sevillano, J.J., Ahmad, S., Calero, S., and Anta, J.A. (2015). *Phys. Chem. Chem. Phys.* 17: 22770–22777.

51 Olsson, E., Cottom, J., Aparicio-Anglès, X., and De Leeuw, N.H. (2020). *Phys. Chem. Chem. Phys.* 22: 692–699.

52 Yeh, T.C., Routbort, J.L., and Mason, T.O. (2013). *Solid State Ionics* 232: 138–143.

53 Henkelman, G. and Jónsson, H. (2000). *J. Chem. Phys.* 113: 9978–9985.

54 Henkelman, G., Uberuaga, B.P., and Jónsson, H. (2000). *J. Chem. Phys.* 113: 9901–9904.

55 Wang, Z., Su, Q., Deng, H. et al. (2014). *J. Mater. Chem. A* 2: 13976–13982.

56 Thinius, S., Islam, M.M., Heitjans, P., and Bredow, T. (2014). *J. Phys. Chem. C* 118: 2273–2280.

57 Slater, M.D., Kim, D., Lee, E., and Johnson, C.S. (2013). *Adv. Funct. Mater.* 23: 947–958.

58 Aparicio, P.A., Dawson, J.A., Islam, M.S., and de Leeuw, N.H. (2018). *J. Phys. Chem. C* 122: 25829–25836.

59 Yabuuchi, N. and Komaba, S. (2014). *Sci. Technol. Adv. Mater.* 15: 043501.

60 Zhang, R., Lu, Z., Yang, Y., and Shi, W. (2018). *Curr. Appl. Phys.* 18: 1431–1435.

61 Lin, Z., Bai, L., Zhang, X. et al. (2018). *J. Magn. Magn. Mater.* 468: 164–167.

62 Wang, K., Wan, H., Yan, P. et al. (2019). *Adv. Mater.* 31: 1–10.

63 Tapia-Ruiz, N., Dose, W.M., Sharma, N. et al. (2018). *Energy Environ. Sci.* 11: 1470–1479.

64 Zheng, C., Radhakrishnan, B., Chu, I.H. et al. (2017). *Phys. Rev. Appl.* 7: 064003.

65 Mo, Y., Ong, S.P., and Ceder, G. (2014). *Chem. Mater.* 26: 5208–5214.
66 Kaushalya, R., Iyngaran, P., and Kuganathan, N. (2019). *Energies* 12: 3094.
67 Barpanda, P., Lander, L., Nishimura, S., and Yamada, A. (2018). *Adv. Energy Mater.* 8: 1703055.
68 Wood, S.M., Eames, C., Kendrick, E., and Islam, M.S. (2015). *J. Phys. Chem. C* 119: 15935–15941.
69 Park, Y.U., Seo, D.H., Kim, H. et al. (2014). *Adv. Funct. Mater.* 24: 4603–4614.
70 Zhang, X., Rui, X., Chen, D. et al. (2019). *Nanoscale* 11: 2556–2576.
71 Pedone, A., Malavasi, G., Menziani, M.C. et al. (2006). *J. Phys. Chem. B* 110: 11780–11795.
72 Aparicio, P.A. and De Leeuw, N.H. (2020). *Phys. Chem. Chem. Phys.* 22: 6653–6659.
73 Treacher, J.C., Wood, S.M., Islam, M.S., and Kendrick, E. (2016). *Phys. Chem. Chem. Phys.* 18: 32744–32752.
74 Hasa, I., Hassoun, J., Sun, Y.K., and Scrosati, B. (2014). *ChemPhysChem* 15: 2152–2155.
75 Tealdi, C., Heath, J., and Islam, M.S. (2016). *J. Mater. Chem. A* 4: 6998–7004.
76 Song, T., Yao, W., Kiadkhunthod, P. et al. (2020). *Angew. Chem. Int. Ed.* 59: 740–745.
77 Liu, Y., Qiao, Y., Zhang, W. et al. (2015). *Nano Energy* 12: 386–393.
78 Chen, J., Wei, L., Mahmood, A. et al. (2020). *Energy Storage Mater.* 25: 585–612.
79 Liu, S. and Smith, K.C. (2019). *J. Phys. Chem. C* 123: 10191–10204.
80 Lumley, M.A., Nam, D.-H., and Choi, K.-S. (2020). *ACS Appl. Mater. Interfaces* 12: 36025.
81 Ling, C., Chen, J., and Mizuno, F. (2013). *J. Phys. Chem. C* 117: 21158–21165.
82 Olsson, E., Cottom, J., Aparicio-Anglès, X., and De Leeuw, N.H. (2019). *Phys. Chem. Chem. Phys.* 21: 9407–9418.
83 Tang, Y., Li, W., Feng, P. et al. (2020). *Chem. Eng. J.* 396: 125269.
84 Sun, H., Sun, H., Wang, W. et al. (2014). *RSC Adv.* 4: 42991–42995.
85 Hegner, F.S., Galán-Mascarós, J.R., and López, N. (2016). *Inorg. Chem.* 55: 12851–12862.
86 Wang, W., Gang, Y., Hu, Z. et al. (2020). *Nat. Commun.* https://doi.org/10.1038/s41467-020-14444-4.
87 Wang, W., Hu, Z., Yan, Z. et al. (2020). *Energy Storage Mater.* 30: 42–51.
88 Shang, Y., Li, X., Song, J. et al. (2020). *Chem* 6: 1804–1818.
89 Ren, W., Qin, M., Zhu, Z. et al. (2017). *Nano Lett.* 17: 4713–4718.
90 Balogun, M.-S.S., Luo, Y., Qiu, W. et al. (2016). *Carbon N. Y.* 98: 162–178.
91 Li, Y., Lu, Y., Adelhelm, P. et al. (2019). *Chem. Soc. Rev.* 48: 4655–4687.
92 Kim, H.H., Hong, J., Yoon, G. et al. (2015). *Energy Environ. Sci.* 8: 2963–2969.
93 Chou, C.Y., Lee, M., and Hwang, G.S. (2015). *J. Phys. Chem. C* 119: 14843–14850.
94 Wan, W. and Wang, H. (2015). *Int. J. Electrochem. Sci.* 10: 3177–3184.
95 Bhatt, M.D. and O'Dwyer, C. (2015). *Phys. Chem. Chem. Phys.* 17: 4799–4844.
96 Nobuhara, K., Nakayama, H., Nose, M. et al. (2013). *J. Power Sources* 243: 585–587.
97 Yang, S., Li, S., Tang, S. et al. (2016). *Theor. Chem. Accounts* 135: 1–11.
98 Yang, S., Li, S., Tang, S. et al. (2017). *Surf. Sci.* 658: 31–37.
99 Deng, Z., Mo, Y., and Ong, S.P. (2016). *NPG Asia Mater.* 8: 254.

100 Wu, X., Kang, F., Duan, W., and Li, J. (2019). *Prog. Nat. Sci. Mater. Int.* 29: 247–255.
101 Massé, R.C., Liu, C., Li, Y. et al. (2017). *Natl. Sci. Rev.* 4: 26–53.
102 Huang, J.-X., Csányi, G., Zhao, J.-B. et al. (2019). *J. Mater. Chem. A* 7: 19070–19080.
103 Jung, S.C., Kang, Y.-J., Yoo, D.-J. et al. (2016). *J. Phys. Chem. C* 120: 22.
104 Okamoto, Y. (2014). *J. Phys. Chem. C* 118: 16–19.
105 Xu, Z., Lv, X., Chen, J. et al. (2016). *Carbon N. Y.* 107: 885–894.
106 Qi, Y., Hector, L.G., James, C., and Kim, K.J. (2014). *J. Electrochem. Soc.* 161: F3010–F3018.
107 Okamoto, Y. (2016). *J. Phys. Chem. C* 120: 14009–14014.
108 Hu, Y., Kong, W., Li, H. et al. (2004). *Electrochem. Commun.* 6: 126–131.
109 Zhou, J., Zhou, W., Guan, C. et al. (2012). *Sci. China Phys. Mech. Astron.* 55: 1376–1382.
110 Parfitt, D., Kordatos, A., Filippatos, P.P., and Chroneos, A. (2017). *Appl. Phys. Rev.* 4: 31305.
111 Tasaki, K. (2014). *J. Phys. Chem. C* 118: 1443–1450.
112 Liu, Y., Merinov, B.V., and Goddard, W.A. (2016). *Proc. Natl. Acad. Sci.* 113: 3735–3739.
113 Stevens, D.A. and Dahn, J.R. (2000). *J. Electrochem. Soc.* 147: 4428.
114 Stevens, D.A. and Dahn, J.R. (2000). *J. Electrochem. Soc.* 147: 1271.
115 Luo, W., Shen, F., Bommier, C. et al. (2016). *Acc. Chem. Res.* 49: 231–240.
116 Luo, X.-F., Yang, C.-H., Peng, Y.-Y. et al. (2015). *J. Mater. Chem. A* 3: 10320–10326.
117 Ladha, D.G. (2019). *Mater. Today Chem.* 11: 94–111.
118 Hasegawa, G., Kanamori, K., Kannari, N. et al. (2015). *ChemElectroChem* 2: 1917–1920.
119 Xie, F., Xu, Z., Jensen, A.C.S. et al. (2019). *Adv. Funct. Mater.* 29: 1901072.
120 Au, H., Alptekin, H., Jensen, A.C.S. et al. (2020). *Energy Environ. Sci.* 13: 3469–3479.
121 Olsson, E., Cottom, J., Au, H. et al. (2020). *Adv. Funct. Mater.* 30: 1908209.
122 Morita, R., Gotoh, K., Fukunishi, M. et al. (2016). *J. Mater. Chem. A* 4: 13183–13193.
123 Wang, Z., Feng, X., Bai, Y. et al. (2021). *Adv. Energy Mater.* 11 2003854: 1–9.
124 Alptekin, H., Au, H., Jensen, A.C.S. et al. (2020). *Energy Mater.* 3: 9918–9927.
125 Stratford, J.M., Allan, P.K., Pecher, O. et al. (2016). *Chem. Commun.* 52: 12430–12433.
126 Deringer, V.L., Merlet, C., Hu, Y. et al. (2018). *Chem. Commun.* 54: 5988–5991.
127 Forse, A.C., Merlet, C., Allan, P.K. et al. (2015). *Chem. Mater.* 27: 6848–6857.
128 Schweizer, S., Meißner, R., Amkreutz, M. et al. (2017). *J. Phys. Chem. C* 14: 18.
129 Palmer, J.C., Llobet, A., Yeon, S.H. et al. (2010). *Carbon N. Y.* 48: 1116–1123.
130 Delmerico, S. and McDaniel, J.G. (2020). *Carbon N. Y.* 161: 550–561.
131 Li, Z., Mendez-Morales, T., and Salanne, M. (2018). *Curr. Opin. Electrochem.* 9: 81–86.
132 Rajput, N.N., Monk, J., and Hung, F.R. (2014). *J. Phys. Chem. C* 118: 1540–1553.
133 Zhan, C., Lian, C., Zhang, Y. et al. (2017). *Adv. Sci.* 4: 1700059.
134 Sonia, F.J., Jangid, M.K., Ananthoju, B. et al. (2017). *J. Mater. Chem. A* 5: 8662–8679.

135 Billaud, J., Bouville, F., Magrini, T. et al. (2016). *Nat. Energy* 1: 16097.
136 Persson, K., Sethuraman, V.A., Hardwick, L.J. et al. (2010). *J. Phys. Chem. Lett.* 1: 1176–1180.
137 Zhou, G., Wang, D.-W., Li, F. et al. (2010). *Chem. Mater.* 22: 5306–5313.
138 Guharoy, U., Ramirez Reina, T., Olsson, E. et al. (2019). *ACS Catal.* 9: 3487–3497.
139 Rytkönen, K., Akola, J., and Manninen, M. (2007). *Phys. Rev. B – Condens. Matter Mater. Phys.* 75: 1–9.
140 Pantha, N., Belbase, K., and Adhikari, N.P. (2015). *Appl. Nanosci.* 5: 393–402.
141 Hardcastle, T.P., Seabourne, C.R., Zan, R. et al. (2013). *Phys. Rev. B – Condens. Matter Mater. Phys.* 87: 1–16.
142 Nakada, K. and Ishii, A. (2011). DFT calculation for adatom adsorption on graphene. In: *Graphene Simulation* (ed. J. Gong), 3–19. InTech.
143 Nakada, K. and Ishii, A. (2011). *Solid State Commun.* 151: 13–16.
144 Yuan, Y., Zhan, C., He, K. et al. (2016). *Nat. Commun.* 7: 1–9.
145 Lou, P., Cui, Z., Jia, Z. et al. (2017). *ACS Nano* 11: 3705–3715.
146 Zheng, J., Ren, Z., Guo, P. et al. (2011). *Appl. Surf. Sci.* 258: 1651–1655.
147 Wan, W. and Wang, H. (2015). *Materials (Basel)*. 8: 6163–6178.
148 Fan, X., Zheng, W.T., Kuo, J.L., and Appl, A.C.S. (2012). *Mater. Interfaces* 4: 2432–2438.
149 Yao, F., Güneş, F., Ta, H.Q. et al. (2012). *J. Am. Chem. Soc.* 134: 8646–8654.
150 Dou, X., Hasa, I., Saurel, D. et al. (2019). *Mater. Today* 23: 87–104.
151 Morikawa, Y., Nishimura, S., Hashimoto, R. et al. (2019). *Adv. Energy Mater.* 1903176.
152 Chen, C., Wang, Z., Zhang, B. et al. (2017). *Energy Storage Mater.* 8: 161–168.
153 Wang, M., Yang, Y., Yang, Z. et al. (2017). *Adv. Sci.* https://doi.org/10.1002/advs.201600468.
154 Jensen, A.C.S., Olsson, E., Au, H. et al. (2020). *J. Mater. Chem. A* 8: 743–749.
155 Li, Y., Yuan, Y., Bai, Y. et al. (2018). *Adv. Energy Mater.* 8 1702781: 1–7.
156 Reddy, M.A., Helen, M., Groß, A. et al. (2018). *ACS Energy Lett.* 3: 2851–2857.
157 Karatrantos, A., Khan, S., Ohba, T., and Cai, Q. (2018). *Phys. Chem. Chem. Phys.* 20: 6307–6315.
158 Cai, Q., Buts, A., Seaton, N.A., and Biggs, M.J. (2008). *Chem. Eng. Sci.* 63: 3319–3327.
159 Karatrantos, A. and Cai, Q. (2016). *Phys. Chem. Chem. Phys.* 18: 30761–30769.
160 Khan, M.S., Karatrantos, A.V., Ohba, T., and Cai, Q. (2019). *Phys. Chem. Chem. Phys.* 21: 22722–22731.
161 Olsson, E., Cottom, J., Au, H. et al. (2021). *Carbon N. Y.* 177: 226–243.
162 Olsson, E., Cottom, J., and Cai, Q. (2021). *Small* 17 2007652: 1–16.
163 Ishii, A., Yamamoto, M., Asano, H., and Fujiwara, K. (2008). DFT calculation for adatom adsorption on graphene sheet as a prototype of carbon nano tube functionalization. *J. Phys. Conf. Ser.* 100: 052087. https://doi.org/10.1088/1742-6596/100/5/052087.
164 Wei, J.S., Song, T.B., Zhang, P. et al. (2020). *Mater. Chem. Front.* 4: 729–749.
165 Zhan, C., Cerón, M.R., Hawks, S.A. et al. (2019). *Nat. Commun.* https://doi.org/10.1038/s41467-019-12854-7.
166 Legrain, F., Sottmann, J., Kotsis, K. et al. (2015). *J. Phys. Chem. C* 119: 13496–13501.

167 Jiang, X., Århammar, C., Liu, P. et al. (2013). *Sci. Rep.* 3: 1877.
168 Noel, M. and Santhanam, R. (1998). *J. Power Sources* 72: 53–65.
169 Yu, S., Wang, Z.-Q., Xiong, L. et al. (2019). *Phys. Chem. Chem. Phys.* 21: 23485–23491.
170 Massé, R.C., Uchaker, E., and Cao, G. (2015). *Sci. China Mater.* 58: 715–766.
171 Mohtadi, R. and Mizuno, F. (2014). *Beilstein J. Nanotechnol.* 5: 1291–1311.
172 Dischler, B. (1983). *Appl. Phys. Lett.* 42: 636.
173 Li, B., Lai, C., Zhang, M. et al. (2020). *Adv. Energy Mater.* 10 2000177: 1–25.
174 Farokh Niaei, A.H., Hussain, T., Hankel, M., and Searles, D.J. (2017). *J. Power Sources* 343: 354–363.
175 Moreno, C., Vilas-Varela, M., Kretz, B. et al. (2018). *Science* 360: 199–203.
176 Mortazavi, B., Madjet, M.E., Shahrokhi, M. et al. (2019). *Carbon N. Y.* 147: 377–384.
177 Anasori, B., Lukatskaya, M.R., and Gogotsi, Y. (2017). *Nat. Rev. Mater.* 2: 16098.
178 Grosjean, B., Pean, C., Siria, A. et al. (2016). *J. Phys. Chem. Lett.* 7: 4695–4700.
179 Jiang, H.R., Zhao, T.S., Liu, M. et al. (2016). *J. Power Sources* 331: 391–399.
180 Xu, S., Fan, X., Liu, J. et al. (2019). *Electrochim. Acta* 297: 497–503.
181 Shi, L., Zhao, T.S., Xu, A., and Xu, J.B. (2016). *J. Mater. Chem. A* 4: 16377–16382.
182 Hu, J., Liu, Y., Liu, N. et al. (2020). *Phys. Chem. Chem. Phys.* 22: 3281.
183 Mortazavi, B., Dianat, A., Cuniberti, G., and Rabczuk, T. (2016). *Electrochim. Acta* 213: 865–870.
184 Chakraborty, S., Ahuja, R., Hussain, T. et al. (2018). *ACS Sens.* 3: 867–874.
185 Sannyal, A., Ahn, Y., and Jang, J. (2019). *Comput. Mater. Sci.* 165: 121–128.
186 Sannyal, A., Zhang, Z., Gao, X., and Jang, J. (2018). *Comput. Mater. Sci.* 154: 204–211.
187 Karmakar, S., Chowdhury, C., and Datta, A. (2016). *J. Phys. Chem. C* 120: 14522–14530.
188 Naguib, M., Come, J., Dyatkin, B. et al. (2012). *Electrochem. Commun.* 16: 61–64.
189 Reeves, K.G., Ma, J., Fukunishi, M. et al. (2018). *Energy Mater.* 7: 47.
190 Fan, S.S., Liu, H.P., Liu, Q. et al. (2020). *J. Mater.* 6: 431–454.
191 Wang, J., Luo, C., Gao, T. et al. (2015). *Small* 11: 473–481.
192 Samad, A., Noor-A-Alam, M., and Shin, Y.H. (2016). *J. Mater. Chem. A* 4: 14316–14323.
193 Su, J., Pei, Y., Yang, Z., and Wang, X. (2014). *RSC Adv.* 4: 43183–43188.
194 Jia, B., Yu, Q., Zhao, Y. et al. (2018). *Adv. Funct. Mater.* 28: 1–9.
195 Jia, G., Chao, D., Tiep, N.H. et al. (2018). *Energy Storage Mater.* 14: 136–142.
196 Wu, C., Song, H., Tang, C. et al. (2019). *Chem. Eng. J.* 378: 122249.
197 Ahmed, B., Anjum, D.H., Hedhili, M.N., and Alshareef, H.N. (2015). *Small* 11: 4341–4350.
198 Mortazavi, M., Wang, C., Deng, J. et al. (2014). *J. Power Sources* 268: 279–286.
199 Dang, K.Q., Simpson, J.P., and Spearot, D.E. (2014). *Scr. Mater.* 76: 41–44.
200 Stewart, J.A. and Spearot, D.E. (2013). *Model. Simul. Mater. Sci. Eng.* https://doi.org/10.1088/0965-0393/21/4/045003.
201 Nicolini, P. and Polcar, T. (2016). *Comput. Mater. Sci.* 115: 158–169.
202 Chen, S., Huang, S., Hu, J. et al. (2019). *Nano-Micro Lett.* 11: 1–14.
203 Wu, J., Lu, Z., Li, K. et al. (2018). *J. Mater. Chem. A* 6: 5668–5677.

204 David, L., Bhandavat, R., and Singh, G. (2014). *ACS Nano* 8: 1759–1770.
205 Sun, D., Ye, D., Liu, P. et al. (2018). *Adv. Energy Mater.* 8: 1–11.
206 Liu, Q., Wang, H., Jiang, C., and Tang, Y. (2019). *Energy Storage Mater.* https://doi.org/10.1016/j.ensm.2019.03.028.
207 Xie, Y., Dall'Agnese, Y., Naguib, M. et al. (2014). *ACS Nano* 8: 9606–9615.
208 Naguib, M., Adams, R.A., Zhao, Y. et al. (2017). *Chem. Commun.* 53: 6883–6886.
209 Sun, N., Zhu, Q., Anasori, B. et al. (2019). *Adv. Funct. Mater.* 29: 1–11.
210 Li, J., Rui, B., Wei, W. et al. (2020). *J. Power Sources* 449: 227481.
211 Yu, Y.X. (2016). *J. Phys. Chem. C* 120: 5288–5296.
212 Wang, N., Chu, C., Xu, X. et al. (2018). *Adv. Energy Mater.* 8: 1801888.
213 Rajagopalan, R., Tang, Y., Ji, X. et al. (2020). *Adv. Funct. Mater.* 30 1909486: 1–35.
214 Li, P., Zhao, G., Zheng, X. et al. (2018). *Energy Storage Mater.* 15: 422–446.
215 Wang, A., Kadam, S., Li, H. et al. (2018). *NPJ Comput. Mater.* https://doi.org/10.1038/s41524-018-0064-0.
216 Pender, J.P., Jha, G., Youn, D.H. et al. (2020). *ACS Nano* 14: 1243–1295.
217 Leung, K., Rempe, S.B., Foster, M.E. et al. (2014). *J. Electrochem. Soc.* 161: A213–A221.
218 Yu, J., Haiyan Zhang, A., Olsson, E. et al. (2021). *J. Mater. Chem. A* 6: 4883–5230.
219 Stratford, J.M., Mayo, M., Allan, P.K. et al. (2017). *J. Am. Chem. Soc.* 139: 7273–7286.
220 Li, Z., Ding, J., and Mitlin, D. (2015). *Acc. Chem. Res.* 48: 1657–1665.
221 Legrain, F., Malyi, O.I., and Manzhos, S. (2013). *Solid State Ionics* 253: 157–163.
222 Malyi, O.I., Tan, T.L., and Manzhos, S. (2013). *Appl. Phys. Express* https://doi.org/10.7567/APEX.6.027301.
223 Tipton, W.W., Bealing, C.R., Mathew, K., and Hennig, R.G. (2013). *Phys. Rev. B – Condens. Matter Mater. Phys.* 87: 184114.
224 Hembram, K.P.S.S., Jung, H., Yeo, B.C. et al. (2016). *Phys. Chem. Chem. Phys.* 18: 21391–21397.
225 Marbella, L.E., Evans, M.L., Groh, M.F. et al. (2018). *J. Am. Chem. Soc.* 140: 7994–8004.
226 Mortazavi, M., Ye, Q., Birbilis, N., and Medhekar, N.V. (2015). *J. Power Sources* 285: 29–36.
227 Saubanère, M., Ben Yahia, M., Lemoigno, F., and Doublet, M.L. (2015). *J. Power Sources* 280: 695–702.
228 Baggetto, L., Ganesh, P., Sun, C.N. et al. (2013). *J. Mater. Chem. A* 1: 7985–7994.
229 Weppner, W. and Huggins, R.A. (1977). *J. Solid State Chem.* 22: 297–308.
230 Cheng, X., Li, R., Li, D. et al. (2015). *Phys. Chem. Chem. Phys.* 17: 6933–6947.
231 Mortazavi, M., Deng, J., Shenoy, V.B., and Medhekar, N.V. (2013). *J. Power Sources* 225: 207–214.

第10章
对分布函数在钠离子电池研究中的应用

作者：*Phoebe K. Allan, Joshua M. Stratford*
译者：刘珏　罗思

许多新兴能源材料的结构都很复杂。它们可能是无序的、无定形的或者是纳米尺度（短程）有序的（至少有一个维度是纳米级）。它们的结构往往很难通过平均的长程有序的晶体结构来描述，因而传统晶体结构分析对于这类材料有一定的局限。本章介绍了使用对分布函数（PDF）分析来了解钠离子电池材料的局部结构，解释了如何通过衍射实验得到电池材料的对分布函数，并介绍了许多案例研究。其中重点介绍了 PDF 在研究钠离子电池电极和电解质材料中的应用。

▼ 10.1　全散射及对分布函数（PDF）简介

10.1.1　常规晶体分析（布拉格衍射）和全散射

入射辐射可以被材料散射，或被原子的电子云散射（X射线或者中子磁性散射），或者被原子核作用（中子原子核散射）。这种散射包含多个成分，其中之一是相干散射，可用于确定结构信息。相干散射由布拉格散射和漫散射组成。当平行衍射光束因材料的长程有序发生干涉时会产生布拉格散射。其中的强度峰值可以归属于来自晶体内部原子平行平面的反射。晶体材料通常使用基于布拉格衍射的方法进行研究，通过针对衍射数据对结构模型进行最小二乘改进的方法。该分析提供有关平均值的定性（例如相匹配）和定量（例如相分数、晶胞参数和原子位置）原子结构信息。

当材料结构存在偏离长程原子有序性时（动态或者静态），布拉格衍射被破坏，布拉格峰的强度降低，相关的散射强度在倒易空间中重新分布，这称为漫散射。漫散射强度通常比布拉格散射弱，并且在传统的晶体材料的晶体学分析中一般被忽略和作为背景处理。在全散射技术中，布拉格散射和漫散射采用同等权重处理。这样可以使全散射对局域结构更敏感。它可以提供有关晶体材料中长程结构的局域结构的差别或者长程无序材料的短程结构，例如无定形材料或液体的短程结构。全散射数据中也包含了对长程有序敏感的布拉格衍射信息。因此它能够同时得到晶相和非结晶相混合体系的结构信息，或在某种程度上处于这两个极端之间的"中间"体的体系，例如纳米颗粒或纳米结构材料，其中长程有序可能仅限于一维或二维尺度。

10.1.2 对分布函数的定义

样品的散射 $I_{exp}(\overline{Q})$ 是波函数矢量 ($\overline{Q}$) 的连续函数，散射矢量的强度定义为：

$$Q = |\overline{Q}| = \frac{4\pi \sin\left(\frac{2\theta}{2}\right)}{\lambda} \quad (10.1)$$

式中，2θ 是散射角；λ 是入射波的波长。$I_{exp}(Q)$ 有几个组成部分：

$$I_{exp}(Q) = I_{coh}(Q) + I_{incoh}(Q) + I_{MS}(Q) + I_{BG}(Q) \quad (10.2)$$

式中，$I_{coh}(Q)$ 是相干散射；$I_{incoh}(Q)$ 是非相干散射；$I_{MS}(Q)$ 是多重散射；$I_{BG}(Q)$ 是来自背景容器和仪器的散射。只有相干散射才包含结构信息，这意味着在数据处理过程中应去除散射的其他组分。$I_{coh}(Q)$ 可以对每个散射体进行归一化以给出结构函数 $S(Q)$：

$$S(Q) = \frac{1}{N \langle f(Q) \rangle^2} (I_{coh}(Q) + \langle f(Q) \rangle^2 - \langle f^2(Q) \rangle) \quad (10.3)$$

式中，$f(Q)$ 是样品中元素的原子散射因子（在本例中为 X 射线）。对于中子原子散射来说，$f(Q)$ 被原子核相干散射取代。尖括号代表样品中原子散射的平均值。图 10.1a 显示锑电极的归一化散射强度 $S(Q)$。其中布拉格峰表现为尖峰，而漫散射信号则表现为更宽的峰，并存在于布拉格峰下方。

我们可以通过在倒易空间中拟合模型来分析全散射，类似于 Rietveld 精修程序，但其中包含了漫散射信息。然而，更常见的做法是在实空间中分析 PDF 数据。这种实空间的 PDF 数据 $G(r)$ 可以通过弦傅里叶变换进行过校正、归一化的全散射数据得到：

$$G(r) = \frac{2}{\pi} \int_{Q_{min}}^{Q_{max}} Q[S(Q)-1]\sin(Qr) dQ \quad (10.4)$$

由于仪器限制，只能在测到一定波函数向量值 (Q) 范围之内的全散射数据，因而上述方程中的傅立叶变换被限定为一定的 Q 范围之内；Q_{min} 和 Q_{max} 分别表示 Q 的最小值和最大值。这些值将取决于所使用的 X 射线或中子的能量以及探测器的分布。

PDF 也可分解为以下等式，其中 $\rho(r)$ 是一定空间距离 (r) 中的原子对密度，ρ_0 是样品的平均原子密度，即单位空间中的原子数：

$$G(r) = 4\pi r[\rho(r) - \rho_0] \quad (10.5)$$

$\rho(r)$ 是实空间中的概率函数，给出的是相对原子完全随机排列的情况而言，两个原子在相距特定距离 r 处存在的相对概率。两个原子相距特定的距离概率很高的地方有一个峰值。在短距离，这个对应于原子或离子之间的键长，对于大于化学键距离的地方，这个反映的是原子对的概率。PDF，即 $G(r)$，通过放大中、长程范围的原子对概率信息，可以更好地反映结晶或纳米材料里面的中、长程的结构信息，因此被晶体结构领域广泛应用。原子出现在特定的原子间距处的概率很低时，PDF 返回到基线 $-4\pi r\rho_0$。这个如锑电极的 $G(r)$ 示例如图 10.1b 所示。

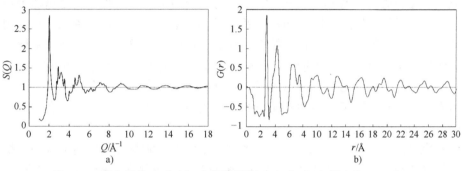

图 10.1 锑电极的（a）归一化散射强度 $S(Q)$ 和（b）相应的 PDF $G(r)$

10.1.3 获得对分布函数的实验方法

PDF 数据收集本质上是粉末衍射实验，但式（10.4）对所使用的数据收集策略提出了重要要求。

首先，衍射数据必须在较宽的 Q 值范围内测量。提取原子级信息需要至少达到 15～20Å^{-1} 的 Q_{max} 值。使用铜靶 X 射线衍射仪无法实现这一点。使用银靶 X 射线仪可以测到更大的 Q 范围，达到 Q_{max} 为 22Å^{-1}。当然最好使用高能量同步辐射光源 X 射线或散裂中子源实现 $Q_{max} > 30$Å^{-1}。实现高 Q 值的 X 射线数据收集通常可以通过挪动二维探测器到更靠近样品的位置。对于同步辐射 X 射线来说，PDF 数据通常可以在不到 1s 的时间内收集完毕。这对于需要很高的时间分辨的实验来说是最理想的选择。尽管这种近距离的探测器放置限制了倒易空间（Q 空间）分辨率，因此限制了在 PDF 数据能测到的最大原子对距离，但是这种选择对于研究局域或者中程有序的结构已经足够[2]。

其次，由于关注的散射强度包含在相对较弱漫散射里，从仪器和样品环境或容器的背景散射中有效解析出来这一部分散射信息就显得尤为重要。要实现这一目的，实验需要测到具有出色信噪比的高 Q 衍射数据。因此高光束通量、高光束单色性和低背景散射是至关重要的。

中子全散射测量也可以用来得到高分辨率的 PDF 数据。中子的一个关键优势是对于不同的元素其原子散射长度是随机变化的。因此，具有非常相似的原子序数并具有非常相近的 X 射线原子散射因子的两种元素可能具有非常不同的中子原子散射长度，从而可以提高它们之间的对比度。很多元素的不同同位素的中子散射截面也有所不同。因而通过同位素替代，可以使用中子获得同一化合物的不同同位素含量的多重对比度。并且这可以在结构建模过程中同时进行定量分析：如果一个提出的模型可以很好地拟合多个数据集，那么它更有可能是对结构的正确描述。X 射线和中子 PDF 也可以一起进行对比分析。

10.1.4 电池材料数据收集方法

收集电池材料 PDF 数据有两种主要策略：非原位测试和原位测试。非原位研究需要在电池循环到电化学曲线上的关键点时，拆卸电池，取出电极材料，然后将其密封到合适的容器中进行测量。原位 PDF 数据通常在电池运行时在同步辐射光源上进行测量。

非原位和原位方法各有其优、缺点。前者可以使用常规数据收集设置迅速进行，这些设置经过优化，适用于较高质量的 PDF 数据的收集。非原位分析还允许同一样品用于多种技术，从而实现多表征模式的分析。然而，在形成亚稳态相或对于对空气非常敏感的样品体系中，样品结构的潜在损坏可能是非原位测试需要面对的一个问题。从电池中取出并进行 PDF 测量意味着分析可能无法揭示样品真实的结构。此外，如果预期结构性变化是很小的，样品之间的电极孔隙率、活性物质负载量或光束中样品量的变化可能会掩盖相关的电化学反应引起的结构变化。

原位研究规避了上述这些困难。由于数据在电池循环时收集，任何形成的亚稳态中间体都可以被捕捉到，并且由于电池始终保持密封状态，不存在污染或降解的机会。此外，由于所有测量都在同一样本上进行，因此可以进行更精确的比较，包括在循环过程中结构变化较小的情况下进行准确的差分分析（见第 10.2.1 节）。然而，任何原位研究都是在获得最佳电化学行为和最佳 PDF 数据之间取得平衡的，样品环境设计是关键。

1. X 射线 PDF 分析的样品容器

PDF 测量需要在数据处理之前去除样品容器中的散射信号，因此对样品容器或环境提出了严格的要求。样品容器的散射强度应尽可能低并应该避免可能产生布拉格环的晶体材料，因为其衍射强度在不同次数据收集之间可能会变化。对于标准化的 PDF 数据收集，通常使用由聚酰亚胺塑料制成的毛细管或薄壁玻璃毛细管作为样品容器。

对于原位测量，电池必须拥有尽可能小的 X 射线吸收或背地散射，同时实现可以媲美传统电池（例如纽扣电池）的电化学性能。在原位电池中测量收集 PDF 数据是一项特别具有挑战性的技术，因为需要测量高 Q 散射数据和有效区分相对较弱的漫散射信号。X 射线穿过的材料要具有尽可能强的 X 射线穿透性，并且背景要尽可能可重复。

图 10.2 显示了一些原位电池设计。原位电池有两种可能的形状。第一种是轴向对称形状，其中 X 射线束穿过完整的电极堆叠（图 10.2a ~ c）。轴向电池具有复杂且可变的背景：必须在将数据处理成 PDF 之前去除钠对电极中的单晶的 Bragg 峰，使数据处理更加复杂。然而，这种几何形状允许使用薄电极，这可以提高电化学性能，对于晶体材料，这可以提高倒易空间分辨率。第二种是径向对称形状，它垂直于轴向，需要用足够小的 X 射线光束来穿过重点研究的电极（图 10.2d、e）。径向对称的电池可以提供更简单且一致的背景，从而使 PDF 提取变得更加容易和准确。这种形状的原位电池还适用于对称电池或完整全电池，因为每个电极组成都可以被独立探测。但是，当光束穿过更厚的样品时会降低倒易空间分辨率，并且样品的厚度必须明显大于 X 射线光束的尺寸。在大多数情况下，电极厚度

需要大于100μm从而可能会影响相应的电化学性能。

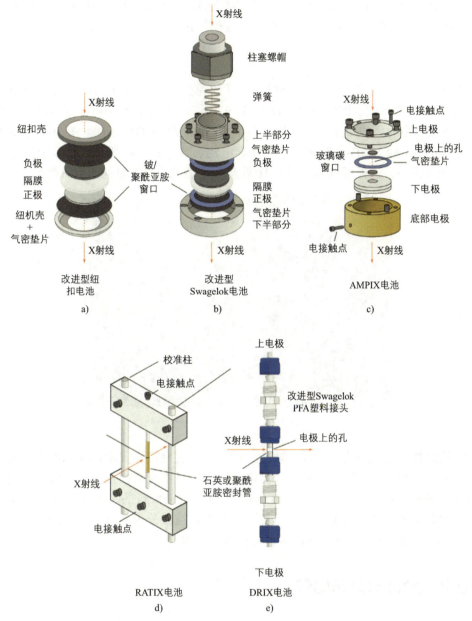

图 10.2　相关文献报道的各种原位电池的示意图：(a~c)是轴向对称形状的电池示例，(a)改进型纽扣电池，(b)改进型 Swagelok 电池和(c) AMPIX 电池（来源：摘自文献[3]，经 John Wiley & Sons 许可）；(d、e)使用径向对称形状的电池示例，(d) RATIX 电池（来源：摘自文献[4]，经 John Wiley & Sons 的许可），(e) DRIX 电池（来源：摘自文献[5]，经 John Wiley & Sons 许可）

最简单的原位电池只需在现有的电池（例如纽扣电池或软包电池）基础上对其进行改进，使其拥有让 X 射线穿过的窗口[6]。但是必须注意确保窗口既导电又保持电池堆压力。还有许多特定的原位电池设计。例如一部分原位电池采用了铍或玻璃碳窗，这样既保留了刚性又包含了电池堆加压带来的相关优点。但是这两种材料都不是理想的：铍具有剧毒，而玻璃碳的还原可以在低电压下发生，因此需要使用保护层来研究阳极材料。径向对称的电池通常使用聚酰亚胺、非晶/半结晶塑料或石英外壳。

2. 实验策略

使用同步辐射 X 射线时，它的高通量通常可以使测量时间少于 5min，通常比电池充电（放电）的标准速率更快。因而可以假设在每一个衍射的测量过程中电池材料没有发生结构变化。较短的测量时间也带来了同时进行多个不同电池测量的可能性。图 10.3 显示了在先进光子源（APS）的 11-ID-B 线站上的电化学电池装置图；样品架可以将多个电池依次移动到 X 射线光束中，这样可以实现用时 1h 收集六个电池中每个电池的衍射数据。

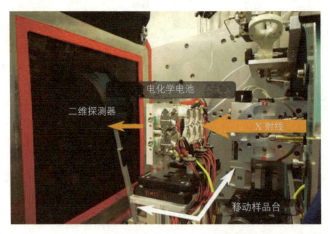

图 10.3　先进光子源（APS）的 11-ID-B 线站上的原位电化学电池装置图，一些关键特征被标注出来

一些线站能够将入射光束的尺寸减小到微米级。这允许在实验过程中探测电池的不同部分。例如，在径向对称原位电池中，可以在两个电极中交替扫描，或者跟踪反应在不同电极深度的进展。PDF 计算 – 层析（PDF-CT）方法也是可行的。可以在电池围绕电池轴旋转的同时收集连续的电极图。重建过程中，样本将被细分为多个体素并获得每个体素的 PDF，这使得对电极进行空间分辨的定量分析成为可能。

10.2　分析对分布函数

10.2.1　独立于模型的分析

PDF 是一个直观的函数，通过检测 PDF 中的特征（图 10.4）可以提供以下结构信息：

1）峰位置↔原子间距：在存在一对原子间隔距离的地方观察到峰。在低 r 时，这对应于键长，但是材料中所有原子之间的相关性都在 PDF 有所体现。

2）积分峰强度↔配位数：在正确归一化的 PDF 中，明确定义的峰的强度可以转换得到配位数，有缺陷的材料预计会产生低于预期的积分峰强度。该分析在多个重叠峰的存在

时针对更高的 r 显得很困难，源自于更复杂的结构以及其测量和结构中存在的其他方面的困难，包括仪器分辨率和各种粒径效应，这些都会降低峰强度。因此，对于除了最简单的情况以外，使用结构建模的方式得到配位数可能更适用。

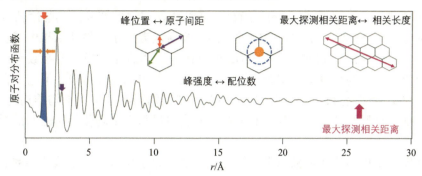

图 10.4　无序碳的模拟 PDF，注释有示例 PDF 的模型独立分析（资料来源：改编自文献 [7]）

3）峰宽↔无序性：如果原子被限制在其原子位点而没有任何移动，PDF 将由一系列位于适当的原子间距离的 δ 函数组成。然而，现实情况并非如此。任何原子位移都会在原子位置的分布中体现出来，表现为峰宽。无定形或无序材料可能在低 r 峰出现宽度非常类似于晶体材料的峰，这是由于其中存在宽度与晶体材料非常相似的化学键，但由于存在各种键角和原子间距离，它们往往在较大的原子间间隔处显示出更宽的峰。

4）R_{max} ↔相关长度：峰在噪声之上可见的距离给出样本的相关长度的概念，超出这个距离，所有原子间距离的可能性都是相同的。在晶体材料中，峰将延伸数百埃，仅受仪器分辨率影响。在高度无序的体系（例如液体）中，峰强度会迅速减小，在第一层配位球之外可能很快就几乎没有可识别的峰。

对于比较包含多个 PDF 的数据集，这些数据集是作为一个变量的变化过程中收集的，例如电池材料的充放电状态，无模型的分析特别有用。PDF 的变化表明材料中的原子间距发生了变化。例如，峰位置向更大的距离移动表明原子逐渐分离；在低原子间距处，这将对应于键长的增加。峰强度的减小意味着对应该峰的原子对的数量减少。结晶过程会导致随时间增长的更大的相关长度，而相关长度的减小则表明原子间距离被定义为更短的距离，例如来自非晶化、熔化或颗粒尺寸的减小。

差分 PDF（dPDF），也就是从一个样本或环境条件的 PDF 数据中减去另一个，可以突显 PDF 之间的差异。对于电池材料，dPDF 分析可通过减去原始电极的 PDF 来计算不同充电状态的电极：

$$dPDF = G(r)_{充电状态} - G(r)_{原始电极} \quad (10.6)$$

差异分析突出了电化学过程中额外形成或改变的相互作用。dPDF 在硬碳阳极上的应用在第 10.3.1 节中讨论。

10.2.2　PDF 分析建模

PDF 测量解决了大量的结构问题，最合适的建模方法将取决于所解决的结构问题。其中主要的方法及其优点和缺点概述如下。

1. 小盒建模

（1）实空间 Rietveld 精修

通过绘制结构中每对原子的 delta 函数，可以计算结构的 PDF。其强度值为原子对的平均散射强度，而位置对应了它们之间的距离。高斯函数用于模拟从结果中减去热紊乱和 $-4\pi r\rho_0$ 基线。将计算出的 PDF 与实验 PDF 进行比较，然后比较模型的参数允许使用最小二乘法进行变化，直到获得最佳拟合。这该方法类似于 Rietveld 精修，但它是在实空间中操作，并且它是能够通过低原子间距拟合的差异来识别局部结构和平均结构之间的差异。例如，在低原子间距处错误地拟合峰值位置可能表明局部和平均化结构之间的对称性存在差异。

拟合过程中变化的结构参数通常包括晶胞参数、原子位置、原子位移参数和原子占有率等。这些参数受到空间群对称性的约束。颗粒形状函数可以用于峰值强度的减弱作为距离的函数，例如，模拟具有一定半径的球形粒子的效果。通常以相同的方式计算细化的拟合优度（R_w）作为传统 Rietveld 精修的 R 值。然而，PDF 中的 R_w 值不能直接与 Rietveld 精修的值进行比较。R_w 很大程度上取决于所研究的结构类型以及结构的质量实验数据；即使在有序的材料情况下，大于 15% 的值也相当常见。然而，它们仍然在比较不同模型中提供有意义的比较——较低的值表示模型更适合数据。

局部的 PDF 也可以计算。这些结构中特定原子对，例如元素特定的 PDF 可以通过这种方式计算，并且关键的原子对对总 PDF 的结构贡献可以被显示出来。

小盒方法的优点是相对快速且简单，因此，它应该被视为 PDF 分析在尝试更复杂的结构建模之前的第一个"停靠点"。这种方法的主要缺点是它仅限于结构的晶体学描述，因此，它应用于在考虑的距离范围内无法用晶胞很好地描述的材料具有局限性。

（2）基于德拜方程的模拟

分子、簇、纳米片和小纳米粒子不能很好地用晶胞来描述，因为晶胞需要假设三维平移对称性。离散的散射函数原子的集合可以使用德拜方程[8]计算，PDF 为通过其傅里叶变换计算。这可以与实验进行比较数据，然后使用最小二乘例程精炼模型参数最小化模型和数据之间的差异。

这种方法开辟了可以根据 PDF 建模的结构类型数据。在没有空间群对称性约束的情况下，必须注意不要使用这种方法对模型进行过度参数化。这个过程中需要谨慎的平衡，既要模型中有足够的参数来捕获所有结构特征并添加大量参数以提高模型的拟合度数据，同时又要使模型具备合理的物理意义。

2. 大盒建模

大盒模型通常包含 10000 个或更多原子。初始模型通常是根据结构或晶体学描述的超级晶胞创建的来自原子模拟的输出。然后使用基于实空间和倒易空间数据的逆蒙特卡罗过程来进行精修的。将初始模型的结构函数计算结果与实验数据进行比较，可以计算出拟合优度。模型中的原子随机移动并重新计算与实验数据的拟合。如果移动有所改善，则说明其适合总是接受移动；如果拟合变差，则根据概率接受移动以避免局部最小值。重复此过程，直到得到最适合实验数据的拟合。此过程通常会运行多次并且得出综合的结果，以确保模型不会因局部极小值而产生偏差。

先验化学知识可以通过约束条件添加到模型中来确保图案（例如多面体）保持完整，或使用键价和。任何光谱，例如根据X射线吸收精细结构（EXAFS）光谱，或从原子配置计算出的规律都可以包含在拟合中。明智地使用附加信息是实现有意义的模型的关键。

另一个减少大盒模型中自由度数量的方法是引入经验对势。不同于精修模型中的每个原子的位置，势能（原子之间距离的函数）可以使用蒙特卡罗过程进行精修，以达到最小化构型能量。这生成的结构因子与实验数据的PDF之间的差异用于更新经验势，并且重复该过程直到实现收敛。这使得模拟结构尽可能接近重现实验数据的结构。这种方法称为经验法潜在结构细化（EPSR），允许在不必添加大量参数的前提下来增加模型中的原子数量。EPSR常用研究液体结构、离子溶剂化和非晶态系统。

大盒建模方法产生一个与以下一致的单一模型局部和平均结构，其中原子对的部分PDF可以提取利息、键长和角度分布以及平均结构。因此，它是一种非常强大的分析方法，但它也是计算量较大的模型。为了实现稳健的模型，应在开始之前确定尽可能多的信息，例如，通过细化平均结构使用倒数空间数据，局部结构使用小盒PDF数据建模，或使用分子动力学获得真实的起始配置。理想情况下，应使用多个数据集和对比，例如来自X射线和中子散射的实空间和倒易空间数据，或通过其他技术将结构信息添加到模型中。

▼ 10.3 钠离子对分布函数分析电池材料

10.3.1 硬碳阳极

"硬碳"是指任何加热至3000℃以上未石墨化的碳材料。一系列具有不同电化学特性的硬碳已被报告，因此能够区分一系列行为结构非常相似的材料对于理解电化学行为至关重要。然而，它们的结构并不容易进行比较。硬碳缺乏长程有序，它们的相关长度通常是有限的10~30Å，传统粉末衍射仅产生两个宽峰（图10.6c）。与之类似，^{13}C固态NMR即使在非常低的温度下也只会产生一个宽峰[9]。

PDF与拉曼光谱和/或小角散射一起可以给出有关硬碳的有用结构信息。R.Franklin在20世纪40年代对这些碳进行了首次PDF测量，得出的结论是它们由约16Å的"高度完美且平坦的类石墨层"组成，层间距为3.7Å，每个层组大部分为一层或两层[10]。

据说这些群组被高度无序的区域化碳分隔（图10.5）。在后来的工作中，R.Franklin又研究了结构如何随热解温度变化[11]。这些研究中得出的许多结论至今仍然成立，但现代设备已经实现了更详细的分析。对硬碳作为钠离子阳极的关注导致了更多对于促进钠储存的碳的合成条件与碳结构特征，以及钠储存机制之间的联系的研究。

图10.6显示了硬碳的典型PDF以及石墨的模拟PDF。首先看一下石墨的PDF（图10.6a），很明显在最近邻距离1.42Å以下没有峰，因为石墨中原子之间距离不会比它更小了。较短距离处会观察到低振幅的波纹，这些波纹与结构内的距离无关，而是由于傅里叶变换在式（10.4）中的非无穷Q范围的结果。1.42Å处的峰很尖锐，因为与碳-碳双键

相对应的原子间距是明确定义的。在 1.42Å 和下一个最近邻距离 2.45Å（对应到六方碳环的间位交叉环距离）之间没有观察到其他的峰。下一个峰值是在 2.85Å 和 3.63Å 处观察到来自石墨烯层内的额外的原子–原子间距。3.63Å 处观察到的峰肩是第一个层间 C-C 距离。随着距离的增加，层间距离所占的比例随之增大，对 PDF 有贡献的具有相似距离的原子的数量也增加，导致 PDF 变得越来越复杂。

石墨的 PDF 具有尖锐的峰，远远超出了 r 范围，如图 10.6a 所示，可能在数百埃之外被观察到。这对于晶体材料来说是典型的，因为原子是在很长的距离上有序的，原子间的距离是明确定义的。请注意，即使在非结晶的材料中，PDF 中的峰值强度也会随着距离而减弱；这是由于收集数据的仪器的分辨率造成的，而不是材料的结构特征。

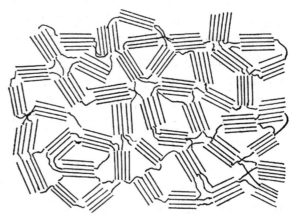

图 10.5 硬碳原理示意图，直线代表石墨烯层，曲线代表高度无序的区域化碳（来源：来自文献 [11]，经英国皇家学会许可）

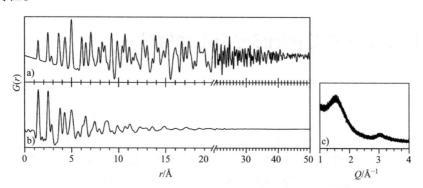

图 10.6 （a）石墨（模拟）和（b）硬碳的对分布函数；（c）硬碳的典型 XRD 图谱

这两种材料的 PDF 比较凸显了 PDF 方法的强大之处。图 10.6c 显示了硬碳的典型 XRD 图谱。起初可能会认为从这种材料的 X 射线散射中获得的信息非常有限，然而，通过收集高 Q 值数据并计算 PDF（图 10.6b），可以看到在全散射的微妙之处隐藏着大量信息。可以清楚地看出峰的强度迅速减小，并且在大于 25Å 远处几乎观察不到峰值。这是材料的相关长度的度量——材料中的原子在规定距离"看到"其他原子的距离；超过 25Å 之外，原子位于所有可能的原子间距离处的概率相同。由此可以得出结论，硬碳的有序度低于石墨。峰随着距离的增加而迅速变宽，表明当距离超过 5Å 时，原子间的有序性变得不那么明析。前几个峰值仍然尖锐并且与石墨中的低 r 峰的位置相似，表明该材料具有基于六角环的明确定义的局部有序性。

独立于模型之外，低 r 峰位置、积分强度和相关长度的比较通常用于比较在不同温度下进行退火处理的硬碳。图 10.7 是一个示例，其中用中子 PDF 来研究两种硬碳的结构并与更有序的玻璃态碳进行对比 [12]。低于 5Å 的峰匹配石墨中的碳–碳距离，但没有发现对应于层间的距离的峰，表明乱层紊乱。硬碳显示有限的相关长度，这是由于结构的有限尺寸造成的乱层纳米域。温度越高的样品具有越大的相关长度，从 XRD 和拉曼测量中观察到相同的趋势，尽管绝对值存在显著差异，因为拉曼测量倾向于给出一个高估值[13]。

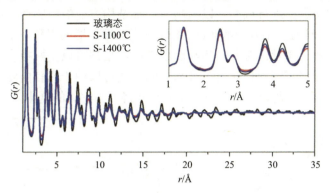

图 10.7　不同退火条件下合成的硬碳的 PDF 比较温度（资料来源：摘自文献 [12]，经美国化学学会许可）

随着 r 的增加，较低和较高温度的样品的积分峰强度也存在差异，可能是由于较高的缺陷浓度，特别是非六角碳环浓度更高，这与拉曼光谱的信息一致。应该指出的是，碳的相关长度不同也同样会导致峰强度的不同，没有详细的结构模型前提下，很难评估这两种效应对数据的相对影响。

独立于模型的研究，例如上述的研究，尤其是用于突显不同碳材料之间差异时，可以提供有用的信息。然而，通过结构建模可以获得更详细的信息。最简单的模型采用石墨晶体结构并将其修改，使其更类似于无序碳——扩展的 c 轴、c 方向上增加的热扰动以及有限的粒径修正是常见的[14-17]。这些模型与数据的拟合非常好，只有轻微的差异（图 10.8）。这表明，平均而言，该结构类似于无序的石墨烯层，层间相关性很少，这与 Franklin 早期的工作一致。这些模型的主要缺陷是系统地高估了更高的 r 值处的峰位置。硬碳中发现的距离与石墨中预期距离的偏差表明石墨烯层内存在弯曲。使用 PDF[15] 和 TEM[18] 也可以观察到这种弯曲。

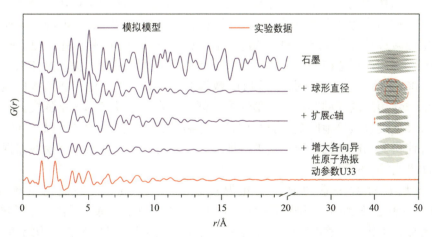

图 10.8　使用石墨结构对硬碳的 PDF 进行建模所涉及的步骤示意图，模拟以紫色显示，并从上到下进行，实验数据以红色显示

这些简单模型受到周期性边界条件的限制，意味着它们无法模拟结构的各个方面（例如曲率）。基于德拜方程（参见第10.2.2节）的模型，由于该方程不需要周期性边界条件，最近被开发来提高模型针对结构的这些方面（例如曲率）的灵敏性（图10.9）[19]。模型针对实空间和倒易空间数据进行调整，以提高对局部结构方面的敏感性，例如片层的曲率通过 $G(r)$ 来得到，以及通过 $F(Q)$ 中的（002）峰来了解堆叠层的层数。最终模型包含最少数量的原子和精细参数，同时针对实空间和倒易空间数据都可以良好拟合，类似于结晶材料的非对称单元。这开辟了一种相对简单且高产的方法可以用于比较曲度（直接与缺陷浓度有关）等结构参数和不同硬碳之间的碎片尺寸，并将其与它们的电化学特性联系起来。

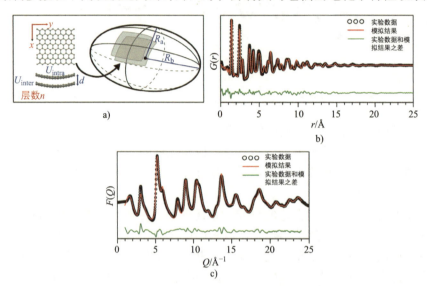

图 10.9　基于德拜方程的建模中包含的结构参数示意图：(a) 堆叠弯曲石墨烯片模型；(b) PDF 及 $G(r)$；(c) 拟合简化的结构函数 $F(Q)$（资料来源：摘自文献 [19]，美国化学学会 /CC BY 4.0）

作为这些小盒模型的替代方案，人们已经研究了包含数千个原子的大型模型。其中一个玻璃碳的大盒模型的例子基于分子动力学模拟。以一个有限大小的以石墨结构为起点，石墨烯层在面内方向上以随机距离平移，以引入乱层紊乱。再加入 Stone-Wales 和空位缺陷，并使用经验势对石墨烯层内的原子进行了经典分子动力学松弛，并使用 Lennard-Jones 势对层间相互作用进行建模。模型的层数和层间距离的选择是为了提供最佳拟合倒空间衍射数据的（002）峰；层的大小是根据 PDF 数据的相关长度估算。在结构松弛之后，由缺陷引入的非六角形碳环的存在在石墨烯层内创建了弯曲。缺陷本身是随机分布的，通过反复试验选择浓度以最好地匹配实验峰位置。然后，将几个这样的结构以不同的间隔和角度组合，并使得到的超结构松弛。这更好地代表了物理材料，并且允许模型捕捉交联在不同碳域之间可能发生的程度。

这些模型是针对一系列通过炭化温度在 800～2500℃ 之间制备的碳而制作的（图10.10）。炭化温度越高，石墨烯层的尺寸增加而曲率减小。总体而言，温度升高会导致结构变得更加石墨化，尽管不同碳域之间的交联有效地阻止了其完全转变为结晶石墨。

PDF 还被用于研究硬碳中的钠储存。钠通过两阶段机制插入硬碳。电化学曲线以占容量 50% 左右的陡坡过程开始，以代表容量的第二个 50% 的平台过程结束（图10.11c）。不同硬碳之间的结构差异会影响在这些过程中获得的相对容量，例如，具有更大曲率的硬碳在更高的电压下表现出更大的容量，表明缺陷的存在（导致弯曲）是高压存储的关键。

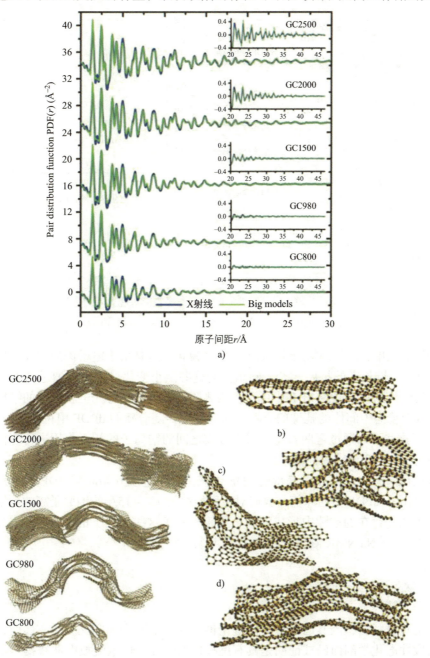

图 10.10　在不同温度下制备的多种玻璃碳的（a）实验 PDF（蓝色）和计算 PDF（绿色）的比较；（b）对应于（a）中计算的 PDF 的玻璃碳的模型（资料来源：摘自文献 [20]，经国际晶体学联合会许可）

原位实时 PDF 测量被用来系统地跟踪充电（放电）期间单个电极内发生的变化。添加钠结构的变化仅引起测量的 PDF 的轻微变化，这表明发生的任何结构变化都是相对微妙的。差异分析（图 10.11a、b）可用于突出这些变化[15, 19]。从钠化（即"全"）PDF 中减去"空"

碳的 PDF 消除了任何在这个过程中没有发生变化的原子与原子的相关性。这样仅留下那些由于新的相关性钠–碳和钠–钠距离，以及由此产生的来自碳结构的扭曲的所有变化。

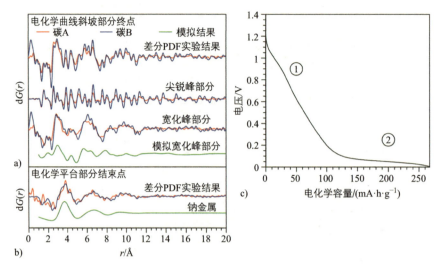

图 10.11 （a）斜坡过程结束时两种硬碳的差分 PDF，其中尖锐和宽化的成分代表了 C–C 键扩展和 Na-C 相关性的贡献；（b）平台过程结束时的差异 PDF 与 13Å 金属钠簇模型对比（资料来源：摘自文献 [19]，美国化学学会 /CC BY 4.0 ）；（c）硬碳的典型电化学曲线，其中圈出的数字表示两个过程

在倾斜过程中，CC 峰移动到更高的 r 值并锐化，这是由于电子添加到碳的反键 π 轨道而引起一些 CC 键长度的扩展[16, 19]。碳结构的这些微小变化如果没有通过高度一致的原位数据可能很难检测到，原位 PDF 中可重复探测同一电极在多种充电状态下的结构而不会受空气污染或亚稳态中间体的弛豫的影响。这些变化伴随着新的 dPDF 中位于 2.8Å、6.0Å 和 9.5Å 的峰，这些可以通过弯曲石墨烯层上方或之间的钠离子的相互作用进行建模。综合起来，结果表明钠插入到碳表面的缺陷附近。

在低电压过程中，从最后获得的 PDF 中减去低压过程开始时碳 PDF 会观察到新的峰值（图 10.11b）。dPDF 中的峰值与我们对于直径约为 13～15Å 的钠原子簇的预期一致，表明在结构中预先存在的空隙中形成的钠金属簇解释了这些电压下的钠容量，与来自 SAXS 的测量结果[21]、^{23}Na NMR 测量[15, 18]和 DFT 计算[22]一致。

10.3.2 锡阳极

锡作为负极材料，因其已知最高的理论钠储存容量而受到广泛关注。然而，它的复杂性、多阶段性电化学剖面已被证明是具有挑战性的研究。恒电流放电曲线揭示了四个不同的平台，表明至少发生了四种结构转变。早期采用 XRD 和 TEM 的研究表明，钠插入过程中会形成结晶相和非晶相的混合物[23, 24]。PDF 是一个对该系统进行探测的理想方法，因为它能够获得是否显示长程有序的所有相的信息。原位 PDF 分析，辅以原位 XRD 和原位/非原位 ^{23}Na 和 ^{119}Sn 固态 NMR 共同使用，可以更好地理解形成的中间结构[25]。研究结果的总结如图 10.12 所示。

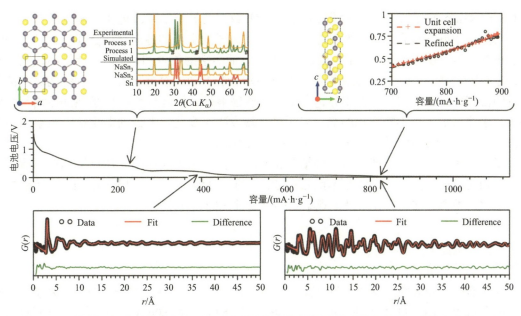

图 10.12　钠插入锡的电化学曲线，注释为部分流程的结构数据（资料来源：改编自文献 [25]）

放电机制的第一步导致锡转变为另一种晶体结构。原位 XRD 分析表明，锡对应的布拉格峰完全消失，而对应于新的相的峰出现。有趣的是，有一些对应于新的相的峰在此过程中出现，但随后消失，在过程结束时只留下一个可见的峰的子集。这是以前在非原位研究中没有观察到的微妙之处。使用从头开始随机结构搜索（AIRSS）生成了一系列钠 - 锡结构，由此计算出的衍射图案可以与实验数据进行比较。过程结束时形成的结构是化学计量 $NaSn_2$ 的层状结构；它由锡原子层组成蜂窝结构，由钠层分隔，其中在每个锡六边形的中心存在一个钠。该过程中间观察到的额外峰值由该结构的亚稳态变体（成分为 $NaSn_3$）产生。在这个结构中，交替的钠原子有 50% 的机会被一个锡原子取代。这消除了结构中的六重旋转对称性，导致一些在最终结构中禁止的反射在这种较低对称性的中间体显示出一定的强度。

在第二次电化学过程中形成的非晶结构具有近似化学计量 $Na_{1.2}Sn$。这种非晶结构由于缺乏布拉格散射，无法使用传统的衍射技术进行任何分析。PDF 和固态 NMR 可以揭示结构中连接性。PDF 测量表明此阶段同时存在两个相：一个相关长度 <30Å 的短程无序相和一个强度较低的较长距离的相。使用分子动力学模拟的结构作为其起始配置的反向蒙特卡罗来精修其中的短程相，结果计算出的 PDF 结构与实验数据匹配得很好。由于 RMC 精修并不一定能得出唯一的结果，需要补充使用 ^{119}Sn 固态 NMR 测量来进行评估 Sn-Sn 连接性。RMC 模型中每个锡原子的连接性都被计算出来，各种环境（例如哑铃、链条和四面体）中锡原子的数量与相应环境下的 NMR 峰强度进行对比结果匹配良好。这表明虽然 RMC 模型不一定是唯一的，但它仍对电化学中此时阳极的结构有代表性。还可以发现，更长的距离的相关性与之前的过程中形成的层状 $NaSn_2$ 结构能够很好地匹配，但在层间方向上有所扩展并且相应的热位移参数有所增加。

在第三个电化学过程中，结构返回了长程有序。已知几种具有相似化学计量的结构是稳定的或在此成分区域中呈轻微亚稳态：Na_2Sn、Na_7Sn_3 和 Na_5Sn_2。这些结构均基于 Sn-Sn 哑铃，但是钠在其中一个位点的占用率方面有所不同（从 Na_2Sn 中的 0 占用率到 Na_7Sn_3 中的 0.8 和 Na_5Sn_2 中的 1 范围内变化）。针对 PDF 数据的最小二乘改进能够确定所有三种结构都与数据很好地拟合，但后两种结构给出了钠原子的更高的各向异性位移参数。这表明为了更好地匹配实验数据，钠的贡献正在扩大，证明钠的位置和 / 或化学计量不正确。对在此过程中每隔一定时间收集的高度一致的 PDF 数据集进行精修，发现三种结构之间钠的位点的占有率呈线性增加存在差异，揭示了一些固溶行为。这与 ^{23}Na 原核磁共振测量结果一致，该测量显示出不断变化的峰，表明钠环境发生了变化。考虑到电化学中观察到的表明两相反应行为的平坦平台，这一发现有些令人惊讶。

最后，第四个过程会产生另一种结晶相 $Na_{15}Sn_4$。虽然从 PDF 和 XRD 数据可以清楚地看出该相的形成，但 NMR 数据显示此时发生了两个过程。第二个过程归因于 $Na_{15}Sn_4$ 相的过度钠化，类似于在锂合金阳极中观察到的过度锂化的过程[26, 27]。

10.3.3 锑阳极

基于合金 Na_3Sb 的形成锑的理论容量为 $660mA·h·g^{-1}$，并且对于合金阳极来说，不同寻常的是可以在高容量高倍率下实现：约 4C 倍率下可实现 $580mA·h·g^{-1}$[28]。目前有两种已知的钠锑合金：NaSb 和（六方）Na_3Sb，以及在高压下结晶的立方结构的亚稳态 Na_3Sb 结构。

原位 XRD 证明初始钠插入过程包括一个长的、在 0.5V 左右的平坦过程中，非晶态 Na_xSb 合金在此过程中初步形成。在消耗完所有结晶锑原材料后，在钠插入过程结束时观察到对应于六方 Na_3Sb 的反射。还观察到对应于立方 Na_3Sb 的小峰，表明电极采用动力学结构路径。当钠被去除时 Na_3Sb 反射消失，但是即使电极到达充电终点也没有观察到新的布拉格峰；这表明结晶锑起始材料在第一个循环后没有发生重整。第二次钠插入该过程具有与第一个过程不同的电化学曲线，在电压曲线中观察到三个峰，但没有形成结晶相，直到钠化结束时形成六方 Na_3Sb。添加到电极的钠原子数（根据电化学测量计算得出）以及 Na_xSb 结晶相中的钠原子数之间存在较大差异。

为此，一项与 ^{23}Na 固态 NMR 光谱相关的原位 X 射线 PDF 被用于锑阳极的钠储存机制的研究[29]。NMR 提供有关钠的局部环境的信息，这补充了 X 射线 PDF 分析，X 射线 PDF 分析本质上对涉及较重锑的相关性更加敏感。样品的非原位核磁共振谱第一个和第二个周期的钠插入和去除的各种状态显示，循环过程中形成两个中间 Na_xSb 相：第一个是钠插入过程中在 Na_3Sb 形成之前形成的；第二个是在钠移除过程中形成。在第二次放电时，两种中间体在结晶 Na_3Sb 之前形成。与 NaSb 模型化合物的 NMR 谱比较表明，这两种中间体都不对应于 NaSb。

受这些 NMR 结果约束的 PDF 分析能够深入了解两个未知中间相的结构。由于晶体和非晶态的混合，这是一个特别具有挑战性的表征体系。通过对高 r 值（20 ~ 50Å），该距离结晶相将占主导地位）使用多相最小二乘精修，不同荷电状态下晶相（Sb、Na_3Sb）的贡献可以被建模。通过将此模型扩展到低 r 值（2 ~ 20Å），可以从 PDF 中消除晶相的贡献，从而将 PDF 保留为用于分析的非晶中间相 Na_xSb（图 10.13）。最初的第一次钠插入时形成的中间体被鉴定为无定形的 $Na_{3-x}Sb$；具有与 Na_3Sb 类似的局部结构的相，但具有相关长度大约 15Å 左右，并且很可能存在大量的空位。一旦所有起始锑都已反应，Na_3Sb 结晶则从该阶段开始。

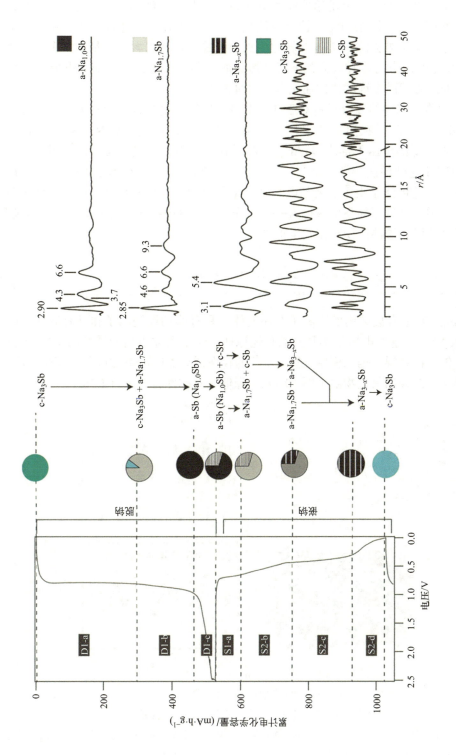

图 10.13 （左）钠－锑系统的 PDF 衍生机制；（右）中间阶段的关键 PDF（资料来源：摘自文献 [29]，美国化学会 /CC BY 4.0）

当钠从电极上去除时，Na_3Sb 和一个化学计量为 $Na_{1.7}Sb$ 之间发生两相反应。$Na_{1.7}Sb$ 的 PDF 中特征性的 2.85Å 处有单个锐相关性和 10Å 以下有几个广泛相关性。这与部分对齐的有序 Sb-Sb 哑铃相一致。该相的无序性质与该相的 ^{23}Na NMR 中的宽峰一致。随着更多的钠在第二次充电过程中被去除，$Na_{1.7}Sb$ 转化为无定形锑，该相仍含有大量钠（大约每个锑有一个钠）。在充电结束时，在较高的 r 值处形成的一些相关性，表明部分电极形成结晶锑。据估计，非晶态与晶态锑的比例在充电结束时为 70∶30。

这种晶体和非晶态锑的复合材料对于理解电极在后续放电过程中的行为非常重要。其中的非晶锑网络比结晶锑在更高的电压下与钠发生反应，首先形成 $Na_{1.7}Sb$，然后形成 $Na_{3-x}Sb$，然后在更低的电压下形成 Na_3Sb。结晶锑在较低电压下发生反应，表明需要更高的过电势才能破坏这种锑连接性。结晶锑也直接形成 $Na_{3-x}Sb$，放弃形成 $Na_{1.7}Sb$，与首次放电机制相呼应。这可能是由于需要超电势破坏结晶锑网络。该复合材料在第一个循环之后形成可以解释锑电极良好的高倍率行为——部分原因是电极在任何时刻都处于活动状态，提供一个非活动阶段来缓冲体积正在发生扩张。

10.3.4 $Na(Ni_{2/3}Sb_{1/3})O_2$ 中的局域阳离子有序度

$Na(Ni_{2/3}Sb_{1/3})O_2$ 是岩盐结构的阳离子有序变体，具有移动性钠离子和具有氧化还原活性的 Ni（以及 Sb，在这些电压下不具有氧化还原活性）沿着立方岩盐结构的（111）方向占据交替层。钠、镍和锑占据八面体位置。Sb^{5+} 的存在诱导 Ni 和 Sb 之间的阳离子有序化，形成蜂窝状结构过渡金属氧化物层（图 10.14a）降低了对称性材料来自 R3m。

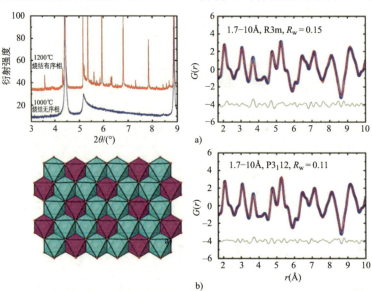

图 10.14 （a）无序和有序的 $Na(Ni_{2/3}Sb_{1/3})O_2$ 的同步加速器 XRD 数据（$\lambda = 0.4137$Å）；（b）$Na(Ni_{2/3}Sb_{1/3})O_2$ 过渡金属氧化物层中的阳离子排序在 ab 平面上观察，Ni-八面体以青色显示，Sb-八面体以粉红色显示；（b）PDF 适合 R3m 子电池（顶部）和订购的 $P3_112$（底部）模型，实验性的数据以蓝色圆圈显示，模型的计算 PDF 显示为红色，该实验 PDF 和模型 PDF 之间的差异以灰色偏移显示（来源：摘自文献[30]，经美国化学学会许可）

Ni/Sb 的排序取决于合成条件。在高于 1200℃的温度下合成的样品可以使用以下公式对单斜晶 C_2/m 对称性进行建模高分辨率同步加速器 X 射线衍射。在较低温度下，无序性观察到：菱面体空间群 R3m 的布拉格峰指数表明，平均而言 Ni/Sb 位点是随机占据的。然而，精修无法拟合 d 间距为 2.3Å 和 4.6Å 的两个宽峰，表明存在 Ni/Sb 排列的短程有序。这些峰具有特征性的"Warren"线形状和长的高 Q 值尾部，这意味着这种有序性是二维的[31]。

PDF 分析可以用于探测无序材料的局部结构。使用两个模型进行最小二乘法精修：随机 R3m 亚胞结构和有序 $P3_112$ 模型（图 10.14b）。在 PDF（10~30Å）的中程相关中，这两个模型都能很好地拟合。然而，当在 1.7~10Å 范围内进行精修时，即相关性来自单个过渡金属层的范围时，发现 $P3_112$ 模型提供了更好的拟合。这表明无序的同质异晶体存在每个单独层中 Ni 和 Sb 有明确定义的蜂窝状微观有序结构。TEM 数据凸显了大量层错的存在；当考虑原子间距离超过 10Å 时，这导致 Ni 和 Sb 的有效随机化，与 PDF 结果一致。因此，得出结论认为连续的蜂窝晶格之间的相对位置是无序的层。这种无序对材料的电化学性能有害：无序变体始终显示出比有序变体容量低 10mA·h·g^{-1} 的材料。其可能的根源是堆叠的减少，这意味着可能有离子交换被切断并且电化学不活跃的区域。

10.3.5 水钠锰矿材料

水钠锰矿 δ-MnO_2 是由共享边缘的 MnO_6 层组成的层状结构八面体，中间有层间空间。层间空间可包含水或离子，通常是碱金属或二价过渡金属。层间物质的数量和类型决定了层间间距和化学性质夹层。MnO_6 片之间的大型夹层（~7Å）允许容纳离子，与其他 MnO_2 多晶型物相比，它更容易扩散，使其成为有吸引力的电极材料，特别是用于水系钠离子电池的电极材料。

该结构包含几个潜在的无序的平面，因此复杂的表征是一个挑战。MnO_6 的堆叠可以包括大量的堆垛层，XRD 图案往往具有广泛的特征反射，这限制了可以获得的信息。平面内的无序也可能存在，例如，夹层中存在阳离子需要一些 Mn^{4+} 被还原为 Mn^{3+}；该 Mn^{3+} 可以存在于 MnO_6 中层，或者它可以移出 MnO_6 层的平面，形成表面缺陷（图 10.15a）。层间离子和水也可能是无序的。不同的层间离子偏好不同的配位位点，例如 Na 更喜欢八面体配位，而较小的离子更喜欢 MnO_6 内的 Mn 空位上方/下方的层或位点[34]。离子的化学性质也会影响层间水的存在和结构。

水钠锰矿显示出双层和法拉第电荷存储，并且已被研究使用 1mol Na_2SO_4 水溶液作为钠离子电容器的电极电解质。其结构可以通过剥落和絮凝来改变。絮凝过程中较低的 pH 条件会降低平均氧化态的锰。这导致 Mn^{3+} 比例增加。X 射线 PDF 被用于量化表面缺陷中存在的 Mn^{3+}。通过比较 MnO_6 层内的相对强度峰值 2.89Å（对应于 MnO_6 层内的 Mn-Mn 相关性）以及 3.45Å，由于 MnO_6 层内的 Mn-Mn 表面缺陷（图 10.15a），这两个峰值对应于一个原子与原子之间的距离，因此可以直接比较它们的面积。这些峰的比例与锰表面缺陷的数量直接相关。pH = 4 时制备的样品有 19.9% 的 Mn 空位，其中 Mn 被取代表面。pH = 2 时制备的样品有 26.5% Mn 空位，增加了约 30%。锰表面缺陷的存在开辟了两个潜在的额外位点离子存储：MnO_6 层内的 Mn 离子空位，以及 MnO_6 片的一侧和欠配位的 MnO_6 表

面八面体在 MnO_6 片的另一侧。pH = 2 时制备的样品与 pH = 4 时制备的样品相比,电容得到改善,从 209F·g^{-1} 提高到 306F·g^{-1},与 Mn 缺陷的增加相关。用 Ni^{2+} 掺杂水钠锰矿的 MnO_6 层已被证明可以平均提高水系钠电池的电容存储容量 20%[33]。利用 Ni 和不同中子散射长度的 Mn,放置在层内、层间的镍离子模型的细化,以及包括两种 Ni 环境与中子 PDF 数据的双模型证实了 MnO_6 层中存在镍(图 10.15)。而且,镍的各向同性位移参数比锰的大,表明 Ni 的环境是无序的。XANES 数据证明 Mn^{3+} ↔ Mn^{4+} 和 Ni^{2+} ↔ Ni^{3+} 氧化还原电对的充电/放电过程。原位 X 射线 PDF 证实了这一点,证明 Ni-O 和 Mn-O 键长的扩展发生在将钠添加到材料中后,这是由于还原后的离子具有更大的半径。峰宽的增加也表明插入钠的材料与原始材料相比具有更多的无序性。

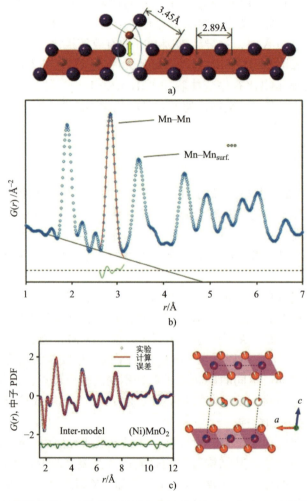

图 10.15 (a)水钠锰矿层结构图,关键距离处的表面缺陷已标记;(b)PDF 峰值拟合示意图,真实空间的细化中子 PDF 数据比较位于(c)MO_6 层和(d)夹层中的 $(Ni)MnO_2$ 水钠锰矿材料,实验数据用蓝色圆圈表示,计算出的模型的 PDF 显示为红色,实验和模型之间的差异 PDF 以绿色偏移显示,结构模型的表示形式显示给每个细化的权利(资料来源:(a、b)摘自文献 [32],经 Springer Nature 许可 /CC BY 4.0;(c、d)摘自文献 [33],经美国化学学会许可)

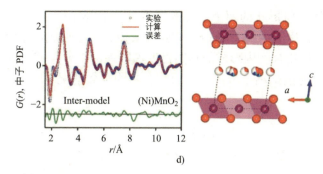

图 10.15 （a）水钠锰矿层结构图，关键距离处的表面缺陷已标记；（b）PDF 峰值拟合示意图，真实空间的细化中子 PDF 数据比较位于（c）MO$_6$ 层和（d）夹层中的 (Ni)MnO$_2$ 水钠锰矿材料，实验数据用蓝色圆圈表示，计算出的模型的 PDF 显示为红色，实验和模型之间的差异 PDF 以绿色偏移显示，结构模型的表示形式显示给每个细化的权利（资料来源：(a、b) 摘自文献 [32]，经 Springer Nature 许可 /CC BY 4.0；(c、d) 摘自文献 [33]，经美国化学学会许可）（续）

10.3.6 电解质

理解电解质的结构很重要，因为溶液中的物质相互作用决定了电解质的性质。特别是，量化溶剂化以及离子配对的类型和程度是很重要的，因为这些直接影响扩散、稳定性和动力学。由于 PDF 对局部结构的敏感性，因此它非常适合探测液体的结构，该液体在第一层配位球之外几乎没有明显的有序性。钠离子电池电解液通常由离子组成，最常见的是 Na$^+$ 和 PF$_6^-$ 或 ClO$_4^-$ 阴离子溶解在有机溶剂中。它们由于离子内的共价键以及离子和离子之间确定的相互作用表现出明确的短程有序（$r < 5$Å）。超过 5Å，观察到来自随后的溶剂化壳的较宽峰；在大于 15Å 的距离上几乎没有观察到有序性。

二甘醇二甲醚 [双（2- 甲氧基乙基）醚] 中 1mol NaPF$_6$ 的结构（图 10.16）已经使用中子散射和同位素取代对溶剂进行了研究。甘氨酸电解质系统很受关注，因为钠共嵌入可以发生在石墨阳极，在使用二甘醇二甲醚的情况下提供 110mA·h·g^{-1} 的容量[36]。这与使用碳酸酯溶剂的电解质体系形成鲜明对比，后者不表现出共嵌入行为并且钠储存能力可以忽略不计。通过修改氘化水平使用六种散射对比：完全氢化、CH$_3$- 基团氘化、-CH$_2$-CH$_2$-基团氘化、完全氘化，以及完全氢化与氘化的比为 1∶1 的两个组合，即 CH$_3$- 基团和氘代 -CH$_2$-CH$_2$- 基团：完全氢化。如图 10.16 所示，氢与氘的不同的中子散射长度意味着二者的差异对比可以给出鲜明的对分布函数 $g(r)$；请注意，图 10.16 中的函数 $g(r)$ 与在本章介绍的其他研究中使用的 $G(r)$ 不同，并通过以下公式相关联：

$$G(r) = 4\pi\rho_0 r[g(r)-1] \tag{10.7}$$

使用 300 个二甘醇二甲醚分子、43 个钠分子和 43 个六氟磷酸盐的模型，针对所有 $S(Q)$ 和 $g(r)$ 对比对离子进行了精修，最终模型显示所有数据集都具有良好的一致性。根据该模型，计算了关键的部分 PDF 原子对（图 10.16a）和构象信息可以通过二面角分析。二甘醇二甲醚本身显示出可忽略不计的分子间键合，还可以观察到大多数钠离子由五或六个源自扭曲八面体几何形状的两个二甘醇二甲醚分子 [Na（二甘醇二甲醚）$_2$] 的氧配位（图 10.16b）。二甘醇二甲醚中的 O-O 分子内距离太短，无法形成不扭曲的八面体。这个构象建议与在石墨共插层化合物内形成的相同密度函数理论来计算[36]。通常，六氟磷酸盐通过溶剂分子将阴离子与钠阳离子分离。然而，在一些少数情况下，PF_6^- 存在于钠的第一配位球内。

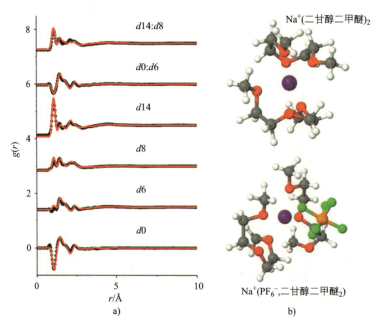

图 10.16 （a）EPSR 模型与具有中子多重对比的 $g(r)$ 的拟合 1mol $NaPF_6$ 溶液的散射数据；（b）钠溶剂化环境由 EPSR 模型确定（资料来源：摘自文献 [35]，经 John Wiley & Sons 许可）

▼ 10.4 对分布函数应用的前景

以上的例子凸显了 PDF 分析如何帮助理解钠离子电池。PDF 对局部结构的敏感性使其能够探测无序电极材料的结构，识别可能负责其电化学行为的结构特征。在充（放）电过程中应用 PDF 分析可以辨识无定形中间体的结构，甚至在锑阳极等情况下，即使存在其他晶体相也可以实现。通过原位 PDF 实验获得的高度一致的数据集，可以解析在循环过程中发生的微妙变化，例如在硬碳中形成的 10Å 钠团簇或锡阳极中意外的固溶行为。上述案例研究还凸显了增加来自补充技术（如固态 NMR、XAS 或原子建模）的信息的优点，多种技术协同工作以产生在充（放）电过程中发生的转化的稳健的结构模型。

随着钠离子电池技术的成熟，可能会使用日益复杂的阳极成分，例如合金-碳复合材料，以便获得具有可接受的循环寿命的高容量阳极。与此同时，阴极开发可能会追随锂离子技术的脚步，尽管传统上认为无序对阴极性能有害，但是在某些方面，例如，在高容量材料中观察到利用阴离子氧化还原或有利的局部原子排列无序岩盐材料。在这些新兴系统中，PDF 很可能发挥主导作用，将它们的无序联系到电化学行为，从而成功工程化钠离子技术。这将得益于实验能力的进步，例如空间分辨 PDF-CT 测量[37]，以及新兴的复杂建模框架[38]和多变量分析[39,40]。这将提高 PDF 分析的空间、时间和物种敏感性。

参 考 文 献

1 Farrow, C.L. and Billinge, S.J.L. (2009). Relationship between the atomic pair distribution function and small-angle scattering: implications for modeling of nanoparticles. *Acta Crystallogr. Sect. A Found. Crystallogr.* 65 (3): 232–239. https://doi.org/10.1107/S0108767309009714.

2 Billinge, S. (2008). *Powder diffraction: theory and practice*. R. Soc. Chem. https://doi.org/10.1039/9781847558237.

3 Borkiewicz, O.J., Shyam, B., Wiaderek, K.M. et al. (2012). The AMPIX electrochemical cell: a versatile apparatus for in situ X-ray scattering and spectroscopic measurements. *J. Appl. Crystallogr.* 45 (6): 1261–1269. https://doi.org/10.1107/S0021889812042720.

4 Liu, H., Allan, P.K., Borkiewicz, O.J. et al. (2016). A radially accessible tubular in situ X-ray cell for spatially resolved operando scattering and spectroscopic studies of electrochemical energy storage devices. *J. Appl. Crystallogr.* 49 (5): 1665–1673. https://doi.org/10.1107/S1600576716012632.

5 Diaz-Lopez, M., Cutts, G.L., Allan, P.K. et al. (2020). Fast operando X-ray pair distribution function using the DRIX electrochemical cell. *J. Synchrotron Radiat.* 27: 1190–1199. https://doi.org/10.1107/S160057752000747X.

6 Richard, M.N., Koetschau, I., and Dahn, J.R. (1997). A cell for in situ X-ray diffraction based on coin cell hardware and bellcore plastic electrode technology. *J. Electrochem. Soc.* 144 (2): 554–557. https://doi.org/10.1149/1.1837447.

7 Chapman, K.W. (2016). Emerging operando and X-ray pair distribution function methods for energy materials development. *MRS Bull.* 41 (3): 231–240. https://doi.org/10.1557/mrs.2016.26.

8 Debye, P. (1915). Zerstreuung von Röntgenstrahlen. *Ann. Phys.* 351 (6): 809–823. https://doi.org/10.1002/andp.19153510606.

9 Maniwa, Y., Sato, M., Kume, K. et al. (1996). Comparative NMR study of new carbon forms. *Carbon* 34 (10): 1287–1291. https://doi.org/10.1016/0008-6223(96)00116-9.

10 Franklin, R.E. (1950). The interpretation of diffuse X-ray diagrams of carbon. *Acta Crystallogr.* 3 (2): 107–121. https://doi.org/10.1107/S0365110X50000264.

11 Franklin, R.E. (1951). Crystallite growth in graphitizing and non-graphitizing carbons. *Proc. R. Soc. A Math. Phys. Eng. Sci.* 209 (1097): 196–218. https://doi.org/10.1098/rspa.1951.0197.

12 Bommier, C., Surta, T.W., Dolgos, M., and Ji, X. (2015). New mechanistic insights on Na-ion storage in nongraphitizable carbon. *Nano Lett.* 15 (9): 5888–5892. https://doi.org/10.1021/acs.nanolett.5b01969.

13 Vázquez-Santos, M.B., Geissler, E., László, K. et al. (2012). Comparative XRD, Raman, and TEM study on graphitization of PBO-derived carbon fibers. *J. Phys. Chem. C* 116 (1): 257–268. https://doi.org/10.1021/jp2084499.

14 Petkov, V., Difrancesco, R.G., Billinge, S.J.L. et al. (1999). Local structure of nanoporous carbons. *Philos. Mag. Part B* 79 (10): 1519–1530. https://doi.org/10.1080/13642819908218319.

15 Stratford, J.M., Allan, P.K., Pecher, O. et al. (2016). Mechanistic insights into sodium storage in hard carbon anodes using local structure probes. *Chem. Commun.* 52 (84): 12430–12433. https://doi.org/10.1039/C6CC06990H.

16 Mathiesen, J.K., Väli, R., Härmas, M. et al. (2019). Following the in-plane disorder of sodiated hard carbon through operando total scattering. *J. Mater. Chem. A* 7 (19): 11709–11717. https://doi.org/10.1039/C9TA02413A.

17 Kubota, K., Shimadzu, S., Yabuuchi, N. et al. (2020). Structural analysis of sucrose-derived hard carbon and correlation with the electrochemical properties for lithium, sodium, and potassium insertion. *Chem. Mater.* 32 (7): 2961–2977. https://doi.org/10.1021/acs.chemmater.9b05235.

18 Au, H., Alptekin, H., Jensen, A.C.S. et al. (2020). A revised mechanistic model for sodium insertion in hard carbons. *Energy Environ. Sci.* 13 (10): 3469–3479. https://doi.org/10.1039/d0ee01363c.

19 Stratford, J.M., Kleppe, A.K., Keeble, D.S. et al. (2021). Correlating local structure and sodium storage in hard carbon anodes: insights from pair distribution function analysis and solid-state NMR. *J. Am. Chem. Soc.* 143 (35): 14274–14286. https://doi.org/10.1021/jacs.1c06058.

20 Jurkiewicz, K., Duber, S., Fischer, H.E., and Burian, A. (2017). Modelling of glass-like carbon structure and its experimental verification by neutron and X-ray diffraction. *J. Appl. Crystallogr.* 50 (1): 36–48. https://doi.org/10.1107/S1600576716017660.

21 Stevens, D.A. and Dahn, J.R. (2000). An in situ small-angle X-ray scattering study of sodium insertion into a nanoporous carbon anode material within an operating electrochemical cell. *J. Electrochem. Soc.* 147 (12): 4428–4431. https://doi.org/10.1149/1.1394081.

22 Deringer, V.L., Merlet, C., Hu, Y. et al. (2018). Towards an atomistic understanding of disordered carbon electrode materials. *Chem. Commun.* 54 (47): 5988–5991. https://doi.org/10.1039/c8cc01388h.

23 Ellis, L.D., Hatchard, T.D., and Obrovac, M.N. (2012). Reversible insertion of sodium in tin. *J. Electrochem. Soc.* 159 (11): A1801–A1805. https://doi.org/10.1149/2.037211jes.

24 Wang, J.W., Liu, X.H., Mao, S.X., and Huang, J.Y. (2012). Microstructural evolution of tin nanoparticles during in situ sodium insertion and extraction. *Nano Lett.* 12 (11): 5897–5902. https://doi.org/10.1021/nl303305c.

25 Stratford, J.M., Mayo, M., Allan, P.K. et al. (2017). Investigating sodium storage mechanisms in tin anodes: a combined pair distribution function analysis, density functional theory, and solid-state NMR approach. *J. Am. Chem. Soc.* 139 (21): 7273–7286. https://doi.org/10.1021/jacs.7b01398.

26 Ogata, K., Salager, E., Kerr, C.J. et al. (2014). Revealing lithium-silicide phase transformations in nano-structured silicon-based lithium ion batteries via in situ NMR spectroscopy. *Nat. Commun.* 5: 3217. https://doi.org/10.1038/ncomms4217.

27 Jung, H., Allan, P.K., Hu, Y.-Y. et al. (2015). Elucidation of the local and long-range structural changes that occur in germanium anodes in lithium-ion batteries. *Chem. Mater.* 27 (3): 1031–1041. https://doi.org/10.1021/cm504312x.

28 Darwiche, A., Marino, C., Sougrati, M.T. et al. (2012). Better cycling performances of bulk Sb in Na-ion batteries compared to Li-ion systems: an unex-

pected electrochemical mechanism. *J. Am. Chem. Soc.* 134 (51): 20805–20811. https://doi.org/10.1021/ja310347x.

29 Allan, P.K., Griffin, J.M., Darwiche, A. et al. (2016). Tracking sodium-antimonide phase transformations in sodium-ion anodes: insights from operando pair distribution function analysis and solid-state NMR spectroscopy. *J. Am. Chem. Soc.* 138 (7): 2352–2365. https://doi.org/10.1021/jacs.5b13273.

30 Ma, J., Bo, S.-H., Wu, L. et al. (2015). Ordered and disordered polymorphs of Na(Ni2/3Sb1/3)O2: honeycomb-ordered cathodes for Na-ion batteries. *Chem. Mater.* 27 (7): 2387–2399. https://doi.org/10.1021/cm504339y.

31 Warren, B.E. (1941). X-ray diffraction in random layer lattices. *Phys. Rev.* 59 (9): 693–698. https://doi.org/10.1103/PhysRev.59.693.

32 Gao, P., Metz, P., Hey, T. et al. (2017). The critical role of point defects in improving the specific capacitance of δ-MnO2 nanosheets. *Nat. Commun.* 8 (1): 14559. https://doi.org/10.1038/ncomms14559.

33 Shan, X., Guo, F., Page, K. et al. (2019). Framework doping of Ni enhances pseudocapacitive Na-ion storage of (Ni)MnO2 layered birnessite. *Chem. Mater.* 31 (21): 8774–8786. https://doi.org/10.1021/acs.chemmater.9b02568.

34 Liu, J., Yu, L., Hu, E. et al. (2018). Large-scale synthesis and comprehensive structure study of δ-MnO2. *Inorg. Chem.* 57 (12): 6873–6882. https://doi.org/10.1021/acs.inorgchem.8b00461.

35 Jensen, A.C.S., Au, H., Gärtner, S. et al. (2020). Solvation of NaPF6 in diglyme solution for battery electrolytes. *Batter. Supercaps* 3 (12): 1306–1310. https://doi.org/10.1002/batt.202000144.

36 Goktas, M., Bolli, C., Berg, E.J. et al. (2018). Graphite as cointercalation electrode for sodium-ion batteries: electrode dynamics and the missing solid electrolyte interphase (SEI). *Adv. Energy Mater.* 8 (16): 1702724. https://doi.org/10.1002/aenm.201702724.

37 Jacques, S.D.M., Di Michiel, M., Kimber, S.A.J. et al. (2013). Pair distribution function computed tomography. *Nat. Commun.* 4: 1–7. https://doi.org/10.1038/ncomms3536.

38 Juhás, P., Farrow, C.L., Yang, X. et al. (2015). Complex modeling: a strategy and software program for combining multiple information sources to solve ill posed structure and nanostructure inverse problems. *Acta Crystallogr. Sect. A Found. Adv.* 71: 562–568. https://doi.org/10.1107/S2053273315014473.

39 Chapman, K.W., Lapidus, S.H., and Chupas, P.J. (2015). Applications of principal component analysis to pair distribution function data. *J. Appl. Crystallogr.* 48 (6): 1619–1626. https://doi.org/10.1107/S1600576715016532.

40 Geddes, H.S., Blade, H., McCabe, J.F. et al. (2019). Structural characterisation of amorphous solid dispersions via metropolis matrix factorisation of pair distribution function data. *Chem. Commun.* 55 (89): 13346–13349. https://doi.org/10.1039/C9CC06753A.